iPhone 手机故障排除与维修实战一本通

第 3 版

阳鸿钧 等编著

机械工业出版社

随着 iPhone 新机型的推出和社会保有量的增加，其维修维护工作量也随之增加。为更好地掌握 iPhone 维修维护知识，特编写了本书。本书讲述了 iPhone 概述与手机总论、iPhone 元器件、零部件及附件、iPhone 电路原理、iPhone 故障维修、iPhone 软故障、iPhone 5/iPhone 5S/iPhone 5C、iPhone 6/iPhone 6Plus、iPhone SE/iPhone 7/iPhone 7Plus、iPhone 8/iPhone 8Plus/iPhone X 等维修即查资料等内容，为读者学习手机维修与查找维修手机中所需要的资料提供支持。本书适合手机维修人员、技能培训院校相关专业师生、电子技术爱好者及手机维修自学者参考使用。

图书在版编目（CIP）数据

iPhone 手机故障排除与维修实战一本通/阳鸿钧等编著. —3 版. —北京：机械工业出版社，2018.6
ISBN 978-7-111-59912-8

Ⅰ.①i⋯ Ⅱ.①阳⋯ Ⅲ.①移动电话机-维修 Ⅳ.①TN929.53

中国版本图书馆 CIP 数据核字（2018）第 095460 号

机械工业出版社（北京市百万庄大街 22 号 邮政编码 100037）
策划编辑：张俊红 责任编辑：张俊红 责任校对：刘 岚
封面设计：路恩中 责任印制：孙 炜
保定市中画美凯印刷有限公司印刷
2018 年 8 月第 3 版第 1 次印刷
210mm×285mm·21 印张·975 千字
标准书号：ISBN 978-7-111-59912-8
定价：69.90元

iPhone

第3版前言

本书第1版和第2版自出版以来，得到了广大读者的肯定、厚爱与支持。根据 iPhone 手机发展特点与维修经验，以及结合一些读者的建议和有关专家、行业专业人士的意见，特在第1版、第2版的基础上，进行再次修订。

本次修订主要在第2版的基础上增加最新的 iPhone SE/iPhone 7/iPhone 7Plus、iPhone 8/iPhone 8Plus/iPhone X 等维修内容，以及增加其他 iPhone 维修实战经验与技巧总结，同时去掉了早期 iPhone 3G/iPhone 3GS/iPhone 4/iPhone 4S/等有关维修速查资料。

由于本书中的电路图与芯片等资料来自不同厂商，其电气符号和引脚名称的写法不甚一致，为忠实于原版资料，以便更好地服务于维修实战工作，因此书中的图与附图有关元器件等的电气符号，没有按照国家标准统一绘制，请读者查阅时注意。另外，本书附录提供的图样仅供维修参考使用。

本书第3版主要由阳鸿钧完成，参加本书修订和支持工作的还有许秋菊、阳育杰、阳许倩、阳红珍、欧凤祥、阳苟妹、任亚俊、许鹏翔、唐忠良、欧小宝、阳梅开、许小菊、任俊杰、许四一、许应菊、罗奕、毛彩云、阳红艳、许满菊、罗小伍、单冬梅、任志、唐许静、阳利军、罗玲、曾丞林等多位同志。同时本书也得到了一些同志的帮助，并参考了一些珍贵的资料（特别是维修参考图），在此向他们表示感谢。由于编者水平与时间有限，书中错漏与不足之处在所难免，恳请广大读者批评指正（可通过电子信箱 buptzjh@163.com 与我们联系）。

编　者

iPhone

第2版前言

本书第1版自出版以来，得到了广大读者的肯定、厚爱与支持。根据 iPhone 手机发展特点与维修经验，以及结合一些读者的建议和有关专家、行业专业人士的意见，特在第1版的基础上，进行修订。

第2版主要在第1版的基础上增加 iPhone 5、iPhone 5S、iPhone 5C、iPhone 6、iPhone 6 Plus 有关维修技巧与维修速查资料，以及增加其他 iPhone 维修实战经验与技巧总结。

与第1版一样，参加本书修订工作的有多位同志，同时也得到了一些同志的帮助，并参考了一些珍贵的资料，在此向他们表示感谢。由于作者水平与时间有限，书中错漏、不足之处在所难免，恳请广大读者批评指正。

编　者

第1版前言

随着 iPhone 的应用，其维修维护工作量也随之而来。为更好地掌握 iPhone 维修维护知识，特编写了本书。

本书包括 iPhone 3G、iPhone 3GS、iPhone 4、iPhone 4S 有关维修知识的疑问解答与维修资料速查。

本书由 9 章和附录组成，各章的内容如下：

第 1 章主要介绍有关 iPhone 概述与手机总论方面的知识解答，具体包括历代 iPhone 的比较与特点、iPhone 操作系统的特点与比较、手机的架构、手机指令等。

第 2 章主要介绍有关 iPhone 元器件、零部件、附件的知识解答，具体包括电阻、电容、电感、晶体管、场效应晶体管、集成电路、存储器、晶体振荡器、滤波器、受话器、送话器、振铃器（扬声器）、振动器、耳机与耳机插孔、液晶总成、显示屏、触摸屏、摄像头、天线连接器、外壳、电池、天线、边框、中框、尾插排线、螺钉、SIM 卡、接口、历代 iPhone 主要器件配置变化、iPhone 2G 元件的特点等。

第 3 章主要介绍有关 iPhone 电路原理，具体包括 iPhone 电路结构、iPhone 3G 电路结构、手机射频电路的特点、iPhone 手机天线及天线开关电路、手机基带各部分的特点、iPhone 4 开机原理、手机的电池接口、iPhone 4 的 LED 驱动电路、蓝牙模块等。

第 4 章主要介绍有关 iPhone 故障维修，具体包括维修 iPhone 常备的设备或者工具、维修小技巧、iPhone 常见故障原因、iPhone 常见硬件故障现象、iPhone 常见故障维修对策、iPhone 3G 有关故障维修、iPhone 3GS 有关故障维修、iPhone 4 有关故障维修等。

第 5 章主要介绍有关 iPhone 软故障，具体包括 iPhone 有软故障的原因、更新固件、查看 iPhone 手机基带版本、系统恢复、DFU 模式以及它的特点、刷机、越狱等。

第 6 章主要介绍 iPhone 3G 维修即查资料。

第 7 章主要介绍 iPhone 3GS 维修即查资料。

第 8 章主要介绍 iPhone 4 维修即查资料。

第 9 章主要介绍 iPhone 4S 维修即查资料，具体包括内部结构、主板元件分布、主板维修、芯片维修速查等。

附录提供了仅供芯片级维修所需的备查资料。

本书可供手机维修人员、院校相关专业师生、电子爱好者、培训班、社会自学者等参考使用。

本书在编写过程中参阅了一些珍贵的资料或文章，特别是附录参考了生产厂商相关资料，在此深表谢意。同时由于一些资讯、资料最原始出处不详，故期待再版时完善参考文献的列举。

为更好地服务于维修实战工作，因此本书的图中有关元器件等没有按照相应国家标准的要求绘制，请读者查阅时注意。

本书由阳鸿钧主导编写，参加本书编写或支持工作的还有任亚俊、阳红艳、陈永、欧小宝、曾丞林、许满菊、王山、凌方、张小江、阳红玲、唐中良、米芳、许秋菊、许小菊、阳梅开、谢峰、李德、阳苟妹、任杰、阳许倩、许应菊、毛彩云、黄倩等。

由于编写时间仓促，书中难免会有不妥之处，请读者批评指正。

编　者

目录

iPhone

第1章

iPhone概述与手机总论

☝1 什么是 iPhone？

【答】 iPhone 是美国苹果公司（Apple Inc.）推出的一种手机系列的名字。iPhone 手机不断更新、创新、换代。目前，iPhone 经历了 iPhone、iPhone 3G、iPhone 3GS、iPhone 4、iPhone 4S、iPhone 5、iPhone 5S、iPhone 5C、iPhone 6/6Plus、iPhone 7/7Plus、iPhone 8/8Plus、iPhone X 等几代的发展。iPhone 推出的时间如图 1-1 所示。

图 1-1　iPhone 推出的时间

iPhone 一代（iPhone）是一部 4 频段的 GSM 制式手机。

iPhone 二代（iPhone 3G）增加了对 3G 网络的支持。

iPhone 三代（iPhone 3GS），也就是 iPhone 3G 的升级版，该 iPhone 比较以前的 iPhone 将拥有更快的运行处理速度与 3G 网络载入速度。

iPhone 四代，也就是 iPhone 4，该手机在外观上有了重大革新，堪称一代经典产品。

iPhone 五代，也就是 iPhone 4S，其是在以前的 iPhone 4 手机上进行了必要的改进、改善与功能增加。

到目前，后来陆续出现以下几种：

iPhone 5 将屏幕尺寸由原先的 3.5 英寸升级为 4 英寸，屏幕分辨率由原来 iPhone 4S 的 960×640 升级到 1136×640，主屏幕中的应用图标增加到5排。

iPhone 5S 与 iPhone 5C，其中 iPhone 5S 采用 A7 处理器加一协处理器，比 iPhone 5 的 A6 处理器性能等方面有所提升，并且 iPhone 5S 为彩色外壳。iPhone 5C 与 iPhone 5 外壳不同，其他基本相同。

iPhone 6 在充电、处理器、屏幕分辨等性能方面进行了改进。

iPhone 6Plus 允许某些应用使用特殊的 iPad 风格横向模式，比 iPhone 6 装有更强的光学防抖设计，以及具备更高的电池容量等特点。

新近的 iPhone 如下：

iPhone 7 添加了振动反馈，支持 IP67 防溅抗水防尘功能，前/后单摄像头，防抖功能，新增了速度更快的 A10 Fusion 处理器。以及取消了 3.5mm 耳机接口，推出新耳机 Apple AirPods。

iPhone 7Plus 的电池容量只有 2900mAh，比 iPhone 6Plus 上的 2915mAh 在容量上还小一点，却能够建立在更强悍的 A10 Fusion 处理器上多提供超过一个小时的续航时间，iPhone 7Plus 使用双摄像头。

iPhone 8 搭载两个性能核心，采用 A11 处理器，支持无线充电。配置新一代的 A11 Bionic 处理器，运行速度比上一代 A10 处理器快 30%，并且还集成了神经网络引擎。

iPhone 8Plus 采用了玻璃面设计，支持无线充电，配置了最新的 A11 处理器。

iPhone X 属于高端版机型，采用了搭载色彩锐利的 OLED 屏幕，使用 3D 面部识别（Face ID）传感器解锁手机，并且采用了支持 AirPower（空中能量）无线充电，具有分为 64GB、256GB 等版本。

2　历代 iPhone 的比较是怎样的？

【答】　iPhone 一代（iPhone 2G）手机仅支持四频 GSM/EDGE 网络，也就是说，其只是 2G 手机。以后的 iPhone 均属于 3G 手机。

iPhone 二代（iPhone 3G）、iPhone 三代（iPhone 3GS）支持三频 UMTS/HSDPA、四频 GSM/EDGE。

iPhone 四代 GSM 机型支持 UMTS/HSDPA/HSUPA（850、900、1900、2100MHz）、GSM/EDGE（850、900、1800、1900MHz）。iPhone 四代 CDMA 机型支持 CDMA EV-DO Rev. A（800、1900MHz）。

iPhone 五代 GSM 机型支持 UMTS/HSDPA/HSUPA（850、900、1900、2100MHz）、GSM/EDGE（850、900、1800、1900MHz）、CDMA EV-DO Rev. A（800、1900MHz）。

联通版 iPhone 5 机型支持 HSDPA/HSUPA/HSPA+、联通 3G（WCDMA）、联通 2G/移动 2G（GSM）。电信版 iPhone 5 支持 2G／CDMA、3G/CDMA 2000。

iPhone 5C 有绿、蓝、黄、粉、白五种颜色外壳，配备 A6 芯片、4G LTE 无线网络连接、800 万像素 iSight 摄像头、iOS 8。iPhone 5C 型号有 A1532、A1526、A1516、A1529 等。

iPhone 5S 有银、金、深空灰三种颜色外壳，配备 A7 芯片、Touch ID 指纹识别传感器、4G LTE 无线网络连接、800 万像素 iSight 摄像头、iOS 8。iPhone 5S 型号有 A1533、A1528、A1518、A1530 等。

iPhone 6 有银、金、深空灰等颜色外壳，配备 A8 芯片、Touch ID 指纹识别传感器、更快的 4G LTE 无线网络连接、采用 Focus Pixels 的全新 800 万像素 iSight 摄像头、iOS 8。

iPhone 6Plus 有银、金、深空灰三种颜色外壳，配备 A8 芯片、Touch ID 指纹识别传感器、更快的 4G LTE 无线网络连接、采用 Focus Pixels 的全新 800 万像素 iSight 摄像头、iOS 8。

iPhone 手机都支持 WiFi、蓝牙。iPhone 二代、三代、四代，以及后来推出的产品还内置了 A-GPS（GPS 导航+基站定位）。

较早的几代 iPhone 的参数比较见表 1-1。iPhone 5 系列与 iPhone 6 系列的参数比较见表 1-2。

表 1-1　较早的几代 iPhone 参数比较

项　目	iPhone 4S	iPhone 4	iPhone 3GS	iPhone 3G
GPS	支持	支持	支持	支持
处理器	苹果 A5 处理器，1GHz	苹果 A4 处理器，1GHz	ARM11 处理器，620MHz	三星 S3C6400X 处理器，最高 533MHz
存储空间	16GB/32GB/64GB	16GB/32GB	16GB/32GB	8GB/16GB
屏幕参数	3.5 英寸 640×960 像素 IPS 屏幕	3.5 英寸 640×960 像素 IPS 屏幕	3.5 英寸 320×480 像素电容屏	3.5 英寸 320×480 像素电容屏
摄像头	800 万像素	500 万像素	300 万像素	200 万像素
视频拍摄	可拍摄每秒 30 帧 1080P 高清视频	可拍摄每秒 30 帧 720P 高清视频	普通视频拍摄	借助第三方软件实现
视频通话	前置摄像头/支持	前置摄像头/支持	—	—
网络制式	支持 WCDMA（宽带码分多址）3G/CDMA（电信版的支持 CDMA2000）	支持 WCDMA 3G	支持 WCDMA 3G	支持 WCDMA 3G
系统内存	512MB	512MB	256MB	128MB
续航能力	音乐播放 40 小时	音乐播放 40 小时	音乐播放 30 小时	音乐播放 24 小时

表 1-2　iPhone 5 系列与 iPhone 6 系列的参数比较

项　目	iPhone 6Plus	iPhone 6	iPhone 5S	iPhone 5C	iPhone 5
存储空间	16GB、64GB、128GB	16GB、64GB、128GB	16GB、32GB	8GB	16GB、32GB、64GB
尺寸	高度：158.1 毫米（6.22 英寸）；宽度：77.8 毫米（3.06 英寸）；厚度：7.1 毫米（0.28 英寸）	高度：138.1 毫米（5.44 英寸）；宽度：67.0 毫米（2.64 英寸）；厚度：6.9 毫米（0.27 英寸）	高度：123.8 毫米（4.87 英寸）；宽度：58.6 毫米（2.31 英寸）；厚度：7.6 毫米（0.30 英寸）	高度：124.4 毫米（4.90 英寸）；宽度：59.2 毫米（2.33 英寸）；厚度：8.97 毫米（0.35 英寸）	123.8mm×58.6mm×7.6mm（高度×宽度×厚度）
重量	172 克	129 克	112 克	132 克	112 克
显示屏	5.5 英寸（对角线）LED 背光宽 MultiTouch 显示屏，具有 IPS 技术	4.7 英寸（对角线）LED 背光宽 MultiTouch 显示屏，具有 IPS 技术	4 英寸（对角线）LED 背光宽 MultiTouch 显示屏，具有 IPS 技术	4 英寸（对角线）LED 背光宽 MultiTouch 显示屏，具有 IPS 技术	4 英寸 1136×640 像素
芯片	配备 64 位架构的 A8 芯片	配备 64 位架构的 A8 芯片	配备 64 位架构的 A7 芯片	A6 芯片	苹果 A6
iSight 摄像头	800 万像素、单个像素尺寸为 1.5 微米	800 万像素、单个像素尺寸为 1.5 微米	800 万像素、单个像素尺寸为 1.5 微米	800 万像素	800 万像素
视频拍摄	1080P HD 高清视频拍摄（30 帧/s 或 60 帧/s）、True Tone 闪光灯	1080P HD 高清视频拍摄（30 帧/s 或 60 帧/s）、True Tone 闪光灯	1080P HD 高清视频拍摄（30 帧/s）、True Tone 闪光灯	1080P HD 高清视频拍摄（30 帧/s）、LED 闪光灯	支持 1080P 视频拍摄
FaceTime 摄像头	120 万像素照片（1280×960）、f/2.2 光圈	120 万像素照片（1280×960）、f/2.2 光圈	120 万像素照片（1280×960）、f/2.2 光圈	120 万像素照片（1280×960）、f/2.4 光圈	120 万像素前摄像头
Touch ID	内置于主屏幕按钮的指纹识别传感器	内置于主屏幕按钮的指纹识别传感器	内置于主屏幕按钮的指纹识别传感器	—	—
SIM 卡	Nano-SIM 卡,不兼容现有的 micro-SIM 卡	Nano-SIM 卡,不兼容现有的 micro-SIM 卡	Nano-SIM 卡,不兼容现有的 micro-SIM 卡	Nano-SIM 卡,不兼容现有的 micro-SIM 卡	Nano SIM 卡
感应器	Touch ID、气压计、三轴陀螺仪、加速感应器、距离感应器、环境光传感器	Touch ID、气压计、三轴陀螺仪、加速感应器、距离感应器、环境光传感器	Touch ID、三轴陀螺仪、加速感应器、距离感应器、环境光传感器	三轴陀螺仪、加速感应器、距离感应器、环境光传感器	重力感应器,光感应器,距离传感器,加速度感应器
接头	Lightning	Lightning	Lightning	Lightning	Lightning
耳机	具有线控功能和麦克风的 Apple EarPods、便携耳机盒	具有线控功能和麦克风的 Apple EarPods、便携耳机盒	具有线控功能和麦克风的 Apple EarPods、便携耳机盒	具有线控功能和麦克风的 Apple EarPods、便携耳机盒	标准 3.5mm 耳机接口
电池	内置锂离子充电电池	内置锂离子充电电池	内置锂离子充电电池	内置锂离子充电电池	锂电池,1440mAh
视频通话	FaceTime 视频通话	FaceTime 视频通话	FaceTime 视频通话	FaceTime 视频通话	FaceTime 视频通话
智能助理	Siri	Siri	Siri	Siri	Siri

一些 iPhone 蜂窝网络与无线网络性能见表 1-3。

表 1-3　一些 iPhone 蜂窝网络与无线网络性能

iPhone 6Plus	iPhone 6	iPhone 5S	iPhone 5C	iPhone 5
GSM/EDGE	GSM/EDGE	GSM/EDGE	GSM/EDGE	GSM 850/900/1800/1900
UMTS（WCDMA）/HSPA+	UMTS（WCDMA）/HSPA+	UMTS（WCDMA）/HSPA+	UMTS（WCDMA）/HSPA+	WCDMA 850/900/1900/2100MHz
DC-HSDPA	DC-HSDPA	DC-HSDPA	DC-HSDPA	HSPA+
TD-SCDMA	TD-SCDMA	TD-SCDMA	TD-SCDMA	—
CDMA EV-DO Rev.A（仅限 CDMA 机型）	CDMA EV-DO Rev.A（仅限 CDMA 机型）	CDMA EV-DO Rev.A（仅限 CDMA 机型）	CDMA EV-DO Rev.A（仅限 CDMA 机型）	CDMA EVDO 800/1900/2100MHz
4G LTE	4G LTE	4G LTE	4G LTE	
802.11a/b/g/n/ac 无线网络	802.11a/b/g/n/ac 无线网络	802.11a/b/g/n/ac 无线网络	802.11a/b/g/n/ac 无线网络	WiFi,IEEE 802.11 a/n/b/g
蓝牙 4.0	蓝牙 4.0	蓝牙 4.0	蓝牙 4.0	蓝牙 4.0
NFC	NFC			
GPS 和 GLONASS 定位系统	GPS 和 GLONASS 定位系统	GPS 和 GLONASS 定位系统	GPS 和 GLONASS 定位系统	GPS 导航,GLONASS 导航

iPhone（iPhone 6Plus、iPhone 6、iPhone 5S、IPhone 5C、iPhone 5）音频播放支持的声音文件格式：AAC（8~320kbit/s）、Protected AAC（来自 iTunes Store）、HE-AAC、MP3（8~320kbit/s）、MP3 VBR、Audible（格式 2、3、4，Audible Enhanced Audio、AAX 与 AAX+）、Apple Lossless、AIFF 与 WAV，用户可配置最大音量限制。

一些 iPhone（iPhone 6Plus、iPhone 6、iPhone 5S、IPhone 5C、iPhone 5）支持的视频播放有 AirPlay 镜像、照片、音频、视频输出到 Apple TV（第二代或更新机型）。视频镜像与视频输出支持：通过 Lightning Digital AV Adapter 转换器与 Lightning to VGA Adapter 转换器，最高可达 1080P。支持的视频格式有：

（1）H. 264 视频，最高可达 1080P，60 帧/s。

（2）High Profile level 4.2 与 AAC-LC 音频，最高可达 160kbit/s、48kHz。

一些 iPhone（iPhone 6Plus、iPhone 6、iPhone 5S、IPhone 5C、iPhone 5）支持的立体声音频，文件格式为 .m4v、.mp4 、.mov。

（1）MPEG-4 视频，最高可达 2.5Mbit/s，640×480 像素，30fps。

（2）Simple Profile 与 AAC-LC 音频，每声道最高可达 160kbit/s、48kHz。

（3）Motion JPEG（M-JPEG），最高可达 35Mbit/s，1280×720 像素，30fps。

（4）ulaw 音频与 PCM 立体声音频，文件格式为 .avi。

新近 iPhone 参数比较见表1-4。

表 1-4 新近 iPhone 参数比较

项目	iPhone 7	iPhone 7Plus	iPhone 8	iPhone 8Plus	iPhone X
存储空间	32GB、128GB	32GB、128GB	64GB、256GB	64GB、256GB	64GB、256GB
尺寸	4.7 英寸视网膜高清显示屏	5.5 英寸（对角线）LCD 宽屏	视网膜高清显示屏，4.7 英寸（对角线）LCD 宽屏	5.5 英寸（对角线）LCD 宽屏 MultiTouch 显示屏，采用 IPS 技术	5.8 英寸（对角线）OLED 全面屏 MultiTouch 显示屏
重量	138 克（4.87 盎司）	188 克（6.63 盎司）	148 克（5.22 盎司）	202 克（7.13 盎司）	174 克（6.14 盎司）
显示屏	Multi-Touch 显示屏，采用 IPS 技术，1334×750 像素分辨率	Multi-Touch 显示屏，采用 IPS 技术；1920×1080 像素分辨率	4.7 英寸（对角线）LCD 宽屏；MultiTouch 显示屏，采用 IPS 技术	5.5 英寸（对角线）LCD 宽屏；MultiTouch 显示屏，采用 IPS 技术	5.8 英寸（对角线）OLED 全面屏；MultiTouch 显示屏；HDR 显示
芯片	64 位架构的 A10 Fusion，嵌入式 M10 运动协处理器	64 位架构的 A10 Fusion，嵌入式 M10 运动协处理器	64 位架构的 A11 仿生，神经网络引擎，嵌入式 M11 运动协处理器	64 位架构的 A11 仿生，神经网络引擎，嵌入式 M11 运动协处理器	64 位架构的 A11 仿生，神经网络引擎，嵌入式 M11 运动协处理器
摄像头	1200 万像素摄像头，f/1.8 光圈；最高可达 5 倍数码变焦	1200 万像素广角及长焦双镜头摄像头，广角镜头：f/1.8 光圈；长焦镜头：f/2.8 光圈；光学变焦；最高可达 10 倍数码变焦	1200 万像素摄像头；f/1.8 光圈	1200 万像素广角及长焦双镜头摄像头；广角镜头：f/1.8 光圈；长焦镜头：f/2.8 光圈	1200 万像素广角及长焦双镜头摄像头；广角镜头：f/1.8 光圈；长焦镜头：f/2.4 光圈
视频拍摄	4K 视频拍摄，30 帧/s；1080P 高清视频拍摄，30 帧/s 或 60 帧/s；720P 高清视频拍摄，30 帧/s	4K 视频拍摄，30 帧/s；1080P 高清视频拍摄，30 帧/s 或 60 帧/s；720P 高清视频拍摄，30 帧/s	4K 视频拍摄，24 帧/s、30 帧/s 或 60 帧/s；1080P 高清视频拍摄，30 帧/s 或 60 帧/s；最高可达 3 倍数码变焦	4K 视频拍摄，24 帧/s、30 帧/s 或 60 帧/s；1080P 高清视频拍摄，30 帧/s 或 60 帧/s；光学变焦，最高可达 6 倍数码变焦	4K 视频拍摄，24 帧/s、30 帧/s 或 60 帧/s；1080P 高清视频拍摄，30 帧/s 或 60 帧/s；光学变焦，最高可达 6 倍数码变焦
摄像头	700 万像素摄像头；1080P 高清视频拍摄；视网膜屏闪光灯；f/2.2 光圈；自动 HDR；连拍快照模式；曝光控制	700 万像素摄像头；1080P 高清视频拍摄；视网膜屏闪光灯；f/2.2 光圈；自动 HDR；连拍快照模式；曝光控制	FaceTime 高清摄像头，700 万像素照片，f/2.2 光圈；视网膜屏闪光灯	FaceTime 高清摄像头，700 万像素照片，f/2.2 光圈；视网膜屏闪光灯	原深感摄像头，700 万像素照片，f/2.2 光圈，视网膜屏闪光灯，1080P 高清视频拍摄，人像模式，动画表情
感应器	Touch ID 指纹识别传感器；气压计；三轴陀螺仪；加速感应器；距离感应器；环境光传感器	Touch ID 指纹识别传感器；气压计；三轴陀螺仪；加速感应器；距离感应器；环境光传感器	三轴陀螺仪；加速感应器；距离感应器；环境光传感器；气压计	三轴陀螺仪；加速感应器；距离感应器；环境光传感器；气压计	三轴陀螺仪；加速感应器；距离感应器；环境光传感器；气压计
耳机	采用 Lightning 接头的 EarPods	采用 Lightning 接头的 EarPods	采用 Lightning 接头的 EarPods；Lightning 至 3.5 毫米耳机插孔转换器	采用 Lightning 接头的 EarPods；Lightning 至 3.5 毫米耳机插孔转换器	采用 Lightning 接头的 EarPods；Lightning 至 3.5 毫米耳机插孔转换器
SIM 卡	Nano-SIM 卡	Nano-SIM 卡	Nano-SIM 卡	Nano-SIM 卡	Nano-SIM 卡
电池	内置锂离子充电电池	内置锂离子充电电池	内置锂离子充电电池	内置锂离子充电电池	内置锂离子充电电池

一些新近 iPhone 蜂窝网络与无线网络性能见表 1-5。

表 1-5 一些新近 iPhone 蜂窝网络与无线网络性能

iPhone 8	iPhone 8Plus	iPhone X
GSM/EDGE	GSM/EDGE	GSM/EDGE
UMTS/HSPA+	UMTS/HSPA+	UMTS/HSPA+
DC-HSDPA	DC-HSDPA	DC-HSDPA
CDMA EV-DO Rev. A(部分机型)	CDMA EV-DO Rev. A(部分机型)	CDMA EV-DO Rev. A(部分机型)
4G LTE Advanced	4G LTE Advanced	4G LTE Advanced
802.11ac 无线网络,具备 MIMO 技术	802.11ac 无线网络,具备 MIMO 技术	802.11ac 无线网络,具备 MIMO 技术
蓝牙 5.0	蓝牙 5.0	蓝牙 5.0
GPS、GLONASS、Galileo 和 QZSS 定位系统	GPS、GLONASS、Galileo 和 QZSS 定位系统	GPS、GLONASS、Galileo 和 QZSS 定位系统
VoLTE	VoLTE	VoLTE
支持读卡器模式的 NFC	支持读卡器模式的 NFC	支持读卡器模式的 NFC

3 一些 iPhone 外形结构是怎样的?

【答】 早期一些 iPhone 外形结构如图 1-2 所示。近新一些 iPhone 外形结构见其他章节。

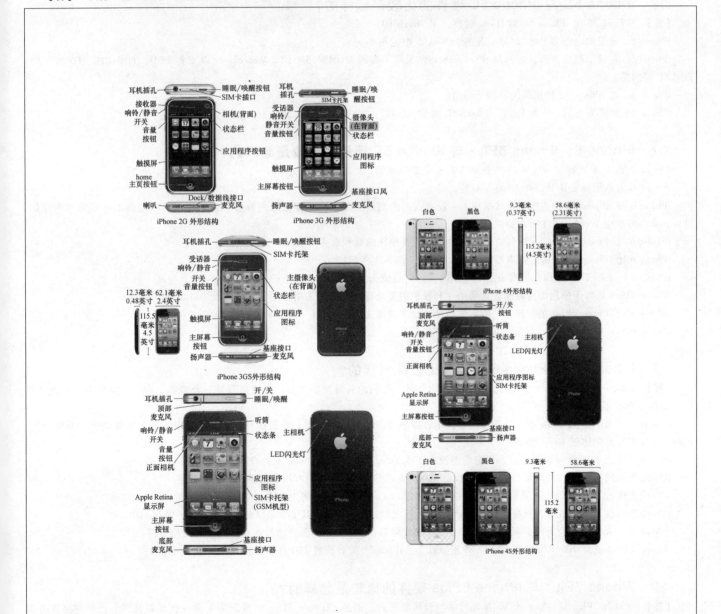

图 1-2 一些 iPhone 外形结构

🍎4　iPhone 5 与 iPhone 5S 硬件的比较是怎样的？

【答】　iPhone 5S 与 iPhone 5 的拆机方式基本相同，也就是用小螺丝刀在最下面拧出两只紧固的小螺丝即可。

iPhone 5S 比 iPhone 5 中多一个 Touch ID 的触摸指纹识别的连接线，因此，维修拆机时，需要注意不要弄断了该连接线。

iPhone 5S 比 iPhone 5 内部整体排列方式基本相同，一边是电池，一边是主板。

iPhone 5S 在 iPhone 5 的基础上，在处理器方面进行了升级，但是，它们主板的形式还是差不多。

iPhone 5S 使用的双闪摄像头，这与 iPhone 5 的摄像头不同。

iPhone 5S 的屏幕光滑，拆卸时，一般需要借助吸盘工具来进行。

🍎5　iPhone 5 与 iPhone 5C 硬件的比较是怎样的？

【答】　iPhone 5C 的内部规格与 iPhone 5 基本相同。

iPhone 5 比 iPhone 5C 内部整体排列方式基本相同，一边是电池，一边是主板。

iPhone 5 与 iPhone 5C 的主板几乎没有什么改变，因此，维修时，iPhone 5 与 iPhone 5C 上的元器件具有很大的可代替性。

iPhone 5C 更换电池的操作方法与 iPhone 5 的更换电池的操作方法基本一样。iPhone 5C 中使用的 LTE 芯片与 iPhone 5 是不同的。

iPhone 5C 所配的电池容量较 iPhone 5 所配的 1440mAh 电池容量略大。

🍎6　iPhone 5S 与 iPhone 5C 硬件的比较是怎样的？

【答】　iPhone 5S 比 iPhone 5C 的 Home 键整合了 Touch ID。

iPhone 5C 所配的电池容量比 iPhone 5S 的 1560mAh 电池更小。

iPhone 5C 在通信模块方面，有的与 iPhone 5S 一样采用了高通 MDM9615M LTE Modem，可以支持 FDD、TDD-LTE、TD-SCDMA、TD-LTE 等网络。

iPhone 5C 与 iPhone 5S 使用的闪存型号不同。

iPhone 5S 的镜头光圈大小为 F2.2，iPhone 5C 则是 F2.4。

🍎7　iPhone 6、iPhone 6Plus 与 iPhone 5S 硬件的比较是怎样的？

【答】　iPhone 6 拆解与 iPhone 5S 的拆解方式基本是一致的。

iPhone 6 的显示屏要比 iPhone 5S 略厚一些。

iPhone 6 与 iPhone 5S 的主板在布线结构上，没有太大差别，但由于锁屏键被放到机身右侧。所以，在走线上有些细小的变化。另外，iPhone 6 与 iPhone 5S 主板均为双层设计。

iPhone 6 与 iPhone 5S 外壳天线包边增粗的同时，无线模块的面积也有所增加。

iPhone 6 比 iPhone 5S 配备的扬声器尺寸要大。

iPhone 6 的 FaceTime 摄像头仍然采用 120 万像素，但是镜头光圈比 iPhone 5S 的增大了。

iPhone 6Plus 底部所使用的两颗螺丝是采用专利保护的五角螺丝，需要采用专用的五角螺丝刀才能够顺利拆解。

iPhone 6 与 iPhone 6Plus 的拆卸，一般需要借助吸盘工具来进行。

iPhone 6Plus 与 iPhone 6 一样采用了 1GB 的内存。

🍎8　iPhone 7 与 iPhone 6 硬件的比较是怎样的？

【答】　iPhone 7 与 iPhone 6 硬件方面存在较大的差异，相同的只是屏幕大小、金属机身等，处理器、内存、摄像头、特色功能等方面存在明显不同。

iPhone 7 采用了压感 Home 键，基于压感屏技术，能够感应用户按压力度，并给用户震动反馈，但不属于实体按键，不可按压。iPhone 6 采用的是实体压 Home 键。

iPhone 7 取消了 3.5mm 耳机接口，机身底部没有了 3.5mm 耳机接口。iPhone 6 机身底部有耳机接口。

iPhone 7 采用了上下双扬声器，顶部扬声器隐藏在听筒内部。iPhone 6 只有机身底部一个扬声器。

iPhone 7 加入了 IP67 防水，具有一定程度上防水防尘。iPhone 6 不支持防尘防水。

iPhone 7 搭载了苹果 A10 四核处理器，辅以 2GB 运行内存。iPhone 6 搭载了苹果 A8 双核处理器，内存 1GB。

iPhone 7 与 iPhone 6 均采用了 4.7 英寸 1334×750 像素屏幕，iPhone 7 屏幕更通透明亮，画质表现相对好。

iPhone 7 配备前置 700 万和后置 1200 万像素摄像头。iPhone 6 配备前置 120 万和后置 800 万像素摄像头。

🍎9　iPhone 7Plus 与 iPhone 6Plus 硬件的比较是怎样的？

【答】　iPhone 7Plus 与 iPhone 6Plus 屏幕尺寸与分辨率一致，但是，iPhone 7Plus 屏幕采用了新一代屏幕技术，色彩与亮度方面有比较明显的提升。

iPhone 6Plus 搭载了苹果 A8 双核处理器，1GB 运行内存。iPhone 7Plus 搭载了苹果 A10 四核处理器，3GB 运行大内存，硬件配置属于高端配置。

iPhone 7Plus配备了双主摄像头，拍照表现提升明显，这点是iPhone 6Plus无法媲美的。

iPhone 7Plus电池容量相比iPhone 6Plus略小一些，但是实际续航也有2小时左右。

iPhone 7Plus与iPhone 6Plus机身材质略微不同。iPhone 7Plus金属材质使用的是7000航空铝，iPhone 6Plus使用的是6000航空铝。7000系列的硬度比6000系列的硬度要好。

iPhone 7Plus取消了上下两条天线，采用了弧形天线，背面金属屏占比更高。iPhone 6Plus背面采用了两条平行的天线。

iPhone 7Plus取消了耳机接口，也就是没有耳机接口。iPhone 6Plus机身底部有一个3.5mm耳机接口。

iPhone 7Plus采用了上下隐藏式双扬声器、支持IP67防水。这些是iPhone 6Plus没有的。

♂10 iPhone 8Plus与iPhone 7Plus硬件的比较是怎样的？

【答】 iPhone 8Plus采用更为简约的玻璃后盖，没有天线跳线。iPhone 7Plus为金属后壳，背面有天线线条。

iPhone 7Plus搭载苹果A10四核处理器。iPhone 8Plus搭载了苹果A11六核处理器，不仅核心数量有了升级，而且加入了人工智能、AR等特性。

iPhone 8Plus与iPhone 7Plus都搭载前置700万、后1200万像素双摄像头组合。但是iPhone 8Plus采用了全新的传感器，在拍照方面相比iPhone 7Plus有了明显的提升。

♂11 iPhone X与iPhone 8Plus硬件的比较是怎样的？

【答】 iPhone 8Plus外观设计上采用了铝合金金属机身。iPhone X采用了双面玻璃机身。iPhone X采用了不锈钢金属。

iPhone 8Plus采用了2.5D弧形玻璃屏幕，屏幕下方为固态圆形指纹Home键。iPhone X正面配备全面屏，屏幕四周都是窄边框设计，屏幕下方取消了指纹传感器，Touch ID被替换为新的Face ID面部识别功能。

iPhone 8Plus金属后壳采用了上下端隐藏式天线设计，双摄像头位于机身左上角，采用平行双摄设计。iPhone X背面采用了2.5D弧形玻璃，另外双摄设计采用了竖型双摄设计。

iPhone X配备了5.8英寸屏。iPhone 8Plus配备了5.5英寸屏。

♂12 一些iPhone的内部结构是怎样的？

【答】 一些iPhone的内部结构如图1-3所示。

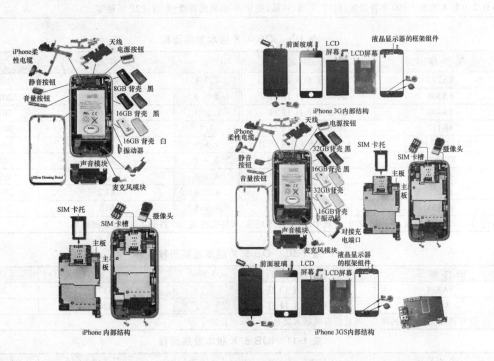

图1-3 一些iPhone的内部结构

☝13　iPhone 操作系统 iOS 的发展历程是怎样的？

【答】　iPhone 是一部智能手机，在硬件之上部署了一套 iPhone OS 操作系统。iOS 原本为 iPhone OS，2010 年 6 月 7 日 WWDC 大会上宣布改为 iOS。

iOS 操作系统（iPhone OS 操作系统）之于 iPhone（硬件平台），相当于 Windows XP 之于家用 PC。

iOS 与苹果的个人电脑的操作系统 Mac OS 操作系统均是以 Darwin 为基础的，同属于类 Unix 商业操作系统。iOS 最初是为 iPhone 设计的，后来苹果产品 iPod touch、iPad 等均采用了该操作系统。

iOS 版本发展历程见表 1-6~表 1-15。

表 1-6　iOS1.X 版本发展历程

iOS 版本	固件编号	发布时间	iOS 版本	固件编号	发布时间
1.0	1A543a	2007 年 6 月 29 日	1.1.2	3B48b	2007 年 11 月 12 日
1.0.1	1C25	2007 年 7 月 31 日	1.1.3	4A93	2008 年 1 月 15 日
1.0.2	1C28	2007 年 8 月 21 日	1.1.4	4A102	2008 年 2 月 26 日
1.1	3A100a、3A101a	2007 年 9 月 14 日	1.1.5	4B1	2008 年 7 月 15 日
1.1.1	3A109a、3A110a	2007 年 9 月 27 日			

iOS 1.X 版本的特点多点触控、邮件发送、虚拟键盘输入、iPod 功能

表 1-7　iOS 2.X 版本发展历程

iOS 版本	固件编号	发布时间	iOS 版本	固件编号	发布时间
2.0	5A347	2008 年 7 月 11 日	2.1.1	5F138	2008 年 9 月 9 日
2.0.1	5B108	2008 年 8 月 4 日	2.2	5G77、5G77a	2008 年 11 月 21 日
2.0.2	5C1	2008 年 8 月 18 日	2.2.1	5H11、5H11a、9M2621a	2009 年 2 月 27 日
2.1	5F136、5F137、9M2517	2008 年 9 月 9 日			

iOS 2.X 版本的特点加入了 App Store、截图功能、计算器功能、支持手写输入、正式支持中文、支持 Office 文档等

表 1-8　iOS 3.X 版本发展历程

iOS 版本	固件编号	发布时间	iOS 版本	固件编号	发布时间
3.0	7A341	2009 年 6 月 17 日	3.1.3	7E18	2010 年 2 月 2 日
3.0.1	7A400	2009 年 7 月 31 日	3.2	7B367	2010 年 1 月 27 日
3.1	7C144、7C145	2009 年 9 月 9 日	3.2.1	7B405	2010 年 7 月 15 日
3.1.2	7D11	2009 年 10 月 8 日	3.2.2	7B500	2010 年 8 月 11 日

iOS 3.X 版本比 2.0 版本增加了 100 多种功能：剪切、复制、粘贴、蓝牙、手机横向键盘、彩信、P2P 链接等

表 1-9　iOS 4.X 版本发展历程

iOS 版本	固件编号	发布时间	iOS 版本	固件编号	发布时间
4.0	8A293	2010 年 6 月 21 日	4.2.8	8E401	2011 年 5 月 4 日
4.0.1	8A306	2010 年 7 月 16 日	4.2.9	8E501	2011 年 7 月 16 日
4.0.2	8A400	2010 年 8 月 12 日	4.2.10	8E600	2011 年 7 月 26 日
4.1	8B117	2010 年 9 月 18 日	4.3	8F190	2011 年 3 月 10 日
4.2	8C134、8C134b	N/A（被 iOS 4.2.1 代替）	4.3.1	8G4	2011 年 3 月 25 日
4.2.1	8C148a	2010 年 11 月 23 日	4.3.2	8H7	2011 年 4 月 15 日
4.2.5	8E128	2011 年 2 月 7 日	4.3.3	8J2	2011 年 5 月 4 日
4.2.6	8E200	2011 年 2 月 10 日	4.3.4	8K2	2011 年 7 月 16 日
4.2.7	8E303	2011 年 4 月 14 日	4.3.5	8L1	2011 年 7 月 26 日

iOS 4.X 的改进：E-mail 功能增强、企业级应用、游戏中心、多任务处理、程序文件夹、广告嵌入、无分类邮箱等

表 1-10　iOS 5.X 版本发展历程

iOS 版本	固件编号	发布时间	iOS 版本	固件编号	发布时间
5.0	9A334	2011 年 10 月 13 日	5.1	9B179	2012 年 3 月 8 日
5.0.1	A406	2011 年 11 月 11 日	5.1.1	9B206	2012 年 5 月

iOS 5 的所兼容的 CPU 速度是 iOS 4 的两倍，新功能有联系人黑名单、Siri 语音助手等

表 1-11　iOS 6.X 版本发展历程

iOS 版本	版本号	发布时间	iOS 版本	版本号	发布时间
6.0 beta1	10A5316k	2012 年 6 月	6.0 beta3	10A5355d	2012 年 7 月
6.0 beta2	10A5338d	2012 年 6 月	6.0.2	10A525	2012 年 12 月 19 日

iOS 6 的新功能有：Siri 支持普通话和粤语、Facetime 不用 WiFi 也可以用、增加免打扰模式、设置 App 访问权限、使用苹果自己的地图等特点

表 1-12 iOS 6.X 版本固件适应机型

iOS 版本	版本号	适应机型	iOS 版本	版本号	适应机型
6.0	GSM6.0 10A405	iPhone 5	6.1	通用版6.1 10B141	iPhone 3GS
6.0	GSM+CDMA6.0 10A405	iPhone 5	6.1.1	通用版6.1.1 10B145	iPhone 4S
6.0	通用版6.0 10A403	iPhone 4S	6.1.2	GSM6.1.2 10B146	iPhone 5
6.0	GSM6.0 10A403	iPhone 4	6.1.2	GSM+CDMA6.1.2 10B146	iPhone 5
6.0	CDMA 6.0 10A403	iPhone 4	6.1.2	通用版6.1.2 10B146	iPhone 4S
6.0	通用版6.0 10A403	iPhone 3GS	6.1.2	GSM 8G 6.1.2 10B146	iPhone 4
6.0.1	GSM6.0.1 10A525	iPhone 5	6.1.2	GSM6.1.2 10B146	iPhone 4
6.0.1	GSM+CDMA6.0.1 10A525	iPhone 5	6.1.2	CDMA6.1.2 10B146	iPhone 4
6.0.1	通用版6.0.1 10A523	iPhone 4S	6.1.2	通用版6.1.2 10B146	iPhone 3GS
6.0.1	GSM6.0.1 10A523	iPhone 4	6.1.3	GSM6.1.3 10B329	iPhone 5
6.0.1	CDMA6.0.1 10A523	iPhone 4	6.1.3	GSM+CDMA6.1.3 10B329	iPhone 5
6.0.1	通用版6.0.1 10A523	iPhone 3GS	6.1.3	通用版6.1.3 10B329	iPhone 4S
6.0.2	GSM6.0.2 10A551	iPhone 5	6.1.3	GSM 8G 6.1.3 10B329	iPhone 4
6.0.2	CDMA6.0.2 10A551	iPhone 5	6.1.3	CDMA6.1.3 10B329	iPhone 4
6.1	GSM6.1 10B143	iPhone 5	6.1.3	GSM 6.1.3 10B329	iPhone 4
6.1	GSM+CDMA6.1 10B143	iPhone 5	6.1.3	通用版6.1.3 10B329	iPhone 3GS
6.1	通用版6.1 10B142	iPhone 4S	6.1.4	GSM6.1.4 10B350	iPhone 5
6.1	GSM 8G 6.1 10B144	iPhone 4	6.1.4	GSM+CDMA6.1.4 10B350	iPhone 5
6.1	GSM6.1 10B144	iPhone 4	6.1.5	通用版6.1.5 10B400	iPod Touch
6.1	CDMA6.1 10B141	iPhone 4	6.1.6	通用版6.1.6 10B50	iPhone 3GS

表 1-13 iOS 7.X 版本固件适应机型

iOS 版本	版本号	适应机型	iOS 版本	版本号	适应机型
7.0	GSM7.0 10A465	iPhone 5	7.0.5	GSM7.0.5 11B601	iPhone 5S
7.0	GSM+CDMA7.0 11A465	iPhone 5	7.0.5	GSM7.0.5 11B601	iPhone 5C
7.0	通用版7.0 11A465	iPhone 4S	7.0.6	CDMA7.0.6 11 B651	iPhone 5S
7.0	GSM 8G7.0 11A465	iPhone 4	7.0.6	GSM7.0.6 11 B651	iPhone 5S
7.0	GSM7.0 11A465	iPhone 4	7.0.6	CDMA7.0.6 11 B651	iPhone 5C
7.0	CDMA7.0 11A465	iPhone 4	7.0.6	GSM7.0.6 11 B651	iPhone 5C
7.0.1	CDMA7.0.1 11A470a	iPhone 5S	7.0.6	GSM7.0.6 11 B651	iPhone 5
7.0.1	GSM7.0.1 11A470a	iPhone 5S	7.0.6	GSM+CDM7.0.6 11 B651	iPhone 5
7.0.1	CDMA7.0.1 11A470a	iPhone 5C	7.0.6	通用版7.0.6 11 B651	iPhone 4S
7.0.1	GSM7.0.1 11A470a	iPhone 5C	7.0.6	GSM 8G7.0.6 11 B651	iPhone 4
7.0.2	CDMA7.0.2 11A501	iPhone 5S	7.0.6	GSM7.0.6 11 B651	iPhone 4
7.0.2	GSM7.0.2 11A501	iPhone 5S	7.0.6	CDMA7.0.6 11 B651	iPhone 4
7.0.2	CDMA7.0.2 11A501	iPhone 5C	7.1	CDMA7.1 11 D167	iPhone 5S
7.0.2	GSM7.0.2 11A501	iPhone 5C	7.1	GSM7.1 11 D167	iPhone 5S
7.0.2	GSM7.0.2 11A501	iPhone 5	7.1	CDMA7.1 11 D167	iPhone 5C
7.0.2	GSM+CDMA 7.0.2 11A501	iPhone 5	7.1	GSM7.1 11 D167	iPhone 5C
7.0.2	GSM7.0.2 11A501	iPhone 4S	7.1	GSM7.1 11 D167	iPhone 5
7.0.2	GSM+CDMA 7.0.2 11A501	iPhone 4S	7.1	GSM+CDM7.1 11 D167	iPhone 5
7.0.2	GSM 8G7.0.2 11A501	iPhone 4	7.1	通用版7.1 11 D167	iPhone 4S
7.0.2	GSM7.0.2 11A501	iPhone 4	7.1.1	CDMA7.1.1 11 D201	iPhone 5S
7.0.2	CDMA7.0.2 11A501	iPhone 4	7.1.1	GSM7.1.1 11 D201	iPhone 5S
7.0.3	CDMA7.0.3 11B511	iPhone 5S	7.1.1	CDMA7.1.1 11 D201	iPhone 5C
7.0.3	GSM7.0.3 11B511	iPhone 5S	7.1.1	GSM7.1.1 11 D201	iPhone 5C
7.0.3	CDMA7.0.3 11B511	iPhone 5C	7.1.1	GSM7.1.1 11 D201	iPhone 5
7.0.3	GSM7.0.3 11B511	iPhone 5C	7.1.1	GSM+CDM7.1.1 11 D201	iPhone 5
7.0.3	GSM +CDMA7.0.3 11B511	iPhone 5	7.1.1	通用版7.1.1 11 D201	iPhone 4S
7.0.3	GSM7.0.3 11B511	iPhone 5	7.1.1	GSM 8G7.1.1 11 D201	iPhone 4
7.0.3	通用版7.0.3 11B511	iPhone 4S	7.1.1	GSM7.1.1 11 D201	iPhone 4
7.0.3	GSM 8G7.0.3 11B511	iPhone 4	7.1.1	CDMA7.1.1 11 D201	iPhone 4
7.0.3	GSM7.0.3 11B511	iPhone 4	7.1.2	CDMA7.1.2 11 D257	iPhone 5S
7.0.3	CDMA7.0.3 11B511	iPhone 4	7.1.2	GSM7.1.2 11 D257	iPhone 5S
7.0.4	CDMA7.0.4 11B554a	iPhone 5S	7.1.2	CDMA7.1.2 11 D257	iPhone 5C
7.0.4	GSM7.0.4 11B554a	iPhone 5S	7.1.2	GSM7.1.2 11 D257	iPhone 5C
7.0.4	CDMA7.0.4 11B554a	iPhone 5C	7.1.2	GSM+CDM7.1.2 11 D257	iPhone 5
7.0.4	GSM7.0.4 11B554a	iPhone 5C	7.1.2	通用版7.1.2 11 D257	iPhone 4S
7.0.4	GSM7.0.4 11B554a	iPhone 5	7.1.2	GSM 8G7.1.2 11 D257	iPhone 4
7.0.4	通用版7.0.4 11B554a	iPhone 4S	7.1.2	GSM7.1.2 11 D257	iPhone 4
7.0.4	GSM 8G7.0.4 11B554a	iPhone 4	7.1.2	CDMA7.1.2 11 D257	iPhone 4
7.0.4	GSM7.0.4 11B554a	iPhone 4			
7.0.4	CDMA7.0.4 11B554a	iPhone 4			

表 1-14　iOS 8.X版本固件适应机型

iOS 版本	版本号	适应机型	iOS 版本	版本号	适应机型
8.0	通用版 8.0　12A366	iPhone 6Plus	8.0.2	GSM+CDMA8.0.2　12A405	iPhone 5
8.0	通用版 8.0　12A365	iPhone 6	8.0.2	通用版 8.0.2　12A405	iPhone 4S
8.0	CDMA8.0　12A365	iPhone 5S	8.1	12B401、12B407	iPhone 4S、iPhone 5、iPhone 5C、iPhone 5S、iPhone 6、iPhone 6Plus
8.0	GSM8.0　12A365	iPhone 5S	8.1.1	12B436、12B435	iPhone 4S、iPhone 5、iPhone 5C、iPhone 5S、iPhone 6、iPhone 6Plus
8.0	CDMA8.0　12A365	iPhone 5C	8.1.2	12B440	iPhone 4S、iPhone 5、iPhone 5C、iPhone 5S、iPhone 6、iPhone 6Plus
8.0	GSM8.0　12A365	iPhone 5C	8.1.3	12B466	iPhone 4S、iPhone 5、iPhone 5C、iPhone 5S、iPhone 6、iPhone 6Plus
8.0	GSM8.0　12A365	iPhone 5	8.2	12D508	iPhone 4S、iPhone 5、iPhone 5C、iPhone 5S、iPhone 6、iPhone 6Plus
8.0	GSM+CDMA8.0　12A365	iPhone 5	8.3	12F70	iPhone 4S、iPhone 5、iPhone 5C、iPhone 5S、iPhone 6、iPhone 6Plus
8.0	通用版 8.0　12A365	iPhone 4S	8.4	12H143	iPhone 4S、iPhone 5、iPhone 5C、iPhone 5S、iPhone 6、iPhone 6Plus
8.0.2	通用版 8.0.2　12A405	iPhone 6Plus	8.4.1	12H321	iPhone 4S、iPhone 5、iPhone 5C、iPhone 5S、iPhone 6、iPhone 6Plus
8.0.2	通用版 8.0.2　12A405	iPhone 6			
8.0.2	CDMA8.0.2　12A405	iPhone 5S			
8.0.2	GSM8.0.2　12A405	iPhone 5S			
8.0.2	CDMA8.0.2　12A405	iPhone 5C			
8.0.2	GSM8.0.2　12A405	iPhone 5C			
8.0.2	GSM8.0.2　12A405	iPhone 5			

表 1-15　iOS 9.X版本固件适应机型

iOS 版本	版本号	适应机型	iOS 版本	版本号	适应机型
9.0	13A344	iPhone 4S、iPhone 5、iPhone 5C、iPhone 5S、iPhone 6、iPhone 6Plus	GSM 9.3 beta5	13E5225a	iPhone 5C
9.0.1	13A405	iPhone 4S、iPhone 5、iPhone 5C、iPhone 5S、iPhone 6、iPhone 6Plus	CDMA 9.3 beta6	13E5231a	iPhone 5C
9.0.2	13A452	iPhone 4S、iPhone 5、iPhone 5C、iPhone 5S、iPhone 6、iPhone 6Plus	GSM 9.3 beta7	13E5233a	iPhone 5C
9.1	13B143	iPhone 4S、iPhone 5、iPhone 5C、iPhone 5S、iPhone 6、iPhone 6Plus	GSM 9.3	13E237	iPhone 5C
9.2	13C75	iPhone 4S、iPhone 5、iPhone 5C、iPhone 5S、iPhone 6、iPhone 6Plus	CDMA 9.3 beta1	13E5181d	iPhone 5C
9.2.1	13D15	iPhone 4S、iPhone 5、iPhone 5C、iPhone 5S、iPhone 6、iPhone 6Plus	CDMA 9.3 beta2	13E5191d	iPhone 5C
通用版 9.3	13E237	iPhone 4S	CDMA 9.3 beta3	13E5200d	iPhone 5C
通用版 9.3 beta7	13E5233a	iPhone 4S	CDMA 9.3 beta4	13E5214d	iPhone 5C
通用版 9.3 beta6	13E5231a	iPhone 4S	CDMA 9.3 beta5	13E5225a	iPhone 5C
通用版 9.3 beta5	13E5225a	iPhone 4S	GSM 9.3 beta6	13E5231a	iPhone 5C
通用版 9.3 beta4	13E5214d	iPhone 4S	CDMA 9.3 beta7	13E5233a	iPhone 5C
通用版 9.3 beta3	13E5200d	iPhone 4S	CDMA 9.3	13E237	iPhone 5C
通用版 9.3 beta2	13E5191d	iPhone 4S	GSM 9.3 beta1	13E5181d	iPhone 5S
通用版 9.3 beta1	13E5181d	iPhone 4S	GSM 9.3 beta2	13E5191d	iPhone 5S
GSM 9.3 beta1	13E5181d	iPhone 5	GSM 9.3 beta3	13E5200d	iPhone 5S
GSM 9.3 beta2	13E5191d	iPhone 5	GSM 9.3 beta4	13E5214d	iPhone 5S
CDMA 9.3 beta3	13E5200d	iPhone 5	GSM 9.3 beta5	13E5225a	iPhone 5S
GSM 9.3 beta4	13E5214d	iPhone 5	CDMA 9.3 beta6	13E5231a	iPhone 5S
GSM 9.3 beta5	13E5225a	iPhone 5	GSM 9.3 beta7	13E5233a	iPhone 5S
CDMA 9.3 beta6	13E5231a	iPhone 5	GSM 9.3	13E237	iPhone 5S
GSM 9.3 beta7	13E5233a	iPhone 5	CDMA 9.3 beta1	13E5181d	iPhone 5S
CDMA 9.3	13E237	iPhone 5	CDMA 9.3 beta2	13E5191d	iPhone 5S
CDMA 9.3 beta1	13E5181d	iPhone 5	CDMA 9.3 beta3	13E5200d	iPhone 5S
CDMA 9.3 beta2	13E5191d	iPhone 5	CDMA 9.3 beta4	13E5214d	iPhone 5S
GSM 9.3 beta3	13E5200d	iPhone 5	CDMA 9.3 beta5	13E5225a	iPhone 5S
CDMA 9.3 beta4	13E5214d	iPhone 5	GSM 9.3 beta6	13E5231a	iPhone 5S
CDMA 9.3 beta5	13E5225a	iPhone 5	CDMA 9.3 beta7	13E5233a	iPhone 5S
GSM 9.3 beta6	13E5231a	iPhone 5	CDMA 9.3	13E237	iPhone 5S
CDMA 9.3 beta7	13E5233a	iPhone 5	通用版 9.3 beta1	13E5181d	iPhone 6
GSM 9.3 beta1	13E5181d	iPhone 5C	通用版 9.3 beta3	13E5200d	iPhone 6
GSM 9.3 beta2	13E5191d	iPhone 5C	通用版 9.3 beta5	13E5225a	iPhone 6
GSM 9.3 beta3	13E5200d	iPhone 5C	通用版 9.3 beta7	13E5233a	iPhone 6
GSM 9.3 beta4	13E5214d	iPhone 5C	通用版 9.3 beta2	13E5191d	iPhone 6
			通用版 9.3 beta4	13E5214d	iPhone 6
			通用版 9.3 beta6	13E5231a	iPhone 6
			通用版 9.3	13E233	iPhone 6
			通用版 9.3 beta1	13E5181d	iPhone 6Plus

（续）

iOS 版本	版本号	适 应 机 型	iOS 版本	版本号	适 应 机 型
通用版 9.3 beta3	13E5200d	iPhone 6Plus	通用版 9.3 beta4	13E5214d	iPhone 6S
通用版 9.3 beta5	13E5225a	iPhone 6Plus	通用版 9.3 beta6	13E5231a	iPhone 6S
通用版 9.3 beta7	13E5233a	iPhone 6Plus	通用版 9.3	13E233	iPhone 6S
通用版 9.3 beta2	13E5191d	iPhone 6Plus	通用版 9.3 beta1	13E5181d	iPhone 6SPlus
通用版 9.3 beta4	13E5214d	iPhone 6Plus	通用版 9.3 beta3	13E5200d	iPhone 6SPlus
通用版 9.3 beta6	13E5231a	iPhone 6Plus	通用版 9.3 beta5	13E5225a	iPhone 6SPlus
通用版 9.3	13E233	iPhone 6Plus	通用版 9.3 beta7	13E5234a	iPhone 6SPlus
通用版 9.3 beta1	13E5181d	iPhone 6S	通用版 9.3 beta2	13E5191d	iPhone 6SPlus
通用版 9.3 beta3	13E5200d	iPhone 6S	通用版 9.3 beta4	13E5214d	iPhone 6SPlus
通用版 9.3 beta5	13E5225a	iPhone 6S	通用版 9.3 beta6	13E5231a	iPhone 6SPlus
通用版 9.3 beta7	13E5234a	iPhone 6S	通用版 9.3	13E233	iPhone 6SPlus
通用版 9.3 beta2	13E5191d	iPhone 6S	通用版 9.3	13E233	iPhone SE

其他一些 iOS 9.X 版本固件与适应机型如图 1-4 所示。

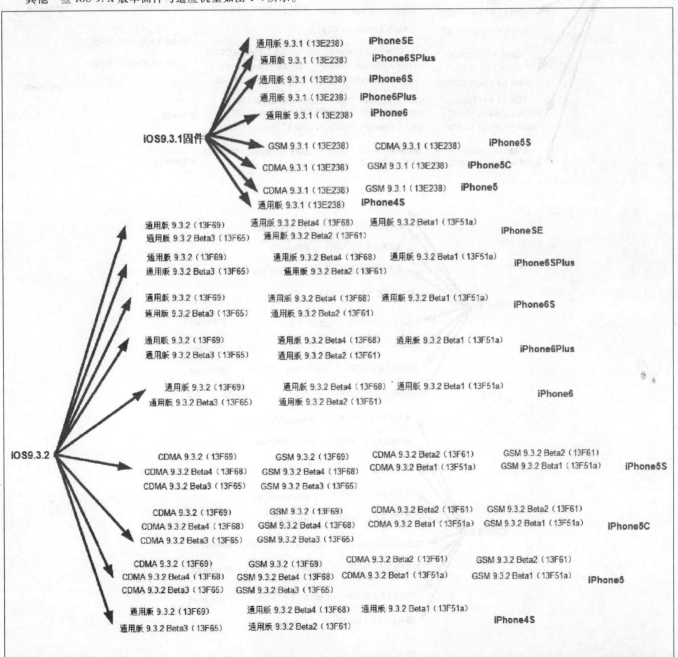

图 1-4　其他一些 iOS 9.X 版本固件与适应机型

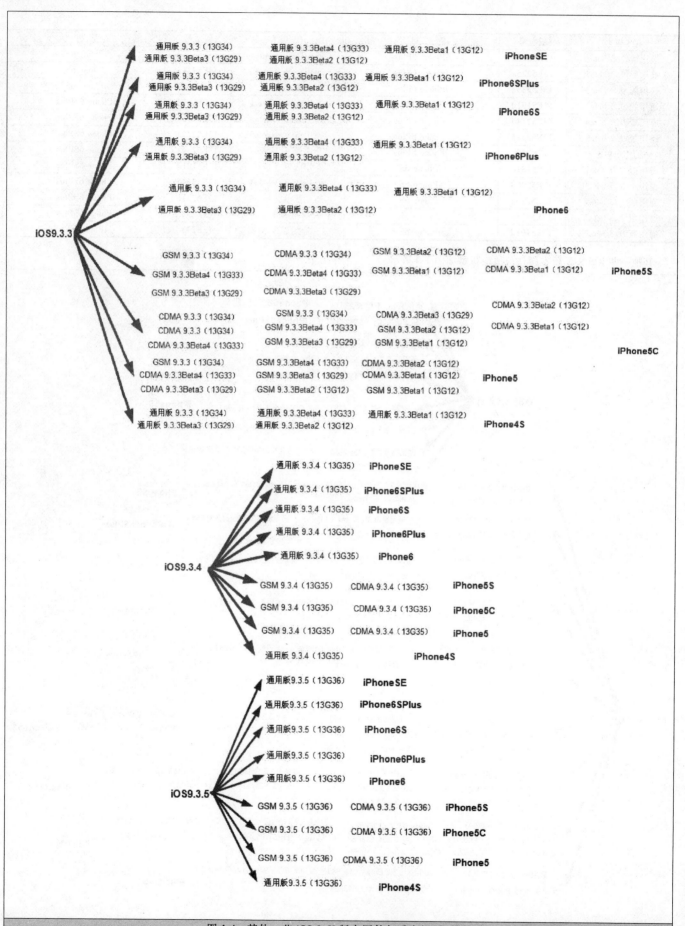

图1-4　其他一些 iOS 9.X 版本固件与适应机型(续)

其他一些 iOS 10. X 版本固件与适应机型如图 1-5 所示。

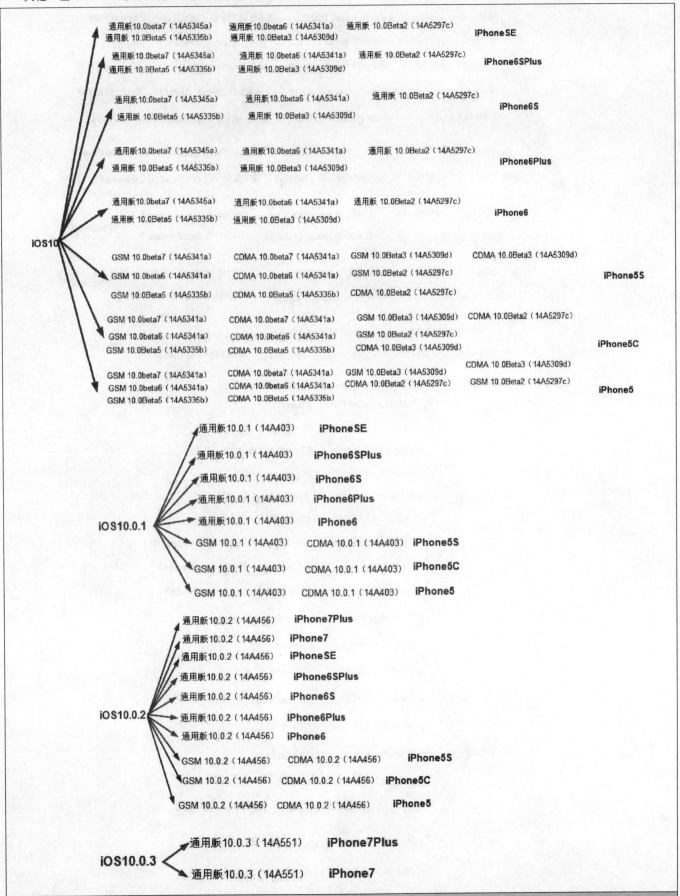

图 1-5　其他一些 iOS 10. X 版本固件与适应机型

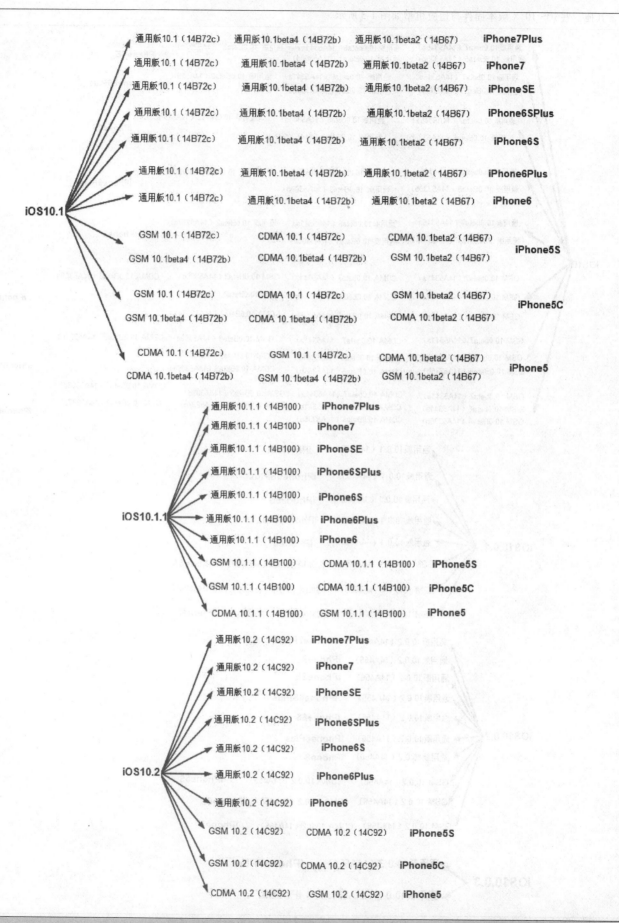

图 1-5 其他一些 iOS 10. X

iOS10.2.1

			iPhone7Plus
通用版10.2.1（14D27）	通用版10.2.1beta3（14D23）	通用版10.2.1beta2（14D15）	

通用版10.2.1（14D27）　通用版10.2.1beta3（14D23）　通用版10.2.1beta2（14D15）　**iPhone7**

通用版10.2.1（14D27）　通用版10.2.1beta2（14D15）　**iPhoneSE**

通用版10.2.1（14D27）　通用版10.2.1beta3（14D23）　通用版10.2.1beta2（14D15）　**iPhone6SPlus**

通用版10.2.1（14D27）　通用版10.2.1beta3（14D23）　通用版10.2.1beta2（14D15）　**iPhone6S**

通用版10.2.1（14D27）　通用版10.2.1beta3（14D23）　通用版10.2.1beta2（14D15）　**iPhone6Plus**

通用版10.2.1（14D27）　通用版10.2.1beta3（14D23）　通用版10.2.1beta2（14D15）　**iPhone6**

GSM 10.2.1（14D27）　CDMA 10.2.1（14D27）　CDMA 10.2.1beta2（14D15）
GSM 10.2.1beta3（14D23）　CDMA 10.2.1beta3（14D23）　GSM 10.2.1beta2（14D15）　**iPhone5S**

GSM 10.2.1（14D27）　CDMA 10.2.1（14D27）　CDMA 10.2.1beta2（14D15）
GSM 10.2.1beta3（14D23）　CDMA 10.2.1beta3（14D23）　GSM 10.2.1beta2（14D15）　**iPhone5C**

GSM 10.2.1（14D27）　CDMA 10.2.1（14D27）　GSM 10.2.1beta2（14D15）
GSM 10.2.1beta3（14D23）　CDMA 10.2.1beta3（14D23）　CDMA 10.2.1beta2（14D15）　**iPhone5**

iOS10.3

通用版10.3（14E277）　通用版10.3beta7（14E5277a）　通用版10.3beta1（14E5230e）　通用版10.3beta3（14E5249d）
通用版10.3beta5（14E5269a）　通用版10.3beta4（14E5260b）　通用版10.3beta2（14E5239e）　**iPhone7Plus**

通用版10.3（14E277）　通用版10.3beta7（14E5277a）　通用版10.3beta1（14E5230e）　通用版10.3beta3（14E5249d）
通用版10.3beta5（14E5269a）　通用版10.3beta4（14E5260b）　通用版10.3beta2（14E5239e）　**iPhone7**

通用版10.3（14E277）　通用版10.3beta7（14E5277a）　通用版10.3beta1（14E5230e）　**iPhoneSE**
通用版10.3beta5（14E5269a）　通用版10.3beta4（14E5260b）　通用版10.3beta3（14E5249d）

通用版10.3（14E277）　通用版10.3beta7（14E5277a）　通用版10.3beta2（14E5239e）　通用版10.3beta1（14E5230e）
通用版10.3beta5（14E5269a）　通用版10.3beta4（14E5260b）　通用版10.3beta3（14E5249d）　**iPhone6SPlus**

通用版10.3（14E277）　通用版10.3beta7（14E5277a）　通用版10.3beta1（14E5230e）　通用版10.3beta2（14E5239e）
通用版10.3beta5（14E5269a）　通用版10.3beta4（14E5260b）　通用版10.3beta3（14E5249d）　**iPhone6S**

通用版10.3（14E277）　通用版10.3beta7（14E5277a）　通用版10.3beta1（14E5230e）　通用版10.3beta3（14E5249d）
通用版10.3beta5（14E5269a）　通用版10.3beta4（14E5260b）　通用版10.3beta2（14E5239e）　**iPhone6Plus**

通用版10.3（14E277）　通用版10.3beta7（14E5277a）　通用版10.3beta1（14E5230e）　通用版10.3beta3（14E5249d）
通用版10.3beta5（14E5269a）　通用版10.3beta4（14E6260b）　通用版10.3beta2（14E5239e）　**iPhone6**

GSM 10.3（14E277）　CDMA 10.3（14E277）　CDMA 10.3beta4（14E5260b）　GSM 10.3beta4（14E5260b）
GSM 10.3beta7（14E5277a）　CDMA 10.3beta7（14E5277a）　CDMA 10.3beta3（14E5249d）　GSM 10.3beta3（14E5249d）
GSM 10.3beta6（14E5269a）　CDMA 10.3beta5（14E5269a）　CDMA 10.3beta2（14E5239e）　GSM 10.3beta2（14E5239e）　**iPhone5S**
GSM 10.3beta1（14E5230e）　CDMA 10.3beta1（14E5230e）

GSM 10.3（14E277）　CDMA 10.3（14E277）　CDMA 10.3beta3（14E5249d）　GSM 10.3beta3（14E5249d）
GSM 10.3beta7（14E5277a）　CDMA 10.3beta7（14E5277a）　CDMA 10.3beta2（14E5239e）　GSM 10.3beta2（14E5239e）
GSM 10.3beta5（14E5269a）　CDMA 10.3beta5（14E5269a）　CDMA 10.3beta1（14E5230e）　GSM 10.3beta1（14E5230e）　**iPhone5C**
GSM 10.3beta4（14E5260b）　CDMA 10.3beta4（14E5260b）

iOS10.3

CDMA 10.3beta7（14E5277a）　GSM 10.3beta7（14E5277a）　GSM 10.3beta3（14E5249d）　CDMA 10.3beta3（14E5249d）
CDMA 10.3beta5（14E5269a）　GSM 10.3beta5（14E5269a）　CDMA 10.3beta2（14E5239e）　GSM 10.3beta2（14E5239e）　**iPhone5**
CDMA 10.3beta4（14E5260b）　GSM 10.3beta4（14E5260b）　GSM 10.3beta1（14E5230e）　CDMA 10.3beta1（14E5230e）

版本固件与适应机型（续）

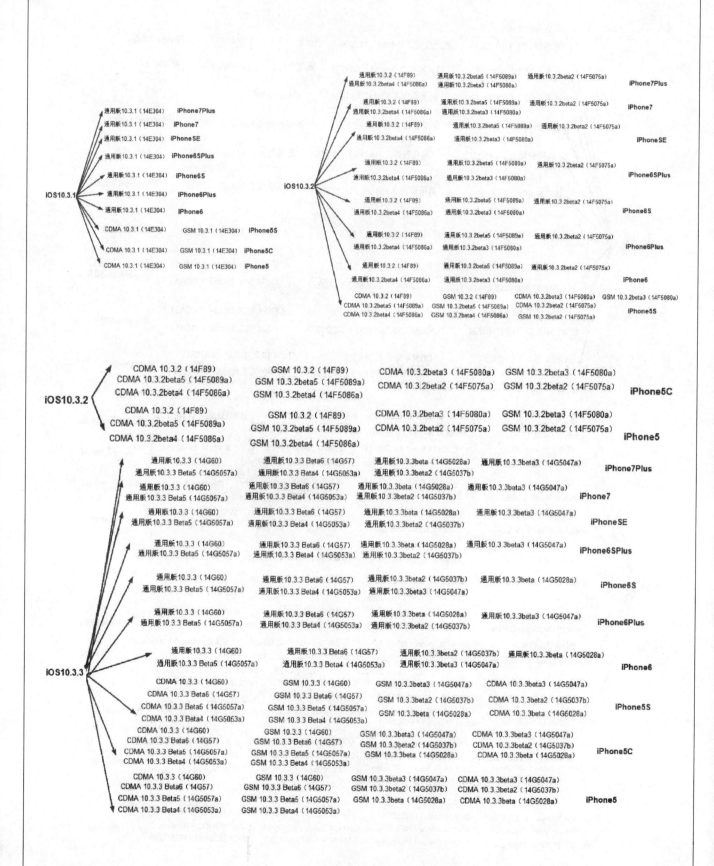

图1-5　其他一些 iOS 10.X 版本固件与适应机型（续）

一些 iOS11.X 固件与适应机型见表 1-16。

表 1-16　一些 iOS 11.X 固件与适应机型

机型	一些 iOS 11.X 固件与适应机型	机型	一些 iOS 11.X 固件与适应机型
iPhone X	通用版 11.2beta4(15C5110b)； 通用版 11.1.2(15B202)； 通用版 11.2beta3(15C5107a)； 通用版 11.1.1(15B150)； 通用版 11.2beta2(15C5097d)； 通用版 11.1(15B93)	iPhone 7Plus	通用版 11beta7(15A5362a)； 通用版 11 beta6(15A5354b)； 通用版 11 beta5(15A5341f)； 通用版 11 beta4(15A5327g)； 通用版 11 beta3(15A5318g)； 通用版 11beta2(15A5304i)； 通用版 11beta(15A5278f)
iPhone 8Plus	通用版 11.2beta4(15C5110b)； 通用版 11.1.2(15B202)； 通用版 11.2beta3(15C5107a)； 通用版 11.1.1(15B150)； 通用版 11.2beta2(15C5097d)； 通用版 11.1(15B93)； 通用版 11.2 beta(15C5092b)； 通用版 11.1beta5(15B93)； 通用版 11.1beta4(15B92)； 通用版 11.1beta3(15B5086a)； 通用版 11.0.3(15A432)； 通用版 11.1beta2(15B5078e)； 通用版 11.1beta(15B5066f)； 通用版 11.0.2(15A421)； 通用版 11.0.1(15A403)； 通用版 11.0(15A372)	iPhone 7	通用版 11.2beta4(15C5110b)； 通用版 11.1.2(15B202)； 通用版 11.2beta3(15C5107a)； 通用版 11.1.1(15B150)； 通用版 11.2beta2(15C5097d)； 通用版 11.1(15B93)； 通用版 11.2 beta(15C5092b)； 通用版 11.1beta5(15B93)； 通用版 11.1beta4(15B92)； 通用版 11.1beta3(15B5086a)； 通用版 11.0.3(15A432)； 通用版 11.1beta2(15B5078e)； 通用版 11.0.2(15A421)； 通用版 11.1beta(15B5066f)； 通用版 11.0.1(15A402)； 通用版 11.0(15A372)； 通用版 11GMseed(15A372)； 通用版 11beta10(15A5372a)； 通用版 11beta9(15A5370a)； 通用版 11beta8(15A5368a)； 通用版 11beta7(15A5362a)； 通用版 11 beta6(15A5354b)； 通用版 11 beta5(15A5341f)； 通用版 11 beta4(15A5327g)； 通用版 11 beta3(15A5318g)； 通用版 11 beta2(15A5304i)； 通用版 11beta(15A5278f)
iPhone 8	通用版 11.2beta4(15C5110b)； 通用版 11.1.2(15B202)； 通用版 11.2beta3(15C5107a)； 通用版 11.1.1(15B150)； 通用版 11.2beta2(15C5097d)； 通用版 11.1(15B93)； 通用版 11.2 beta(15C5092b)； 通用版 11.1beta5(15B93)； 通用版 11.1beta4(15B92)； 通用版 11.1beta3(15B5086a)； 通用版 11.0.3(15A432)； 通用版 11.1beta2(15B5078e)； 通用版 11.1beta(15B5066f)； 通用版 11.0.2(15A421)； 通用版 11.0.1(15A403)； 通用版 11.0(15A372)	iPhone SE	通用版 11.2beta4(15C5110b)； 通用版 11.1.2(15B202)； 通用版 11.2beta3(15C5107a)； 通用版 11.1.1(15B150)； 通用版 11.2beta2(15C5097d)； 通用版 11.1(15B93)； 通用版 11.2 beta(15C5092b)； 通用版 11.1beta5(15B93)； 通用版 11.1beta4(15B92)； 通用版 11.1beta3(15B5086a)； 通用版 11.0.3(15A432)； 通用版 11.1beta2(15B5078e)； 通用版 11.0.2(15A421)； 通用版 11.1beta(15B5066f)； 通用版 11.0.1(15A402)； 通用版 11.0(15A372)； 通用版 11GMseed(15A372)； 通用版 11beta10(15A5372a)； 通用版 11beta9(15A5370a)； 通用版 11beta8(15A5368a)； 通用版 11beta7(15A5362a)； 通用版 11 beta6(15A5354b)； 通用版 11 beta5(15A5341f)； 通用版 11beta4(15A5327g)； 通用版 11beta3(15A5318g)； 通用版 11beta2(15A5304i)； 通用版 11beta(15A5278f)
iPhone 7Plus	通用版 11.2beta4(15C5110b)； 通用版 11.1.2(15B202)； 通用版 11.2beta3(15C5107a)； 通用版 11.1.1(15B150)； 通用版 11.2beta2(15C5097d)； 通用版 11.1(15B93)； 通用版 11.2 beta(15C5092b)； 通用版 11.1beta5(15B93)； 通用版 11.1beta4(15B92)； 通用版 11.1beta3(15B5086a)； 通用版 11.0.3(15A432)； 通用版 11.1beta2(15B5078e)； 通用版 11.1beta(15B5066f)； 通用版 11.0.1(15A402)； 通用版 11.0(15A372)； 通用版 11GMseed(15A372)； 通用版 11beta10(15A5372a)； 通用版 11beta9(15A5370a)； 通用版 11beta8(15A5368a)；		

机型	一些 iOS 11. X 固件与适应机型	机型	一些 iOS 11. X 固件与适应机型
iPhone 6SPlus	通用版 11.2beta4(15C5110b)； 通用版 11.1.2(15B202)； 通用版 11.2beta3(15C5107a)； 通用版 11.1.1(15B150)； 通用版 11.2beta2(15C5097d)； 通用版 11.1(15B93)； 通用版 11.2 beta(15C5092b)； 通用版 11.1beta5(15B93)； 通用版 11.1beta4(15B92)； 通用版 11.1beta3(15B5086a)； 通用版 11.0.3(15A432)； 通用版 11.1beta2(15B5078e)； 通用版 11.0.2(15A421)； 通用版 11.1beta(15B5066f)； 通用版 11.0.1(15A402)； 通用版 11.0(15A372)； 通用版 11GMseed(15A372)； 通用版 11beta10(15A5372a)； 通用版 11beta9(15A5370a)； 通用版 11beta8(15A5368a)； 通用版 11beta7(15A5362a)； 通用版 11 beta6(15A5354b)； 通用版 11 beta5(15A5341f)； 通用版 11 beta4(15A5327g)； 通用版 11 beta3(15A5318g)； 通用版 11beta2(15A5304i)； 通用版 11beta(15A5278f)	iPhone 6Plus	通用版 11.1beta5(15B93)； 通用版 11.1beta4(15B92)； 通用版 11.1beta3(15B5086a)； 通用版 11.0.3(15A432)； 通用版 11.1beta2(15B5078e)； 通用版 11.0.2(15A421) 通用版 11.1beta(15B5066f)； 通用版 11.0.1(15A402)； 通用版 11.0(15A372)； 通用版 11GMseed(15A372)； 通用版 11beta10(15A5372a)； 通用版 11beta9(15A5370a)； 通用版 11beta8(15A5368a)； 通用版 11beta7(15A5362a)； 通用版 11 beta6(15A5354b)； 通用版 11 beta5(15A5341f)； 通用版 11 beta4(15A5327g)； 通用版 11 beta3(15A5318g)； 通用版 11beta2(15A5304i)； 通用版 11beta(15A5278f)
iPhone 6S	通用版 11.2beta4(15C5110b)； 通用版 11.1.2(15B202)； 通用版 11.2beta3(15C5107a)； 通用版 11.1.1(15B150)； 通用版 11.2beta2(15C5097d)； 通用版 11.1(15B93)； 通用版 11.2 beta(15C5092b)； 通用版 11.1beta5(15B93)； 通用版 11.1beta4(15B92)； 通用版 11.1beta3(15B5086a)； 通用版 11.0.3(15A432)； 通用版 11.1beta2(15B5078e)； 通用版 11.0.2(15A421)； 通用版 11.1beta(15B5066f)； 通用版 11.0.1(15A402)； 通用版 11.0(15A372)； 通用版 11GMseed(15A372)； 通用版 11beta10(15A5372a)； 通用版 11beta9(15A5370a)； 通用版 11beta8(15A5368a)； 通用版 11beta7(15A5362a)； 通用版 11 beta6(15A5354b)； 通用版 11 beta5(15A5341f)； 通用版 11 beta4(15A5327g)； 通用版 11 beta3(15A5318g)； 通用版 11beta2(15A5304i)； 通用版 11beta(15A5278f)	iPhone 6	通用版 11.2beta4(15C5110b)； 通用版 11.1.2(15B202)； 通用版 11.2beta3(15C5107a)； 通用版 11.1.1(15B150)； 通用版 11.2beta2(15C5097d)； 通用版 11.1(15B93)； 通用版 11.2 beta(15C5092b)； 通用版 11.1beta5(15B93)； 通用版 11.1beta4(15B92)； 通用版 11.1beta3(15B5086a)； 通用版 11.0.3(15A432)； 通用版 11.1beta2(15B5078e)； 通用版 11.0.2(15A421)； 通用版 11.1beta(15B5066f)； 通用版 11.0.1(15A402)； 通用版 11.0(15A372)； 通用版 11GMseed(15A372)； 通用版 11beta10(15A5372a)； 通用版 11beta9(15A5370a)； 通用版 11beta8(15A5368a)； 通用版 11beta7(15A5362a)； 通用版 11 beta6(15A5354b)； 通用版 11 beta5(15A5341f)； 通用版 11 beta4(15A5327g)； 通用版 11 beta3(15A5318g)； 通用版 11beta2(15A5304i)； 通用版 11beta(15A5278f)
iPhone 6Plus	通用版 11.2beta4(15C5110b)； 通用版 11.1.2(15B202)； 通用版 11.2beta3(15C5107a)； 通用版 11.1.1(15B150)； 通用版 11.2beta2(15C5097d)； 通用版 11.1(15B93)； 通用版 11.2 beta(15C5092b)；	iPhone 5S	CDMA 11.2beta4(15C5110b)； GSM 11.2beta4(15C5110b)； CDMA 11.1.2(15B202)； GSM 11.1.2(15B202)； CDMA 11.2beta3(15C5107a)； GSM 11.2beta3(15C5107a)； CDMA 11.1.1(15B150)； GSM 11.1.1(15B150)； CDMA 11.2beta2(15C5097d)； GSM 11.2beta2(15C5097d)； CDMA 11.1(15B93)； GSM 11.1(15B93)； CDMA 11.2 beta(15C5092b)；

（续）

机型	一些 iOS11.X 固件与适应机型	机型	一些 iOS11.X 固件与适应机型
iPhone 5S	GSM 11.2 beta(15C5092b)； CDMA 11.1beta5(15B93)； GSM 11.1beta5(15B93)； CDMA 11.1beta4(15B92)； GSM 11.1beta4(15B92)； CDMA 11.1beta3(15B5086a)； GSM 11.1beta3(15B5086a)； CDMA 11.0.3(15A432)； GSM 11.0.3(15A432)； CDMA 11.1beta2(15B5078e)； GSM 11.1beta2(15B5078e)； CDMA 11.0.2(15A421)； GSM 11.0.2(15A421)； CDMA 11.1beta(15B5066f)； GSM 11.1beta(15B5066f)； CDMA 11.0.1(15A402)； GSM 11.0.1(15A402)； CDMA 11.0(15A372)； GSM 11.0(15A372)； CDMA 11GMseed(15A372)； GSM 11GMseed(15A372)；	iPhone 5S	CDMA 11beta10(15A5372a)； GSM 11beta10(15A5372a)； CDMA 11beta9(15A5370a)； GSM 11beta9(15A5370a)； CDMA 11beta8(15A5368a)； GSM 11beta8(15A5368a)； GSM 11beta7(15A5362a)； CDMA 11beta7(15A5362a)； CDMA 11 beta6(15A5354b)； GSM 11 beta6(15A5354b)； CDMA 11 beta5(15A5341f)； GSM 11 beta5(15A5341f)； CDMA 11beta4(15A5327g)； GSM 11beta4(15A5327g)； CDMA 11 beta3(15A5318g)； GSM 11 beta3(15A5318g)； CDMA 11beta2(15A5304i)； GSM 11beta2(15A5304i)； CDMA 11beta(15A5278f)； GSM 11beta(15A5278f)

另外，苹果后续 iOS 陆续会发布，例如，iOS 12 beta1（版本号 16A52889）已发布。

14　iPhone 的类型有哪些？

【答】　iPhone 的类型有有锁版、授权解锁版、无锁版，具体见表1-17。

表 1-17　iPhone 的类型

名　称	解　说
有锁版	需要解锁才可用其他公司的 SIM 卡
授权解锁版	授权解锁版有锁，在若干天（运营商决定）后连接 iTunes 就可以自动解锁
无锁版	无锁版是没有限制的

iPhone 根据销售发售的地方（国家或者地区）分为美版 iPhone、国行 iPhone、港版 iPhone 等。

15　怎样确定 iPhone 的型号？

【答】　确定 iPhone 的型号可以通过 iPhone 后盖上的文字来判断，如图 1-6 所示。但是，近新的 iPhone 8Plus、iPhone X 等机型后盖上没有该信息文字了。

16　怎样查看 iPhone 的保修服务与支持期限？

【答】　Apple 有限保修从 iPhone 原购买之日开始计算。查看 iPhone 的保修服务和支持期限可以到苹果官网中查询：

http://www.apple.com.cn/support/contact/

17　怎样查看 iPhone 的序号、IMEI 与 ICCID 号码？

【答】　查看 iPhone 的序号、IMEI 与 ICCID 号码可以针对不同的情况下查看：

（1）iPhone 是连接的操作步骤。

第1步　将 iPhone 连接到 PC，并打开 PC 上的 iTunes 软件。

第2步　当 iPhone 出现在 iTunes 时，选取。

第3步　再按一下【摘要】标签，则画面会显示 iPhone 的序号、电话号码。

第4步　如果点按此标签中的"电话号码"字样，iTunes 还将会显示 iPhone 的 IMEI 或 MEID，如图 1-7 所示。

图 1-6　确定 iPhone 的型号

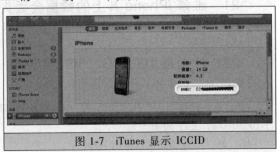

图 1-7　iTunes 显示 ICCID

第5步　如果点按"IMEI"，iTunes 将会显示 ICCID，如图 1-7 所示。

（2）iPhone 没有连接。

第1步　打开 iTunes。

第2步　将鼠标移到设备备份上。

第3步　在 iTunes 中打开"偏好设置"（Windows 中，选取编辑 > 偏好设置）。

第4步　点按"设备"标签，将鼠标置于备份之上，以显示所备份 iPhone 的电话号码、序列号、IMEI 或 MEID。

（3）看 SIM 卡托架。

取出 SIM 卡托架后，可以看到印在 SIM 卡托架上的序列号、IMEI。在 CDMA
运营商激活的 iPhone 4S 的 SIM 卡托架上将 MEID 和 IMEI 编号同时显示为 15 位数
字。MEID 编号使用前面的 14 位数字且忽略最后一位数字，而 IMEI 编号则使用全
部的 15 位数字，如图 1-8 所示。

图 1-8　IMEI 编号

（4）看 iPhone 的背面。

原装的 iPhone 的背面有序号、IMEI 的刻入，查看背面其外壳，即可了解。

（5）看 iPhone 的"关于"画面。

通过操作 iPhone 的"关于本机"画面，找到 iPhone 序号、IMEI、ICCID，具体
操作方法如下："主"画面点选"设置"→"通用"→"关于"，并向下滚动。

（6）看 Apple 的"系统描述"。

iPhone 处于恢复模式时，iTunes 将显示无法取得序号与 IMEI。如果安装了最
新版本的 iTunes，则可以使用电脑上的 Apple"系统描述"来检测 iPhone 的序号、IMEI。

（7）看 iPhone 的包装。

iPhone 的原装包装随附有的条码标签中有印好的 iPhone 序号与 IMEI。通过查看 iPhone 的包装，也可以了解 iPhone 序号与
IMEI。

18　怎样查看 iPhone 蓝牙耳机的序列号？

【答】　查看 iPhone 蓝牙耳机的序列号的方法如下：

（1）看 iPhone 蓝牙耳机的包装。

原装的 iPhone 蓝牙耳机的包装背面的标签上的序列号（编号），通过查看即可了解。

（2）看 iPhone 蓝牙耳机上。

原装的 iPhone 耳机背面有序列号标记，通过查看即可了解。

（3）通过电脑。

通过 MAC、PC 电脑均可以查看了解 iPhone 蓝牙耳机的序列号。

19　什么是 DOA？

【答】　DOA 是 Dead On Arrival 的缩写。DOA 有关规定为在移动电话整机购买之日一定时日内（例如 7 天），如果移动电话主机
出现非人为损坏的性能故障，消费者可以凭保修卡、购机发票到厂商指定授权维修机构进行检测，检测故障确认后消费者凭厂商指
定授权维修机构出具的检测工单、购机发票等享有免费换机、退机、保修等相关服务。

20　什么是 DAP？

【答】　DAP 是 Dead After Purchase 的缩写。DAP 有关规定为在移动电话主机购买之日起一定时日内（例如 15 天），如果移动电
话主机出现非人为损坏的性能故障，消费者可以凭保修卡、购机发票到厂商指定授权维修机构进行检测，检测故障确认后消费者可
以凭厂商指定授权维修机构出具的检测工单、购机发票等享有免费换机、保修等服务。

21　维修 iPhone 其上的数据会丢失吗？

【答】　维修中，可能将会清除 iPhone 上的所有数据。因此，开始维修前，需要使用 iCloud 或 iTunes 备份 iPhone 上的数据。

22　什么是 1G、2G、3G、4G？

【答】　1G、2G、3G、4G 的解说见表 1-18。

4G 是第四代移动通信技术的简称。中国移动 4G 采用了 4G LTE 标准中的 TD-LTE。TD-LTE 演示网理论峰值传输速率可以达到下
行 100Mbit/s、上行 50Mbit/s。

4G、3G 与 2G 等的比较如图 1-9 所示。

表 1-18　1G、2G、3G、4G 的解说

类型	解　　说
1G	1G 手机就是第一代(1G)蜂窝无线通信支持的模拟手机
2G	2G 是在 1G 的基础上转型的第二代(2G)支持数字服务,在功能方面进行了重大升级。2G 主要应用是话音
3G	第三代(3G)支持多媒体、广谱传输,加大了数据量并提高了传输速度,可满足大量应用需求,包括电子邮件、网络浏览
4G	4G 指第四代蜂窝无线通信标准。第四代(4G)进一步提升了无线功能、提高了带宽、专门增加了多路复用数据流(MIMO)。4G 应用在上述基础上增加了许多新功能,如流视频。4G 主要标准是长期演进(LTE)和 WiMAX(也称 802.16m)。LTE 旨在支持目前采用 UMTS/3GPP 系统的组织合理扩展。LTE 适用于采用成对频谱分配的组织。WiMAX 主要支持采用非成对频谱分配的组织

　　国内使用的 4G 制式有两种,即 FDD-LTE 与 TD-LTE,如图 1-10 所示。中国联通采用 FDD-LTE 与 TD-LTE 混合组网形式,也就是既可以使用 FDD-LTE 网络,也可以使用 TD-LTE 网络。另外,FDD-LTE 网络峰值最高可以达到 150Mbit/s,TD-LTE 网络峰值最高可以达到 100Mbit/s,也就是 4G 制式网络峰值均达到百兆。

　　中国移动 4G 采用的是 TD-LTE。TD-LTE 是 TD-SCDMA 的后续演进技术。

　　中国电信 4G 采用的 FDD-LTE 与 TD-LTE,如图 1-11 所示。

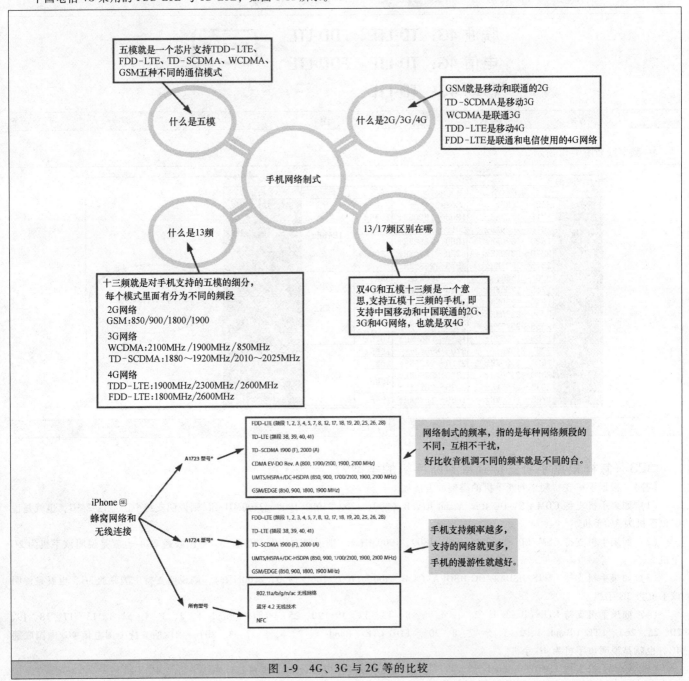

图 1-9　4G、3G 与 2G 等的比较

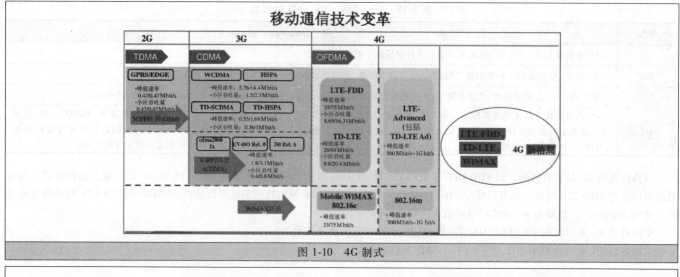

图 1-10　4G 制式

联通 4G：TD-LTE、FDD-LTE
电信 4G：TD-LTE、FDD-LTE　　← 频段不一样
移动 4G：TD-LTE

图 1-11　4G

4G 频率段如图 1-12 所示。

我国的通信业

运营商	上行频率（UL）	下行频率（DL）	频宽	合计频宽	制式	
中国移动	885～909MHz	930～954MHz	24MHz	184MHz	GSM800	2G
	1710～1725MHz	1805～1820MHz	15MHz		GSM1800	2G
	2010～2025MHz	2010～2025MHz	15MHz		TD-SCDMA	3G
	1880～1890MHz	1880～1890MHz	130MHz		TD-LTE	4G
	2320～2370MHz	2320～2370MHz				
	2575～2635MHz	2575～2635MHz				
中国联通	909～915MHz	954～960MHz	6MHz	81MHz	GSM800	2G
	1745～1755MHz	1840～1850MHz	10MHz		GSM1800	2G
	1940～1955MHz	2130～2145MHz	15MHz		WCDMA	3G
	2300～2320MHz	2300～2320MHz	40MHz		TD-LTE	4G
	2555～2575MHz	2555～2575MHz				
	1755～1765MHz	1850～1860MHz	10MHz		FDD-LTE	4G
中国电信	825～840MHz	870～885MHz	15MHz	85MHz	CDMA	2G
	1920～1935MHz	2110～2125MHz	15MHz		CDMA2000	3G
	2370～2390MHz	2370～2390MHz	40MHz		TD-LTE	4G
	2635～2655MHz	2635～2655MHz				
	1765～1780MHz	1860～1875MHz	15MHz		FDD-LTE	4G

2G/3G/4G并存的局面

图 1-12　4G 频率段

🖰23　怎样根据手机支持频率判断手机的类型？

【答】　根据手机支持频率判断手机的类型的方法如下：

（1）如果手机支持 CDMA EV-DO Rev. A and Rev. B（800、1700/2100、1900、2100MHz），则说明支持中国电信 2/3G，也就是说明该手机为 3G 手机。

（2）如果手机支持 GSM/EDGE（850、900、1800、1900MHz），则说明支持中国移动 2G/中国联通 2G，也就是说明该手机为 2G 手机。

（3）如果手机支持 UMTS/HSPA+/DC-HSDPA（850、900、1700/2100、1900、2100MHz），则说明支持中国联通 3G，也就是说明该手机为 3G 手机。

（4）如果手机支持 LTE（Bands 1、2、3、4、5、8、13、17、19、20、25）、LTE（Bands 1、2、3、4、5、8、13、17、18、19、20、25、26）、LTE（Bands 1、2、3、5、7、8、20）、FDD-LTE（Bands 1、2、3、5、7、8、20），则说明支持中国电信 4G/中国联通 4G，也就是说明该手机为 4G 手机。

（5）如果手机支持 TD-LTE（Bands 38、39、40），则说明支持中国移动 4G，也就是说明该手机为 4G 手机。

24 手机的架构是怎样的？

【答】 手机的基本架构一般是相同的，也就是由 RF、BB、AP、外设四个基本要素组成。iPhone 的基本架构自然也是由 RF、BB、AP 和外设组成。

手机的基本架构基本要素的特点见表 1-19。

表 1-19 手机的基本架构基本要素的特点

名称	解 说
RF 部分	RF 也就是射频部分，它的主要功能是射频接收、射频发射。RF 射频部分性能好坏直接影响着手机信号的好坏、手机是否掉线、手机辐射问题、手机干扰问题、手机接收拨打问题等。好的射频模块可以根据信号的强弱自动调制辐射水平的，自动调整发射功率。目前，手机 RF 射频部分一般采用 RF 模块或者包含了 RF 射频的综合处理模块为核心组成，采用分离元件结构的基本不应用了 iPhone 的 RF 射频应用特点自然也是模块化
BB 部分	BB 也就是基带，基带是对 RF 射频模块接收/发送的信号进行处理，也就是负责数据处理与储存，具体的功能就是合成即将发射的基带信号，或对接收到的基带信号进行解码。因此，基带与通信协议（调制方式、编码方式、其他协议）有密切的关系。手机的 GSM、WCDMA、TD-SCDMA、cdma2000、EVDO、EDGE 等的差异，就体现在手机中的 BB 的差异 BB 是手机的核心，全球只有极少数厂家拥有该技术。因此，不同的手机可能会采用同一种 BB BB 主要组件有 DSP、微控制器、内存等单元，主要功能有基带编码/译码、声音编码、语音编码等。目前主流架构为 DSP+ARM BB 分为独立 BB、内置射频收发器（小信号部分）的 BB、内置射频前端的基带、独立数字基带、独立模拟基带、内置射频部分的数字基带、内置电源管理的模拟基带 早期的基带芯片一般没有音频编码解码功能，也没有视频信息的处理功能。目前的基带芯片具备音频、视频、电源管理等多项功能 为保证电路的稳定性、抗干扰性、个性化设计的要求，手机的信号功率放大电路一般没有集成在 BB 中，一般还是采用单独的芯片来完成该项功能，这也就是 iPhone 手机一般均具有 BB 与功率放大电路两个单独的集成电路，而没有采用合成一起的单独模块
AP 部分	AP 也就是应用程序处理器，亦是 CPU 模块。目前，AP 模块一般采用的都是 ARM 内核的处理器，衡量 AP 模块的主要指标有架构、指令集、主频、CPU、内存、总线带宽等
外设	外设包括摄像头、屏幕、键盘、GPS 定位模块、WiFi 模块、蓝牙模块、重力感应模块、收音机模块等，不同的手机外设配备情况不同

25 手机常见的缩写词、中英文对照是怎样的？

【答】 手机常见的缩写词、中英文对照见表 1-20。

表 1-20 手机常见的缩写词、中英文对照

缩写词	中 文	缩写词	中 文
Activation	Activation 就是激活、启动的意思	EEPROM	电可擦可编程只读存储器
AP	AP 就是 Access Point。无线 AP 也就是无线接入点。目前的无线 AP 可分为单纯型 AP、扩展型 AP	ESD	静电释放
APC	自动电源控制	Firmware	Firmware 指系统的固件版本。如 FW 1.1.2 就代表升级的版本号
Apple ID	Apple ID 就是用户名。可以用它来执行与 Apple 有关的所有操作	FPCB	柔韧性印制电路板
		GMSK	最小高斯滤波移频键控
Baseband	Baseband 俗称为 BB、基带。Baseband 包含了一个通信系统，是用来控制 iPhone 通信的程序，控制电话通信、WiFi 无线通信、还有蓝牙通信等。基带是影响破解 iPhone 最重要的一个电路，基带版本是破解必须知道的。iPhone 4S 基带版本的查询：iPhone 设置→通用→关于本机→调制解调器	GPIB	通用接口总线
		GPRS	GPRS 为 General Packet Radio Service 的缩写，意思为通用无线分组业务。其是一种基于 GSM 系统的无线分组交换技术，提供端到端的、广域的无线 IP 连接。也就是说 GPRS 是一种高速数据处理技术，方法是以"分组"的形式传送资料到用户手上 手机开通 GPRS 服务后就可以开始手机畅游网络了
BER	比特错误率	
BootLoader	BootLoader 俗称为 BL。BootLoader 就是在 iPhone 操作系统内核运行之前运行的一段小程序。BL 可以初始化硬件设备、建立内存空间映射图，从而将系统的软硬件环境带到一个合适状态，以便为最终调用操作系统内核准备好正确适合的环境。也就是说，BL 负责引导整个 iPhone 系统的启动 可以查看 BootLoader 版本确定是否可以升级或降级	GSM	全球移动电信系统
		iBoot	iBoot 是 iOS 设备上的启动加载器，当在恢复模式下进行系统恢复或者升级时，iBoot 会检测要升级的固件版本，以确保要升级的固件版本比当前系统的固件版本要新（也就是版本号更高）
		ICCID	集成电路卡识别码
		IF	中频
Bug	系统程序设计时没有考虑周全，造成程序缺陷，如果取得这些权限不会导致安全问题，这样的一种缺陷叫作 Bug，Bug 也就是系统或程序中隐藏的错误、缺陷或问题	IMEI	国际移动设备识别码
		IMSI	国际移动用户识别码
		IPUI	国际袖珍用户身份
Cydia	Cydia 就是一个平台。其通过各个源，把各自的破解软件放上来给破解用户使用	jailbreak	Jailbreak 是越狱的意思，通常指用户个人私自修改 iPhone 系统权限的过程
DAC	数字/模拟转换器	LCD	液晶显示器
dBm	相对每一毫瓦的分贝数	LDO	恒定低电流输出
DC-CV	恒定电压	LED	发光二极管
DCS	数字式通信系统	Lockdownd	iPhone 中的 Lockdownd 的进程始终检测 iPhone 的激活状态。刚买到没有激活的 iPhone，需要进入一个紧急拨号界面，而激活补丁（在越狱的基础上）可以让用户不通过 iTunes 的激活就可以进入到 iPhone
DEB	DEB 受 iPhone 上的 Cydia 等管理工具支持的一种 Debian 发行版引入的安装软件（或格式），通常 DEB 程序以系统工具为主	
Debug	发现 Bug 并加以纠正的过程叫作 Debug	
DSP	数字信号处理	MCU	嵌入式微控制器
ECID	ECID 就是 Exclusive Chip ID 的缩写，其意思为全球唯一的标识符。ECID 为 iPhone 4S 的身份证号，每一部 iPhone 4S 都有自己的独特的唯一的 ECID	MEID	MEID 是全球唯一的 56bit 移动终端标识号。MEID 标识号会被烧入终端里，并且不能被修改，可用来对移动式设备进行身份识别、跟踪。MEID 主要分配给 CDMA 制式的手机

（续）

缩写词	中　文
MobileMe	MobileMe 是苹果提供的付费网络服务，用以取代 .MAC，帮助 iPhone 用户存储和管理邮件、日历、联系人及其他资料的网络服务。可以自动同步这些资料到 iPhone 中
MPU	嵌入式微处理器
MSISDN	移动基站 ISDN 号码
NCK	NCK 就是解锁计数器。其内部有一个有计数值。达到一定的数值，它将会把 iPhone 永久变成只能使用一定的合约运营商
OPLL	补偿锁相环线
PAM	功率放大模块
PCB	基板
PCM	脉码调制录音
PDA	个人数字助理
PGA	可编程增益放大器
PLL	锁相环线
PMU	电源管理单元
PSRAM	虚拟 SRAM
PSTN	公共交换机电话网络
PXL	PXL 是 Package and eXtension Library 的缩写。其是一种支持脚本方式的 iPhone 上的软件安装包。PXL 不仅支持游戏类型，也支持系统工具
RAM	随机访问存储器
RF	无线电频率
RLR	接收响度额定值
RMS	均方根
ROM	只读存储器
root	Root 就是系统的管理员，Root 权限就是管理员权限
RTC	实时时钟
SAW	表面声波

缩写词	中　文
Seczone	Seczone 就是 baseband 的一个内部验证模块，其属于通信系统的
SIM	订身份模块
SLR	发送响度额定值
SOC	嵌入式片上系统
SRAM	静态随机存储器
STMR	侧音掩蔽额定值
TA	旅行适配器
TDD	时分双工
TDMA	时分多址
UART	通用异步接收发射
Unlock	Unlock 就是打开、解锁、释放的意思
VCO	电压可控振动器
VCTCXO	电压可控温度补偿晶体振动器
VPN	VPN 是 Virtual Private Network 的简称，其意为虚拟专用网络。VPN 是在 Internet 上临时建立的安全专用虚拟网络。VPN 的隧道协议主要有三种 PPTP（点到点隧道协议）、L2TP 与 IPSec。IPSec 是第三层隧道协议，也是最常见的协议。L2TP 与 IPSec 配合使用是目前性能最好，应用最广泛的一种 L2TP 是 PPTP 与 L2F（第二层转发）的一种综合　IPSec 主要特征在于它可以对所有 IP 级的通信进行加密 PPTP 用于让远程用户拨号连接到本地的 ISP，通过因特网安全远程访问
WAP	无线应用协议

☼26　什么是手机指令？

【答】　手机指令是指在手机上输入特定的组合键，可以达到某些功能。手机指令也叫作手机串号。不同的手机有不同的手机指令。

☼27　手机常用指令的功能是怎样的？

【答】　手机常用指令的功能见表 1-21。

表 1-21　手机常用指令的功能

指　令	功　能	指　令	功　能
##21#	所有来电取消转移	*#62*11#	关机或无信号时的语音来电查询状态
##21*11#	所有语音来电取消转移	*#67#	遇忙时的来电查询状态
##5005*7672#	短信中心号码删除号码	*#67*11#	遇忙时的语音来电查询状态
##61#	无应答的来电取消转移	**21*转移到的电话号码#	所有来电设置转移
##61*11#	无应答的语音来电取消转移	*21*转移到的电话号码*11#	所有语音来电设置转移
##62#	关机或无信号时的来电取消转移	**61*转移到的电话号码*11*秒数（最小5秒，最多30秒)#	无应答的语音来电设置转移
##62*11#	关机或无信号时的语音来电取消转移		
##67#	遇忙时的来电取消转移	**61*转移到的电话号码*秒数（最小5秒，最多30秒)#	无应答的来电设置转移
##67*11#	遇忙时的语音来电取消转移		
#302#、#303#、#304#、#305#、#306#	建立一个虚拟的通信回路，回拨自己的手机	**62*转移到的电话号码#	关机或无信号时的来电设置转移
*#06#	显示移动电话手机终端识别码	**62*转移到的电话号码*11#	关机或无信号时的语音来电设置转移
*#21#	所有来电查询状态	**67*转移到的电话号码#	遇忙时的来电设置转移
*#21*11#	所有语音来电查询状态	**67*转移到的电话号码*11#	遇忙时的语音来电设置转移
*#43#	呼叫等待查询状态	*3001#12345#*	运行手机内置的 FieldTest 隐藏程序，可以查看基站信息、信道、信号强弱，查看固件版本等内容
*#5005*7672#	短信中心号码查询状态		
*#61#	无应答的来电查询状态		
*#61*11#	无应答的语音来电查询状态	*43#	呼叫等待启用等待
*#62#	关机或无信号时的来电查询状态	*5005*7672*短信中心号码#	短信中心号码设置号码

iPhone

第2章

iPhone元器件、零部件及附件

⌘1 怎样识读贴片电阻？

【答】 小型贴片电阻表面上没有任何标志，大型的贴片电阻有一些标志。大型的贴片电阻的标志类型如下：

1) 一些数字：在电阻体上用三位数字来标明其阻值。第一位与第二位为有效数字，第三位表示在有效数字后面所加 0 的个数，这种情况没有出现字母。如果是小数，则用 R 表示小数点，并占用一位有效数字，其余两位是有效数字。例如 R15 表示 0.15Ω。

2) 有一些贴片电阻采用数字代码与字母混合标称法，其也是采用三位标明电阻阻值，即两位数字加一位字母，其中两位数字表示的是 E96 系列电阻代码，具体见表 2-1。第三位是用字母代码表示的倍率，具体见表 2-2。

表 2-1 E96 系列电阻代码表

代码	01	02	03	04	05	06	07	08	09	10
阻值	100	102	105	107	110	113	115	118	121	124
代码	11	12	13	14	15	16	17	18	19	20
阻值	127	130	133	137	140	143	147	150	165	158
代码	21	22	23	24	25	26	27	28	29	30
阻值	162	165	169	174	178	182	187	191	196	200
代码	31	32	33	34	35	36	37	38	39	40
阻值	205	210	215	221	226	232	237	243	249	255
代码	41	42	43	44	45	46	47	48	49	50
阻值	261	267	274	280	287	294	301	309	316	324
代码	51	52	53	54	55	56	57	58	59	60
阻值	332	340	348	357	365	374	383	392	402	412
代码	61	62	63	64	65	66	67	68	69	70
阻值	422	432	442	453	464	475	487	499	511	523
代码	71	72	73	74	75	76	77	78	79	80
阻值	536	549	562	576	590	604	619	634	649	665
代码	81	82	83	84	85	86	87	88	89	90
阻值	681	698	715	732	750	768	787	806	825	845
代码	91	92	93	94	95	96				
阻值	866	887	908	931	953	976				

表 2-2 倍率代码表

代码字母	代表倍率	代码字母	代表倍率	代码字母	代表倍率
A	10^0	E	10^4	X	10^{-1}
B	10^1	F	10^5	Y	10^{-2}
C	10^2	G	10^6	Z	10^{-3}
D	10^3	H	10^7		

3）±1%的电阻多数用4位数来表示，前三位是表示有效数字，第四位表示有多少个零。

iPhone中采用的电阻一般是贴片电阻，主要功能是分压、限流、匹配等作用。电阻一般是中间黑色、两端焊锡。同时，iPhone一般采用的是小型贴片电阻，如图2-1所示。

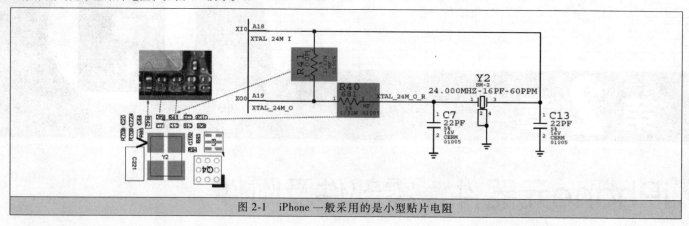

图2-1　iPhone一般采用的是小型贴片电阻

贴片元器件根据其形状可分为矩形、圆柱形、异形等几类。iPhone中采用的贴片电阻一般是矩形的。

2　怎样用万用表检测贴片电阻？

【答】　贴片电阻的检测与插孔电阻的检测方法、注意事项基本一样。贴片电阻的检测可以拆下来，再用万用表来检测，然后对照电阻的标值与检测值的情况，可以判断出所检测的贴片电阻是否异常：一致或者偏差在允许的范围内，则认为是正确的。如果，相差超过允许的范围，则说明所检测的贴片电阻是异常的。具体的一些贴片电阻的检测方法如下：

（1）固定贴片电阻的检测。

首先把所怀疑异常的固定贴片电阻从iPhone上拆卸下来，然后将万用表的两表笔分别与电阻的两电极端相接，即可测出实际电阻值。如果所测量电阻值为0（0欧姆电阻外）或者∞，则所说明所测的贴片电阻可能损坏。

如果是小阻值贴片电阻，单独检测，不好判断。因此，可以把相同的贴片电阻串接好测量它们的总电阻，然后除以总个数，即可得到每一个贴片电阻的阻值。然后，根据每一个贴片电阻的检测阻值与实际电阻值比较，如果，相差超过允许的范围，则说明所检测的贴片电阻是异常的。

（2）贴片压敏电阻的检测。

首先把所怀疑异常的压敏贴片电阻拆卸来，然后用万用表的 $R×1k\Omega$ 档测量贴片压敏电阻两电极间的正向、反向绝缘电阻，正常状态均为无穷大。否则，说明贴片压敏电阻漏电流大。如果所测贴片压敏电阻很小，说明贴片压敏电阻已经损坏了。

（3）贴片排电阻的检测。

贴片排电阻其内部一般是由等阻值电阻构成的，其公共端一般位于两侧。贴片排电阻的检测，需要根据内部结构形式、阻值情况来检测。

3　怎样用观察法检测贴片电阻？

【答】　对于iPhone上的贴片电阻，一般不要急于拆卸下来试检。而应该采用观察法来判断贴片电阻是否损坏，一些观察的特征判断如下：

（1）贴片电阻体表面颜色烧黑，该贴片电阻可能是损坏了。

（2）贴片电阻外形变形，该贴片电阻可能是损坏了。

（3）贴片电阻表面如果出现脱落现象，该贴片电阻可能损坏了。

（4）贴片电阻表面如果出现一些"凸凹"现象，该贴片电阻可能是损坏了。

（5）贴片电阻引出端电极如果出现裂纹，该贴片电阻可能是损坏了。

（6）贴片电阻引出端电极覆盖均匀的镀层如果出现脱落现象，该贴片电阻可能是损坏了。

如果，凭眼直接观察不方便，可以采用放大镜放大观察。也可以采用数码相机或者手机拍照，然后把照片输到电脑中，采用电脑放大来查看。

另外，iPhone贴片电阻损坏情况比较小，有时候可能是虚焊等情况引起的。

4　怎样选择、代换贴片电阻？

【答】　选择、代换贴片电阻尽量选择与原规格相同的贴片电阻：电阻值、尺寸、功率、种类等一样的。

如果没有与原规格相同的贴片电阻，则可以考虑一些变通代换，例如大功率的可以代换小功率的。

⑤5 iPhone 全系列常用的贴片电阻规格有哪些？

【答】 iPhone 全系列常用的贴片电阻规格见表 2-3。

表 2-3　iPhone 全系列常用的贴片电阻规格

阻值	偏差	功率	材料或类型	尺寸	阻值	偏差	功率	材料或类型	尺寸
0	5%	1/20W	MF	0201	221	1%	1/16W	MF-LF	0402
0	5%	1/16W	MF	0603	240	1%	1/20W	MF	0201
0	5%	1/16W	MF-LF	0402	240	5%	1/16W	MF-LF	0402
0.00	0%	1/32W	MF	01005	24.9	1%	1/16W	MF-LF	0402
0.008	1%	1W	MF	2512	267kΩ	1%	1/32W	MF	01005
1	1%	1/10W	FF	0805	27kΩ	5%	1/32W	MF	01005
1.00kΩ	5%	1/32W	MF	01005	33	5%	1/16W	MF-LF	0402
1kΩ	1%	1/16W	MF-LF	0402	33kΩ	5%	1/16W	MF-LF	0402
1.00kΩ	5%	1/32W	MF	01005	3.92kΩ	0.1%	1/16W	MF	0402
1.00M	1%	1/32W	MF	01005	39kΩ	5%	1/32W	MF	01005
1.1kΩ	1%	1/32W	MF	01005	4.02kΩ	1%	1/32W	MF	01005
10	1%	1/16W	MF	0603	4.7kΩ	1%	1/32W	MF	01005
10.2	1%	1/32W	MF	01005	4.7kΩ	5%	1/16W	MF-LF	0402
100	1%	1/32W	MF	01005	44.2	1%	1/20W	MF	0201
100	1%	1/16W	MF-LF	0402	499	1%	1/16W	MF-LF	0402
100	5%	1/16W	MF-LF	0402	49.9	1%	1/16W	MF	0402
100kΩ	5%	1/32W	MF	01005	47.0kΩ	5%	1/32W	MF	01005
10kΩ	5%	1/32W	MF	01005	49.9	1%	1/32W	MF	01005
10kΩ	5%	1/16W	MF-LF	0402	510kΩ	5%	1/16W	MF-LF	0402
110kΩ	1%	1/32W	MF	01005	51.1kΩ	1%	1/32W	MF	01005
15.00kΩ	1%	1/32W	MF	01005	54.9kΩ	1%	1/32W	MF	01005
121	1%	1/16W	MF	0402	54.9	1%	1/16W	MF-LF	0402
2.1kΩ	1%	1/16W	MF-LF	0402	6.2kΩ	5%	1/16W	MF-LF	0402
2.21kΩ	0.5%	1/20W	MF	0201	681	1%	1/32W	MF	01005
2.2kΩ	5%	1/32W	MF	01005	698kΩ	1%	1/32W	MF	01005
2.2kΩ	5%	1/16W	MF-LF	0402	80.6	1%	1/16W	MF-LF	0402
200	1%	1/16W	MF-LF	0402	82.5kΩ	1%	1/32W	MF	01005
200kΩ	1%	1/32W	MF	01005	95.3	1%	1/16W	MF	0402
220kΩ	5%	1/32W	MF	01005	7.5kΩ	0.1%	1/8W	TF	0805
221kΩ	1%	1/32W	MF	01005					

⑥6 怎样识别电容？

【答】 手机中的电解电容，有的一端有一较窄的暗条，表示该端为电解电容的正极。

电解电容极性不能够识别时，可采用万用表来判别：首先拆卸所检测的电解电容，然后用指针式万用表的 $R×10k$ 档，分别两次对调测量电容两端的电阻值，当表针稳定时，比较两次测量的读数的大小，取值较大的读数时，这时万用表黑笔接的是电容的正极，红笔接的是电容的负极。

电解电容极性不能够识别时，也可采用寻找与接地铜箔连接有关系的方法来判别：电解电容的负极一般是直接与接地铜箔连接的，从而根据这一特点即可判断出电解电容的负极。

手机中的电容的表体一般为黄色的、黑色的、蓝色的，电解电容体积稍大，无极性电容体积很小，有的电容在其中间标出两个字符，大部分电容则没有标出其容量。

对于标出容量的电容（容量小的电容），有两种标注方法：容量值在电容上用字母+数字表示或数字表示。字母+数字表示一般其第一个字符是英文字母，代表有效数字，第二个字符是数字，代表 10 的指数，电容单位为 pF。例如，一个电容器标为 G3，则 $G=1.8$，$3=10^3$，那么，该电容的标称值为 1800pF。数字表示法一般用三位数字表示容量大小，前两位表示有效数字，第三位数字是倍率。例如：102 表示 $10×10^2 pF=1000pF$。

小体积的贴片电容，例如 0201 等其上没有印字，体积大一些的贴片电容，例如 3216，有一些印字。

贴片电容的内部结构如图 2-2 所示，标识举例如图 2-3 所示。

iPhone 中一般采用的是小体积元器件，例如 iPhone 4 安装了 227 个 0402 尺寸的零部件。iPhone 中高频滤波电容一般采用 0201 等小体积的贴片电容，可以选择 X7R 类型的贴片电容，容量 1000pF、误差 10%、耐压 16V 等贴片电容。

另外，集成电路电源端一般还具有一个体积大、容量大一些的滤波电容，如图 2-4 所示。该滤波电容一般选择钽 TANT 贴片电容。

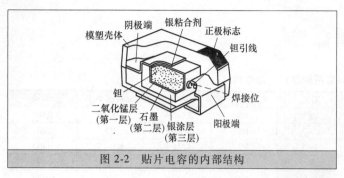
图2-2 贴片电容的内部结构

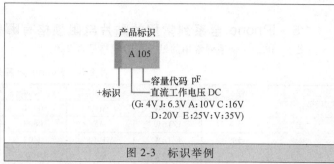
图2-3 标识举例

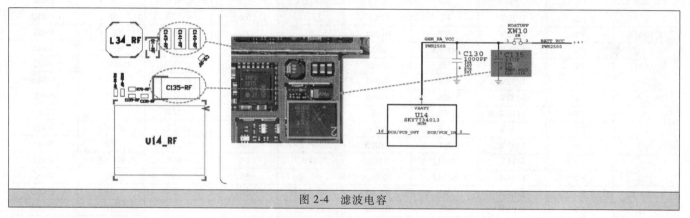
图2-4 滤波电容

7 贴片电容的种类及其特点是怎样的？

【答】 NPO、X7R、Y5V、Z5U的主要区别是它们的填充介质不同，它们的特点见表2-4。

表2-4 贴片电容的种类及其特点

名称	解 说
NPO电容	NPO电容是一种最常用的具有温度补偿特性的单片陶瓷电容。它的填充介质是由铷、一些稀有氧化物组成的。NPO电容是电容量、介质损耗最稳定的电容之一。 NPO电容的一些特点如下： 1）在温度从−55℃到+125℃时，容量变化为0±30ppm/℃ 2）电容量随频率的变化小于±0.3ΔC 3）NPO电容的漂移或滞后小于±0.05% 4）NPO电容随封装形式不同，其电容量、介质损耗随频率变化的特性也不同，大封装尺寸的要比小封装尺寸的频率特性好 5）NPO电容适合用于振荡器、谐振器的槽路电容，以及高频电路中的耦合电容
X7R电容	X7R电容称为温度稳定型的陶瓷电容。X7R电容的一些特点如下： 1）温度在−55℃到+125℃时，容量变化为15% 2）X7R电容的容量在不同的电压、频率条件下是不同的，它也随时间的变化而变化，表现为10年变化了约5% 3）X7R电容主要应用于要求不高的工业应用，而且当电压变化时其容量变化是可以接受的条件下 4）X7R电容在相同的体积下电容量可以做得比较大
Y5V电容	Y5V电容的一些特点如下： 1）Y5V电容是一种有一定温度限制的通用电容，在−30℃到85℃范围内其容量变化可达+22%～−82% 2）Y5V的高介电常数允许在较小的物理尺寸下制造出高达4.7μF电容 3）工作温度范围−30～+85℃ 4）介质损耗最大5%
Z5U电容	NPO电容、X7R电容、Z5U电容来说，在相同的体积下Z5U电容有最大的电容量。Z5U电容的电容量受环境、工作条件影响较大，Z5U电容等效串联电感（ESL）、等效串联电阻（ESR）低。Z5U电容在退耦电路中有应用

8 怎样检测贴片电容？

【答】 检测贴片电容可以采用数字万用表来判断，具体操作方法如下：首先把怀疑异常的贴片电容拆卸来，然后把数字万用表调到二极管档，再用两表笔直接测量电容两端，好的电容万用表读数为无穷大；如果万用表读数为零，则表示该电容击穿短路。如果贴片电容漏电，则无法用万用表测量，只能用替换法来判断贴片电容的好坏。

9 iPhone 全系列常用的电容有哪些？

【答】 iPhone全系列常用的电容见表2-5。

表 2-5 iPhone 全系列常用的电容

容量	偏差	耐压	材料或类型	尺寸	容量	偏差	耐压	材料或类型	尺寸
0.001μF	10%	50V	CERM	0402	18pF	5%	16V	CERM	01005
0.01μF	10%	6.3V	X5R	01005	1pF	+/-0.1pF	25V	COG	0201
0.01μF	10%	16V	CERM	0402	220pF	10%	10V	X7R-CERM	01005
0.022μF	10%	6.3V	X5R	0201	22pF	5%	16V	CERM	01005
0.047μF	20%	4V	CERM-X5R	01005	22μF	20%	4V	X5R	0402
0.1μF	20%	4V	X5R	01005	22μF	20%	6.3V	X5R-CERM-1	0603
0.1μF	20%	10V	CERM	0402	27pF	5%	16V	NPO-COG	01005
0.1μF	10%	16V	X5R	0402	3.6pF	+/-0.1pF	25V	COG	0201
0.22μF	20%	6.3V	X5R	0201	33000pF	10%	6.3V	X5R	0201
0.22μF	20%	6.3V	X5R	0402	33pF	5%	16V	NPO-COG	01005
0.47μF	10%	6.3V	CERM-X5R	0402	4.7pF	+/-0.1pF	16V	NPO-COG	01005
1.0μF	20%	6.3V	X5R	0201	4.7pF	+/-0.1pF	25V	COG	0201
1μF	10%	6.3V	CERM	0402	4.7μF	20%	6.3V	X5R	0402
1.3pF	+/-0.1pF	25V	COG	0201	4.7μF	20%	6.3V	CERM	0603
1.5pF	+/-0.1pF	25V	NPO	0201	4700pF	10%	6.3V	X5R	01005
1.6pF	+/-0.1pF	25V	COG	0201	470pF	10%	50V	CERM	0402
1000pF	10%	6.3V	X5R-CERM	01005	470μF	20%	2.5V	POLYCRITICAL	
1000pF	10%	16V	X7R	0201	470μF	20%	2.5V	TANT	
100pF	5%	16V	NPO-COG	01005	56pF	5%	16V	NPO	01005
10μF	20%	6.3V	X5R	0402	56pF	5%	6.3V	NPO-COG	01005
12pF	5%	16V	CERM	01005	7.5pF	+/-0.1pF	16V	NPO-COG	01005
15pF	5%	16V	NPO-COG	01005	9pF	+/-0.5pF	16V	NPO-COG	01005

♂10 怎样识别电感？

【答】 电感是一种电抗器件，一根导线绕在铁心或磁心上、一个空心线圈多是一个电感。手机电路中，一条特殊的印制铜线也可以构成一个电感（微带线）。

电感的主要物理特征是将电能转换为磁能并储存起来。电感是利用电磁感应的原理进行工作的。当有电流流过某一根导线时，就会在这根导线的周围产生电磁场，该电磁场又会对处在这个电磁场范围内的导线产生电磁感应现象。

手机电路中比较常见的电感有以下几种：一种是两端银白色，中间是白色的；另一种是两端是银白色，中间是蓝色的。还有一种用于电源电路的电感，体积比较大，一般为圆形或方形，颜色为黑色的。

微带线主要的作用：传输高频信号、与其他器件构成匹配网络。微带线耦合器常用在射频电路中，特别是接收的前级和发射的末级。用万用表量微带线的始点和末点是相通的，但绝不能将始点和末点短接。

iPhone 手机中的电感有几种，有普通电感、高频电感。电感外形常见的有圆形的电感、紫色高频长方形电感。iPhone 手机中的一些电感如图 2-5~图 2-8 所示。

贴片电感的电感量表示，采用数字或者数字+字母表示：

（1）纯数字

纯数字没有字母为后缀的表示，则默认单位为 μH，其中前两位为有效数字，后一位为有效数字后面零的个数。例如 151，表示为 150μH。

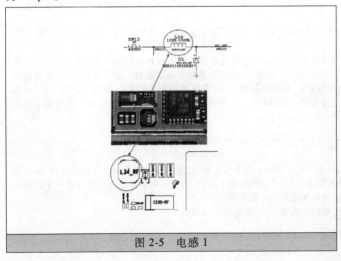

图 2-5 电感 1

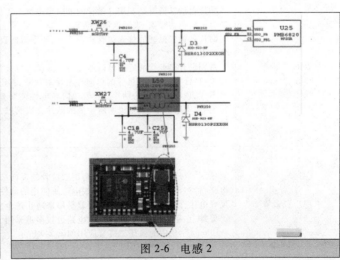

图 2-6 电感 2

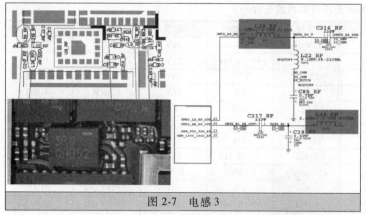

图 2-7　电感 3

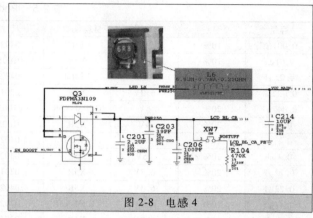

图 2-8　电感 4

（2）有数字+字母表示

字母 N 代表 0.0 (nH)，即 N = 0.0 (nH)。字母 R 代表 0.0 (μH)，即 N = 0.0 (μH)。例如 R10，表示为 0.10μH，6R8 表示为 6.8μH。

11　怎样检测电感？

【答】　手机中电感的检测，可以采用万用表来判断：首先把万用表调到蜂鸣二极管档，然后把表笔放在两引脚上，再看万用表的读数。对于测量贴片电感时的读数应为零，如果万用表的读数偏大或为无穷大，则说明所检测的电感可能损坏了。

如果电感的线圈匝数较多，线径较细，则检测时，其线圈的直流电阻只有几欧姆，采用万用表检测，读数可能难以把握。这时，可以根据该类电感损坏时，往往表现为发烫或有明显损坏迹象。如果电感线圈不是严重损坏，而又无法确定时，可采用电感表测量电感量来判断。

另外，对于电感的检测也可以采用替换法来判断。

12　怎样代换电感？

【答】　电感的代换原则如下：

（1）尽量与原件是相同的同规格的同一元件代换。

（2）电感线圈必须原值代换——匝数相等、大小相同。

（3）贴片电感只需大小相同即可，同时，考虑尺寸、安装方式是否满足代换的要求。

（4）有时候，一些特殊电路或者应用中，可以采用 0 欧电阻或导线来代换电感。

13　二极管的识别、检测与代换是怎样的？

【答】　手机常见二极管的识别、检测与代换方法见表 2-6。

表 2-6　二极管的识别、检测与代换

名称	解　说
普通二极管	贴片普通二极管是利用二极管的单向导电性来工作的，一般有两个引脚。贴片普通二极管体表面一般为黑色，并且在其一端有一白色的竖条，表示该端为负极 　贴片普通二极管的体表面有些有印字，印字有的表示型号代码、型号与厂地代码、型号与批号等。同一型号，厂家不同，可能代码也不同 　判别贴片二极管的好坏可以通过观察其是否有异常情况来判断，也可以采用万用表来检测判断：采用万用表的 $R×100Ω$ 档或 $R×1kΩ$ 档，根据二极管的单向导电性来判断，其正、反向电阻相差越大，说明其单向导电性越好。如果测得正、反向电阻相差不大，说明所检测的贴片二极管单向导电性能变差；如果正、反向电阻都很大，说明所检测的贴片二极管已开路失效；如果正、反向电阻都很小，则说明所检测的贴片二极管已击穿失效。如果贴片二极管出现上述三种情况时（任一种），则需要更换该贴片二极管
稳压二极管	稳压二极管简称稳压管，其是利用二极管的反向击穿特性来工作的。在手机电路中，稳压二极管常用于受话器电路、振动器电路、铃声电路。由于手机的这些电路所使用的器件都带有线圈，当这些电路工作时，由于线圈的感生电压会导致一个很高的反峰电压，因此，应用稳压二极管就是用来防止这个反峰电压引起电路的损坏 　另外，在手机的充电电路、电源电路也较多地采用了稳压二极管，达到稳定电压的目的 　iPhone 手机中的稳压二极管应用如图 2-9 所示

名称	解　说
稳压二极管	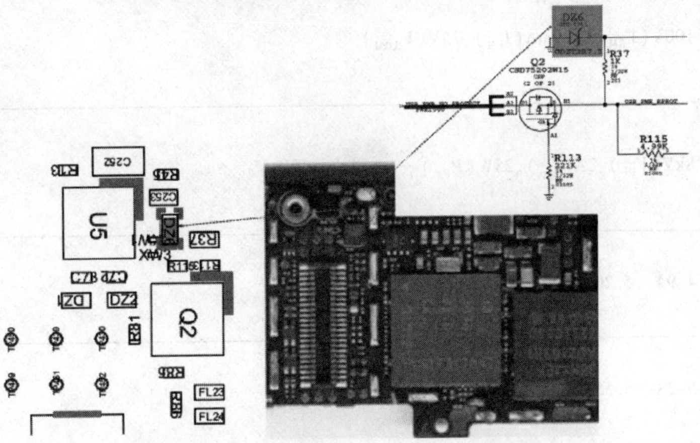 　图 2-9　iPhone 手机中的稳压二极管应用 贴片稳压二极管的正极、负极的判别方法如下： 1）根据二极管体表面的标志来识别，例如根据所标示的色环等 2）如果二极管体表面的标示已不存在或者没有，可以采用万用表的电阻档来测量，方法与检测普通贴片二极管的正极、负极判别方法相同 　　贴片稳压二极管性能好坏的判别可以采用万用表来检测：一般正常的正向电阻为 $10k\Omega$ 左右，反向电阻为无穷大。如果与此数值相差较大，则说明所检测的贴片稳压二极管可能损坏了 　　贴片稳压二极管稳压值的测量，可以采用万用表来测量：首先把万用表调到 $10k\Omega$ 档，然后红表笔接贴片稳压二极管的正极，黑表笔接贴片稳压二极管的负极，等万用表指针偏转到一稳定数值后，读出万用表的直流电压档 DC10V 刻度线上指针所指示的数值，然后根据经验公式计算出稳压二极管的稳定值：稳压值 $U_z = (10-读数) \times 15V$。该方法测量的贴片稳压二极管的稳压值只能测量高阻档所用电池电压以下稳压值的贴片稳压二极管
发光二极管	发光二极管在手机中主要被用来作背景灯、信号指示灯、闪光灯。发光二极管根据发出的颜色可以分为红光、绿光、黄光等几种。发光二极管发光的颜色主要取决于制造材料。发光二极管对工作电流有一定要求，一般为几毫安到几十毫安，实际应用中，发光二极管电路中需要串接一个限流电阻，以防止大电流将发光二极管损坏 　　发光二极管只工作在正偏状态。正常情况下，发光二极管的正向电压在 $1.5 \sim 3V$ 　　贴片发光二极管正、负极的判别——贴片发光二极管的正、负极一般可通过目测法来判断，也可以采用万用表来检测。万用表检测法的具体操作方法如下：首先把万用表调到 $10k\Omega$ 档（贴片发光二极管的开启电压一般为 2V，只有处于 $10k\Omega$ 档时才能使其导通），然后用万用表的红表笔、黑表笔分别接贴片发光二极管的两引脚端，并且选择指针向右偏转过半的，以及贴片发光二极管能够发出微弱光点的一组为准。此时的黑表笔所接的引脚端为发光二极管的正极，红表笔所接的引脚端为负极
瞬态电压抑制二极管	瞬态电压抑制二极管又叫做瞬态抑制二极管，英文全称为 Transient Voltage Suppressor，简称为 TVS。瞬态电压抑制二极管的一些特点如下： 1）响应速度特别快，一般为 ns 级 2）其击穿电压有多个系列值，具体根据电路与使用设备来选择 3）其耐浪涌冲击能力较放电管、压敏电阻差 4）其可以分为单向 TVS、双向 TVS。其中，单向 TVS 管的特性与稳压二极管相似，双向 TVS 管的特性相当于两个稳压二极管反向串联 5）TVS 主要特性参数有：反向断态电压 VRWM、反向漏电流 IR、击穿电压 VBR、脉冲峰值电流 IPP、最大钳位电压 VC、稳态功率 P0 等 6）TVS 与稳压二极管都能用作稳压，但是，TVS 的击穿电流比稳压二极管的击穿电流要大，并且稳压二极管的稳压精度可以做得比 TVS 要高一些 　　TVS 好坏的检测判断方法如下：首先把万用表调到 $R \times 1k$ 挡，对于单极型的 TVS，根据测量普通二极管的方法测出其正向、反向电阻，正常的正向电阻一般为 $4k\Omega$ 左右，反向电阻一般为无穷大。对于双向极型的 TVS，任意调换红表笔、黑表笔测量其两引脚端间的电阻值，正常情况下均为无穷大。如果检测与上述有差异，则说明 TVS 性能可能不良或损坏
组合二极管	组合二极管是由几个二极管共同构成一个二极管模块电路。组合二极管有三端、四端、六端等多种类型。组合二极管的检测，一般需要根据其内部电路结构形式来判断，不同的结构形式，万用表检测的阻值情况不同，引脚端间的通断情况也不同

☆14　iPhone 使用的二极管有哪些？

【答】　iPhone 使用的一些二极管以及它们的参考参数、封装或者内部结构见表 2-7。

表 2-7　iPhone 使用的二极管

型号	参考参数	封装或者内部结构
1N5227B	$3.6V(V_Z)$、$24\Omega(Z_Z)$、$15\mu A(I_R)$	SOT23

（续）

型号	参 考 参 数	封装或者内部结构
BAV99DW	$100V(V_{RM})$、$215mA(I_{FM})$、$75V(V_{RRM})$	SOT-363
ESDALC6V1-5T6	$8kV(V_{PP})$、$2A(I_{pp})$、$25W(P_{PP})$	
GDZT2R5.1B	$4.94\sim5.20V(V_Z)$、$1.5V(V_R)$、$80\Omega(Z_{ZT})$	
GDZT2R5.6	$5.28\sim5.55V(V_Z)$、$2.5V(V_R)$、$60\Omega(Z_{ZT})$	
GDZT2R7.5	$6.85\sim7.22V(V_Z)$、$4.0V(V_R)$、$60\Omega(Z_{ZT})$	
GDZT2R8.2	$7.53\sim7.92V(V_Z)$、$5.0V(V_R)$、$20\Omega(Z_{ZT})$	
MBR0530	$30V(V_{RRM})$、$500mA(I_{F(AV)})$、$5.5A(I_{FSM})$、$340mV(V_F)$、$130\mu A(I_R)$	
MBR0540	$40V(V_{RRM})$、$500mA(I_{F(AV)})$、$5.5A(I_{FSM})$、$460mV(V_F)$、$5.0mA(I_R)$	
MBRS130T3	$30V(V_{RRM})$、$1.0A(I_{F(AV)})$、$40A(I_{FSM})$	
MBRS340T3	$40V(V_{RRM})$、$3A(I_{F(AV)})$、$80A(I_{FSM})$、$0.525V(V_F)$、$2.0mA(I_R)$	
NSR0130P2XXGH	$30V(V_R)$、$100mA(I_F)$、$1.0A(I_{FSM})$	SOD-923
NUP412VP5XXG	$12V(V_{BR})$、$18W(P_{PK})$	SOT953
PESD3V3L5UF	$3.3V(V_{RWM})$、$22pF(C_d)$	SOT886
PMEG2005AEL	$0.5A(I_F)$、$20V(V_R)$	SOD882
PMEG3005EL	$0.5A(I_F)$、$30V(V_R)$、$430mV(V_F)$	SOD882
PMEG3010EB	$1A(I_F)$、$30V(V_R)$、$610mV(V_F)$	SOD523
RB521ZS-30	$30V(V_R)$、$100mA(I_o)$、$500mA(I_{FSM})$、$0.37V(V_F)$、$7\mu A(I_R)$	SM-201

iPhone 使用的一些二极管一般是贴片二极管。贴片二极管同一型号，可能具有不同的型号代码。另外，贴片二极管的体表面往往还有日期代码、产地代码，它们与型号代码存在不同排列，具体一些二极管的型号代码、厂家、封装见表 2-8。

　　注意，型号代码、产地代码、无铅标志往往是固定的，而日期代码因生产时间不同是变化的。

表 2-8　二极管的型号代码、厂家、封装

型号	代码	厂家	封装	图　例
BAV99DW	KJG	DIODES	SOT-363	
	KJG	MCC	SOT-363	
ESDALC6V1-5T6	K	ST	DFN1.0 x1.0-6L	
MBR0530	B3	FAIRCHILD	SOD123	
	IR530	International	SOD-123	
	B3	ON SEMI	SOD-123	
	B3	UTC	SOD-123	
	B3	Vishay	SOD-123	
MBR0540	IR540	International	SOD-123	
	B4	UTC	SOD-123、SOD-323	
	B4	FAIRCHILD	SOD123	
MBRS130T3	B13	ON SEMI	SMB	
MBRS340T3	B34	MOTOROLA	403-03	
	B34	ON SEMI	SMC	

（续）

型号	代码	厂家	封装	图例
NSR0130P2XXGH	L	ON SEMI	SOD-923	
NUP412VP5XXG	2	ON SEMI	SOT-953	
PESD3V3L5UF	A1	NXP	SOT886	
PMEG2005AEL	F2	NXP	SOD882	
PMEG3005EL	AM	NXP	SOD882	
PMEG3010EB	KA	NXP	SOD523	
RB521ZS-30	D	DIODE	GMD2	

为便于根据代码找型号，特以一些二极管的代码为序排列见表2-9。

表2-9　二极管的代码为序排列

代码	型号	厂家	代码	型号	厂家	代码	型号	厂家
2	NUP412VP5XXG	ON SEMI	B3	MBR0530	UTC	IR530	MBR0530	International
A1	PESD3V3L5UF	NXP	B3	MBR0530	Vishay	IR540	MBR0540	International
AM	PMEG3005EL	NXP	B34	MBRS340T3	MOTOROLA	K	ESDALC6V1-5T6	ST
B4	MBR0540	UTC	B34	MBRS340T3	ON SEMI	KA	PMEG3010EB	NXP
B13	MBRS130T3	ON SEMI	B4	MBR0540	FAIRCHILD	KJG	BAV99DW	DIODES
B3	MBR0530	FAIRCHILD	D	RB521ZS-30	DIODE	KJG	BAV99DW	MCC
B3	MBR0530	ON SEMI	F2	PMEG2005AEL	NXP	L	NSR0130P2XXGH	ON SEMI

⚲15　怎样识别、检测晶体管（三极管）？

【答】　iPhone中应用的晶体管（三极管）比较少，用了也是SMD器件，例如如图2-10所示。

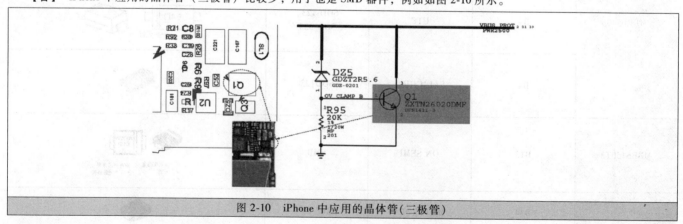

图2-10　iPhone中应用的晶体管（三极管）

晶体管（三极管）管脚的判断方法如下：首先把万用表调到电阻 $R×1k$ 档，然后用黑表笔接晶体管的某一端脚（假设作为基极），然后用红表笔分别接另外两个端脚。如果表针指示的两次都很大，则所检测的晶体管（三极管）为PNP管，其中黑表笔所接的那一端脚为基极。如果表针指示的两个阻值均很小，则说明所检测的晶体管（三极管）为NPN管，黑表笔所接的那一端脚为基极。如果指针指示的阻值一个很大，一个很小，那么黑表笔所接的端脚就不是晶体管（三极管）的基极，再需要另换一端脚进行类似测试，直至找到基极。

判断出基极后，就可以进一步判断集电极、发射极。依旧用万用表的 $R\times1k$ 档，然后将两表笔分别接除基极以外的两电极端，如果是 PNP 型管，用一个 $100k\Omega$ 电阻接于基极与红表笔间，可测得一电阻值，然后将两表笔交换，同样在基极与红表笔间接 $100k\Omega$ 电阻，又测得一电阻值，两次测量中阻值小的一次红表笔所对应端脚为 PNP 管集电极，黑表笔所对应的端脚为发射极。如果 NPN 型管，电阻 $100k\Omega$ 就要接在基极与黑表笔间，同样电阻小的一次黑表笔对应的端脚为 NPN 管的集电极，红表笔所对应的端脚为发射极。

对于，iPhone 中应用的晶体管（三极管）一般是 NPN 管，其集电极往往与电源端相连接，发射极往往与接地相连。

16 iPhone 使用的晶体管的特点是怎样的？

【答】 iPhone 使用的晶体管的特点见表 2-10、表 2-11。

表 2-10 iPhone 使用的晶体管的特点 1

型 号	参 考 参 数	图 例
ZXTN26020DMF	$20V(V_{CBO})$、$20V(V_{CEO})$、$7V(V_{EBO})$、$1.5A(I_C)$、$4A(I_{CM})$、$0.5A(I_B)$	

表 2-11 iPhone 使用的晶体管的特点 2

型号	代码	厂家	封装	图 例
ZXTN26020DMFTA	Z1	DIODES	DFN	

17 怎样识别场效应管？

【答】 场效应管与晶体管相似，但两者的控制特性是不同的。晶体管是电流控制元件，通过控制基极电流达到控制集电极电流或发射极电流的目的，也就是说需要信号源能够提供一定的电流才能工作。场效应管是电压控制元件，其输出电流决定于输入电压的大小，基本上不需要信号源提供电流。另外，场效应管开关具有速度快、热稳定性好、功率增益大、高频特性好、噪声小等优点，因此，在 iPhone 电路中，场效应管使用率远远大于晶体管（三极管）的使用率。

场效应管可以分为普通场效应管、组合场效应管。组合场效应管是内置多只元件组合为一个模块的。组合场效应管有采用 SOT-963、CSP 封装，如图 2-11、图 2-12 所示。

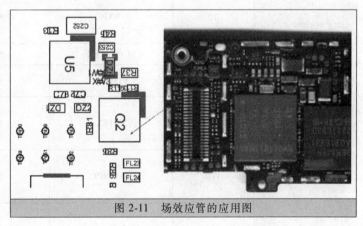

图 2-11 场效应管的应用图

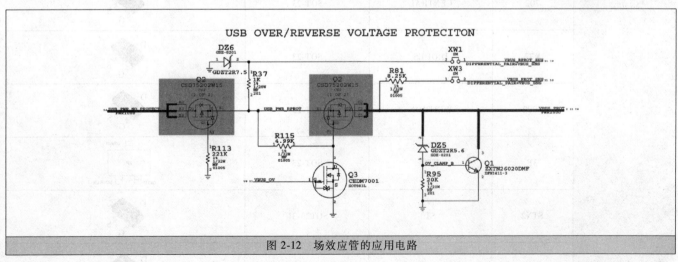

图 2-12 场效应管的应用电路

大体积的贴片场效应管其代码标志往往取其型号中的一部分，小体积的则往往采用简单代码表示，具体的一些贴片场效应管代码速查见表 2-12、表 2-13。

表 2-12　一些贴片场效应管代码速查 1

代码	型　号	厂　家	代码	型　号	厂　家
V02	2N7002	CALOGIC	3P	2N7002	UTC
K72	2N7002	DIODES	3P	2N7002	BILIN
STN2	2N7002	ST	12	2N7002	NXP
S72	2N7002	PANJIT	72	2N7002	VISHAY
WA	2N7002	TAITRON	72s	2N7002	INFINEON
WA	2N7002	KEC	109	FDFMA3N109	Fairchild
H	CEDM7001	CENTRAL	702	2N7002	PHILIPS
NF	DMN3730UFB4	DIODES	702	2N7002	SUPERTEX
F7807	IRF7807Z	INTER	702	2N7002	ZETEX
KF	NTK3134NTXXH	ONSEMI	702	2N7002	CENTRAL
KB	NTK3142PXXH	ONSEMI	702	2N7002	KEXIN
JL	NTLJF4156NXXG	ONSEMI	7002	2N7002	WEITRON
N	NTUD3128NXXG	ONSEMI	7002	2N7002	SSC
1T	FDFME3N311ZT	Fairchild	7002	2N7002	MCC
1	FDZ191P	Fairchild	7002	2N7002	NCEPOWER
02	2N7002	SECOS	8409	SI8409DB	VISHAY

表 2-13　一些贴片场效应管代码速查 2

型号	代码	厂家	封装	图例
2N7002	702	PHILIPS	SOT-23	D S G
	12	NXP	SOT-23	D S G
	702	SUPERTEX	SOT-23	702W W＝周代码 ──＝无铝
	72	VISHAY	SOT-23	72# 72-代码 ↙图代码 ↙产地代码
	702	ZETEX	SOT-23	D S G
	V02	CALOGIC	SOT-23	D S G
	702	CENTRAL	SOT-23	D S G
	K72	DIODES	SOT-23	D S G
	7002	WEITRON	SOT-23	D S G
	3P	UTC	SOT-23	DRAIN 3P GATE SOURCE
	STN2	ST	SOT23-3L	D S G
	S72	PANJIT	SOT-23	D S G

（续）

型　　号	代码	厂家	封装	图　　例
2N7002	3P	BILIN	SOT-23	
	WA	TAITRON	SOT-23	
	702	KEXIN	SOT-23	
	02	SECOS	SOT-23	
	7002	SSC	SOT-23	
	7002	MCC	SOT-23	
	7002	NCEPOWER	SOT-23	
	72s	INFINEON	SOT-23	
	WA	KEC	SOT-23	
CEDM7001	H	CENTRAL	SOT-883L C	
DMN3730UFB4	NF	DIODES	X2-DFN	
FDFMA3N109	109	Fairchild	MicroFET 2×2	
FDFME3N311ZT	1T	Fairchild	MicroFET 1.6×1.6 Thin	
FDZ191P	1	Fairchild	WL-CSP	
IRF7807Z	F7807	INTER	SO-8	
NTK3134NTXXH	KF	ONSEMI	SOT-723	

（续）

型　号	代码	厂家	封装	图　例
NTK3142PXXH	KB	ONSEMI	SOT-723	KB = 型号代码　M = 日期代码
NTLJF4156NXXG	JL	ONSEMI	WDFN6	JL = 型号代码　M = 日期代码
NTUD3128NXXG	N	ONSEMI	SOT-963	N = 型号代码
SI8409DB	8409	VISHAY	MICRO	8409 XXX　XXX = 日期代码

♡18　怎样检测贴片场效应管？

【答】　贴片场效应管可以分为结型场效应管（JEFT）、加强型 N 沟道 MOS 管，有的 MOS 管 D 与 S 间加有阻尼二极管，G 与 S 间也设置了保护措施。

（1）贴片结型场效应管的测量——用指针万用表的红表笔、黑表笔对调测量 G、D、S，除了黑笔接 D、红笔接 S 有阻值外，其他接法都没有阻值。如果与此有差异，则说明所检测的场效应管可能损坏了。

（2）NMOS 管的测量——首先把数字万用表调到二极管通断档，然后黑表笔接 S 极不动，红表笔碰触一下 G 极，再接 D 极，此时，正常应呈导通状态。再红表笔接 D 极不动，黑表笔碰触一下 G 极，然后返回接触 S 极，此时，正常应不通。

MOS 管外形与内部结构如图 2-13、图 2-14 所示。

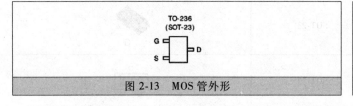

图 2-13　MOS 管外形

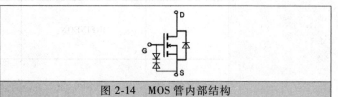

图 2-14　MOS 管内部结构

（3）PMOS 管的测量——方法与检测 NMOS 管的一样，只是红、黑表笔对调。

（4）MOS 管模块——MOS 管模块需要根据内部结构形式来检测判断，iPhone 使用的一些 MOS 管模块内部结构形式可以查本章有关表格。

♡19　怎样代换贴片场效应管？

【答】　维修代换时，不可以用 N 沟道的场效管代换 P 沟道的场效应管，反之也是一样的。维修中，在体积大小相同的前提下，需要 N 沟道代换 N 沟道，P 沟代换 P 沟道，参数相同或者接近可行。

♡20　iPhone 使用的场效应管规格有哪些？

【答】　iPhone 使用的场效应管规格见表 2-14。

表 2-14　iPhone 使用的场效应管规格

型　号	参考参数	图　例
2N7002	60V（V_{DS}）、300mA（I_D）、2.8Ω（R_{DSon}）	
CEDM7001	20V（V_{DS}）、10V（V_{GS}）、100mA（I_D）、200mA（I_{DM}）、1.0μA（I_{DSS}）、0.9Ω（$r_{DS(ON)}$）、4.0pF（C_{rss}）、9.0pF（C_{iss}）、50ns（t_{on}）、75ns（t_{off}）	SOT883L

（续）

型号	参 考 参 数	图　例
CSD68803W15		
CSD75202W15	$-20V(V_{D1D2})$、$-0.7V(V_{GS(th)})$、$-6V(V_{GS})$ A1→Gate1 A2、A3、B3→Drain1 C1→Gate2 C2、C3、B2→Drain2 B1→Source Sense	
DMN3730UFB4	$30V(V_{DSS})$、$\pm8V(V_{GSS})$、$0.73A(I_D)$、$3A(I_{DM})$、$1\mu A(I_{DSS})$、$0.7V$ (V_{SD})、$64.3pF(C_{iss})$、$6.1pF(C_{oss})$、$3.5ns(t_{d(on)})$、$2.8ns(t_r)$、$38ns$ $(t_{D(off)})$、$13ns(t_f)$	
FDC602P	$-20V(V_{DSS})$、$\pm12V(V_{GSS})$、$-5.5A(I_D)$、$100nA(I_{GSSF})$、$19S(g_{FS})$、$15ns$ $(t_{d(on)})$、$11ns(t_r)$、$57ns(t_{d(off)})$、$37ns(t_f)$	SOT-6
FDFMA3N109	$30V(V_{DS})$、$\pm12V(V_{GS})$、$2.9A(I_D)$、$190pF(C_{iss})$、$30pF(C_{oss})$、$20pF$ (C_{rss})、$4.6\Omega(R_G)$、$6ns(t_{d(on)})$、$8ns(t_r)$、$12ns(t_{d(off)})$、$2ns(t_f)$、$0.07mA$ (I_R)、$0.49V(V_F)$	MLP6
FDFME3N311ZT	$30V(V_{DS})$、$\pm12V(V_{GS})$、$1.8A(I_D)$、$235m\Omega(r_{DS(on)})$、$2.8S(g_{FS})$、$55pF$ (C_{iss})、$15pF(C_{oss})$、$7pF(C_{rss})$、$7.5\Omega(R_g)$、$6ns(t_{d(on)})$、$8ns(t_r)$、$22ns$ $(t_{d(off)})$、$1.4ns(t_f)$、$0.46mA(I_R)$、$0.45V(V_F)$	
FDZ191P	$-20V(V_{DS})$、$\pm8V(V_{GS})$、$67m\Omega(r_{DS(on)})$、$7\Omega(R_g)$、$11ns(t_{d(on)})$、$10ns$ (t_r)、$50ns(t_{d(off)})$、$30ns(t_f)$、$-0.7V(V_{SD})$、$21ns(t_{rr})$	PIN 1
IRF7807Z	$30V(V_{DS})$、$\pm20V(V_{GS})$、$2.5\Omega(R_G)$、$6.9ns(t_{d(on)})$、$6.2ns(t_r)$、$10ns$ $(t_{d(off)})$、$3.1ns(t_f)$、$770pF(C_{iss})$、$190pF(C_{oss})$、$100pF(C_{rss})$	SO-8
NTK3134NTXXH	$20V(V_{DSS})$、$\pm6V(V_{GS})$、$640mA(I_D)$、$20V(V_{(BR)DSS})$、$1.0\mu A(I_{DSS})$、$0.20\Omega(R_{DS(on)})$、$79pF(C_{iss})$、$13pF(C_{oss})$、$9.0pF(C_{rss})$、$6.7ns(t_{d(on)})$、$4.8ns(t_r)$、$17.3ns(t_{d(off)})$、$7.4ns(t_f)$	SOT723

（续）

型号	参考参数	图　例
NTK3142PXXH	$-20V(V_{DSS})$、$\pm 8.0V(V_{GS})$、$-185mA(I_D)$、$-20V(V_{(BR)DSS})$、2.9Ω $(R_{DS(on)})$、$15.3pF(C_{iss})$、$4.3pF(C_{oss})$、$2.3pF(C_{rss})$、$8.4ns(t_{d(on)})$、$15.3ns(t_r)$、$37.5ns(t_{d(off)})$、$22.7ns(t_f)$	SOT723-3-HF
NTLJF4156NXXG	$30V(V_{DSS})$、$\pm 8.0V(V_{GS})$、$2.7A(I_D)$、$30V(V_{RRM})$、$30V(V_R)$、$2.0A$ (I_F)、$427pF(C_{iss})$、$51pF(C_{oss})$、$32pF(C_{rss})$、$47m\Omega(R_{DS(on)})$	
NTUD3128NXXG	$20V(V_{DSS})$、$\pm 8V(V_{GS})$、$115mA(I_D)$、$20V(V_{(BR)DSS})$、$1.5\Omega(R_{DS(on)})$、$9.0pF(C_{iss})$、$3.0pF(C_{oss})$、$2.2pF(C_{rss})$、$15ns(t_{d(on)})$、$24ns(t_r)$、$90ns$ $(t_{d(off)})$、$60ns(t_f)$	SOT-963
SI8409DB	$-30V(V_{DS})$、$\pm 12V(V_{GS})$、$-6.3A(I_D)$、$-0.6V(V_{GS(th)})$、0.038Ω $(R_{DS(on)})$、$6.4S(g_{fs})$、$20ns(t_{d(on)})$、$35ns(t_r)$、$140ns(t_{d(off)})$、$90ns(t_f)$	BGA
SUD50N03	$30V(V_{DS})$、$\pm 20V(V_{GS})$、$44.5A(I_D)$、$50A(I_{DM})$、$65.2W(P_D)$、$1.0V$ $(V_{GS(th)})$、$0.0076\Omega(R_{DS(on)})$、$2200pF(C_{iss})$、$410pF(C_{oss})$、$180pF(C_{rss})$、$9ns(t_{d(on)})$、$15ns(t_r)$、$22ns(t_{d(off)})$、$8ns(t_f)$、$1.2V(V_{SD})$、$35ns(t_{rr})$	TO-252
SUD70N03	$30V(V_{DS})$、$\pm 20V(V_{GS})$、$70A(I_D)$、$100A(I_{DM})$、$30V(V_{(BR)DSS})$、$3V$ $(V_{GS(th)})$、$0.0046\Omega(R_{DS(on)})$、$20S(g_{fs})$、$3100pF(C_{iss})$、$565pF(C_{oss})$、$255pF(C_{rss})$、$12ns(t_{d(on)})$、$12ns(t_r)$、$30ns(t_{d(off)})$、$10ns(t_f)$、$100A(I_{SM})$、$1.2V(V_{SD})$、$35ns(t_{rr})$	TO-252

⚓21　怎样识读集成电路？

【答】　常见电路的集成电路常用字母 IC 表示，但是，iPhone 手机采用的集成电路常用字母 U 表示。iPhone 手机应用的集成电路常见的封装形式有 FBGA、BGA、TLGA、WLCSP、WCSP、LGA、UCSP、UTQFN 等。

一些封装形式的特点见表 2-15。

表 2-15　集成电路封装形式的特点

名称	解　说
BGA	BGA 的全称是 Ball Grid Array，意为球栅阵列结构，它是集成电路采用有机载板的一种封装法。其具有：封装面积减少、功能加大、引脚数目增多、易上锡、可靠性高、电性能好等特点。BGA 也有多种类型，图例如下： EBGA 680封装　　LBGA 160封装　　PBGA 217封装 TSBGA 680封装　　uBGA封装　　SBGA 192封装

（续）

名称	解　说
FBGA	FBGA 是一种在底部有焊球的面阵引脚结构,使封装所需的安装面积接近于芯片尺寸
WCSP	WCSP 封装为芯片级封装,英文全称是 Wafer Chip Scale Package WCSP 封装与 BGA 封装的构造相似,也以焊球代替传统的引线框架引脚。WCSP 尺寸极小,因此外露芯片就作为最终的封装。因此,WCSP 也称为 DSBGA(芯片尺寸球栅阵列)
WLCSP	WLCSP 意为晶圆级芯片封装方式,英文全称是 Wafer-Level Chip Scale Packaging Technology。其不同于传统的芯片封装方式,它是封装技术的未来主流。WLCSP 晶圆级芯片封装方式的最大特点便是有效地缩减封装体积,封装外形更加轻薄
UCSP	UCSP 是一种封装技术,它消除了传统的密封集成电路的塑料封装,直接将硅片焊接到 PCB 上,节省了 PCB 空间。但也牺牲了散热能力等
LGA	LGA 全称为 Land GridArray,意为栅格阵列封装。LGA 是用金属触点式封装取代了以往的针状插脚
UTQFN	UTQFN 为超薄四方扁平及管脚微缩结构,全称为 Ultra Thickness Quad Flat Non-leaded

iPhone 系列所用集成电路清单速查见表 2-16、表 2-17。

表 2-16　iPhone 系列所用集成电路清单速查 1

种类	集 成 电 路		
iPhone 3G	74LVC1G08 74LVC2G34 BGA615L7 BGA736L16 DSB221SA SKY7734013	LMSP4LMA-668TEMP PF38F3050M0Y0CE PMB2525 PMB6820 PMB6952 PMB8878	TK68418 TQM676021
iPhone 3GS	74AUP1T97 74LVC1G08 74LVC1G125 74LVC1G79 74LVC2G04 74LVC2G125 74LVC2G34 AK8973S AT25DF081UUN BGA615L7 CD3272A2	D1755 HHM1822A2 HY27UCG8VFMYR-BC ISL59121 LD39115J12R LFD181G57DPFC087 LIS331DL LMSP4LMA-764TEMP LTC3459 MAX8839 MAX9028	PMB2525 PMB6820 PMB6952 PMB8878 R1118K RP104K311D S72NS128RD0AHBL0 SC58920A02 SKY7734013
iPhone 4	74AUP1G07GF 74LVC1G07GF AK8975B AP3GDL BCM4750IUBG BGA748L16 BGS12AL7-6 CD3282A1 D1815A4-C23-VAN2 ISL54200IRUZ	LFD181G57DPFC087 LIS331DLH MAX8834EWP+T MAX8839L MAX9061 MAX9718 MM8030-2600RK0 PMB5703 RP106Z121D	S72XS128RD0AHBHE SAVHM881MAB0F57 SKY77452 SKY77459 SKY7754132 THS7319 TQM666092 TQM676091 XM1500LB

（续）

种类	集 成 电 路		
iPhone 4S	74AUP1G08GF 74AUP1T97 74AUP2G07GF 74LVC1G04S500 74LVC1G11GF/S500 A5 芯片 ACPM-7381-TR1 AK8975B ANGELINA-A3 AP3GDL8B Apple 338S0973（D1881A） Apple 338S0987（CLI1560B0） B4064B2PF-8D-F BCM4330 BGS15AN16 CS42L63B	FPF1039 FSA6157L6X L3G4200DH 3 LFL212G14TCCD297 LIS331DLH 3 LMSP32QH-B52 MAX8834EWP+T MAX8946EWL+T MAX9061 MDM6610 MGA300G MX25U8035MI-10G NAND-XXNM-64GX8 PM8028 RER8605	RF1642 RP106Z121D8 RTR8605 SAFFB1G88AA0F57 SAFFB1G95AA0F57 SAFFB836MAA0F57 SC58940C01-A030 SKY-20 SKY77464-20 SN74LVC1G123 THGVX1G7D2GLA08 THS7380IZSYR TPA2015D1 TQM666052 TQM9M9030 TS3A8235YFP XXNM-XGBX8-MLC-PPN1.5-ODP
iPhone 5	74AUP1G08_SOT891 74AUP2G34_SOT1115 74AUP3G04_SOT1089 74LVC1G32GF_SOT891 74LVC2G07_SOT891 ACPM5617_LGA AGATHA_II_BGA AK8963C_CSP AP3DSHAD_LGA AP3GDL20_LGA AP3GDL20BCTR CBTL1608A1_WCSP CS35L19B_WLCSP CS35L19B-CWZR CS42L65B_FCBGA CS42L65B-B1 CUMULUS_BGA63_WLBGA DPX205850DT-9036A1SJ H5P-SC58950X03 HFQSWEFUA127_LGA HILOCO M _6P_SM	LBEE5ZHTWC501_LGA LM34908_USMD LM3534_BGA LM3534TMX-A1 LM3563_BGA LM3563A3TMX LMSP3NQPD06_LGA LP5907_USMD LP5907_USMD LP5907UVX-3.2V LP5907UVX-3.3V LP5908_USMD LP5908UVE-1.28 MAX77100_WLP MDM9615_BGA MM4829-2702 MM5829-2700 MM8930-2600B MX25U1635E_WLC SP MX25U1635EBAI-10G PM8018_WLNSP105_BGA	PM8018-0 RF1102_12_WLCSP14 SAFFB836MAL0F57 SAGE2_1_CSP SAYEY710M CA0F57_LLP SIM-CARD-N41 SKY77352_LGA SKY77486_LGA SKY77487_LGA TPD4E101DPW TPS22924_CSP TPS22924X TPS799_WCSP TPS799L57 TQM666084 TQM666084_LGA XGX8_60LGA_LGA -12X17 XM0830SZ_LLP XM0831SZ-AL1067 XXNM-XGBX8-MLC-PPN1.5-ODP
iPhone 5S	338S120L 338S1216 339S0205 37C64G1 74AUP2G3404GN 74LVC1G34GX A7900 A7 处理器 AK8963C APL0698 BCM4334 BCM5976 BGS12SL6 BMA282 CAT24C08C4A CBTL1608A1 CS35L20 CS42L67-CWZR-A0	CUMULUS-C1 CXA4011GC CXA4403GC DUPLEXER-BAND2-3 FAN5721UC00A0X H2JTDG8UD3MBR ISL97751IIA0PZ ITG3600 LM3258 LM3534TMX-A1 LMSWFKJM LPC18A1UR LT3460EDC MDM9615M MX25U1635EBAI-10G PM8018-0 PM8081	RF1112 RF1495 RF1629 SAGE2-B06 SATGR832MBM0F57 SAW-BAND-TX-B1-B3-B34-B39 SAWFD847MGA0F57 SC58960X01-A030 SIM-CARD-N48 SKY65716-11 SKY77355 SKY77810 TPD4E101DPWR TPS22924X TQM6M6224 WTR1605L XXNM-XGBX8-MLC-PPN1.5-ODP
iPhone 5C	339S0209 A6APL0598 A7900 A790720	BCM5976 MDM9615M PM8018 SKY773550-10	SKY77810-12 TQM6M6224 WTR1605L
iPhone 6	A8010 KA1422 JNO27 A8020 KA1428 JR159	A8 处理器 MDM9625M	SKY77802-23 TQF6410

（续）

种类	集 成 电 路		
iPhone 6Plus	338S1251-AZ 339S0228 343S0694 65V10 NSD425 A8010 KA1422 JNO27 A8020 KA1428 JR159 A8 处理器	AMSAS3923 APL101 EDF8164A3PM-GD-F BCM5976 LPC18B1UK MDM9625M PM8019	QFE1000 RF5159 SKY 77802-23 TQF6410 WFR1620 WTR1625L
iPhone 7	339S00043 WiFi 模块； 65730AOP 电源管理集成电路； A9 处理器+三星 2GB LPDDR4 RAM； Apple/Cirrus Logic 338S00105 音频集成电路； Apple/Cirrus Logic 338S1285 音频集成电路； Apple/Dialog 电源管理集成电路	AvagoAFEM-8030 功率放大器模块； Bosch Sensortec 3P7LA 三轴加速度计； MDM9635M LTE Cat. 6 调制解调器； MP67B 六轴陀螺仪和加速计模块； Murata 240 前端模块； NXP66V10 NFC 控制器	PMD9635 电源管理集成电路； QFE1100 包络跟踪集成电路； RF5150 天线开关； SKY77357 功率放大器模块； Skyworks SKY77812 功率放大器模块； THGBX5G7D2KLFXG 16GB 19nm NAND 闪存； TQF6405 功率放大器模块； WTR3925 射频收发器
iPhone 7Plus	65730A0P 电源管理集成电路； AFEM-8055 电源放大器模块； AFEM-8065 电源放大器模块； Apple/Cirrus Logic 338S00105 音频解码器； Cirrus Logic 338S00220Audi 放大器	Dialog 338S00225 电源管理集成电路； MDM9645M LTE Cat. 12 调制解调器； Murata 339S00199 WiFi/蓝牙模块； NXP67V04 NFC 控制器； O11R 触控屏控制器； PMD9645 电源管理	Skyworks 13702-20 多化接收模块； Skyworks 13703-21 多化接收模块； THGBX6T0T8LLFXF 128 GB NAND 闪存； WTR3925 RF 收发器； WTR4905 多模式 LTE 收发器； 苹果 A10 FusionAPL1W24 SoC + 三星 3GB LPDDR4 运行内存
iPhone 8	H9HKNNNBRMMUUR SK 海力士 2GB LPDDR4 内存； MDM9655 X16 LTE 千兆基带集成电路； NXP 80V18 NFC 模块； PDM9655 电源管理单元	Skyworks 3760 3576 1732/SKY762-21 247296 1734 RF 开关； Skyworks 77366-17 四频段 GSM 功率放大模块； TSBL227VC3759 64GB NAND 闪存	WTR5975 千兆 LTE RF 收发器；苹果/USI 170804 339S00397 WiFi/蓝牙/FM 模块 苹果 338S00248、338S00309 电源管理集成电路； 苹果 A11 Bionic 339S00434 处理器
iPhone 8Plus	MDM9655 X16 LTE 千兆基带； NXP 80V18 NFC 模块； PDM9655 电源管理单元； XMM7480（PMB9948）调制解调器	Skyworks 3760 3759 1727/SKY762-21 207839 1731 RF 开关； Skyworks 77366-17 四频段 GSM 功率放大模块； WTR5975 千兆 LTE RF 收发器	苹果/USI 170804 339S00397 WiFi/蓝牙/FM 模块； 苹果 338S00248、338S00309 电源管理单元； 苹果 A11 Bionic 339S00439 处理器
iPhone X	338S00248 338S00296 338S00306 338S00341-B1 339S00397 78AVZ81	A11 AFEM-8072 BCM15951 MDM9655 NXP1612A1 NXP80V18	SKY77366-17 Skyworks 78140-22 STB600B0 TSB3234X68354TWNA1 WTR5975

表 2-17　iPhone 系列所用集成电路清单速查 2

集 成 电 路	所 用 机 种	集 成 电 路	所 用 机 种
74AUP1T97	iPhone 3GS、iPhone 4S	RP106Z121D8	iPhone 4、iPhone 4S
74LVC1G08	iPhone 3GS、iPhone 3G	SKY7734013	iPhone 3GS、iPhone 3G
74LVC2G34	iPhone 3GS、iPhone 3G	MDM9625M	iPhone SE、iPhone 6、iPhone 6Plus
AK8975B	iPhone 4、iPhone 4S	WTR1625L	iPhone SE、iPhone 6、iPhone 6Plus
BGA615L7	iPhone 3GS、iiPhone 3G	QFE1100	iPhone SE、iPhone 6S、iPhone 6SPlus、iPhone 6、iPhone 6Plus
LFD181G57DPFC087	iPhone 3GS、iPhone 4		
LIS331DL	iPhone 3GS、iPhone 4、iPhone 4S	NXP66V10	iPhone SE、iPhone 6S、iPhone 6SPlus
MAX8834EWP+T	iPhone 4、iPhone 4S	338S1285	iPhone 6S、iPhone 6SPlus
MAX8839	iPhone 3GS、iPhone 4	WFR1620	iPhone 6、iPhone 6Plus
MAX9061	iPhone 4、iPhone 4S	ACPM-8020	iPhone SE、iPhone 6Plus
PMB2525	iPhone 3GS、iPhone 3G	TQF6410	iPhone SE、iPhone 6Plus
PMB6820	iPhone 3GS、iPhone 3G	PM8019	iPhone SE、iPhone 6、iPhone 6Plus
PMB6952	iPhone 3GS、iPhone 3G	RF5159	iPhone SE、iPhone 6、iPhone 6Plus
PMB8878	iPhone 3GS、iPhone 3G	BCM5976	iPhone SE、iPhone 5

22 手机存储器的特点是怎样的？

【答】 手机的存储器可以分为程序存储器、数据存储器，各自的特点见表2-18。

表2-18 手机的存储器的特点

名称	解　说
数据存储器	数据存储器又称为暂存器(RAM)，其主要功能是存放手机当前运行时产生的中间数据
程序存储器	手机的程序存储器有的由两部分组成：FLASH ROM(俗称字库或版本)与 EEPROM(俗称码片)。也有的手机程序存储器是将 FLASH ROM 与 RAM 合二为一 手机的程序存储器一般是只读存储器。手机的软件故障主要出现在程序存储器数据丢失或者出现逻辑混乱。各种手机所采用的字库(版本)、码片不同，但是基本功能是一样的

23 手机码片的特点是怎样的？

【答】 手机码片的特点见表2-19。

表2-19 手机码片的特点

项目	解　说
作用	手机程序存储器中的码片主要存储手机机身码与一些检测程序等
种类	根据数据传送方式，码片可以分为并行数据传送码片、串行数据传送的码片。根据管脚数，码片有不同的引脚数量
故障	码片故障可以分为两种情况，一种是码片本身硬件损坏；另一种就是内部存储数据丢失

24 手机字库的特点是怎样的？

【答】 手机字库的特点见表2-20。

iPhone 4S 的 NAND 闪存有的采用韩国海力士半导体的 NAND 闪存，有的采用东芝的 NAND 闪存。iPhone 的闪存芯片损坏，可能会引起 iTunes 同步错误等故障。

表2-20 手机字库的特点

项目	解　说
作用	手机逻辑电路中的版本又称字库(FLASH)，其是一块存储器，以代码的形式装载了话机的基本程序与各种功能程序。手机功能的日益增多和手机体积的缩小，字库的软件数随着据容量不断变大，封装从大体积的扁平封装到体积小的 BGA 封装等封装形式 东芝的 THGVX1G7D2GLA08　16 GB　24 nm MLC 闪存在 iPhone 4S 中有应用。
种类	字库(Flash)的种类，根据其封装形式可以分为扁平封装、BGA 封装等，另外，还可以根据引脚数量来分类
故障	字库(Flash)程序存储器的软件资料是通过数据交换端、地址交换端与微处理器进行通信的。CE(CS)端为 Flash 片选端，DE 端为读允许端，WE 端为写允许端，RST 端为系统复位端，这四个控制端分别都是由微处理器加以控制。如果 Flash 的地址有误或未选取通，都将会导致手机不能正常工作。通常 表现为不开机，显示字符错乱等故障现象

25 74AUP1T97 的维修速查是怎样的？

【答】 74AUP1T97 在 iPhone 3GS 中的应用电路如图2-15所示，74AUP1T97 引脚分布如图2-16所示。

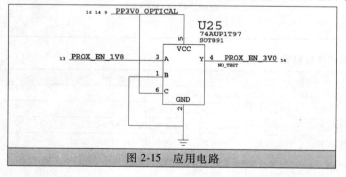

图2-15 应用电路

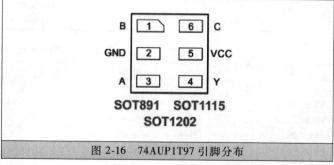

图2-16 74AUP1T97 引脚分布

NXP 的 SOT891　74AUP1T97 标识是 59。74AUP1T97 逻辑功能见表2-21。

表2-21 74AUP1T97 逻辑功能

输　入			输　出	输　入			输　出
C	B	A	Y	C	B	A	Y
L	L	L	L	H	L	L	L
L	L	H	H	H	L	H	H
L	H	L	H	H	H	L	L
L	H	H	H	H	H	H	H

H：高电平。L：低电平。

26　74AUP1G07GF 的维修速查是怎样的？

【答】　NXP 的 74AUP1G07GF 的标识代码为 pS。74AUP1G07GF 在 iPhone 4 中的应用电路如图2-17所示，引脚分布如图2-18 所示。74AUP1G07GF 逻辑功能见表 2-22。

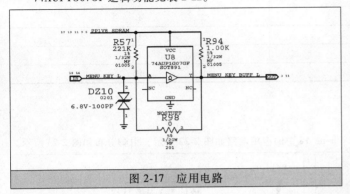

图 2-17　应用电路

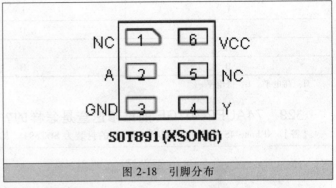

图 2-18　引脚分布

表 2-22　74AUP1G07GF 逻辑功能

输　入	输　出	输　入	输　出	输　入	输　出
A	Y	L	L	H	Z

H=高电平；L=低电压水平；Z=高阻关断状态。

27　74LVC1G07GF 的维修速查是怎样的？

【答】　74LVC1G07GF 为与开漏输出缓冲器。74LVC1G07GF 在 iPhone 4 中的应用电路如图 2-19 所示，引脚分布如图 2-20 所示。

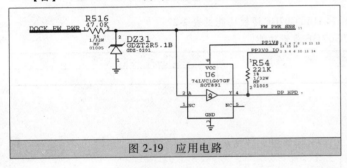

图 2-19　应用电路

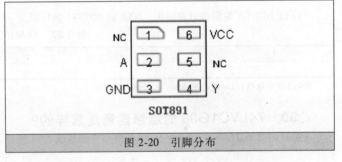

图 2-20　引脚分布

74LVC1G07GF 引脚功能见表 2-23。

表 2-23　74LVC1G07GF 引脚功能

引脚符号	引脚功能	引脚符号	引脚功能
NC	没有连接	Y	数据输出
A	数据输入	VCC	电源电压
GND	接地		

74LVC1G07GF 逻辑功能见表 2-24。

表 2-24　74LVC1G07GF 逻辑功能

输入 A	输　出 Y	输入 A	输　出 Y
L	L	H	Z

H=高电平；L=低电压水平；Z=高阻关断状态。

28　74AUP1G08GF 的维修速查是怎样的？

【答】　74AUP1G08GF 在 iPhone 4S 中的应用是采用 SOT891 封装的，74AUP1G08GF 引脚功能见表 2-25。74AUP1G08GF 引脚分布如图 2-21 所示。

表 2-25　74AUP1G08GF 引脚功能

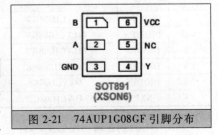

引脚	功能符号	引脚	功能符号
1	B	4	Y
2	A	5	NC
3	GND	6	VCC

图 2-21　74AUP1G08GF 引脚分布

74AUP1G08GF 功能表见表 2-26。

表 2-26　74AUP1G08GF 功能表

输 入		输 出
A	B	Y
L	L	L
L	H	L
H	L	L
H	H	H

H：高电平。L：低电平。

🍎29　74AUP2G07GF 的维修速查是怎样的？

【答】　iPhone 4S 采用的 74AUP2G07GF 的封装为 SOT891。其 iPhone 4S 中的应用电路如图 2-22 所示，引脚分布如图 2-23 所示。

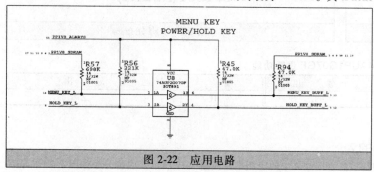

图 2-22　应用电路

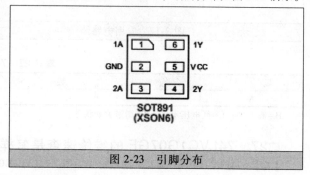

图 2-23　引脚分布

74AUP2G07GF 为漏极开路输出。NXP 的 SOT891 的标识为 p7。74AUP2G07GF 逻辑功能见表 2-27。

表 2-27　74AUP2G07GF 逻辑功能

输 入	输 出	输 入	输 出
L	L	H	Z

H=高电平电压；L=低电平电压；Z=高阻抗状态。

🍎30　74LVC1G08 的维修速查是怎样的？

【答】　74LVC1G08 在 iPhone 3G 中的应用电路如图 2-24 所示，引脚分布如图 2-25 所示。

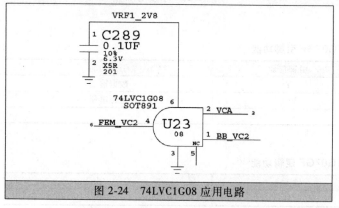

图 2-24　74LVC1G08 应用电路

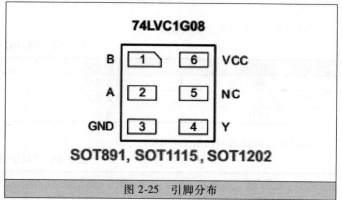

图 2-25　引脚分布

74LVC1G08 的生产厂家有几家，每家的标识不同，具体见表 2-28。

表 2-28　74LVC1G08 的标识

标识	厂家	型号	封装	标识	厂家	型号	封装
VE	PHILIPS	74LVC1G08GW	SC-88A、SOT353	V08	NXP	74LVC1G08GV	SOT753
V08	PHILIPS	74LVC1G08GV	SC-74A、SOT753	VE	NXP	74LVC1G08GM	SOT886
UV	DIODES	74LVC1G08W5	SOT-25	VE	NXP	74LVC1G08GF	SOT891
UV	DIODES	74LVC1G08SE	SOT-353	VE	NXP	74LVC1G08GN	SOT1115
UV	DIODES	74LVC1G08Z	SOT-553	VE	NXP	74LVC1G08GS	SOT1202
VE	NXP	74LVC1G08GW	SOT-353-1	VE	NXP	74LVC1G08GX	SOT1226

74LVC1G08 的逻辑功能见表 2-29。

表 2-29 74LVC1G08 的逻辑功能

输	入	输 出
A	B	Y
L	L	L
L	H	L
H	L	L
H	H	H

31 74LVC1G125 的维修速查是怎样的?

【答】 74LVC1G125 在 iPhone 3GS 中的应用电路如图 2-26 所示。

74LVC1G125 不同厂家具有不同的封装,其标识也有差异,具体见表 2-30,74LVC1G125 引脚分布如图 2-27 所示。

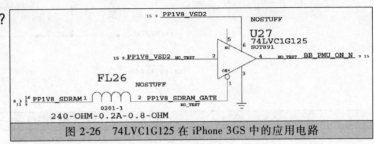

图 2-26 74LVC1G125 在 iPhone 3GS 中的应用电路

表 2-30 74LVC1G125 的标识

标识	厂家	型号	封装	标识	厂家	型号	封装
VM	PHILIPS	74LVC1G125GW	SC-88A、SOT353	VM	NXP	74LVC1G125GF	XSON6、SOT891
V25	PHILIPS	74LVC1G125GV	SC-74A、SOT753	VM	NXP	74LVC1G125GN	XSON6、SOT1115
VM	NXP	74LVC1G125GW	TSSOP5、SOT353-1	VM	NXP	74LVC1G125GS	XSON6、SOT1202
V25	NXP	74LVC1G125GV	SC-74A、SOT753	VM	NXP	74LVC1G125GX	X2SON5、SOT1226
VM	NXP	74LVC1G125GM	XSON6、SOT886				

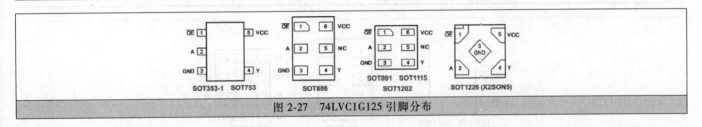

图 2-27 74LVC1G125 引脚分布

32 74LVC1G79 的维修速查是怎样的?

【答】 74LVC1G79 在 iPhone 3GS 中的应用电路如图 2-28 所示。

74LVC1G79 有不同的封装,其标识也有差异,具体见表 2-31,74LVC1G79 引脚分布如图 2-29 所示。

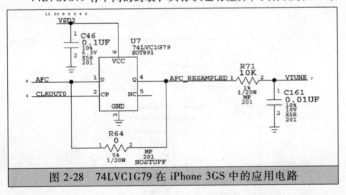

图 2-28 74LVC1G79 在 iPhone 3GS 中的应用电路

表 2-31 74LVC1G79 的标识

标识	厂家	型号	封装
VP	NXP	74LVC1G79GW	TSSOP5、SOT353-1
V79	NXP	74LVC1G79GV	SC-74A、SOT753
VP	NXP	74LVC1G79GM	XSON6、SOT886
VP	NXP	74LVC1G79GF	XSON6、SOT891
VP	NXP	74LVC1G79GN	XSON6、SOT1115
VP	NXP	74LVC1G79GS	XSON6、SOT1202
VP	NXP	74LVC1G79GX	X2SON5、SOT1226

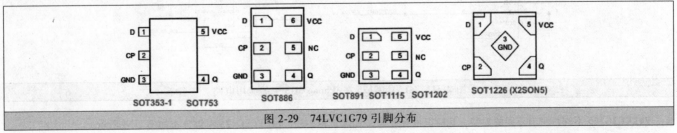

图 2-29 74LVC1G79 引脚分布

33　74LVC2G04 的维修速查是怎样的?

【答】　74LVC2G04 在 iPhone 3GS 中的应用电路如图 2-30 所示。

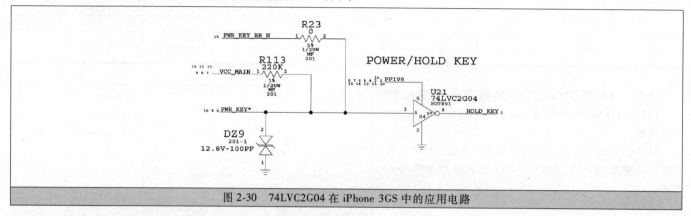

图 2-30　74LVC2G04 在 iPhone 3GS 中的应用电路

74LVC2G04 不同厂家有不同的封装,其标识也有差异,具体见表 2-32,74LVC2G04 引脚分布如图 2-31 所示。

表 2-32　74LVC2G04 的标识

标识	厂家	型号	封装	标识	厂家	型号	封装
V4	PHILIPS	74LVC2G04GW	SC-88、SOT363	V4	NXP	74LVC2G04GM	XSON6、SOT886
V04	PHILIPS	74LVC2G04GV	SC-74、SOT457	V4	NXP	74LVC2G04GF	XSON6、SOT891
V4	PHILIPS	74LVC2G04GM	XSON6、SOT886	V4	NXP	74LVC2G04GN	SOT1115
V4	NXP	74LVC2G04GW	SC-88、SOT363	V4	NXP	74LVC2G04GS	SOT1202
V04	NXP	74LVC2G04GV	TSOP6、SOT457				

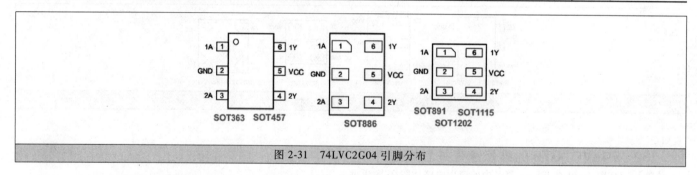

图 2-31　74LVC2G04 引脚分布

34　74LVC2G125 的维修速查是怎样的?

【答】　74LVC2G125 在 iPhone 3GS 中的应用电路如图 2-32 所示。

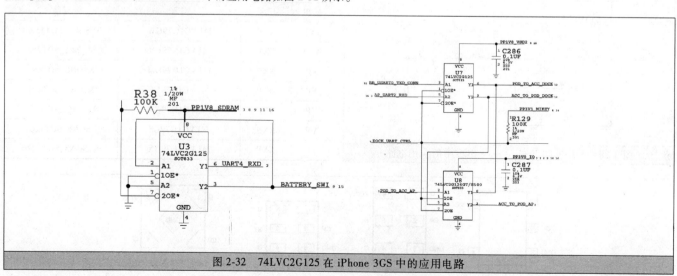

图 2-32　74LVC2G125 在 iPhone 3GS 中的应用电路

74LVC2G125 不同厂家有不同的封装,其标识也有差异,具体见表 2-33,74LVC2G125 引脚分布如图 2-33 所示。

表 2-33　74LVC2G125 的标识

标识	厂家	型号	封装	标识	厂家	型号	封装
V125	PHILIPS	74LVC2G125DP	TSSOP8、SOT505-2	VM	NXP	74LVC2G125GF	XSON8、SOT1089
V25	PHILIPS	74LVC2G125DC	VSSOP8、SOT765-1	V25	NXP	74LVC2G125GD	XSON8U、SOT996-2
V25	PHILIPS	74LVC2G125GM	XSON8、SOT833-1	V25	NXP	74LVC2G125GM	XQFN8、SOT902-2
V25	NXP	74LVC2G125DP	TSSOP8、SOT505-2	VM	NXP	74LVC2G125GN	XSON8、SOT1116
V25	NXP	74LVC2G125DC	VSSOP8、SOT765-1	VM	NXP	74LVC2G125GS	XSON8、SOT1203
V25	NXP	74LVC2G125GT	XSON8、SOT833-1				

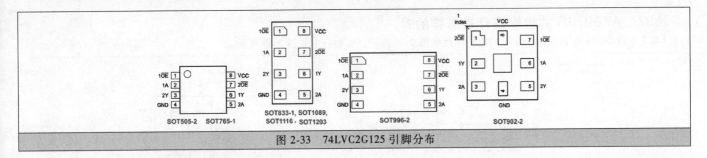

图 2-33　74LVC2G125 引脚分布

⌂35　74LVC2G34 的维修速查是怎样的？

【答】　74LVC2G34 在 iPhone 3G 中的应用电路如图 2-34 所示，引脚分布如图 2-35 所示。

74LVC2G34 不同厂家有不同的封装，其标识也有差异，具体见表 2-34。

表 2-34　74LVC2G34 的标识

标识	厂家	型号	封装	标识	厂家	型号	封装
YA	PHILIPS	74LVC2G34GW	SC-88、SOT363	YA	NXP	74LVC2G34GF	XSON6、SOT891
Y34	PHILIPS	74LVC2G34GV	SC-74、SOT457	YA	NXP	74LVC2G34GN	XSON6、SOT1115
YA	PHILIPS	74LVC2G34GM	XSON6、SOT886	YA	NXP	74LVC2G34GS	XSON6、SOT1202
YA	NXP	74LVC2G34GW	SC-88、SOT363	Z7	DIODES	74LVC2G34W6	SOT26
Y34	NXP	74LVC2G34GV	TSOP6、SOT457	Z7	DIODES	74LVC2G34DW	SOT363
YA	NXP	74LVC2G34GM	XSON6、SOT886				

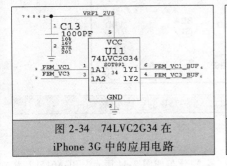

图 2-34　74LVC2G34 在
iPhone 3G 中的应用电路

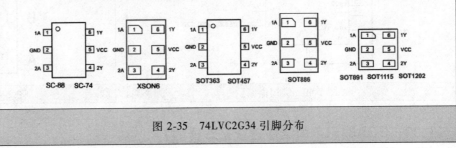

图 2-35　74LVC2G34 引脚分布

⌂36　ACPM-7381 的维修速查是怎样的？

【答】　ACPM-7381 为 UMTS2100　4×4 功率放大器（1920~1980MHz）。ACPM-7381 的引脚分布与内部结构如图 2-36、图 2-37 所示。

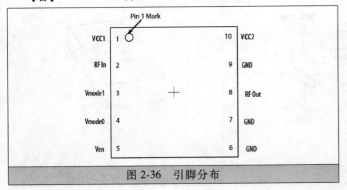

图 2-36　引脚分布

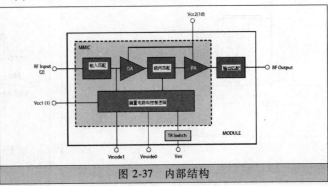

图 2-37　内部结构

ACPM-7381 的真值表见表 2-35。

表 2-35　ACPM-7381 的真值表

	Symbol	Ven	Vmode0	Vmode1	Range
高功率模式	PR3	H	L	L	~ 28dBm
中功率模式	PR2	H	H	L	~ 16dBm
低功率模式	PR1	H	H	H	~ 8dBm
关机模式	—	L	—	—	—

37　AK8973S 的维修速查是怎样的？

【答】　AK8973S 在 iPhone 3GS 中的应用电路如图 2-38 所示，引脚分布如图 2-39 所示。

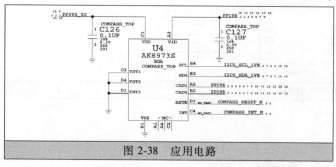

图 2-38　应用电路

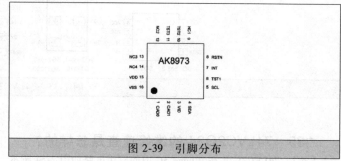

图 2-39　引脚分布

38　AK8975B 的维修速查是怎样的？

【答】　AK8975B 在 iPhone 4 中的应用电路如图 2-40 所示，AK8975B 的引脚分布如图 2-41 所示。

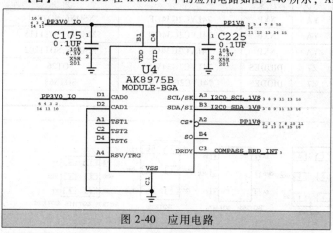

图 2-40　应用电路

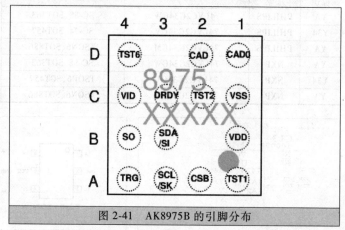

图 2-41　AK8975B 的引脚分布

39　BGA615L7 的维修速查是怎样的？

【答】　BGA615L7 在 iPhone 3G 中的应用电路如图 2-42 所示，内部结构如图 2-43 所示，引脚分布如图 2-44 所示。BGA615L7 为低噪声放大器，可以应用于 1575 MHz GPS。BGA615L7 的标识代码为 BS。BGA615L7 引脚功能见表 2-36。

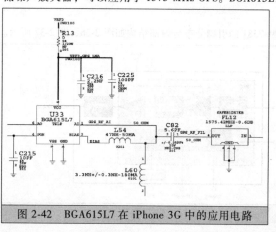

图 2-42　BGA615L7 在 iPhone 3G 中的应用电路

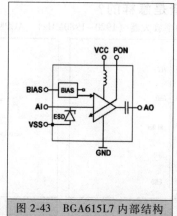

图 2-43　BGA615L7 内部结构

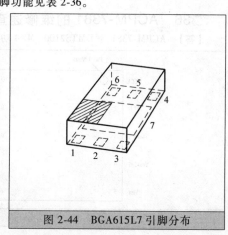

图 2-44　BGA615L7 引脚分布

表 2-36　BGA615L7 引脚功能

引脚	符号	功能	引脚	符号	功能
1	AI	LNA 输入端	5	VCC	电源端
2	BIAS	直流偏置端	6	AO	LNA 输出端
3	GND	射频接地端	7	VSS	接地端
4	PON	功率控制端			

☪40　BGA736L16 的维修速查是怎样的？

【答】　BGA736L16 在 iPhone 3G 中的应用电路如图 2-45 所示，实物外形如图 2-46 所示。BGA736L16 内部结构如图 2-47 所示。BGA736L16 的标识为 BGA736。

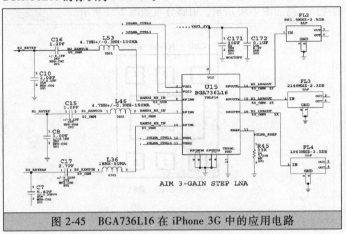

图 2-45　BGA736L16 在 iPhone 3G 中的应用电路

图 2-46　实物外形

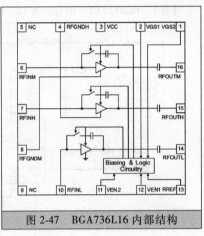

图 2-47　BGA736L16 内部结构

BGA736L16 有关引脚功能见表 2-37。

表 2-37　BGA736L16 有关引脚功能

引脚	符号功能	引脚	符号功能	引脚	符号功能
1	VGS2	7	RFINH	13	RREF
2	VGS1	8	RFGNDM	14	RFOUTL
3	VCC	9	NC	15	RFOUTH
4	RFGNDH	10	RFINL	16	RFOUTM
5	NC	11	VEN2		
6	RFINM	12	VEN1		

☪41　BGA748L16 的维修速查是怎样的？

【答】　BGA748L16 为高线性低噪声放大器。BGA748L16 在 iPhone 4 中的应用电路如图 2-48 所示。

BGA748L16 为 TSLP-16-1　2.3m×2.3m×0.39mm 封装。BGA748L16 的标识为 BGA748。BGA748L16 内部电路如图 2-49 所示。

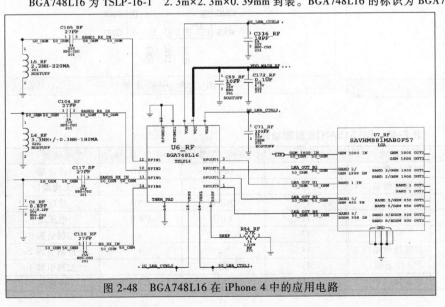

图 2-48　BGA748L16 在 iPhone 4 中的应用电路

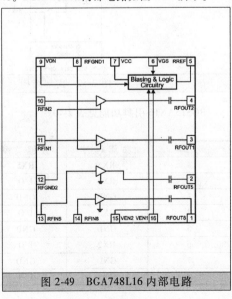

图 2-49　BGA748L16 内部电路

BGA748L16的一些极限参数见表2-38。

表2-38 BGA748L16的一些极限参数

符号	数值 Min	数值 Max	单位	符号	数值 Min	数值 Max	单位
V_{CC}	-0.3	3.6	V	P_{RFIN}		4	dBm
I_{CC}		10	mA	T_j		150	℃
V_{PIN}	-0.3	+0.3	V	T_A	-30	85	℃
V_{RFIN}	-0.3	0.9	V	T_{stg}	-65	150	℃

⌘42 BGS12AL7-6 的维修速查是怎样的?

【答】 BGS12AL7-6的标识为12。BGS12AL7-6在iPhone 4中的应用电路如图2-50所示,引脚分布如图2-51所示。

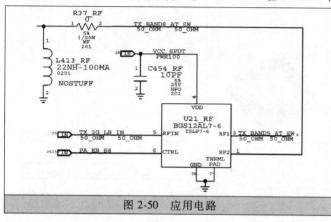

图2-50 应用电路

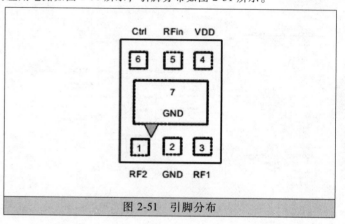

图2-51 引脚分布

BGS12AL7-6真值表见表2-39。

表2-39 BGS12AL7-6真值表

Ctrl	RF1	RF2	Ctrl	RF1	RF2
0	1	0	1	0	1

⌘43 BGS15AN16 的维修速查是怎样的?

【答】 BGS15AN16内部结构如图2-52所示,引脚分布如图2-53所示。

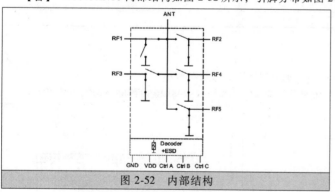

图2-52 内部结构

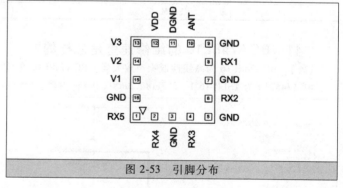

图2-53 引脚分布

BGS15AN16引脚功能见表2-40。

表2-40 BGS15AN16引脚功能

引脚	功能符号	引脚类型	功能	引脚	功能符号	引脚类型	功能
1	RX5	RX5	射频接收端口5	9	GND	GND	接地端
2	RX4	I/O	射频接收端口4	10	ANT	I/O	天线端口
3	GND	GND	接地端	11	DGND	GND	接地端
4	RX3	I/O	射频接收端口3	12	VDD	PWR	电压端
5	GND	GND	接地端	13	V3	I	控制引脚3
6	RX2	I/O	射频接收端口2	14	V2	I	控制引脚2
7	GND	GND	接地端	15	V1	I	控制引脚1
8	RX1	I/O	射频接收端口1	16	GND	GND	接地端

BGS15AN16 真值表见表 2-41。

表 2-41　BGS15AN16 真值表

功能	V1	V2	V3	功能	V1	V2	V3
Ant → RF1	1	0	0	Ant → RF5	1	1	1
Ant → RF2	0	1	0	省电模式	0	0	0
Ant → RF3	0	0	1	全部关闭	1	1	0
Ant → RF4	1	0	1	全部关闭	0	1	1

♂44　DSB221SA 的维修速查是怎样的？

【答】　DSB221SA 在 iPhone 3G 中的应用电路如图 2-54 所示。DSB221SA 为 SMDVC-TCXO/TCXO。

DSB221SA 一些参数见表 2-42。

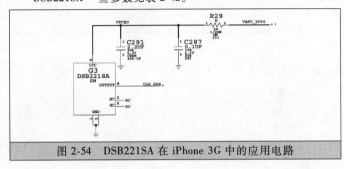

图 2-54　DSB221SA 在 iPhone 3G 中的应用电路

表 2-42　DSB221SA 一些参数

名　　称	参　　数
频率范围	9.6~40MHz
标准频率	13/19.2/26/38.4MHz
电源电压	2.6V/2.8V/3V/3.3V
输出电平	0.8Vpp. min

♂45　FSA6157L6X 的维修速查是怎样的？

【答】　FSA6157L6X 引脚功能见表 2-43，内部结构与引脚分布如图 2-55 所示。

表 2-43　FSA6157L6X 引脚功能

引　脚	功能符号	引　脚	功能符号
1	S	4	B0
2	VCC	5	GND
3	A	6	B1

图 2-55　FSA6157L6X 内部结构与引脚分布

FSA6157L6X 逻辑功能见表 2-44。

表 2-44　FSA6157L6X 逻辑功能

输入控制端 S	功　　能
低电平	B0 连接 A
高电平	B1 连接 A

♂46　ISL54200IRUZ 的维修速查是怎样的？

【答】　ISL54200IRUZ 内部电路如图 2-56 所示。μTQFN 封装的 ISL54200IRUZ-T 标识为 FM。

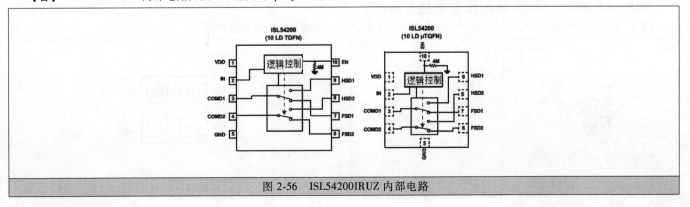

图 2-56　ISL54200IRUZ 内部电路

ISL54200IRUZ 引脚功能见表 2-45。

ISL54200IRUZ 真值表见表 2-46。

表 2-45　ISL54200IRUZ 引脚功能

脚　序	符　号	功　能	脚　序	符　号	功　能
1	VDD	电源端	6	FSD2	全速差分 USB 端口
2	IN	逻辑控制选择输入端	7	FSD1	全速差分 USB 端口
3	COMD1	通用端口 1 端	8	HSD2	高速差分 USB 端口
4	COMD2	通用端口 2 端	9	HSD1	高速差分 USB 端口
5	GND	接地端	10	EN	使能端

表 2-46　ISL54200IRUZ 真值表

EN	IN	FSD1、FSD2	HSD1、HSD2	EN	IN	FSD1、FSD2	HSD1、HSD2	EN	IN	FSD1、FSD2	HSD1、HSD2
1	0	通	断	1	1	断	通	0	×	断	断

当≤0.5V 时，逻辑为"0"。当≥1.4V～3.6V，逻辑为"1"。×=不受电平影响。

ISL54200IRUZ 在 iPhone 4 中的应用电路如图 2-57 所示。

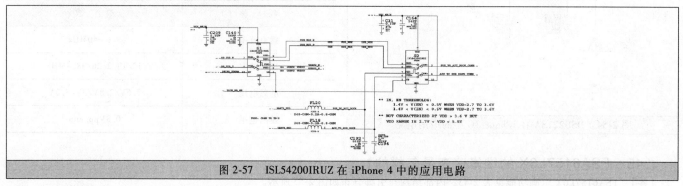

图 2-57　ISL54200IRUZ 在 iPhone 4 中的应用电路

☝47　ISL59121 的维修速查是怎样的?

【答】　ISL59121 在 iPhone 3GS 中的应用电路如图 2-58 所示，ISL59121 内部结构如图 2-59 所示，引脚分布如图 2-60 所示。ISL59121IIZ-T7 的标识为 121Z。

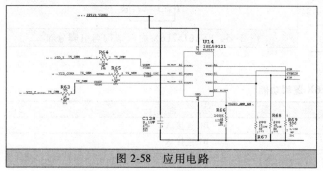

图 2-58　应用电路

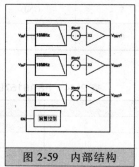

图 2-59　内部结构

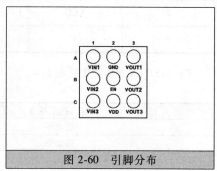

图 2-60　引脚分布

☝48　LD39115J12R 的维修速查是怎样的?

【答】　LD39115J12R 在 iPhone 3GS 中的应用电路如图 2-61 所示，引脚分布如图 2-62 所示。

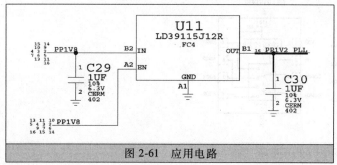

图 2-61　应用电路

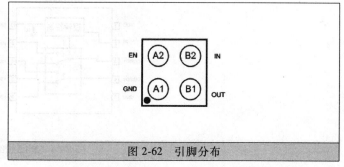

图 2-62　引脚分布

LD39115J12R 引脚功能见表 2-47。

LD39115J12R 系列电压输出见表 2-48。

表2-47　LD39115J12R 引脚功能

引　脚	符号功能	解　说
A2	EN	使能引脚的逻辑输入端。低——关机；高——使能
A1	GND	接地端
B2	IN	LDO 电压输入端
B1	OUT	电压输出端

表2-48　LD39115J12R 系列电压输出

类　型	电压输出	类　型	电压输出
LD39115JXX12	1.2V	LD39115JXX28	2.8V
LD39115SJXX12	1.2V	LD39115JXX33	3.3V
LD39115JXX13	1.5V		

49　LFD181G57DPFC087 的维修速查是怎样的？

【答】　LFD181G57DPFC087 在 iPhone 3GS 中的应用电路如图 2-63 所示。

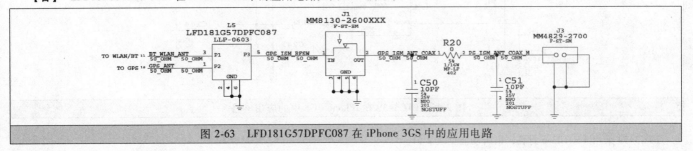

图 2-63　LFD181G57DPFC087 在 iPhone 3GS 中的应用电路

LFD181G57DPFC087 参数见表 2-49。

表2-49　LFD181G57DPFC087 参数

	频率范围 (f_1)/MHz	频率范围 (f_2)/MHz	插入损耗 1 (P1-P3 in f1)/dB	插入损耗 2 (P2-P3 in f1)/dB	衰减[P1-P3] (in f2)/dB	衰减[P2-P3] (in f1)/dB
LFD181G57DPFC087	2450±50.0MHz	1575±3.0MHz	0.5max.（25℃）	0.35max.（25℃）	22min	13min

50　LIS331DL 的维修速查是怎样的？

【答】　LIS331DL 在 iPhone 3GS 中的应用电路如图 2-64 所示，引脚分布如图 2-65 所示。

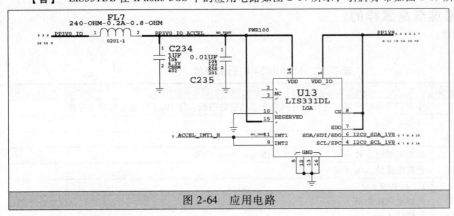

图 2-64　应用电路

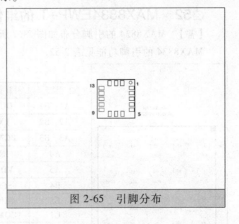

图 2-65　引脚分布

LIS331DL 引脚功能见表 2-50。

表2-50　LIS331DL 引脚功能

引脚	符号	功　能	引脚	符号	功　能
1	VDD_IO	电源端(I/O)	6	SDA	I^2C 总线数据信号端
2	NC	未使用		SDI	SPI 串行端口数据信号端
3	NC	未使用		SDO	3 总线串行接口数据输出端
4	SCL / SPC	I^2C 总线时钟信号端 / SPI 串行端口时钟信号端	7	SDO	SPI 串行数据输出端 / I^2C 总线地址位端
5	GND	接地端	8	CS	SPI 使能端 I^2C/SPI 模式选择端（1：I^2C 模式；0：SPI 启用）

（续）

引脚	符号	功　能	引脚	符号	功　能
9	INT 2	惯性中断 2 端	13	GND	接地端
10	RESERVED	与地连接端	14	VDD	电源端
11	INT 1	惯性中断 1 端	15	RESERVED	与电源端连接
12	GND	接地端	16	GND	接地端

☪51　LTC3459 的维修速查是怎样的？

【答】　LTC3459 在 iPhone 3GS 中的应用电路如图 2-66 所示。

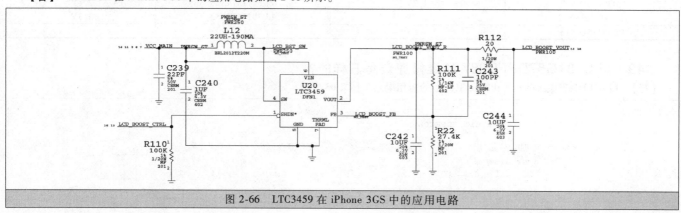

图 2-66　LTC3459 在 iPhone 3GS 中的应用电路

LTC3459 采用 TSOT23-6 封装，引脚功能见表 2-51。

表 2-51　LTC3459 引脚功能

引脚	符号	解　说
1	SW	开关引脚端。SW 引脚与 VIN 引脚间常接 15～33mH 的电感。如果电感电流减小到零，内部 P 沟道 MOSFET 关闭
2	GND	信号地与电源地端
3	FB	突发模式比较输入端。一个外部电阻分压器之间 V_{OUT} 电源，GND 和该引脚连接设置输出电压：$V_{OUT} = 1.22(1 + R_1/R_2)$
4	/SHDN	关断输入端。该脚电压必须大于 1V，集成电路才启用
5	VOUT	升压稳压器电压输出端。一般外接低 ESR、低 ESL 的 2.2～10μF 陶瓷电容
6	VIN	电源输入端。一般外接低 ESR、低 ESL 的 1μF 以上容量的陶瓷电容

☪52　MAX8834EWP+T 的维修速查是怎样的？

【答】　MAX8834 的引脚分布如图 2-67 所示。

MAX8834 的引脚功能见表 2-52。

表 2-52　MAX8834 的引脚功能

图 2-67　MAX8834 的
引脚分布

引脚	引脚符号	解　说
A1，B1	OUT	稳压调节器输出端。连接到外部发光二极管的阳极。接 10μF 陶瓷电容器为旁路
A2，B2	LX	外接电感端
A3，B3	PGND	接地端
A4	IN	模拟电源电压输入端。输入电压范围为 2.5～5.5V
A5	VDD	逻辑电路输入电压端
B4	SCL	I²C 时钟端
B5	AGND	模拟电路接地端
C1	COMP	补偿输入端
C2，D2	FGND	FLED1/FLED2、INDLED 电源接地端
C3	LED_EN	使能逻辑输入端
C4	GSMB	GSM 间隔信号端
C5	SDA	I²C 数据端
D1	FLED2	Fled2 电流调节端
D3	FLED1	Fled1 电流调节端
D4	INDLED	INDLED 电流调节端
D5	NTC	NTC 偏置输出端

☪53　MAX9028 的维修速查是怎样的？

【答】　MAX9028 在 iPhone 3GS 中的应用电路如图 2-68 所示，引脚分布如图 2-69 所示。

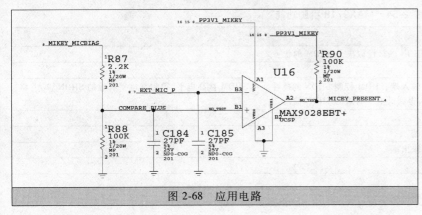

图 2-68　应用电路

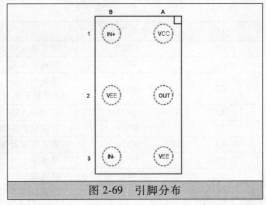

图 2-69　引脚分布

MAX9028 引脚功能见表 2-53。

表 2-53　MAX9028 引脚功能

引　脚	引脚符号	功　能	引　脚	引脚符号	功　能
A2	OUT	比较器输出端	A1	VCC	正电源电压端
A3、B2	VEE	负电源电压端	B3	IN-	比较器的反相输入端
B1	IN+	同相比较器输入端			

☪54　MAX9061 的维修速查是怎样的？

【答】　MAX9061 是单路比较器，其在 iPhone 4 中的应用电路如图 2-70 所示，引脚分布如图 2-71 所示。

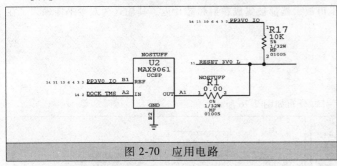

图 2-70　应用电路

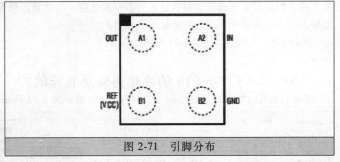

图 2-71　引脚分布

MAX9061 可接受-0.3V 至+5.5V 的输入电压范围，且与电源电压无关。即使在掉电（VCC 或 VREF = 0V）情况下，也能保持高阻态。内部滤波器提供高 RF 抑制。MAX9061 提供漏极开路输出，并从基准 VREF（0.9V~5.5V 间）吸收静态电流。

MAX9061 引脚功能如下：

OUT——比较器输出。

IN——比较器输入。

VCC——电源端。

REF——外部参考输入。

GND——接地端。

☪55　MAX9718 的维修速查是怎样的？

【答】　MAX9718 在 iPhone 4 中的应用电路如图 2-72 所示，引脚分布如图 2-73 所示。

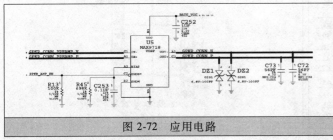

图 2-72　应用电路

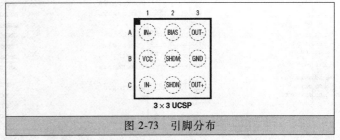

图 2-73　引脚分布

MAX9718 为单声道/立体声、1.4W 差分音频功率放大器。MAX9718 与 LM4895 的引脚兼容。MAX9718 引脚功能见表 2-54。MAX9718 的关断模式选择见表 2-55。

表 2-54　MAX9718 引脚功能

引脚	引脚符号	解　说
C2	SHDN	关断输入端,SHDN 的极性取决于 SHDM 的状态
C1	IN−	反相输入端
B2	SHDM	关断模式极性输入端,SHDM 控制 SHDN 的极性。将 SHDM 接高电平,得到高电平有效的 SHDN 输入;将 SHDM 接低电平,得到低电平有效的 SHDN 输入
A1	IN+	同相输入端
A2	BIAS	直流偏置旁路端
A3	OUT−	桥式放大器负输出端
B3	GND	接地端
B1	VCC	接地端
C3	OUT+	桥式放大器正输出端

表 2-55　MAX9718 的关断模式选择

SHDM	SHDN	模式
0	0	关断模式
0	1	正常模式
1	0	正常模式
1	1	关断模式

🍎56　PMB6952 的维修速查是怎样的?

【答】　PMB6952 是一个复合芯片,它集成了 SMARTiPM 四频 GSM/EDGE 收/发信机与 SMARTi3G 三频 WCDMA 收/发信机。为避免 GSM 与 WCDMA 间相互干扰,PMB6952 内的 GSM 射频电路与 WCDMA 射频电路是不允许同时工作。在 GSM 接收方面,射频芯片集成了恒定增益直接变换接收机的所有有源电路。四个频段的低噪声放大器都被集成在射频芯片内,其输入为双端平衡输入。在低噪声放大器与混频器间,没有极间滤波器。

PMB6952 主要引脚如图 2-74 所示。

🍎57　SKY7734013 的维修速查是怎样的?

【答】　SKY7734013 在 iPhone 3G 中的应用电路如图 2-75 所示,引脚分布如图 2-76 所示。

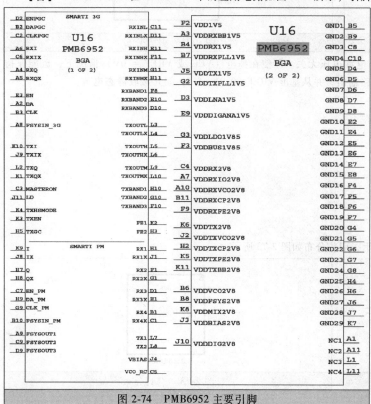

图 2-74　PMB6952 主要引脚

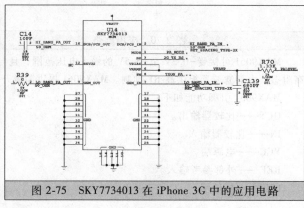

图 2-75　SKY7734013 在 iPhone 3G 中的应用电路

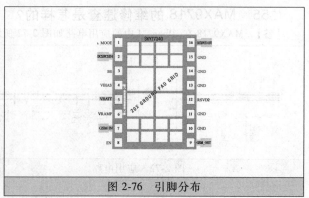

图 2-76　引脚分布

SKY7734013 逻辑功能见表 2-56。

表2-56　SKY7734013 逻辑功能

Operational State	EN	BS	MODE	NOTES
Standby	0	X	X	X = don't care
Low band GMSK	1	0	0	VRAMP controls output power
Low band EDGE	1	0	1	VBIAS sets PA bias condition, fixed gain PA
High band GMSK	1	1	0	VRAMP controls output power
High band EDGE	1	1	1	VBIAS sets PA bias condition, fixed gain PA

☻58　SN74LVC1G123 的维修速查是怎样的？

【答】　SN74LVC1G123（BGA）引脚功能见表2-57。

表2-57　SN74LVC1G123（BGA）引脚功能

引脚	功能符号	引脚	功能符号
A1	A	C1	CLR
A2	VCC	C2	CEXT
B1	B	D1	GND
B2	REXT_CEXT	D2	Q

SN74LVC1G123 真值表见表2-58。

表2-58　SN74LVC1G123 真值表

$\overline{CLR}$	$\overline{A}$	B	Q	$\overline{CLR}$	$\overline{A}$	B	Q
L	X	X	L	H	L	↑	⊓
X	H	X	L	H	↓	H	⊓
X	X	L	L	↑	L	H	⊓

☻59　THS7380IZSYR 的维修速查是怎样的？

【答】　THS7380IZSYR 引脚功能见表2-59。

表2-59　THS7380IZSYR 引脚功能

引脚	功能符号	引脚	功能符号
A1	CH.2_OUT	D1	TX_VHIGH/USB_2D-
A2	CH.1_OUT	D2	VDL
A3	CH.1_IN	D3	DGND
A4	CH.2_IN	D4	TX_VLOW
B1	2DCH.3_OUT	E1	RX_VHIGH/USB_2D+
B2	AGND	E2	VDH
B3	AGND	E3	DGND
B4	CH.3_IN	E4	RX_VLOW
C1	VA_0	F1	USB_1D
C2	SEL	F2	1DUSB_1D+
C3	VID_EN	F3	DUSB_D+
C4	VA_1	F4	USB_D-

☻60　THS7319 的维修速查是怎样的？

【答】　THS7319 在 iPhone 4 中的应用电路如图2-77所示，引脚分布如图2-78所示。

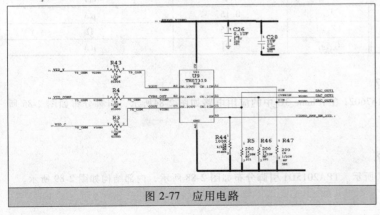

图2-77　应用电路

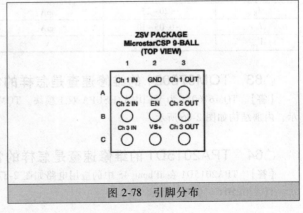

图2-78　引脚分布

THS7319引脚功能见表2-60。

表2-60　THS7319引脚功能

引脚	引脚符号	解　说
A1	Ch 1 IN	视频输入,通道1
A2	GND	接地
A3	Ch 1 OUT	视频输出,通道1
B1	Ch 2 IN	视频输入,通道2
B2	EN	使能引脚端。逻辑高——THS7319使能;逻辑低——THS7319禁用
B3	Ch 2 OUT	视频输出,通道2
C1	Ch 3 IN	视频输入,通道3
C2	VS+	正电源引脚连接端,+2.6~+5V
C3	Ch 3 OUT	视频输出,通道3

☺61　TK68418 的维修速查是怎样的?

【答】　TK68418为LDO稳压集成电路,TK68418在iPhone 3G中的应用电路如图2-79所示,引脚分布如图2-80所示,内部结构如图2-81所示。

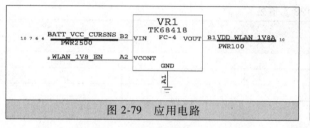

图2-79　应用电路

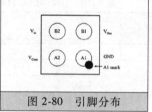

图2-80　引脚分布

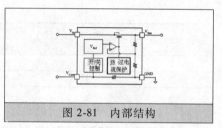

图2-81　内部结构

☺62　TLV431A 的特点是怎样的?

【答】　TLV431A为基准稳压源,其与KA431、TLV431、μA431、LM431可以直接代换。但是,iPhone中采用的是贴片封装,因此,其代换的型号,也需要采用贴片封装。

TLV431A的外形如图2-82所示,内部结构如图2-83所示。

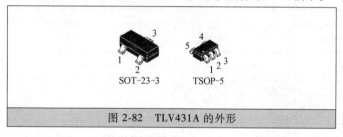

图2-82　TLV431A 的外形

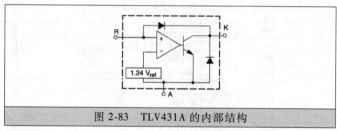

图2-83　TLV431A 的内部结构

TLV431A有关参数见表2-61。

表2-61　TLV431A 有关参数

符号	参考参数	单位	符号	参考参数	单位
V_{KA}	18	V	ΔV_{ref}	7.2	mV
I_K	−20~25	mA	I_{ref}	0.15	μA
I_{ref}	−0.05~10	mA	$|Z_{KA}|$	0.25	Ω
V_{ref}	1.24	V	$I_{K(off)}$	0.01	μA

☺63　TQM676021 的维修速查是怎样的?

【答】　TQM676021为WCDMA/HSUPA双工模块。TQM676021在iPhone 3G中的应用电路如图2-84所示,引脚分布如图2-85所示,内部结构如图2-86所示。

☺64　TPA2015D1 的维修速查是怎样的?

【答】　TPA2015D1在iPhone 4S中的应用电路如图2-87所示。TPA2015D1引脚分布如图2-88所示,内部结构如图2-89所示。TPA2015D1引脚功能见表2-62。

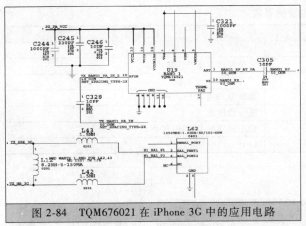

图2-84　TQM676021在iPhone 3G中的应用电路

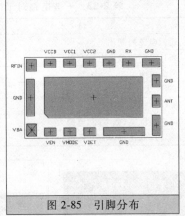

图2-85　引脚分布

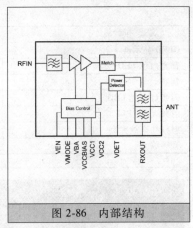

图2-86　内部结构

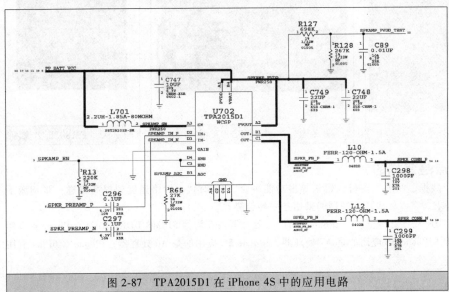

图2-87　TPA2015D1在iPhone 4S中的应用电路

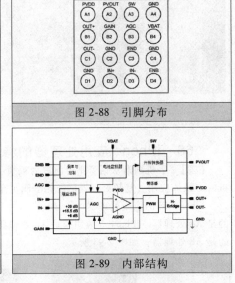

图2-88　引脚分布

图2-89　内部结构

表2-62　TPA2015D1引脚功能

引脚	功能符号	解说	引脚	功能符号	解说
A1	PVDD	D类功率级电源端	B4	VBAT	电源端
A2	PVOUT	升压转换器输出端	C1	OUT-	负极音频输出端
A3	SW	升压和整流开关输入端	C3	END	D类放大器使能端
A4、C2、C4、D1	GND	接地端	D2	IN+	正极音频输入端
B1	OUT+	正极音频输出端	D3	IN-	负极音频输入端
B2	GAIN	增益选择引脚端	D4	ENB	升压转换器使能端
B3	AGC	使能、自动增益控制选择端			

⏻65　电源管理集成电路的特点是怎样的？

【答】　电源管理是手机中重要组件，是继手机基频、内存后成本所占比例大的元件。其可以分为集成式、分离式。集成式电源管理又叫做电源管理单元（PMU）。

对手机来说，电源管理单元是构成手机半导体平台不可或缺的关键元件。手机里面各个功能模块都需要不同的电源管理元件配合，例如射频、基带、背光、音频放大、充电器等方面均需要电源管理来配合。

射频部分的发送功率放大器是手机中最耗电的元件，在典型的应用情景下，它几乎要消耗一半的手机电池能量。射频收发器也是射频部分的一个大功耗元件。

手机基带器件是除功放外功耗最大的地方。通常这部分的功耗可以通过降低工作电压、运行频率来进一步降低。

一些电路对于电源的要求见表2-63。

手机电源管理单元方面PMU是将多个的DC/DC转换器、数个LDO、充电以及保护电路、电量检测集成在一起的IC。手机里的电源管理系统可以分为以下几个系统，具体如图2-90所示。

iPhone 4S采用了Apple 338S0973的Dialog电源管理IC，即为Dinosog Semiconductor D1881A电源管理芯片，实物应用如图2-91所示。iPhone 4采用高通的PM8028电源管理IC，实物应用如图2-92所示。iPhone 5采用338S1131电源管理IC，也就是iPhone 5没有沿用iPhone 4、iPhone 4S的电源管理器。iPhone 6/6Plus采用338S1251-AZ电源管理IC。

表 2-63　一些电路对于电源的要求

	要　　求	供 电 方 式
OLED 显示屏	超低电源抑制比	LDO
背光白色 LED	高且稳定的输出电流和电压	电荷泵或电感升压转换器
基频	最高效率	开关型降压转换器
闪光灯白光 LED	高压、大电流	高效率开关式 DC/DC
射频 VCO、PLL	低噪声高抑制比	线性稳压器
射频功率放大器	适应范围宽、效率高、电流大	动态调整的 DC/DC 转换器
音频放大	噪音抑制比、高功率、低电压	LDO

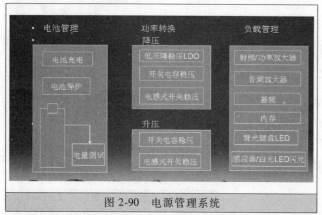

图 2-90　电源管理系统

图 2-91　Apple 338S0973 实物图

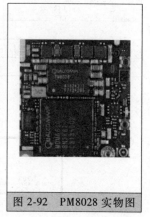

图 2-92　PM8028 实物图

♂66　iPhone 应用处理器的特点是怎样的？

【答】　手机渐渐从话音平台演进为视频、数据、商务、支付、娱乐等多功能平台。3G 时代，网络速度的提高将进一步刺激手机的多媒体应用。基频处理器已经无法满足需求，多媒体应用处理器的采用是一种趋势。

iPhone 4S 的应用处理器 A5。A5 芯片为 1GHz 双核处理器，与 iPhone 4 的 A4 处理器内存均为 512MB DDR2 RAM。iPhone 4 应用的是 A4 处理器。iPhone 5 应用的是 A6 处理器，iPhone 5S 应用的是 A7 处理器，iPhone 5C 应用的是 A6 处理器，iPhone 6/6Plus 应用的是 A8 处理器，如图 2-93 所示。

图 2-93　iPhone 应用处理器

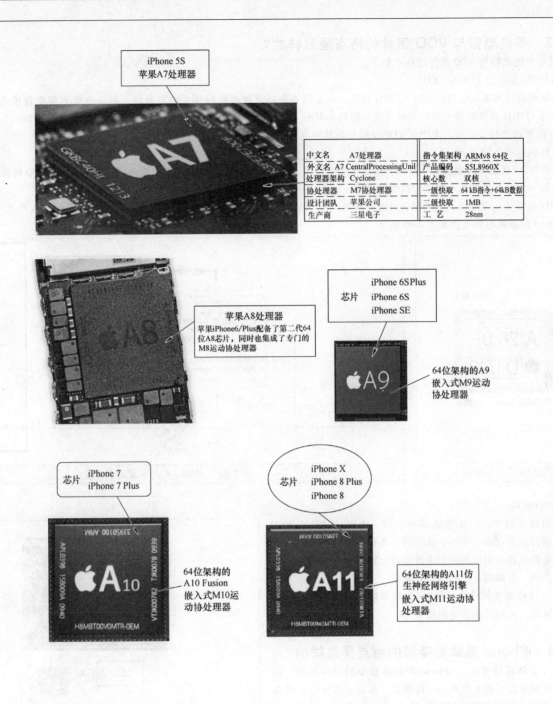

图 2-93　iPhone 应用处理器（续）

⚪67 手机晶振与 VCO 组件的特点是怎样的？

【答】 手机晶振与 VCO 组件的特点如下：

1）13MHz 晶振与 13MHz VCO。

手机基准时钟和振荡电路产生的 13MHz 时钟，一方面为手机逻辑电路提供了必要条件，另一方面为频率合成电路提供基准时钟。手机的 13MHz 基准时钟电路，有的采用专用的 13MHz VCO 组件，有的采用基准时钟 VCO 组件是 26MHz，26MHz VCO 电路产生的 26MHz 信号再进行 2 分频，来产生 13MHz 信号供其他电路使用。

晶振标识如图 2-94 所示。

基准时钟 VCO 组件一般有 4 个端口：输出端 OUTPUT、电源端 VCC、AFC 控制端及接地端。有的还有 NC 空脚端。

单独的一个石英晶振是不能产生振荡信号的，它必须在有关电路的配合下才能产生振荡。

13MHz 晶振是一个元件，必须配合外电路才能产生 13MHz 信号。13MHz VCO 是一个振荡组件，本身就可以产生 13MHz 的信号。

iPhone 4 的系统时钟电路如图 2-95 所示。

图 2-94 晶振标识

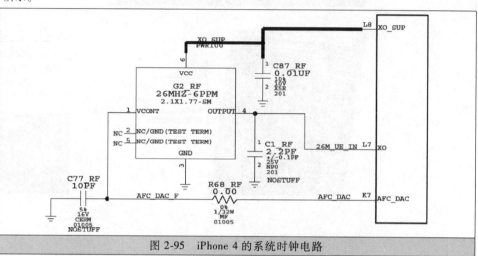

图 2-95 iPhone 4 的系统时钟电路

2）VCO 组件

手机射频电路中，VCO 电路常各采用一个组件，组成 VCO 电路的元器件包含电阻、电容、晶体管、变容二极管等。VCO 组件将这些电路元器件封装在一个屏蔽罩内。VCO 组件一般有 4 个引脚：输出端、电源端、控制端、接地端。

VCO 组件接地端的对地电阻为 0，电源端的电压与该机的射频电压很接近，控制端接有电阻或电感。

⚪68 iPhone 晶体振荡器的特点是怎样的？

【答】 晶体振荡器相对 iPhone 中的体积小的贴片电阻、贴片电容，其容易在主板上找到——体积大、靠近主芯片，如图 2-96 所示。常见晶体振荡器是频率为 32.768kHz 的晶体振荡器。

晶体振荡器的判断可以采用示波器检测，也可以采用万用表来检测，还可以采用镊子碰晶振的引脚，看电压是否有明显变化来判断。

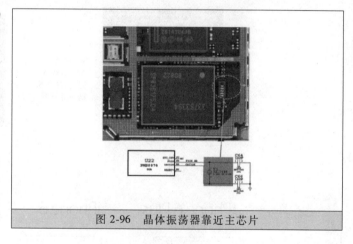

图 2-96 晶体振荡器靠近主芯片

⚪69 滤波器的特点是怎样的？

【答】 常用的滤波器种类、特点见表 2-64。

表 2-64 常用的滤波器种类、特点

名称	特 点
射频滤波器	射频滤波器常用在手机接收电路的低噪声放大器、天线输入电路及发射机输出电路部分。它是一个带通滤波器，如接收电路 GSM 射频滤波器只允许 GSM 接收频段的信号（935～960MHz）通过。射频滤波器种类很多，但是作用大都如此
双工滤波器	手机是一个双工收发信机，它有接收、发射信号。手机可用双工滤波器来分离发射接收信号，又可以由天线开关电路来分离发射接收信号。双工滤波器在其表面上一般有"TX"（发射）"RX"（接收）及"ANT"（天线）等字样
中频滤波器	中频滤波器对接收机的性能影响很大。不同的手机，中频滤波器可能不一样

☪70　手机受话器的特点是怎样的？

【答】　受话器又称为听筒、扬声器、喇叭，受话器是一个电声转换器件，它能够将模拟的话音电信号转化成声波。

一般的受话器是利用电感的电磁作用原理，即在一个放于永久磁场中的线圈中以声音的电信号，使线圈中产生相互作用力，依靠这个作用力来带动受话器的纸盆震动发声。

还有一种高压静电式受话器，其是通过在两个靠得很近的导电薄膜之间加上话音电信号，使这两个导电薄膜由于电场力的作用而发生振动，来推动周围的空气振动，从而发出声音。

受话器的判断可以采用万用表来检测，一般受话器有一个直流电阻，并且该电阻值一般在几十欧。如果，所检测的直流电阻明显变得很小或很大，则说明所检测的受话器已经损坏。

iPhone 话筒与扬声器位置：iPhone 3GS 右边为话筒，左边是扬声器；iPhone 4 则相反。

iPhone 话筒互换后可能可以实现送话，但是，有的机型在更换后会出现送话时有杂音、声音小等问题。因此，有时候需要严格采用同规格的代换。

☪71　手机送话器的特点是怎样的？

【答】　送话器又称为麦克风、拾音器、微音器等。送话器是用来将声音转换为电信号的一种器件，它能够将话音信号转化为模拟的话音电信号。

有的手机采用驻极体送话器，驻极体送话器实际上是利用一个驻有永久电荷的薄膜与一个金属片构成的一个电容器。当薄膜感受到声音而振动时，这个电容的容量会随着声音的振动而改变，而驻极体上面的电荷量是不能改变的，因此，电容两端就产生了随声音变化的信号电压。

驻极体送话器的阻抗很高，其好坏可以采用万用表来检测，如果所检测的电阻值很小或者无穷大，则说明所检测的驻极体送话器可能损坏了。

送话器有正负极之分，如果极性接反，则送话器会出现不能输出信号等异常现象。另外，送话器在工作时还需要为其提供偏压，否则，也会出现不能送话等异常现象。

☪72　手机振铃器（扬声器）的特点是怎样的？

【答】　手机的振铃也称为蜂鸣器，一般是一个动圈式小喇叭，其也是一种电声器件，其电阻在十几欧到几十欧间。因此，可以采用万用表来检测，如果所检测的电阻值很小或者无穷大，则说明所检测的振铃器可能损坏了。

手机的按键音一般是由振铃器发出的，一些维修人员错误地认为手机的按键音是由听筒发出的。

iPhone 4 与 iPhone 4S 扬声器的外壳一般可以互换。

☪73　手机振动器的特点是怎样的？

【答】　手机的振动器就是电动机，在手机电路中，振动器用于来电提示。也就是手机在静音的情况下，振动器让我们能感知到手机的一举一动。

iPhone 4 的振动器的特点见表 2-65。

表 2-65　iPhone 4 的振动器的特点

类　型	解　说	图　例
GSM 的 iPhone4	iPhone 4 的振动器不能够与 iPhone 4S 的振动器的代换。GSM 的 iPhone 4 间的振动器一般可以代换	
CDMA 版的 iPhone 4	CDMA 版的振动器可以兼容 iPhone 4S 的振动器	

早期的 iPhone 采用的是一种叫 ERM 偏心转子电机的振动电动机（振动器）。iPhone 4 CDMA 版首次采用线性震动电动机，iPhone 4S 也是线性振荡电机。

iPhone 5 又回到采用偏心转子式的振动电动机，也就是旋转电动机。iPhone 5 的振动电动机的连接是通过螺丝固定的。

iPhone 5C 的振动电动机要比 iPhone 5S 大一些。

iPhone 6Plus 采用了全新的振动器，位于电池右侧。该振动器里面是铜线圈组成。iPhone 6S、iPhone 6SPlus 上，苹果开始采用一种长条形的 Taptic Engine 的振动引擎电动机。

ERM 振动电动机上面有偏离中心的转子，在其转动后，能够产生全方位的极致震颤体验。施加正电压电动机旋转，施加负电压电动机制动。

线性振动电动机相比偏心转子电动机的优势：一方面是弹簧+磁铁的组合，功耗降低很多，并且震动组合方式、速度可以更为多样自由。其二，振动起来更加优雅，干脆清爽。

iPhone振动器应用多轴触觉反馈引擎，能够让iPhone根据用户的手持方式以不同的方式振动，方向、频率均可控制。

如果出现静音模式下振动电动机未激活、振动电动机噪音过大或失准，可能会通过更换振动电动机或者通过软件调整来解决。

振动器可以采用万用表检测，如果所检测的电阻为无穷大，则说明所检测的振动器可能损坏了。另外，振动器也可以采用试电法，即首先把怀疑损坏的振动器拆卸下来，然后采用振动器允许的电压碰触振动器连接端，如果振动器没有振动，说明所检测的振动器可能损坏了。

⚙74　手机耳机与耳机插孔的特点是怎样的？

【答】　iPhone耳机插孔，当耳机插入时，不应有摆动现象，并且应该听到声音。测试耳机各项控制功能——播放/暂停、前进、跟踪/后退，以及音量上/下所有功能应正常。

通过在耳机插孔中插入不同的耳机来判断是插孔问题，还是耳机问题。

耳机是一种缩小的扬声器。它的体积、功率都比扬声器要小，所以它可以直接放在人们的耳朵旁进行收听，这样，可以避免外界干扰，也避免影响他人。目前所有的耳机基本上都是动圈式的。耳机的结构及工作原理和扬声器基本上是一样的。

iPhone的耳机属于入耳式耳机，具有遥控与麦克风功能。

iPhone耳机与麦克风的通用性强，一般可以适应所有的iPhone。

iPhone 5C、iPhone 5S、iPhone 6、iPhone 6Plus耳机均具有线控功能和麦克风的Apple EarPods。

⚙75　苹果耳机怎样煲机？

【答】　苹果耳机煲机方法如下：

使用正常听音强度三分之二的音量驱动耳机12小时。

使用正常听音强度三分之一的音量驱动耳机24小时。

使用正常听音强度三分之一的音量驱动耳机36小时。

使用正常听音强度驱动耳机72小时。

在正常使用的时候音量不易过大在最高音量的三分之二。

⚙76　什么是液晶总成？

【答】　液晶总成是包括触摸屏与液晶屏两个部分的集合体。iPhone 4S液晶总成就是触摸屏与液晶屏两块屏合在一起的集合体。iPhone 4S液晶总成一般有带二维的编码，并且一般是在产品的背面左上方。

⚙77　iPhone显示屏的特点是怎样的？

【答】　iPhone显示屏的特点见表2-66。

表2-66　iPhone显示屏的特点

类型	显示屏	解　说
iPhone		完整的iPhone液晶总成包括液晶屏幕前盖、触摸屏数字转换器等。其为3.5英寸(对角线)宽屏多点触摸显示器
iPhone 3G		一般而言,3G版iPhone的显示屏不兼容iPhone 3GS的显示屏
iPhone 3GS		一般所有iPhone 3GS的显示屏是兼容的
iPhone 4		Verizon和AT&T的iPhone 4显示屏部件有不同的组装位置。一般GSM的iPhone 4显示屏可以代换。但是iPhone 4显示屏不能够代换iPhone 4S的显示屏。GSM的iPhone 4显示屏与CDMA的iPhone 4显示屏不兼容
iPhone 4S		与iPhone 4一样为960×640分辨率的LED背光IPS TFT液晶Retina显示屏。iPhone 4S在整体上与CDMA iPhone 4相似,但是在显示屏的组装上却是与GSM版的iPhone 4相似

后来推出的几款 iPhone 的显示屏的特点见表 2-67。

表 2-67　后来推出的几款 iPhone 的显示屏的特点

机型	iPhone 6 Plus	iPhone 6	iPhone 5S	iPhone 5C
便捷访问	便捷访问功能	便捷访问功能	—	—
对比度	1300∶1 对比度（标准）	1400∶1 对比度（标准）	800∶1 对比度（标准）	800∶1 对比度（标准）
对角线与技术特点	5.5in（对角线）、LED 背光、宽 Multi-Touch 显示屏、具有 IPS 技术	4.7in（对角线）、LED 背光、宽 Multi-Touch 显示屏、具有 IPS 技术	4in（对角线）、LED 背光宽、Multi-Touch 显示屏、具有 IPS 技术	4in（对角线）、LED 背光、宽 Multi-Touch 显示屏、具有 IPS 技术
放大	放大显示	放大显示	—	—
类型	Retina HD 高清显示屏	Retina HD 高清显示屏	Retina 显示屏	Retina 显示屏
色彩标准	全 sRGB 标准	全 sRGB 标准	全 sRGB 标准	全 sRGB 标准
双域像素	支持更广阔视角的双域像素	支持更广阔视角的双域像素	—	—
涂层	正面采用防油渍防指纹涂层	正面采用防油渍防指纹涂层	正面采用防油渍防指纹涂层	正面采用防油渍防指纹涂层
像素分辨率	1920×1080 像素分辨率、401ppi	1334×750 像素分辨率、326ppi	136×640 像素分辨率、326ppi	1136×640 像素分辨率、326ppi
最大亮度	500cd/m² 最大亮度（标准）	500cd/m² 最大亮度（标准）	500cd/m² 最大亮度（标准）	500cd/m² 最大亮度（标准）

后来推出的几款 iPhone 的显示屏尺寸对比如图 2-97 所示。

iPhone 4S 仍然保留了许多和 iPhone 4 一样的设计元素和器件。其中一个保持不变的重要地方就是显示器和触摸屏部分。其他基本没有变化的部件包括 WiFi/蓝牙/频率调制（FM）模块。

iPhone 显示屏上有玻璃面板。因此，要分清楚是破液晶还是爆玻璃面板。iPhone 不同运营商的显示组件也不同，也就是说一个 CDMA 的 iPhone 的显示组件不兼容的 GSM 的 iPhone 的显示组件，反之亦然。同一种类（制式）下的不同容量的 iPhone 手机的显示屏往往可以兼容。例如同运营商的 CDMA 的 32G 的 iPhone 4　显示屏可以兼容 CDMA 的 16G 的 iPhone 4、CDMA 的 8G 的 iPhone 4。

另外，不同代的 iPhone 显示屏不能够代换用。

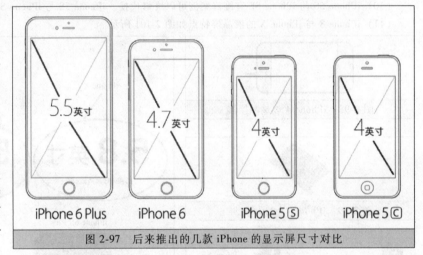

图 2-97　后来推出的几款 iPhone 的显示屏尺寸对比

♺78　怎样检查触摸屏？

【答】　触摸屏的检查方法如下：

（1）首先测量触摸屏四个引脚，有两组电阻，用手压触摸屏，电阻会应发生变化，如果没有阻值或阻值没有变化，则说明触摸屏已经损坏。

（2）再测主板四个引脚对地阻值，及开机测 X+、Y+两脚是否有供电，如果没有阻值，则说明可能断线。如果没有电压，则说明可能控制 IC 损坏或有关电阻电容漏电或短路。

（3）测量控制 IC 是否有供电，如果没有，则应该检查电源供电。如果有，则可能需要检查 CPU 和软件。

♺79　怎样安装触摸屏？

【答】　安装触摸屏的一些注意事项如下：

（1）注意静电问题——触摸屏的取放均需要带静电环，防止静电击伤元器件。

（2）安装时最好带手指套——避免手指上的汗渍、油污等污染连接器。

（3）安装连接器时，一定要和母卡平行，均匀用力。

（4）拆下时，需要注意平行拉起，不可从一边扣起。

（5）触摸屏需要轻拿轻放，最好两个手指捏住两侧，不要上下捏住。

（6）触摸屏撕开保护膜时，注意不要污染屏的表面与另一面。保护膜里面有黏性，不要用手指直接接触。

（7）一代触摸屏装配一定要在关机下装配，不要在锁机情况下装配，以免出现白屏、条文、屏闪。

（8）触摸屏可以用无尘布沾少许高纯度酒精擦拭连接器。

⌀80 更换 iPhone 液晶触摸屏总成有哪些注意事项？

【答】 更换 iPhone 液晶触摸屏总成的一些注意事项如下：

（1）安装前需要测试。iPhone 4S 液晶总成是触摸屏与液晶显示屏一体结构，测试时需要两样功能都要同时测试。只有测试功能都正常，才能够安装。

（2）安装时，注意排线不能够挤压或过度弯曲受损。

（3）iPhone 4S、iPhone 4 手机屏幕玻璃破裂或者只出现一道小小的裂痕一般也需要更换带液晶的总成。

（4）触摸屏排线安装需要特别小心，如果划伤或折坏就会造成触摸失灵。

（5）触摸损坏的表现是触屏一横线，或一竖线不能触摸，如果只有一点不能触摸，这可能是排线没有接好。

（6）iPhone 4 玻璃触摸屏（如图 2-98 所示）破损、刮伤或停止响应，可能是 iPhone 4 的玻璃触摸屏损坏引起的，因此，需要更换 iPhone 4 的玻璃触摸屏。

（7）iPhone 4 采用的液晶面板与 iPad 相同，均为透过式的 IPS 类型。相较于 iPhone 3G 采用的半透过式液晶面板（透过式/反射式混合），一般画质要出色。然而，当在有外光影响的室外使用时，如果亮度不比半透过型的更高，则是人性会变差。

（8）iPhone 4 将液晶面板、触控面板、机壳前端合为了一体。iPhone 3G 没有一体化，液晶面板很容易分离。iPhone 4 一体化是将上述几个部分用透明树脂粘合固定，以消除画质劣化的原因——空气层界面上的光反射。由于采用了粘合，修理只有更换整体。

（9）iPhone 4S 屏幕的更换有几种方式：iPhone 4S 液晶+触摸屏数字转换器组件（黑色）、iPhone 4S 液晶+触摸屏数字转换器组件（白色）、iPhone 4S 液晶触摸屏（黑色）、iPhone 4S 液晶触摸屏（白色）、iPhone 4S 的 LCD 屏等。iPhone 4S 的 LCD 屏如图 2-99 所示。

（10）iPhone 5S 与 iPhone SE 有维修案例可以维修代换。iPhone 5S 与 iPhone SE 液晶屏如图 2-100 所示。

（11）iPhone 8 与 iPhone X 的液晶屏特点如图 2-101 所示。

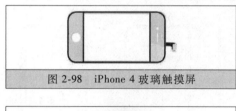

图 2-98 iPhone 4 玻璃触摸屏

图 2-99 iPhone 4S 的 LCD 屏

图 2-100 iPhone 5S 与 iPhone SE 液晶屏

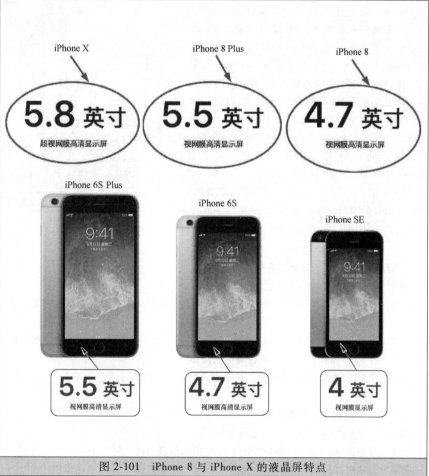

图 2-101 iPhone 8 与 iPhone X 的液晶屏特点

⌀81 iPhone 摄像头的特点是怎样的？

【答】 iPhone 4 使用的是 500 万像素摄像头。iPhone 4S 采用 800 万像素后置摄像头（1080P 视频拍摄）+VGA 前置摄像头。iPhone 4S 的镜头由 5 片镜片组成，其中还有一个红外滤镜。iPhone 4S 摄像头使用一个背面照明图像（BSI）传感器，改善了照片质量，尤其是在低光情况下。图像（BSI）传感器采用的索尼的图像传感器、OmniVision 的产品。

iPhone 4 前置摄像头的特点见表 2-68。

表 2-68 iPhone 4 前置摄像头的特点

类 型	解 说	图 例
GSM 的 iPhone 4	GSM 的 iPhone 4 间的前置摄像头一般可以代换	
CDMA 版的 iPhone 4	CDMA 版的 iPhone 4 间的前置摄像头一般可以代换。CDMA 版的前置摄像头苹果零件编号为 821-1249-A、821-1249	

与主摄像头有关的故障有主摄像头不可激活、闪光灯不能照亮所拍摄的物体、照片或显示屏边缘存在暗点、闪光灯不工作或昏暗、照片或图像失真、自动聚焦不工作等现象。

主摄像头清洁——可以使用以下方法之一来清洁主摄像头上的碎屑或污点：

（1）使用干净的细绒抛光布来擦除摄像头镜头与后盖镜头上的污点。

（2）使用压缩空气除尘器来清除灰尘与碎屑，然后安装后盖。

图 2-102 iPhone 4S 内置摄像头

另外，iPhone 4S 内置摄像头（如图 2-102 所示）只适合原装苹果 iPhone 4S 用。不能够用 iPhone 4 或其他安卓手机的内置摄像头代换用。

后来推出的几款 iPhone 的摄像头特点见表 2-69。

表 2-69 后来推出的几款 iPhone 的摄像头的特点

项目	iPhone 6 Plus	iPhone 6	iPhone 5S	iPhone 5C
单个像素尺寸	单个像素尺寸为 1.5μm	单个像素尺寸为 1.5μm	单个像素尺寸为 1.5μm	
地理标记	照片地理标记功能	照片地理标记功能	照片地理标记功能	照片地理标记功能
对焦	轻点对焦	轻点对焦	轻点对焦	轻点对焦
感光元件	背照式感光元件	背照式感光元件	背照式感光元件	背照式感光元件
光圈	$f/2.2$ 光圈	$f/2.2$ 光圈	$f/2.2$ 光圈	$f/2.4$ 光圈
计时	计时模式	计时模式	计时模式	计时模式
镜头	五镜式镜头	五镜式镜头	五镜式镜头	五镜式镜头
镜头表面	蓝宝石水晶镜头表面	蓝宝石水晶镜头表面	蓝宝石水晶镜头表面	蓝宝石水晶镜头表面
连拍快照	连拍快照模式	连拍快照模式	连拍快照模式	
滤镜	混合红外线滤镜	混合红外线滤镜	混合红外线滤镜	混合红外线滤镜
面部识别功能	优化的面部识别功能	优化的面部识别功能	面部识别功能	面部识别功能
曝光	曝光控制	曝光控制	曝光控制	曝光控制
全景模式	全景模式（高达 4300 万像素）	全景模式（高达 4300 万像素）	全景模式	全景模式
闪光灯	True Tone 闪光灯	True Tone 闪光灯	True Tone 闪光灯	LED 闪光灯
图像防抖动功能	光学图像防抖动功能	—	—	—
图像防抖动功能	自动图像防抖动功能	自动图像防抖动功能	自动图像防抖动功能	—
像素	800 万像素 iSight 摄像头	800 万像素 iSight 摄像头	800 万像素 iSight 摄像头	800 万像素 iSight 摄像头
自动 HDR 照片	自动 HDR 照片	自动 HDR 照片	自动 HDR 照片	自动 HDR 照片
自动对焦	Focus Pixels 自动对焦	Focus Pixels 自动对焦	自动对焦	自动对焦

一些 iPhone 的摄像头如图 2-103 所示。

iPhone SE 1200 万像素 iSight 后置摄像机支持 4K 视频录制，像素间距为 1.22 微米，120 万像素的 $f/2.4$ FaceTime 前置高清摄像头。

iPhone 7 1200 万像素镜头、光圈为 $f/1.8$、光学防抖、5 倍数码变焦。700 万像素 FaceTime HD 摄像头、光圈为 $f/2.2$、1080P HD 视频拍摄。iPhone 7 的 500 万像素前置摄像头，整体尺寸与 iPhone 6 上的 120 万像素摄像头体积相差无几。

iPhone 7Plus 1200 万像素广角、长焦双镜头、光圈分别为 $f/1.8$ 与 $f2.8$、2 倍光学变焦、10 倍数码变焦。700 万像素 FaceTime HD 摄像头，光圈为 $f/2.2$、1080P HD 视频拍摄。

图 2-103 一些 iPhone 的摄像头

iPhone 8 1200 万像素后置摄像头，f/1.8 光圈、带有图像光学防抖、最高可达 5 倍数码变焦。700 万像素前置 FaceTime 高清摄像头，f/2.2 光圈、支持 1080P 高清视频拍摄。

iPhone 8Plus 后置 1200 万像素双摄像头模组、模组 f/1.8 光圈广角镜头、f/2.8 光圈长焦镜头、支持光学变焦、10 倍数码变焦。前置 7MP FaceTime 高清摄像头，带有 f/2.2 光圈、支持 1080P 高清录制。

iPhone X 后置双 1200 万像素摄像头，f/1.8 光圈广角镜头、f/2.4 光圈长焦镜头。700 万像素原深感前置摄像头，f/2.2 光圈、支持 Face ID、1080P 高清录像。

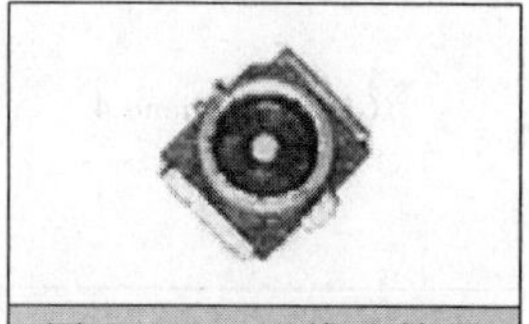

图 2-104　天线连接器

82　iPhone 天线连接器的特点是怎样的？

【答】　iPhone 的天线连接器（如图 2-104 所示）适用性强、兼容性强。例如有款连接器适用于所有苹果产品的天线连接器，包括：iPad 1 的、iPad 2 的、NEW iPad 的、iPhone 3G 的、iPhone 3GS 的、iPhone 4 GSM 的、iPhone 4 CDMA 的、iPhone 4S 的。

83　iPhone 外壳的特点是怎样的？

【答】　iPhone 4S 延用了 iPhone 4 的经典外形设计。iPhone 外壳通用的有黑色、白色。如果换 iPhone 外壳，也有其他的颜色的外壳。

不同颜色的 iPhone 后盖，价格也不同。

后来推出的几款 iPhone 外壳的颜色如下：

iPhone 5C 外壳的颜色有绿色、粉色、蓝色、黄色、白色。

iPhone 5S 外壳的颜色有深空灰色、金色、蓝色、银色。

iPhone 6、iPhone 6Plus 外壳的颜色有深空灰色、金色、蓝色、银色。

后来推出的几款 iPhone 外壳如图 2-105 所示。

84　电池结构的特点是怎样的？

【答】　手机电池是为手机提供电力的储能配件，手机电池一般用的是锂电池和镍氢电池，目前，一般采用锂电池。mAh 是电池容量的单位，中文名称是毫安时。

一些电池的结构如图 2-106 所示。

图 2-105　后来推出的几款 iPhone 外壳

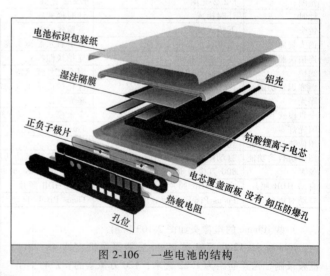

图 2-106　一些电池的结构

不同代数的 iPhone 手机，具体采用电池容量、充电电压、标称电压等因代数不同有差异。

85　怎样辨别手机电池的真伪？

【答】　手机电池板的真伪判断方法见表 2-70。

表 2-70　手机电池板的真伪判断方法

方法	解　说
看标识	正规的手机电池板上的标识印刷清晰，伪劣产品手机电池板上的标识模糊。真电池板的电极极性符号 +、-直接做在金属触点上，伪劣产品的做在塑料外壳上面或者没有该标志
看工艺	正规的电池板熔焊好，前后盖不可分离，没有明显的裂痕。伪劣产品的电池板一般手工制作，胶水粘合
看安全性能	正规的手机电池板一般装有温控开关进行保护。伪劣电池板，均无此装置，安全性差

86 电池使用一些注意事项有哪些?

【答】 电池使用一些注意事项如下:

(1) 不要将电池放到温度非常低或者非常高的地方。

(2) 要防止电池接触金属物体,以免可能使电池"+"极与"-"极相连,致使电池暂时或永久损坏。

(3) 不要使用损坏的充电器或电池。

(4) 电池连续充电不要超过1周,以免过度充电会缩短电池寿命。

(5) 充电器不用时,要断开电源。

(6) 电池只能用于预定用途。

(7) 不要将电池掷入火中,以免电池爆炸。

(8) 不要拆解或分离电池组或电池。

(9) 如果发生电池泄漏,请不要使皮肤或眼睛接触到液体。如果接触到泄漏的液体,请立即用清水冲洗皮肤或眼睛,并且寻求医疗救护。

87 怎样识别 iPhone 原装电池的制造厂商?

【答】 打开 iPhone 后盖就可以直接看到电池上的 APN 代码。

苹果 iPhone 4 原装电池因为有三个厂家生产供给,APN 分别是 0512、0513、0521。因此,外观上三个厂家有差异的。

iPhone 4S 原装电池如图 2-107 所示:

东莞新能源科技有限公司 APN——616-0579。

索尼电子(无锡)有限公司 APN——616-0580。

韩国 三星 SDI 株式会社 APN——616-0581。

乐金化学(南京)信息电子材料有限公司 APN——616-0582。

其他一些 iPhone 电池上的 APN 代码如下:

iPhone 5 的电池 APN 为 616-0613。

iPhone 5C 的电池 APN 为 616-0667。

iPhone 5S 的电池 APN 为 616-0730。

iPhone 6 的电池 APN 为 616-0805。

iPhone 6Plus 的电池 APN 为 616-0770。

iPhone 6S 的电池 APN 为 616-00033。

iPhone 6S Plus 的电池 APN 为 616-00045。

iPhone SE 的电池 APN 为 616-00107。

IPhone 7 的电池 APN 为 616-00259。

IPhone 7Plus 的电池 APN 为 616-00249。

iPhone 8 的电池 APN 为 616-00361。

IPhone 8Plus 的电池 APN 为 616-00367。

iPhone X 的电池 APN 为 616-00351。

图 2-107 电池上的 APN 代码

88 怎样检测是否为 iPhone 原装电池?

【答】 检测是否为 iPhone 原装电池可以通过检测电池外序列号与内部序列号是否一致来判断,如果不一致,则说明不是 iPhone 原装电池。

89 iPhone 电池的特点是怎样的?

【答】 iPhone 电池的参数见表 2-71。

表 2-71 iPhone 电池的参数

类 型	电压	电池容量	类 型	电压	电池容量
iPhone 4	3.7V	1420mAh	iPhone 6SPlus	3.8V	2750mAh
iPhone 4S	3.7V	1420mAh	iPhone SE	3.8V	1560mAh
iPhone 5	3.8V	1440mAh	iPhone 7	3.8V	1960mAh
iPhone 5S	3.8V	1570mAh	iPhone 7Plus	3.82V	2900mAh
iPhone 5C	3.8V	1507mAh	iPhone 8	3.82V	1821mAh
iPhone 6	3.82V	1810mAh	iPhone 8Plus	3.82V	2691mAh
iPhone 6Plus	3.82V	2915mAh	iPhone X	3.81V	2716mAh
iPhone 6S	3.82V	1715mAh			

苹果 iPhone 4S 原装电池充电限制电压 4.2V。iPhone 4 与 iPhone 4S 电池的连接器不同，也就是不通用、不能够互换。与电池有关的故障有电池无法充电、电池续航时间比预期短等异常现象。

♂90　iPhone 电池使用的时间为多久？

【答】　iPhone 4 电池参考使用的时间见表 2-72。

后来推出的几款 iPhone 电池参考使用的时间见表 2-73 和表 2-74。

表 2-72　iPhone 4 电池参考使用的时间

项目	2G 通话时间	3G 通话时间	WiFi 上网	3G 上网	Face Time	LED 手电筒
时间	18 小时	8 小时	11 小时	8 小时	4 小时 10 分钟	2 小时
项目	视频播放	youtube 播放	音乐播放	蓝牙音乐	待机时间	语音备忘录
时间	12 小时	8 小时	35 小时	16 小时	300 小时	22 小时 30 分钟
项目	玩 2D 游戏	玩 3D 游戏	录制视频	拍摄照片	GPS 导航	电子书
时间	8 小时	4 小时	3 小时	4 小时	3 小时	16 小时

表 2-73　后来推出的几款 iPhone 电池参考使用的时间

机　型	iPhone 6 Plus	iPhone 6	iPhone 5S	iPhone 5C
3G 网络通话时间	约 24 小时	约 14 小时	约 10 小时	约 10 小时
3G 互联网使用	约 12 小时	约 10 小时	约 8 小时	约 8 小时
4G LTE 网络使用	约 12 小时	约 10 小时	约 10 小时	约 10 小时
待机时间	约 16 天（384 小时）	约 10 天（250 小时）	约 10 天（250 小时）	约 10 天（250 小时）
视频播放	约 14 小时	约 11 小时	约 10 小时	约 10 小时
无线网络使用	约 12 小时	约 11 小时	约 10 小时	约 10 小时
音频播放	约 80 小时	约 50 小时	约 40 小时	约 40 小时

表 2-74　新近 iPhone 电池使用的时间

	iPhone 6SPlus	iPhone 6S	iPhone SE
互联网使用	约 12 小时	约 10 小时	约 13 小时
视频播放	约 14 小时	约 11 小时	约 13 小时
通话时间	约 24 小时	约 14 小时	约 14 小时
音频播放	约 80 小时	约 50 小时	约 50 小时
	iPhone 7	iPhone 7SPlus	iPhone 8
使用无线外设时的通话时间	约 14 小时	约 21 小时	约 14 小时
互联网使用	约 12 小时	约 13 小时	约 12 小时
视频无线播放	约 13 小时	约 14 小时	约 13 小时
音频无线播放	约 40 小时	约 60 小时	约 40 小时
	iPhone 8Plus	iPhone X	
使用无线外设时的通话时间	约 21 小时	约 21 小时	
互联网使用	约 13 小时	约 12 小时	
视频无线播放	约 14 小时	约 13 小时	
音频无线播放	约 60 小时	约 60 小时	
可快速充电	30 分钟最多可充至 50% 电量	30 分钟最多可充至 50% 电量	

iPhone 7 使用时间比 iPhone 6S 最长增加 2 小时。iPhone 7SPlus 使用时间比 iPhone 6S Plus 最长增加 1 小时。iPhone 8 使用时间与 iPhone 7 大致相同。iPhone 8Plus 使用时间与 iPhone 7Plus 大致相同。iPhone X 使用时间比 iPhone 7 最长增加 2 小时。

♂91　手机天线的特点是怎样的？

【答】　手机天线既是接收机天线又是发射机天线，由于手机工作在高频频段上，因此，天线体积很小。

天线分为接收天线、发射天线。接收天线是把高频电磁波转化为高频信号电流的导体。发射天线是把高频信号电流转化为高频电磁波辐射出去的导体。

随着手机的发展，手机天线设计巧妙，与传统观念上天线不一样，其中利用机壳上的一些金属做为天线已经是趋势。

手机维修中，如果发现天线损坏，尽量选用原装天线，不可随意用其他手机的天线代换，以免代换不合适，造成电路不匹配，增大电路的功率损耗，烧坏高频元件，造成手机耗电快、发热等故障。

iPhone 4S 的天线设置在基板与充电电池间。天线的中间部分与金属外壳连接，如图 2-108 所示。

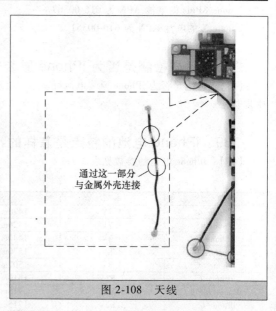

通过这一部分与金属外壳连接

图 2-108　天线

iPhone 6 的天线就是外壳上可以看到的两条"白带"的就是天线。

92 手机地线的特点是怎样的？

【答】 手机电路中的地线是一个特定的概念，它只是一个电压参考点。在电路图中经常用到的地线电路有两种符号。实际电路板上，一般情况下，大片的铜皮都是"地"。

93 iPhone 边框、中框的特点是怎样的？

【答】 iPhone 边框有锌合金镶钻、铁框、专用边框。目前，有许多类型的边框选择代换。iPhone 4S 的边框、中框只能够适用原装 iPhone 4S，不适用 iPhone 4，也就是它们不能够代换用。

94 iPhone 尾插排线的特点是怎样的？

【答】 不同的 iPhone，尾插排线的特点不同。一款 iPhone 尾插排线（如图 2-109 所示）。iPhone 4 尾插排线有黑色、白色之分，更换 iPhone 4 尾插排线需要拆主板。

一些 iPhone 尾插带有送话器，如果 iPhone 出现送话问题（对方听不到，小声）。一般可以更换该尾插排线解决问题。

一些 iPhone 尾插排线同时也作为充电、数据连接。如果 iPhone 充电、数据连接不能正常工作，可能是数据线、iPhone 尾插排线损坏引起的。

另外，安装一些 iPhone 尾插排线需要胶套、防水标、海绵等。

图 2-109 一款 iPhone 尾插排线

95 iPhone 螺丝的特点是怎样的？

【答】 iPhone 4 螺丝的拆卸需要用专用拆机螺丝刀。iPhone 上的螺丝有 5 角梅花、4 角十字。例如：

iPhone 4S【英文版】白色+5 角螺丝、黑色+5 角螺丝。

iPhone 4S【英文版】白色+4 角螺丝、黑色+4 角螺丝。

iPhone 4S【中文版】黑色+4 角螺丝、黑色+5 角螺丝。

iPhone 4S【中文版】白色+5 角螺丝、白色+4 角螺丝。

iPhone 4 代【中文版】白色+5 角螺丝、黑色+5 角螺丝。

iPhone 4 代【英文版】白色+5 角螺丝、黑色+5 角螺丝。

iPhone 4 代【中文版】白色+4 角螺丝、黑色+4 角螺丝。

iPhone 4 代【英文版】白色+4 角螺丝、黑色+4 角螺丝。

iPhone 4 代电信 CDMA 黑色+5 角螺丝。

iPhone 4S 与 iPhone 4 的保护壳是不能通用的。iPhone 4S 和 iPhone 4 的螺丝基本是一样的。英版 iPhone 4S 的机身螺丝为五角梅花式。

iPhone 4、iPhone 4S、iPhone 5S、iPhone 6Plus 使用了苹果独特的 Pentalobular、Pentalobe 防撬螺丝，普通螺丝刀拆解不下来，需要苹果专用工具进行拆解。

GSM 的 iPhone 4 小螺丝分布情况如图 2-110 所示。

iPhone 4S 小螺丝分布情况如图 2-111 所示。

iPhone 5 里面唯一的金属与金属直接用螺丝固定的地方就是前置摄像头与背摄像头周边的固定框。

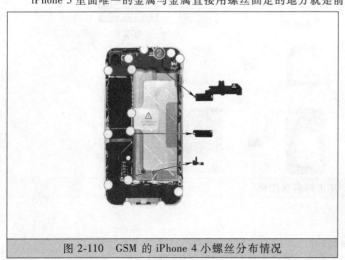

图 2-110 GSM 的 iPhone 4 小螺丝分布情况

图 2-111 iPhone 4S 小螺丝分布情况

iPhone 5C 底部的螺丝与 iPhone 5、5S 的不同。

iPhone 6 采用的是苹果特有的五角形螺丝，需要专门的工具来操作。

iPhone 6S 和 iPhone 6S Plus 的主板有一个特殊内六角 M2.5 规格的螺丝，目前一般螺丝刀无法拆，需要使用专用主板特殊螺丝刀。

iPhone 7Plus 耳机孔移除了，但是 iPhone 7Plus 底部仍然使用两颗螺丝固定，并且两颗螺丝在 Lightning 接口的两侧。iPhone 7Plus 电池连接器与屏幕线缆使用了特殊的螺丝固定。

iPhone 8 防水树脂密封垫有隐藏螺丝，维修拆卸时，需要注意。

iPhone 8Plus 底部 Lightning 接口两侧有螺丝，拆卸时，往往从拆卸该两螺丝开始。iPhone 8Plus 里也采用了一些标准螺丝。据统计，iPhone 8Plus 有 77 颗螺丝，单屏幕组件就采用了 15 颗螺丝。另外，维修拆卸 iPhone 8Plus 时，需要注意框架壁也有螺丝。

维修拆卸 iPhone 时，需要注意有的螺丝是子母螺丝。

⏱96　SIM 卡的特点是怎样的？

【答】　SIM 是 Subscriber Identity Module 的缩写，中文为用户识别卡。SIM 卡有大卡、小卡之分。SIM 卡尺寸图例如图 2-112 所示。

SIM 卡端功能如图 2-113 所示。

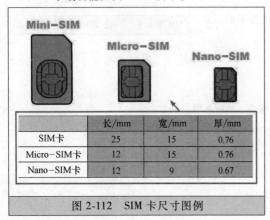

图 2-112　SIM 卡尺寸图例

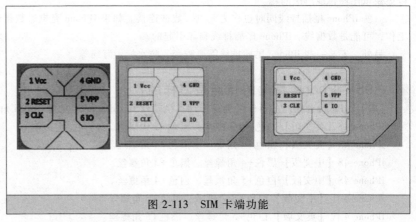

图 2-113　SIM 卡端功能

Nano-SIM 卡相对于 Micro-SIM 卡厚度减少了 15%，仅仅只有 0.67mm，面积减少了 40%。

SIM 卡同手机连接时至少需要 5 条连接线：数据 I/O 口（Data）、复位（RST）、接地端（GND）、电源（VCC）、时钟（CLK）等。

iPhone 5C、iPhone 5S、iPhone 6、iPhone 6Plus 采用的是 Nano-SIM 卡。Nano-SIM 卡不兼容 Micro-SIM 卡。

iPhone 、iPhone 7Plus 采用了 Nano-SIM 卡，不兼容 Micro-SIM 卡。

注意：通过剪卡的方法，Micro-SIM 卡是无法代替 Nano-SIM 卡来使用的。

不同 SIM 卡的转换图例如图 2-114 所示。

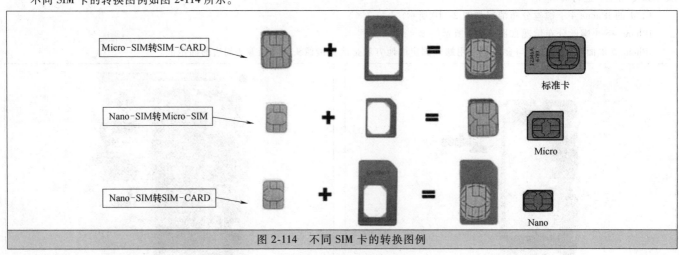

图 2-114　不同 SIM 卡的转换图例

⏱97　SIM 卡槽与 SIM 卡托架的特点是怎样的？

【答】　iPhone 4S 也是采用 SIM 卡槽。iPhone 4S 的 SIM 卡槽位于后方，同时支持 GSM 与 CMDA 网络。

SIM 卡托架、Micro-SIM 插入 iPhone 前，需要注意它们朝向要正确，以免损坏 iPhone 内部。与 SIM 卡有关的故障有 SIM 不可识别、无蜂窝电话服务等故障。

iPhone 的 SIM 卡托架丢失、损坏，一般是更换维修。推出 SIM 卡托架的方法如图 2-115 所示。

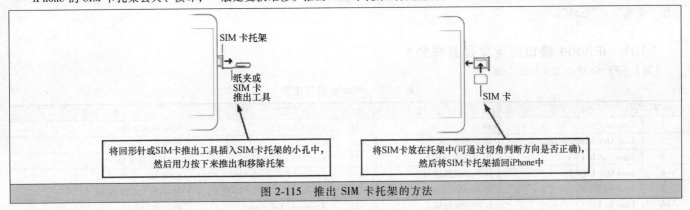

图 2-115　推出 SIM 卡托架的方法

卡座在手机中提供手机与 SIM 卡通信的接口。通过卡座上的弹簧片与 SIM 卡接触，不论什么机型的 SIM 卡，卡座都有几个基本的 SIM 卡接口端：即卡时钟（SIMCLK）、卡复位（SIMRST）、卡电源（SIMVCC）、地（SIMGND）、卡数据（SIMI/O 或 SIMDAT）。

SIM 卡时钟是 3.25MHz；I/O 端是 SIM 卡的数据输入输出端口。

☺98　SIM 卡的存储容量是多少？

【答】　SIM 卡的容量有 16KB、32KB、64KB 等几种，存储容量越大可供储存信息也就越多，其中常见的 16KB 卡一般可以存放 200 组电话号码及其对应的姓名文字、40 组短信息、5 组以上最近拨出的号码、SIM 卡密码（PIN）。

☺99　SIM 卡的 ICCID 含义是怎样的？

【答】　SIM 卡背面有 20 位数字组成的 IC 唯一标识号 ICCID，如图 2-116 所示。

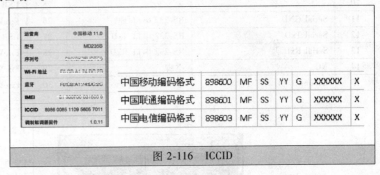

图 2-116　ICCID

其中的一些代码说明见表 2-75。

表 2-75　ICCID 含义一些代码说明

代　码	说　　明
89	表示国际
86	表示中国
00 或 01 或 03	00——表示中国移动运营商 GSM 网络标识，固定不变 01——表示中国联通运营商 GSM 网络标识，固定不变 03——表示中国电信运营商 GSM 网络标识，固定不变
M	移动接入号的末位，也就是手机号码前三位的最后一位。例如，1、2、3、4、5、6、7、8、9 分别对应于 186、188、189、134、135、136、137、138、139
F	用户号码第四位，SIM 卡的功能位，取值范围为 0~9。一般为 0，现在的预付费 SIM 卡为 1
SS	本地网地区代码，位数不够前补零，也就是省代码，具体的如下： 01——北京，02——天津，03——河北，04——山西，05——内蒙古，06——辽宁，07——吉林，08——黑龙江，09——上海，10——江苏，11——浙江，12——安徽，13——福建，14——江西，15——山东，16——河南，17——湖北，18——湖南，19——广东，20——广西，21——海南，22——四川，23——贵州，24——云南，26——陕西，27——甘肃，28——青海，29——宁夏，31——重庆
YY	编制 ICCID 时的年号，取后两位。例如 '09' 代表 2009 年
G	SIM 卡供应商代码
第 14~19 位	第 14~19 位是用户识别码
第 20 位	第 20 位是校验位

☺100　SIM 卡的密码是怎样的？

【答】　一般用户能用到的 SIM 卡密码包括 PIN1 码与 PIN2 码，其中 PIN1 码是 SIM 卡的个人密码，可防止他人擅用 SIM 卡。

需要注意，对 PIN1 的使用需要慎重。如果开启了 PIN 密码保护功能，在开机时屏幕上会显示出要求用户输入 4~8 位 PIN1 码（初始 PIN1 码均为 1234），如果连续三次输入错误的密码，手机将会显示 "Enter PUK code" 或 "Blocked" 字样，说明 SIM 卡已被锁上。如果 PUK 码连续输错 10 次，SIM 卡将烧掉，如此只能够换张 SIM 卡了。

PIN2 是用来进入 SIM 卡下附属功能（例如通话计费等功能），一般由电信运营商掌握，对一般用户用处不大。

设定 SIM 卡 PIN 码：如果要防止他人使用 SIM 卡来接打电话或使用蜂窝移动数据，可以使用 SIM 卡 PIN 码。设定 SIM 卡 PIN 码后，每次重新启动设备或移除 SIM 卡时，SIM 卡都会锁定，并且状态栏中显示"SIM 卡已锁定"。如果要创建 SIM 卡 PIN 码，则前往"设置">"电话"。

♻101　iPhone 接口的定义是怎样的？

【答】　iPhone 接口定义见表 2-76。

表 2-76　iPhone 接口定义

脚序	符　号	功　能	脚序	符　号	功　能
1	Ground（－）	地	16	USB GND（－）	USB 电源负极
2	Line Out-Common Ground（－）	线路输出 地	17	NC	空脚
3	Line Out-R（＋）	R 声道线路输出	18	3.3V Power（＋）	3.3V 电源正极
4	Line Out-L（＋）	L 声道线路输出	19	Firewire Power 12 VDC（＋）	相线 12V 电源 正极
5	Line In-R（＋）	R 声道线路输入	20	Firewire Power 12 VDC（＋）	相线 12V 电源 正极
6	Line In-L（＋）	L 声道线路输入	21	Accessory Indicator	附件识别接口
7	－	－	22	FireWire Data TPA（－）	相线数据 TPA（－）
8	Video Out-Composite Video	复合视频输出	23	USB Power 5 VDC（＋）	USB 5V 电源 正极
9	－	－	24	FireWire Data TPA（＋）	相线数据 TPA（＋）
10	－	－	25	USB Data（－）	USB 数据（－）
11	Serial GND	RS-232 串口 地	26	FireWire Data TPB（－）	相线数据 TPA（－）
12	Serial TxD	RS-232 串口 TxD	27	USB Data（＋）	USB 数据（＋）
13	Serial RxD	RS-232 串口 RxD	28	FireWire Data TPB（＋）	相线数据 TPB（＋）
14	NC	空脚	29	FireWire Ground（－）	相线 12V 电源 负极
15	Ground（－）	地	30	FireWire Ground（－）	相线 12V 电源 负极

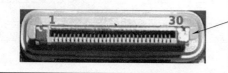

接口排列方式为

1. 2. 3. 4. 5. 6. 7. 8. 9……………29. 30

内部焊接点排列为

1 3 5 7 9 11 13 15 17 19 21 23 25 27 29
2 4 6 8 10 12 14 16 18 20 22 24 26 28 30

♻102　iPhone 闪电数据接口的应用情况是怎样的？

【答】　iPhone 闪电数据接口就是 8 针的 Lightning 数据接口。8 针的 Lightning 接口是全数字的，也可以输出模拟音频信号、VGA 视频等数字到模拟信号的转换输出。8 针接口中，有电源端，接地端。

相比早期的 iPhone 4S、iPhone 4 等机型，iPhone 5S 内部底部多了一条连着 Home 键里的 Touch ID 传感器与 Lightning 闪电接口的排线。拆卸时，分离屏幕用力不能够过大，以免扯断该排线。

♻103　历代 iPhone 主要器件配置变化是怎样的？

【答】　历代 iPhone 主要器件配置变化见表 2-77。

表 2-77　历代 iPhone 主要器件配置变化

类型	应用处理器	基带处理器	射频收发芯片	功率放大器（PA）
iPhone 2G	Samsung S3C6400（ARM11）	Infineon PMB8876	Infineon PMB6258	Skyworks SKY77340
iPhone 3G	Samsung S3C6400（ARM11）	Infineon PMB8878	Infineon PMB6950	Skyworks SKY77340 TRIQUINT TQM 666032/676031/616035
iPhone 3GS	Samsung S5PC100（ARM Cortex A8）	Infineon PMB8878	Infineon PMB6952	Skyworks SKY77340 TRIQUINT TQM 666032/676031/616035

类型	滤波器	晶体振荡器	BB 电源管理芯片	AP 电源管理芯片
iPhone 2G	Epcos	Hosonic HCX-2SB/Epson FC135	Infineon PMB6811	NXP 02922
iPhone 3G	Epcos/Murata	Epson FC135	Infineon PMB6821	NXP PCF50633
iPhone 3GS	Murata FEM（含 SAW）	Epson FC135	Infineon PMB6820	Dialog Semiconductor

类型	USB 充电控制 IC	NOR 内存	NAND 内存	SDRAM 内存
iPhone 2G	LinearTech LTC4066	Intel 4MB NOR+2MB PSRAM	Samsung NAND Flash 4GB/8GB	Samsung 32 MB Mobile DDR

（续）

类型	USB 充电控制 IC	NOR 内存	NAND 内存	SDRAM 内存
iPhone 3G	LinearTech LTC4088-2	Numonyx 16MB NOR+8MB PSRAM	Toshiba NAND Flash 8GB/16GB	Samsung 128MB Mobile DDR
iPhone 3GS	LinearTech LTC3459	Numonyx 16MB NOR+16MB DDR MUX	Toshiba NAND Flash 16GB/32 GB	Elpida 256MB Mobile DDR

类型	串行闪存	GPS 芯片	WiFi 芯片	蓝牙芯片
iPhone 2G	SST 25VF040B（0.5MB NOR）	—	Marvell W8686	
iPhone 3G	SST 25VF080B（1MB NOR）	Infineon PMB2525	Marvell 88W8989	CSR 41B14
iPhone 3GS	Atmel AT25DF081-WBT11N（1MB NOR）	Infineon PMB2525	Broadcom BCM4325FKWBG（WLAN+Bluetooth+FM）	CSR 41B14

类型	音源芯片	MEMS 运动传感器	COMS 图像传感器	光源传感器
iPhone 2G	Wolfson WM8758	STMicro LIS302	Micron 2020（2 Mega pixels）	TAOS TSL2560CS
iPhone 3G	Wolfson WM6180C	STMicro LIS33 DL	Micron 2020（2 Mega pixels）	TAOS TSL2561
iPhone 3GS	Cirrus Logic CS42L61	STMicro LIS331 DLX	OmniVision OV3650（3 Mega pixels）	TAOS TSL2561

类型	罗盘传感器	触屏控制器	Display LCD（模组）	触摸面板（组装）
iPhone 2G	—	Broadcom BCM5973A	Epson、SHARP、东芝松下显示	Balda BCM1101
iPhone 3G	—	Broadcom BCM5974	Epson、SHARP、东芝松下显示	SHARP→ Balda、TPK
iPhone 3GS	AKM Semiconductor AK8973	TI F761586C	Toshiba	Toshiba

一些 iPhone 系列部分器件配置变化见表 2-78～表 2-80。

表 2-78　一些 iPhone 系列部分器件配置变化 1

类型	功率放大器	存储器	Wi-Fi 模块	电源管理、功率管理 IC
iPhone 4	SKY77541、SKY77452	K9PFG08U5M	BCM4329FKUBG	338S0867、PM8028
iPhone 4S	ACPM-71811、TQM9M9030、SKY7764-20、TQM9M9030、ACPM7181			338S0973、PM8028
iPhone 5	SKY 77352-15、AFEM -7813	H2JTDG2MBR	Murata 339S0171	苹果 338S1131、PM8018
iPhone 5S	A790720、A7900	H2JTDG8UD3MBR	Murata 339S0205、BCM4334	PM8081
iPhone 5C	SKY77810-12、SKY773550-10、A7900	B8164B3PM-1D-F、THGBX2G7B2JLA01	Murata 339S0209、BCM44334	PM8018
iPhone 6/Plus		THGBX387B2KL	339S0228	PM8019、338S1251-AZ

表 2-79　一些 iPhone 系列部分器件配置变化 2

类型	陀螺仪	处理器	音频编解码器	轴线性加速度	触摸屏控制器
iPhone 4		A4	338S0589		
iPhone 4S	AGDB2132KTVDG	A5	338S0987	613233DH02Y05	343S0538
iPhone 5	L3G4200D（AGD5/2235/G8SBI）	A6	Cirrus 音频编解码器、苹果 338S1117	LIS331DLH（2233/DSH/GFGHA）	BCM5976
iPhone 5S		A7 APL0698			BCM5976
iPhone 5C		A6			BCM5976
iPhone 6/Plus	MP67B	A8 APL1011			BCM5976、343S0694

表 2-80　一些 iPhone 系列部分器件配置变化 3

类型	LTE 调制解调器	收发器	GPS	类型	LTE 调制解调器	收发器	GPS
iPhone 4			BCM4750	iPhone 5S	MDM9615	WTR1605L	
iPhone 4S		RTR8605		iPhone 5C	MDM9615M	WTR1605L	
iPhone 5	MDM9615M	RTR8600		iPhone 6/Plus	MDM9625M	WTR1625L	

☝104　最近 iPhone 配置的感应器是怎样的？

【答】　最近 iPhone 配置的感应器情况见表 2-81。

表 2-81　最近 iPhone 配置的感应器情况

类型	Touch ID 或者面容 ID	气压计	三轴陀螺仪	加速感应器	距离感应器	环境光传感器
iPhone 5C	Touch ID	无	有	有	有	有
iPhone 5S	Touch ID	无	有	有	有	有

（续）

类型	Touch ID 或者面容 ID	气压计	三轴陀螺仪	加速感应器	距离感应器	环境光传感器
iPhone 6	有	有	有	有	有	有
iPhone 6Plus	Touch ID	有	有	有	有	有
iPhone 7	Touch ID	有	有	有	有	有
iPhone 7Plus	Touch ID	有	有	有	有	有
iPhone 8	Touch ID	有	有	有	有	有
iPhone 8Plus	Touch ID	有	有	有	有	有
iPhone SE	Touch ID	无	有	有	有	有
iPhone X	面容 ID	有	有	有	有	有

☝105　一些 iPhone 的一些组件是怎样的？

【答】　早期的一些 iPhone 包括 iPhone 2G、iPhone 3G、iPhone 3GS、iPhone 4、iPhone 4S。其中，iPhone 一些元件的特点见表 2-82。

表 2-82　iPhone 一些元件的特点

名　称	解　说	图　例
相机	iPhone 的相机一般是兼容的	
耳机插孔	第一代 iPhone 的耳机插孔有两种不同的版本：旧版本 821-0449、新的版本 821-0600。两版本不兼容	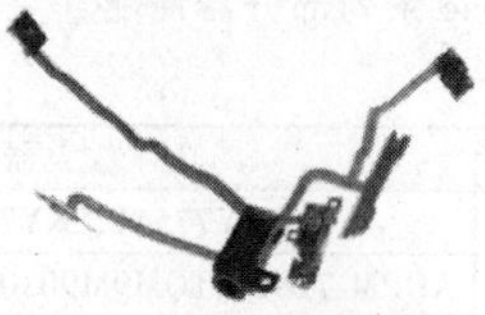
天线罩	iPhone 的天线罩一般是兼容的	
SIM 卡盘	iPhone 的 SIM 卡盘一般是兼容的	

iPhone 3G 的一些组件见表 2-83。

表 2-83　iPhone 3G 的一些组件

名　称	解　说	图　例
前面板	所有 3G 的 iPhone 前面板具有兼容性。iPhone 3GS 的前面板不兼容 iPhone 3G 的前面板	
显示器	此显示部分不包括触摸、垫板。只是显示图像的部分。所有 iPhone 3G 的兼容，但是不与 iPhone 3GS 的显示器兼容	
背盖	所有 iPhone 3G 的背盖兼容 不与 iPhone 3GS 的背盖兼容	
摄像头	所有 iPhone 3G 的兼容。但是不与 iPhone 3GS 的摄像头兼容	
基座连接器	所有 iPhone 3G 的兼容。但是不与 iPhone 3GS 的基座连接器兼容	

iPhone 3GS 的一些部件的特点见表 2-84。

表 2-84　iPhone 3GS 的一些部件的特点

名　称	解　说	图　例
SIM 托盘	所有 3G 和 3GS 的 iPhone 的 SIM 托盘具有兼容性	
电源按钮	所有 3G 和 3GS 的 iPhone 的电源按钮具有兼容性	
耳机插孔总成	iPhone 3GS 的耳机插孔总成带有耳机插孔、ON/OFF 开关、静音开关、音量控制。编号为 821-0767 或 821-0732 iPhone 3GS 的耳机插孔 总成与 iPhone 3G 的耳机插孔总成具有兼容性	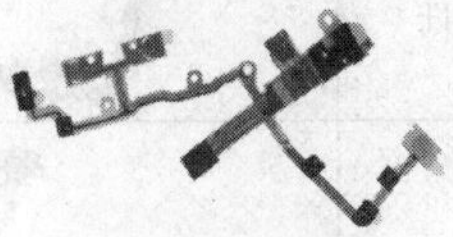
基座连接器	30 针的基座接口，所有 3GS 的 iPhone 基座连接器具有兼容性	
静音按钮	此按钮是外部切换开关，用于切换静音/铃声设置。所有 3G 和 3GS 的 iPhone 的静音按钮具有兼容性	
前面板	所有 3GS 的 iPhone 前面板具有兼容性，3GS 的前面板不兼容 iPhone 3G	
前面板胶条	前面板胶条可以使用双面胶带作为替补。所有 3G 和 3GS 的 iPhone 的前面板胶条具有兼容性	
摄像头	所有 3GS 的 iPhone 摄像头具有兼容性	
音量按钮	此按钮是外部跷板开关，用来调节音量水平。所有 3G 和 3GS 的 iPhone 的音量按钮具有兼容性	
振动器	所有 3G 和 3GS 的 iPhone 的振动器具有兼容性	

iPhone 4 有关元件的特点见表 2-85。

表 2-85　iPhone 4 有关元件的特点

名称	图　例	解　说
后置摄像头		iPhone 4 后置摄像头不能够与 iPhone 4S 后置摄像头通用。如果照的照片模糊，并且相机对焦也正确，则可能是因为在后面板的相机镜头划伤。如果更换相机前，需要检查后面板的相机镜头，如果相机镜头没有出现划痕等异常情况，则可能是后置摄像头损坏
电池		iPhone4 的 616-0513 电池可以兼容 616-0512、616-0520、616-0521。iPhone 4 的电池不能够与 iPhone 4S 的电池代换用
听筒		一般而言，所有 iPhone 4 的听筒可以代换
蜂窝天线	 GSM的iPhone 4蜂窝天线	GSM 的 iPhone 4 蜂窝天线在 GSM 的 iPhone 4 机型中可以兼容。但是不与 iPhone 4S 的兼容，主要是尺寸（电缆长度）存在差异。CDMA 的 iPhone 4 机型蜂窝天线与 GSM 的 iPhone 4 蜂窝天线不兼容

（续）

名　称	图　例	解　说
主按钮		一般而言所有的 iPhone 4 主按钮均兼容
WiFi 天线	GSM iPhone 4的WiFi天线	一般而言,所有的 GSM iPhone 4 的 WiFi 天线均兼容
Dock 接口组件		GSM　iPhone 4 Dock 接口组件编号为 821-1093-A,CDMA 版的 iPhone 4 的编号为 821-1281-A。更换 iPhone 4 Dock 接口组件需要确定是 CDMA iPhone 4(8GB、16GB、32GB 的)。iPhone 4 Dock 接口组件与 iPhone 4S 相关组件不通用。GSM 版的与 CDMA 版的不通用
电源与传感器电缆	GSM 的 iPhone 4	iPhone 4 电源与传感器电缆苹果零件编号为 821-1034-B、821-1388-A iPhone 4 电源与传感器电缆包括接近传感器、环境光传感器与电源线 iPhone 4 的电源与传感器电缆不能够与 iPhone4S 的代换用
	CDMA 版的 iPhone 4	电源与传感器电缆包括接近传感器、环境光传感器、电源线。苹果零件编号为 821-1280-A、821-1373-A。iPhone 4 的电源与传感器不能够与 iPhone 4S 的电源与传感器代换用
耳机插孔及音量控制电缆	GSM 的 iPhone 4	iPhone 4 耳机插孔及音量控制电缆没有音量控制按钮或静音开关,仅是连接按钮的逻辑板电缆。GSM 的 iPhone 4 8GB、16GB、32GB 的耳机插孔及音量控制电缆是兼容的。GSM 的 iPhone 4 苹果零件编号为 821-1033-A
	CDMA 版的 iPhone 4	CDMA 版的 iPhone 4 的苹果零件编号为 182-1279-A

iPhone 4S 有关元件配件的特点见表 2-86。

表 2-86　iPhone 4S 有关元件配件的特点

名　称	图　例	解　说
基座连接器		iPhone 4S 基座连接器苹果零件编号的编号为 821-1301-05、821-1301-A。iPhone 4S 基座连接器是连接 HOME 按钮、扬声器的组件。iPhone 4S 基座连接器是兼容的,即 iPhone 4S　16GB、32GB、64GB 的基座连接器是兼容的
前置摄像头		iPhone 4S 前置摄像头的苹果零件编号为 821-1383-03。iPhone 4S 前置摄像头是兼容的,即 iPhone 4S　16GB、32GB、64GB 的前置摄像头是兼容的
电源与传感器电缆		iPhone 4S 电源与传感器电缆总成包括接近传感器、环境光传感器与电源线。苹果零件编号为 921-0216-02-821-1467。iPhone 4S 电源与传感器电缆兼容 iPhone 4S 16GB、32GB、64GB 的
振动器		iPhone 4S 振动器是兼容的,即 iPhone 4S　16GB、32GB、64GB 的振动器兼容。另外,也兼容部分 iPhone 4 的振动器,例如兼容 Verizon 公司 CDMA 的 iPhone 4 的振动器。但是,iPhone 4S 振动器与 AT&T 版 iPhone 4 的旋转振动器有明显区别

（续）

名称	图例	解说
听筒		iPhone 4S 的听筒是兼容的，即 iPhone 4S 16GB、32GB、64GB 的听筒是兼容的。iPhone 4S 听筒是安装在电源与传感器电缆上
耳机插孔及音量控制电缆		iPhone 4S 耳机插孔及音量控制电缆的苹果零件编号为 821-1336-A。iPhone 4S 耳机插孔及音量控制电缆包含耳机插孔、振动开关、音量按钮电缆、麦克风等。iPhone 4S 16GB、32GB、64GB 的耳机插孔及音量控制电缆是兼容的
蜂窝天线		iPhone 4S 蜂窝天线在 iPhone 4S 机型中可以兼容。但是，其不与 iPhone 4 的蜂窝天线兼容，主要是尺寸（电缆长度）存在差异
主按钮带状电缆		iPhone 4S 主按钮带状电缆一般需要配橡胶垫片安装。其苹果零件编号为 821-1436-01。iPhone 4S 的 16GB、32GB、64GB 的主按钮带状电缆是兼容的
主按钮	主按钮 垫片	iPhone 4S 主按钮包含了主按钮、橡胶垫片、主按钮背面的金属。所有的 iPhone 4S 主按钮均通用代换
SIM 卡架		iPhone 4S SIM 卡架与部分 iPhone 4 SIM 卡架是兼容的，例如兼容 GSM/AT&T 的
音量按钮		iPhone 4S 音量按钮可以实现对音量向上或向下（大小）进行控制。iPhone 4 与 iPhone 4S 的音量按钮一般可以兼容
电源和锁定按钮		电源和锁定按钮用于开启、关闭，其是锁定 iPhone 的外部物理开关。iPhone 4 与 iPhone 4S 的电源和锁定按钮一般可以兼容 iPhone 4S 电源和锁定按钮常见的现象有损坏、被卡住、反应迟钝等
后置摄像头		iPhone 4S 的后置摄像头身上增加了 73% 的透光度，更优秀的低光性能，捕捉速度增加 33%，抓拍最快速度只需 1.1s，分辨率最高 3264 × 2448 像素，并且还支持 1080P HD 高清视频录制。iPhone 4S 摄像头参数见下表

像素	光圈值	焦距
800 万	$f2.4$	约等效 35mm
感光元件		感光元件尺寸
背照式 CMOS		1/3.2 英寸

新近的一些 iPhone 有关元件配件的特点在其他章节中讲述。

☼106 iPhone 睡眠/唤醒按钮的特点是怎样的?

【答】 使用 iPhone 睡眠/唤醒按钮，可以开启、唤醒或锁定 iPhone，或将 iPhone 关机。锁定 iPhone 会使显示屏进入睡眠状态、节省电池电量并防止误操作。不同的 iPhone，睡眠/唤醒按钮的位置不同：

iPhone 8、iPhone 8 Plus、iPhone 7、iPhone 7Plus、iPhone 6S、iPhone 6S Plus、iPhone 6 和 iPhone 6 Plus 上，睡眠/唤醒按钮位于右侧。iPhone SE、iPhone 5S、iPhone 5C 和 iPhone 5 上，睡眠/唤醒按钮位于顶部，如图 2-117 所示。

如果有一两分钟没有触碰屏幕，iPhone 会自动锁定。如果要调整时间，则可以前往"设置" > "显示与亮度" > "自动锁定"。

图 2-117 iPhone 睡眠/唤醒按钮的特点

第**3**章

iPhone电路原理

☝1 iPhone 电路结构是怎样的?

【答】 iPhone 的电路结构主要有开机 PDA 部分（开机部分）与信号部分。PDA 部分主要应用于音频、视频播放，不参与信号的部分。信号部分就是电话功能部分。信号部分主要应用于信号、WiFi、GPS 等通信有关的功能。

iPhone 2G 的电路板分为 PDA 与 GSM 部分，iPhone 2G 16GB 的逻辑板如图 3-1 所示，iPhone 2G 8GB 的逻辑板如图 3-2 所示。

图 3-1 iPhone 2G 16GB 的逻辑板

图 3-2 iPhone 2G 8GB 的逻辑板

从 iPhone 3G 开始起，iPhone 电路板包含 PDA 和信号两个部分。其中在 PDA 部分具有 CPU、字库、码片、电源、音频集成电路、触摸集成电路、显示集成电路、供电转换集成电路、LCD 灯控集成电路、重力感应集成电路等。信号部分具有信号 CPU、字库、电源、字库供电以及兼容了 GSM 与 3G 射频电路。

iPhone 3GS 基本电路与 iPhone 3G 的电路基本一样，尤其是射频电路，基本没有改动。iPhone 3GS 的 PDA 部分没有电源转换集成电路，而充电直接输送到电源，电源负载变大。因此，电源问题多。iPhone 3GS 的电路维修思路基本与 iPhone 3G 的电路维修思路一样。

iPhone 4 的电路与 iPhone 3GS 的电路比较改变了许多。iPhone 4 的主板采用双面芯片，加大了维修难度。同时，iPhone 4 与 iPhone 4S 模块化工艺更为明显，许多故障基本上可以采用模块维修，达到快速维修的目的。

iPhone 4 电路结构如图 3-3 所示。

其他 iPhone 电路结构见其他章节。

☝2 一些 iPhone 电路主板是怎样的?

【答】 一些 iPhone 电路主板如图 3-4 所示。

其他 iPhone 电路主板的特点见其他章节。

☝3 手机射频电路的特点是怎样的?

【答】 手机射频电路主要包括收发器（Transceiver）、功率放大（PA）、前端（FEM）。普通手机的射频系统一般有一个收发器，一个 PA，FEM 可以以集成电路的形式出现，也可以以分离元件形式出现。射频前端电路具体包括天线开关电路、功率放大器（PA）、低通滤波器、ESD 电路等。

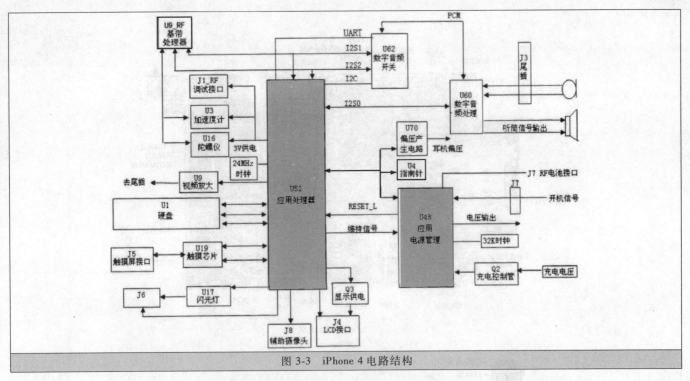

图 3-3 iPhone 4 电路结构

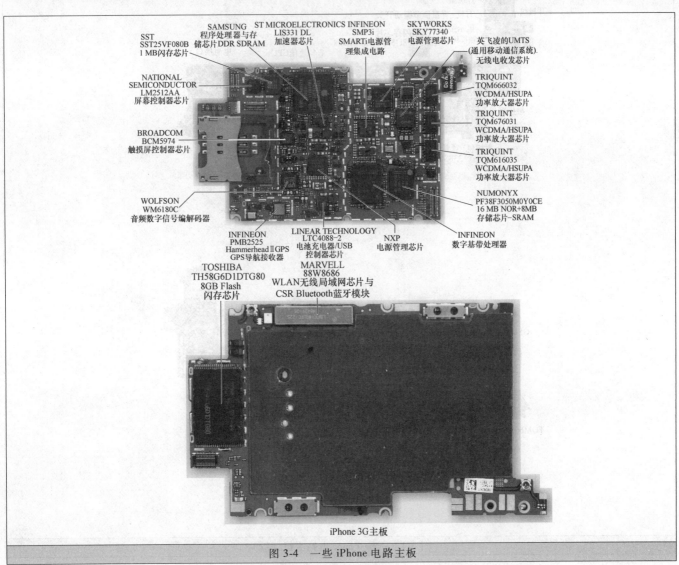

iPhone 3G主板

图 3-4 一些 iPhone 电路主板

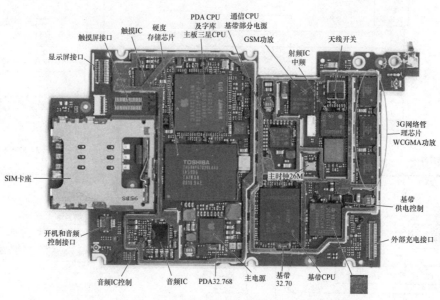

iPhone 3GS 主板

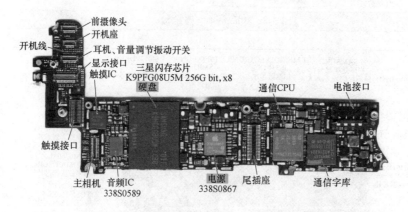

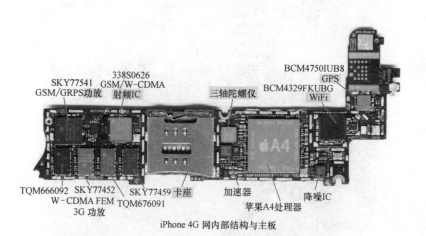

iPhone 4G 网内部结构与主板

图 3-4　一些 iPhone 电路主板（续）

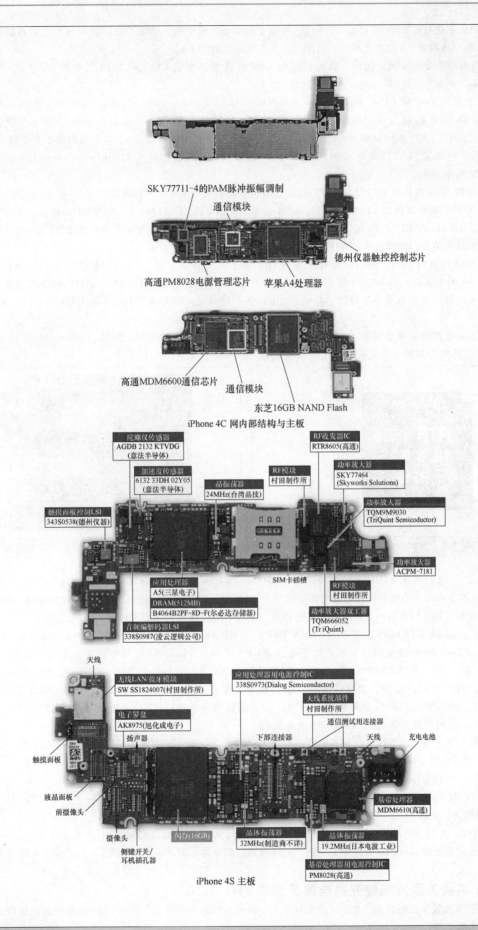

SKY77711-4的PAM脉冲振幅调制

通信模块

高通PM8028电源管理芯片　　苹果A4处理器

德州仪器触控控制芯片

高通MDM6600通信芯片

通信模块

东芝16GB NAND Flash

iPhone 4C 网内部结构与主板

陀螺仪传感器
AGDB 2132 KTVDG
(意法半导体)

RF收发器IC
RTR8605(高通)

加速度传感器
6132 33DH 02Y05
(意法半导体)

晶振荡器
24MHz(台湾晶技)

RF模块
村田制作所

功率放大器
SKY77464
(Skyworks Solutions)

触摸面板控制LSI
343S0538(德州仪器)

功率放大器
TQM9M9030
(TriQuint Semicoductor)

功率放大器
ACPM-7181

应用处理器
A5(三星电子)
DRAM(512MB)
B4064B2PF-8D-F(尔必达存储器)

SIM卡插槽

RF模块
村田制作所

音频编解码器LSI
338S0987(凌云逻辑公司)

功率放大器双工器
TQM666052
(TriQuint)

天线

无线LAN/蓝牙模块
SW SS1824007(村田制作所)

应用处理器用电源控制IC
338S0973(Dialog Semiconductor)

天线系统部件
村田制作所

电子罗盘
AK8975(旭化成电子)

通信测试用连接器

扬声器

下部连接器

天线

充电电池

触摸面板

液晶面板

基带处理器
MDM6610(高通)

前摄像头

摄像头

闪存(16GB)

晶体振荡器
32MHz(制造商不详)

晶体振荡器
19.2MHz(日本电波工业)

侧键开关/
耳机插孔器

基带处理器用电源控制IC
PM8028(高通)

iPhone 4S 主板

图 3-4　一些 iPhone 电路主板（续）

多模（Multi-band）手机与所有的3G或准4G手机、智能手机都是多模手机。多模手机需要对应数个波段的射频接收、发射与放大。手机射频系统每个波段对PA的要求不同，因此，多模手机需要数个PA。

3G手机已经转向WCDMA等手机。因此，以前相应的GSM也需要演变成GSM/WCDMA等双模3G手机。iPhone 3G、iPhone 3GS、iPhone 4、iPhone 4S作为一款3G手机，自然是双模3G手机。

目前，iPhone基本采用4×GSM（850、900、1800、1900MHz）与3×WCDMA（850、1900、2100MHz）前端结构。

iPhone 3G手机支持GSM四频与WCDMA三频。射频电路包括天线开关、功率放大与射频前端（主要由U4 LMSP4LMA-668TEMP、U14 SKY7734013、U37 TQM666022、U5 TQM616025、U19 TQM676021等组成）、基带处理器、存储器等。iPhone 3G使用了PMB6952做收发器，使用了SKY77340做GSM/GPRS/EDGE波段的功率放大。使用TQM616035、666032、676031三片PA对应WCDMA的三个波段的功率放大。

iPhone 3GS手机支持GSM四频与WCDMA三频。射频电路包括基带处理器U22 PMB8878、存储器U1 S72NS128RD0AHBL0、电源管理芯片U25 PMB6820、射频处理器U16 PMB6952、GSM功率放大器U14 SKY7734013、WCDMA功率放大器（U19 TQM676031A、U37 TQM666032A、U5 TQM616035A）、WCDMA低噪声放大器U3 HFQRX5DCC-001（兼有声表面滤波器功能）、WCDMA发射滤波器U410 HHM1822A2、天线开关U4 LMSP4LMA-764TEMP等组成。

iPhone 4使用了PMB5703收发器。然后对应每个波段都采用了一个单独的PA，其中SKY77452对应WCDMA的Ⅷ波段、SKY77459对应WCDMA的Ⅴ波段、SKY77541是FEM还包含了GSM/EDGE的PA。TQM676091、TQM666092分别对应WCDMA的Ⅰ和Ⅱ波段。iPhone 4手机射频电路由基带处理器、存储器、U1 SKY7754132、U20 SKY77452、U37 TQM666092、U5 SKY77459、U19 TQM676091等组成。

iPhone 4S手机射频电路由基带处理器、存储器、U16 SKY77464、U5 TQM666052组成。iPhone 4S应用了高通公司的多模RF收发器RTR8605，其实物如图3-5所示，应用印制电路板如图3-6所示。

图3-5 RTR8605实物

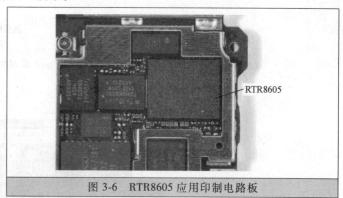

图3-6 RTR8605应用印制电路板

iPhone 5射频处理器使用了高通RTR8600，支持GSM、CDMA、WCDMA、LTERxD Transceiver + GPS，不支持TD_SCDMA和LTE_TDD的频段。分析iPhone 5手机射频处理器的工作原理，可以分别从天线开关电路、GSM射频收发电路、WCDMA射频收发电路、CDMA2000射频收发电路、LTE射频收发电路的路径特点与路径上元器件作用功能来分析。

iPhone 5S采用了高通的WTR1605，支持WCDMA HSPA+、CDMA 2000 EVDO Rev. B、TD_SCDMA、TD_LTE、FDD_LTE、EDGE、GPS。iPhone 5S对应使用的基带芯片是高通MDM9615M。iPhone 5S射频电路主要由天线部分、天线开关、发射滤波器、发射滤波器、BAND5/BAND8功放、LTE BAND13/BAND 17功放、LTE BAND20功放、BAND1/BAND4功放、BAND2/AND3功放、DRX接收滤波器、功放供电、射频处理器、基带处理器、基带电源等组成。WiFi蓝牙电路主要由WiFi蓝牙天线、天线接口、天线开关、WiFi蓝牙模块等组成。信号端脚符号为RF。iPhone 5S手机支持2G、3G、4G网络，因此，可以分别从2G、3G、4G网络路径来分析iPhone 5S射频处理。

iPhone 6 Plus手机射频处理器电路中，与前面的iPhone比较，增加了一些芯片与电路模式进行了一些调整，例如：

（1）增加射频处理器辅助处理芯片WFR1620，用于处理低频段/中频段介绍信号（L/MB Rx），支持CA技术。

（2）新增WiFi 5G，单独使用天线WiFi Riser。

（3）增加了U5411-RF与相关电路，用于微调天线匹配。

（4）增加了前端模块，处理TD B34/38/39/40/41发射信号机B38/40/41接收信号。

（5）增加NFC模块，也就是增加了NFC信号处理IC U5301_RF、信号放大IC U5302_RF及相关电路。

iPhone 6 Plus手机射频处理器可以从天线开关电路、天线微调匹配电路、射频前端（RFFE）数字接口电路等方面来分析。

♻4 iPhone手机天线及天线开关电路是怎样的？

【答】 iPhone 4手机天线接收的射频信号经天线接口引入，再经天线匹配网络后，然后经外接天线测试接口J2送入天线开关、功放U1 SKY7754132的1脚。

iPhone 4手机GSM/UMTS天线电路如图3-7所示。

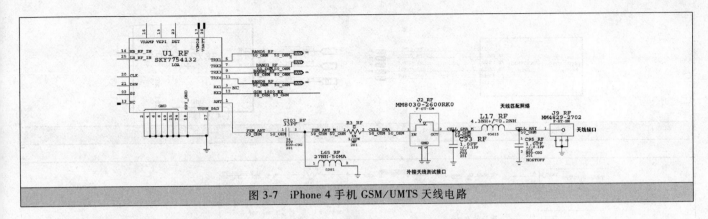

图 3-7　iPhone 4 手机 GSM/UMTS 天线电路

功放 U1　SKY7754132 在基带处理器的控制下，为 GSM/EDGE 收发信号提供频段的切换。

U1　SKY7754132 的 26 脚为供电脚，其内置了频段切换功能。

U1　SKY7754132 的 5 脚输出 BAND5_ RF（对应 WCDMA 的 V 波段）频段的射频接收信号，经 C47、L11 送至 U5_ RF SKY77459 中的 7 脚。

U1　SKY7754132 的 7 脚输出 BAND1_ RF（对应 WCDMA 的 I 波段）射频接收信号，经 C80、L15 送至 U19_ RF　TQM676091 的 7 脚，如图 3-8 所示。

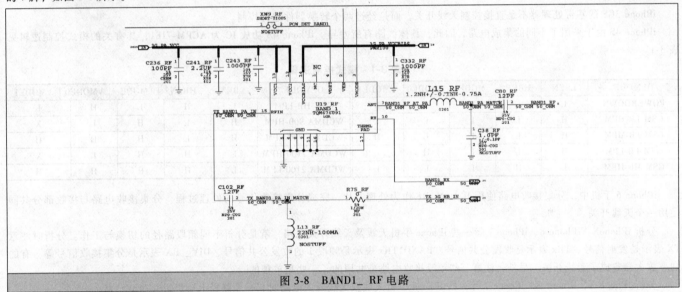

图 3-8　BAND1_ RF 电路

U1　SKY7754132 的 9 脚输出 BAND2_ RF（对应 WCDMA 的 II 波段）射频接收信号，经 C3、L23 送至 U37_ RF　TQM666092 的 7 脚。

U1　SKY7754132 的 11 脚输出 BAND8_ RF（对应 WCDMA 的 VIII 波段）射频接收信号，经 C82、C438 送至 U20_ RF　SKY77452 的 7 脚，如图 3-9 所示。

基带处理器 U8　PMB5703 输出前置控制信号到功放 U1　SKY7754132 的 20、21、22 脚，控制功放的放大等，如图 3-10 所示。

基带处理器 U8　PMB5703 输出 2.5G 发射控制信号到功放 U1 SKY7754132 的 14、25 脚，进行控制等，如图 3-11 所示。

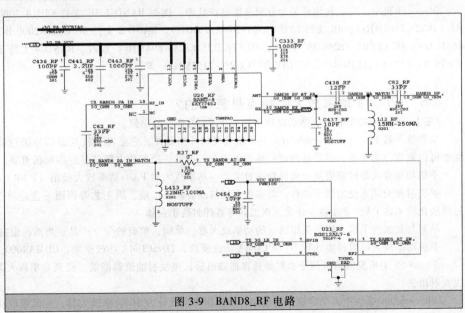

图 3-9　BAND8_RF 电路

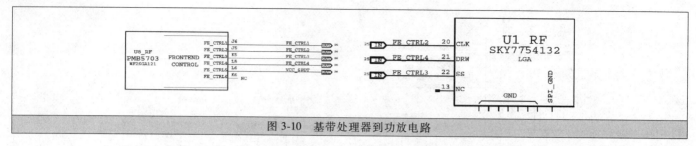

图 3-10　基带处理器到功放电路

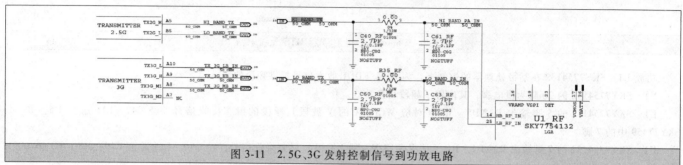

图 3-11　2.5G、3G 发射控制信号到功放电路

　　iPhone 3GS 的基带处理器不是直接控制天线开关，而是经过两个转换器件进行控制。

　　iPhone 4S 由于采用了不同的集成电路，因此，具体线路有所差异。iPhone 4S 功放 IC 为 ACPM-7181，其有关的模式控制逻辑见表 3-1。

表 3-1　模式控制逻辑

OPMODE	LBEN	HBEN	MODE	VMODE0	VMODE1	OPMODE	LBEN	HBEN	MODE	VMODE0	VMODE1
POWERDOWN	L	L	X	X	X	GSM HB-LPM	L	H	L	H	L
GSM LB-HPM	H	L	L	L	L	WCDMA 900-HPM	H	L	H	L	X
GSM LB-MPM	H	L	L	L	H	WCDMA 900-LPM	H	L	H	H	H
GSM LB-LPM	H	L	L	H	L	WCDMA 2100-HPM	L	H	H	L	X
GSM HB-HPM	L	H	L	L	L	WCDMA 2100-LPM	L	H	H	H	H

　　iPhone 6 手机中，分集接收电路使用 U_DSM_RF 作为处理芯片，完成分集接收信号的处理过程。分集接收电路与接收部分共同使用一个天线开关。

　　分析 iPhoneX、iPhone 8、iPhone 7 等一些 iPhone 手机天线及天线开关电路，就是分析不同频段路径的切换与工作。分析时注意 TX 表示是发射信号、TRx 表示是收发公共信号、BAND1TRx 表示是频段 1 的收发公共信号、DIV_RX 表示是分集接收信号等。有的功率放大器集成了天线开关。另外，注意一些频段接收电路是共用的，一些是单独的。

　　分析 iPhone X、iPhone 8、iPhone 7 等一些 iPhone 手机天线及天线开关电路时，一般路径上会经过一些滤波器。

　　iPhone 手机中，有的利用开关为分频率段进行处理，例如 BAND 1 3G 支持 CDMA 2000 BC6（1921~2169MHz），3G 支持 UMTS B1（1922~2168MHz），4G 支持 LTE B1（1920~2170MHz）。BAND 2 支持 3G CDMA2000 BC1（824~894MHz）、3G UMTS B2（817~868MHz）、4G LTEB2（826~892MHz）、4G LTE B25（824~894MHz）频段。BAND 4 支持 3G CDMA 2000 BC 15（1711~2155MHz）、UMTS B4（1712~2153MHz）、4G LTE B4（1710~2155MHz）等。

5　iPhone 功率放大的特点是怎样的？

　　【答】　iPhone 功率放大电路是以功率放大器 PA 为核心的电路。

　　功率放大器 PA（power amplifier）是手机重要的外围器件，它是将手机发射信号进行放大到一定功率，便于天线发射出去。从此也可以发现，功率放大器传输的信号是到天线上，可见，功率放大器信号的匹配很重要。

　　手机功率放大器的演进从分离件功率放大器→功率放大器 PA→功率放大模组（PAM）。

　　手机射频前端重要的两个器件：功率放大器与滤波器，以前，因工艺等原因一直是独立的器件。目前，已经有射频前端器件通过模块化技术将 PA、滤波器、开关、双工器等器件封装于一体。

　　早期与初级的手机，则是采用独立的功率放大器：单频、单模的分立产品。当然，也有采用双频段、多频段、多模的产品。

　　手机功率放大模组种类比较多：WCDMA 功放模块、TD-SCDMA 功放模块、CDMA2000、功放+滤波器模块等。

　　iPhone 5S 手机发射通道信号由射频处理器输出后，经发射滤波器滤波，送到功率放大器进行放大，放大后输出发射信号再经天线发射出去。

　　iPhone 6Plus 手机中，功率放大器电路，根据频率高低分为 2G 功率放大器、超低频段功率放大器、低频段功率放大器、中频段功率放大器、高频段功率放大器等。

6　手机基带各部分的特点是怎样的？

【答】　目前，手机基带一般由 CPU 处理器、信道编码器、数字信号处理器、调制解调器、接口部分等组成，各部分的特点见表3-2。

表 3-2　各部分的特点

名　称	解　说	名　称	解　说
CPU 处理器	CPU 处理器对整个手机进行控制与管理，包括定时控制、数字系统控制、射频控制、省电控制、人机接口控制、完成 GSM 终端所有的软件功能等	接口部分	3）数字接口——包括系统接口、SIM 卡接口、测试接口、EEPROM 接口、存储器接口
调制解调器	调制/解调器主要完成 GSM 系统所要求的高斯最小移频键控（GMSK）调制/解调方式	数字信号处理器	数字信号处理器主要完成采用 Viterbi 算法的信道均衡与基于规则脉冲激励—长期预测技术（RPE-LPC）的语音编码/解码
接口部分	接口部分包括模拟接口、数字接口、人机接口三个子块： 1）模拟接口——包括语音输入/输出接口、射频控制接口 2）辅助接口——电池电量、电池温度等模拟量的采集	信道编码器	信道编码器主要完成业务信息与控制信息的信道编码、加密等功能，其中信道编码包括卷积编码、FIRE 码、奇偶校验码、交织、突发脉冲格式化等

7　手机基带的特点是怎样的？

【答】　基带信号是信源（即发送终端）发出的没有经过调制的原始电信号。

基带（即基带信号处理器）的作用：发射时，把音频信号编译成用来发射的基带码；接收时，把收到的基带码解译为音频信号。同时，也负责地址信息（手机号、网站地址）、文字信息（短信文字、网站文字）、图片信息的编译。基带的主要组件为处理器（DSP、ARM 等）与内存（如 SRAM、Flash），具体包括的电路有 MCU 单元、DSP 单元、ASIC 单元、音频编译码单元、射频接口单元，提供按键接口、显示接口、送话器与受话器、铃声驱动等最基本的人机界面电路。

（1）目前，两芯片基带一般是将 MCU、DSP、ASIC 单元集成在一起组成数字基带。将射频接口单元、音频编译码单元、一些 A/DC、D/AC 单元集成在一起组成模拟基带。

（2）单芯片基带一般可以直接与人机界面的终端连接，如受话器、送话器与耳机等。

基带的物理体现是手机中的一块电路，其主要负责完成移动网络中无线信号的解调、解扰、解扩、解码等工作，并将最终解码完成的数字信号传递给上层处理系统进行处理。

按原始电信号的特征，基带信号可以分为数字基带信号、模拟基带信号。根据集成程度，基带可以分为两芯片、单芯片。两芯片的基带包含数字基带信号处理器、模拟基带信号处理器。单芯片基带本质上也是 DBB、ABB 两个芯片用多芯片组装工艺形成的一块 IC。

iPhone 4 基带处理器 CDMA 版本的 iPhone 4 采用高通的 MDM6600，HSPA 版本的 iPhone 4 采用英特尔 PMB9801。也就是说，iPhone 4 基带处理器采用两家的产品。iPhone 4S 基带处理器采用高通独家的基带处理器 MDM6610，iPhone 4S 采用高通的 MDM6610 基带芯片如图 3-12 所示。

MDM6610 基带芯片支持的一些技术如下：

（1）支持四频 2G 标准：GSM/GPRS/EDGE（850、900、1800、1900 MHz）。

GSM 属于 2G。GPRS 属于 2.5G。EDGE 属于 2.75G。

中国移动的 2G 可以支持到 EDGE，中国联通的 2G 可以支持到 GPRS。

（2）支持四频 WCDMA 3G 标准：UMTS/HSDPA/HSUPA（850、900、1900、2100MHz）。

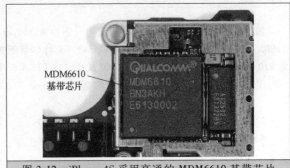

MDM6610 基带芯片

图 3-12　iPhone 4S 采用高通的 MDM6610 基带芯片

UMTS 全称 Universal Mobile Telecommunications System，意思为通用移动通信系统。UMTS 是标准的 3G。

HSDPA 全称 High Speed Downlink Packet Access，意思为高速下行分组接入。HSDPA 属于 3.5G。

HSUPA 全称 High Speed Uplink Packet Access，意思为高速上行分组接入。HSUPA 属于 3.75G。

（3）支持双频 CDMA20003G 标准：CDMA EV-DO Rev. A（800，1900MHz）。

CDMA 全称 Code Division Multiple Access，意思为码分多址。CDMA 一般认为属于 2.75G。

（4）支持三种无线局域网标准：802.11b/g/n WiFi（802.11n 2.4GHz only）。

IEEE802.11b：11Mbit/s，理论范围 100m。

IEEE802.11g：54Mbit/s，理论范围 100m。

IEEE802.11n：300Mbit/s，理论范围 250 米，这个标准分为 2.4GHz 与 5GHz，后者可达到 600 Mbit/s，但 iPhone 4S 目前还不支持。

IEEE 全称 Institute of Electrical and Electronics Engineers，意思为电气电子工程师学会。其是无线局域网标准的制定者。

（5）支持蓝牙 4.0 标准。

iPhone 6、iPhone 6Plus 采用的基带为高通 MDM9625M。高通 MDM9625M 基带，为第 4 类移动宽带标准 LTE 调制模块，最高支持

150Mbit/s 的传输速率。

iPhone 7 有两种不同的基本版本，型号为 A1778、A1784 的机型使用的是英特尔的基带（XMM7360）；A1660、A1661 的机型使用的高通基带（MDM9645M）。iPhone 7 的 A10 处理器与基带芯片的底座放在一起，二者相连，具有很高的自然集成度，能够有效地增加信号的稳定性。

苹果 7 代基带电路方框图如图 3-13 所示。

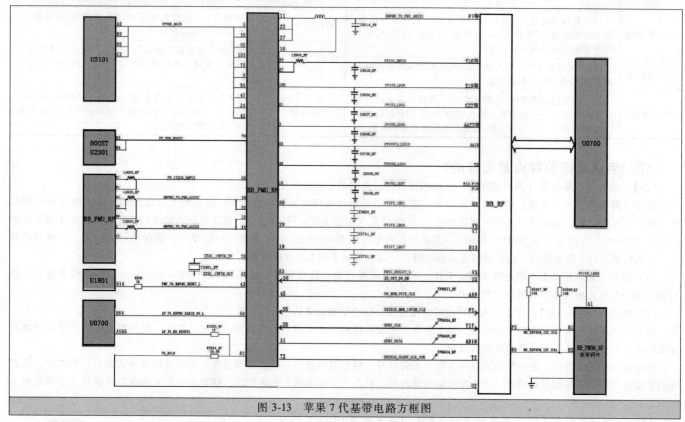

图 3-13　苹果 7 代基带电路方框图

国行版 iPhone 8 与 iPhone 8Plus 型号分别为 A1863 与 A1864，均采用支持全网通的高通基带。搭载英特尔基带的手机型号分别为 A1905（iPhone 8）、A1897（iPhone 8Plus）。英特尔基带 XMM 7480 下载速度最高支持到 LTE Cat. 9 450Mbit/s，性能相当于高通在骁龙 810/808 上的 X10 LTE。XMM 7480 最高支持 LTE Cat. 13 150Mbit/s，性能相当于骁龙 820 上的 X12 LTE。

iPhone X A1865 型号使用了高通的基带。iPhone X A1901 使用了英特尔的基带。

⌘8　手机开机的五大条件是什么？

【答】　手机开机的五大条件为：逻辑供电要正常、系统时钟要正常、复位电路要正常、软件程序要正常、开机维持信号要正常。

上述五个条件中，前面四个条件都是满足 CPU 工作的条件，最后一个条件是满足电源持续工作的条件。如果其中任何一个条件不正常，都会导致手机不能正常开机。

⌘9　iPhone 开机原理是怎样的？

【答】　iPhone 的开机原理如下：

1）AP 应用部分

电池给 AP 电源管理器供电，电源输出 PP1V8_ ALWAYS 送到开机触发脚。如果按下开机键，低电平触发电源控制各组电压，并且给各个模块供电。正常供电后，CPU 满足工作时钟，并且电源会给 CPU 输出复位 1.8V -RESET 信号，CPU 会在 60ms 内完成复位动作。CPU 满足供电、时钟、复位后，CPU 开始读取字库 NAND FLASH 内的 DFU 程序，并且运行。如果 NAND FLASH 有 FA1、FA2 系统，则 DFU 系统会自动引导运行操作系统程序，进行开机自检，完成开机自检后，CPU 输出开机维持信号给电源管理芯片，AP 电源管理持续稳定的输出电压。

iPhone SE 的部分 PMU 电路如图 3-14 所示。

2）RF 基带部分

电池给射频电源芯片 U_ RF 供电，AP 电源芯片工作正常后，发送复位信号 RESET 给射频电源管理芯片，同时 CPU 发送 RADIO _ ON 上升沿信号给基带电源，基带电源输出各组电压给射频各集成电路。基带满足供电、复位、时钟后，基带开始读取 NOR FLASH

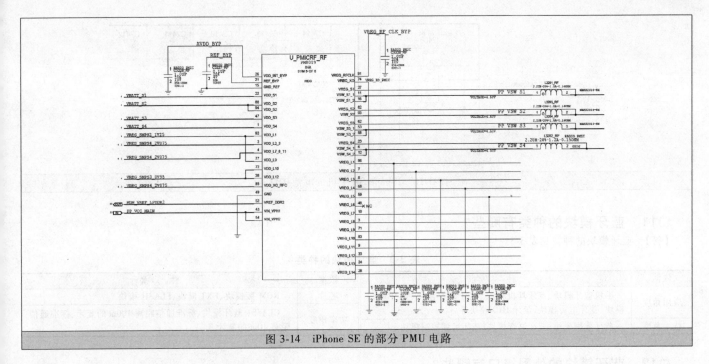

图 3-14　iPhone SE 的部分 PMU 电路

内部程序，并且运行，直到开机完成，进入待机状态。

iPhone SE 基带电源部分电路如图 3-15 所示。

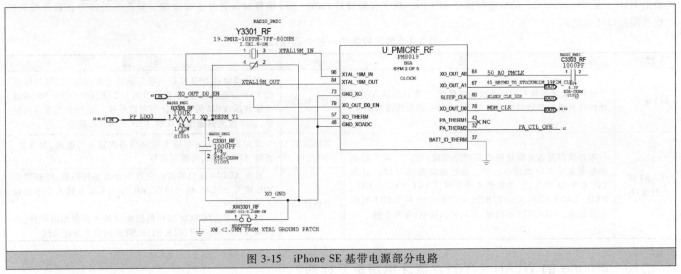

图 3-15　iPhone SE 基带电源部分电路

⌘10　iPhone 手机的电池接口是怎样的？

【答】　iPhone 手机的电池接口端口：

1）四个端口为：电池电源 BATT_ VCC、电池温度 NTC_ CONN、电池温度 BATTJTEMP_ CONN、电池地 GND。其中，NTC 是负温度电阻连接端，主要检测电池是否因充电电流大发热的热效应。BTEMP 作用主要是电池温度检测与测试模式检测。BATT_ VCC 就是电池电压。

2）四个端口为：NTC、BATT_ TEMP、BATT_ VCC、GND。其中，NTC 是负温度电阻连接端，主要检测电池是否因充电电流大发热的热效应。BTEMP 作用主要是电池温度检测与测试模式检测。BATT_ VCC 就是电池电压。

另外，一些 iPhone 手机的电池接口端口 BATT-VCC 为电池电源供电线路，电池电源供电线路上，使用了滤波电路，以防止交流信号串入电池电源。GAS_ GAUGE_ CONN 为保护电池连接线路，NTC 是负温度电阻连接端，主要检测电池是否因充电电流大发热的热效应。

iPhone SE 手机的电池接口如图 3-16 所示。主要端口 PP_ BATT_ VCC、VBATT_ SENSE、TIGRIS_ BATTERY_ SWI_ CONN、接地端。

iPhone 电池接口电路出现故障，可能会引发手机出现不能开机、不认卡等故障。

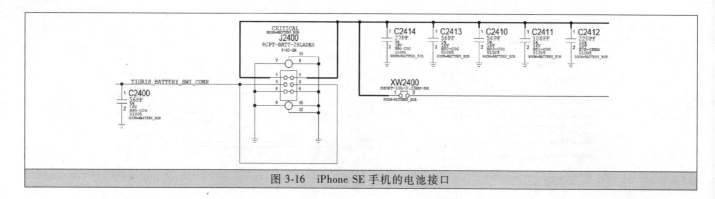

图3-16　iPhone SE 手机的电池接口

♂11　蓝牙模块的种类有哪些？

【答】　蓝牙模块的种类见表3-3。

表3-3　蓝牙模块的种类

依据	种　类	依据	种　类
应用角度	手机蓝牙模块、蓝牙耳机模块、蓝牙语音模块、蓝牙串口模块、蓝牙电力模块、蓝牙 HID 模块等	芯片	ROM 版模块、EXT 模块、FLASH 模块
技术角度	蓝牙数据模块、蓝牙语音模块、蓝牙远程控制模块	功率角度	CLASS1 蓝牙模块、标准通信距离 100m 的蓝牙、标准通信距离 10m 的蓝牙

♂12　蓝牙模块的外围接口有哪些？

【答】　蓝牙模块的外围接口种类很多，不同的蓝牙模块配置不同，主要有：UART 串行接口、USB 接口、双向数字 IO、数模转换输出 DAC、模拟输入 ADC、模拟音频接口 AUDIO、数字音频接口 PCM、SPI 编程口，另外还有电源、复位、天线等，蓝牙模块的一些外围接口特点见表3-4。

表3-4　蓝牙模块的一些外围接口特点

接口	解　说	接口	解　说
SPI 编程口	SPI 是蓝牙模块对用户开放的编程口，主要目的是方便蓝牙固件升级与参数调整，SPI 编程口与 PC 的并行接口相连	USB 接口	蓝牙模块的 USB 接口一般是标准的 USB 接口，可与标准的 USB 口直接相连，数据线引脚为 USB_DN、USB_DP 可以传输数据、PCM 语音、PIO 控制信号等。在 USB 的主从角色中，蓝牙模块只能作为从端，USB 不用时可悬空
UART 串行接口	串行接口是蓝牙模块最常用的外围接口之一，用于数据传输或蓝牙模块的指令控制。蓝牙模块的串行口一般为 TTL 电平（3.3V），一般提供 4 条引脚：UART_TXD、UART_RXD、UART_CTS、UART_RTS，可以与 CPU 的 UART 引脚直接相连。CTS、RTS 不用时，有的可以悬空，有的不同	双向数字 IO 接口	双向数字 IO 主要用于控制信号的输入与输出，如开关、按键、LED 指示、外围驱动等
		音频接口	具备 AUDIO 接口的模块内置了音频编解码器，能够提供 MIC 输入、SPEAK 输出接口，MIC 输入有差分输入和单端输入方式两种 具备数字音频 PCM 接口的模块需外接音频编解码器，有 PCM_IN、PCM_OUT、CLK 时钟、SYH 同步 4 条接口线

♂13　iPhone 的 WLAN（WiFi）/蓝牙电路是怎样的？

【答】　蓝牙（BlueTooth）是一种支持设备短距离通信（一般 10m 内）的无线电技术。

许多 iPhone 手机采用了蓝牙模块（BlueTooth Module）。蓝牙模块又叫蓝牙内嵌模块、蓝牙模组。对于维修而言，主要掌握蓝牙模块的电路接口。

蓝牙打电话，BT 话音信号在 BT 耳机中 A-D 转换，然后通过 BB 处理，以及中频、功率放大，再从天线发送出去。

蓝牙接电话的工作特点，从天线接收的信号经过中频，然后到 BB 控制，然后把载波加载到蓝牙耳机上。

iPhone 4 的蓝牙电路与 iPhone 4S 的蓝牙电路核心集成电路的对比见表3-5。

表3-5　iPhone 4 的蓝牙电路与 iPhone 4S 的蓝牙电路对比

引脚功能	iPhone 4 的 U2_RF 2103-00090-10 的引脚	iPhone 4S 的 U1_RF LBEH1DBSWC-412 的引脚	引脚功能	iPhone 4 的 U2_RF 2103-00090-10 的引脚	iPhone 4S 的 U1_RF LBEH1DBSWC-412 的引脚
ANT	58	40	BT_UART_CTS	22	48
BT_RST	9	42	BT_PCM_CLK	40	1
BT_WAKE	10	43	BT_PCM_SYNC	37	2
BT_UART_RXD	18	51	BT_PCM_DOUT	38	3
BT_UART_TXD	19	50	BT_PCM_DIN	39	4
BT_UART_RST	21	49	HOST_WAKE_BT	12	36

iPhone 的 WLAN/蓝牙电路主要涉及 WLAN（WiFi）/蓝牙天线、天线接口、天线开关、WLAN（WiFi）/蓝牙模块、滤波器、电源管理芯片、应用处理器等。

一些 iPhone WLAN（WiFi）/蓝牙电路核心芯片如图 3-17 所示。

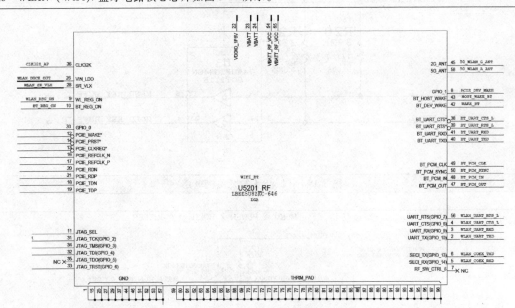

iPhone SE WLAN（WiFi）/蓝牙电路核心芯片

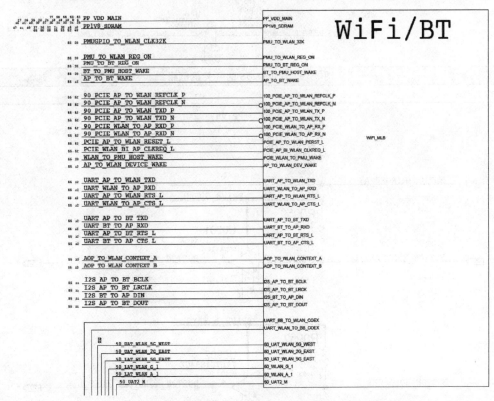

iPhone 7 WLAN（WiFi）/蓝牙电路核心芯片

图 3-17 一些 iPhone WLAN(WiFi)/蓝牙电路核心芯片

☺14 iPhone 开关机电路的特点是怎样的？

【答】 iPhone 开机按键也叫作睡眠/唤醒按钮、开关机/保持按键，在电路中一般是用 HOME、MENU & POWER/HOLD KEY 等来表示。iPhone 开关机电路的开关信号一般首先经过反相器，然后与应用处理器、电源管理器相连接。iPhone 5 的开关机电路如图 3-18 所示。

iPhone 5S 的开关机电路如图 3-19 所示。

iPhone SE 的开关机电路（上拉电阻与缓冲器）如图 3-20 所示。

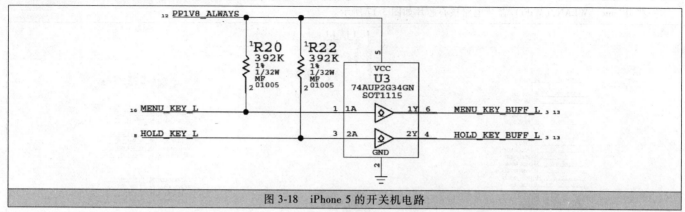

图 3-18　iPhone 5 的开关机电路

图 3-19　iPhone 5S 的开关机电路

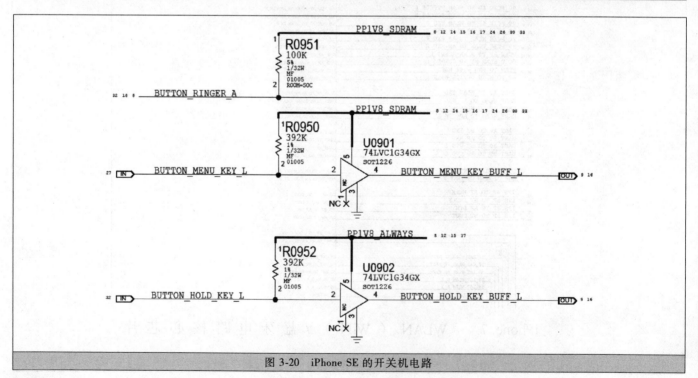

图 3-20　iPhone SE 的开关机电路

♻15　iPhone 送话受话电路的特点是怎样的？

【答】　人说话信号经过 iPhone 送话器，以及接插连接器，送到音频编解码芯片进行处理与反馈。然后把送话信号通过 I^2S 总线送到通信基带处理器，经过通信基带处理器处理后将信号发射出去。

射频接收的语音信号经过处理基带处理器后，经过 I^2S 总线送到应用处理器进行处理，然后再通过 I^2S 总线送到音频编解码芯片进行处理，然后从音频编解码芯片输出语音信号，推动受话器发出声音。

iPhone 送话受话电路方框图如图 3-21 所示。

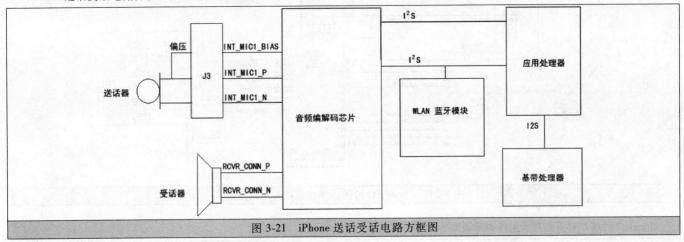

图 3-21　iPhone 送话受话电路方框图

iPhone 音频编解码芯片常见的引脚端有送话信号正端、送话信号负极端、送话偏置端、偏置滤波端、I²S 时钟信号端、I²S 数据信号端、SPI 使能端、SPI 数据输入端、SPI 数据输出端等。另外，音频编解码芯片也是构成辅助送话器输入电路、耳机信号电路、扬声器音频电路的主要元器件。

iPhone 7 送话受话电路部分图（音频编解码器模拟输入和输出部分）如图 3-22 所示。

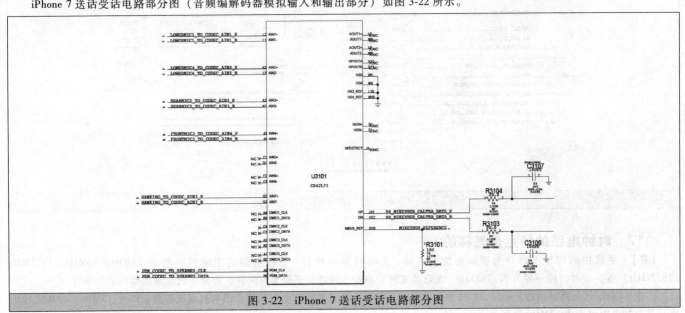

图 3-22　iPhone 7 送话受话电路部分图

☝16　iPhone 扬声器音频放大电路的特点是怎样的？

【答】　iPhone 扬声器音频放大电路方框图的特点如图 3-23 所示。扬声器音频放大电路工作条件准备好后，接收到音频编解码芯片输送来的 SPK-N、SPK-P 信号，然后经过扬声器音频放大电路进行放大处理，然后输出到连接器，再到扬声器上。iPhone SE 的扬声器音频放大电路图示如图 3-24 所示。

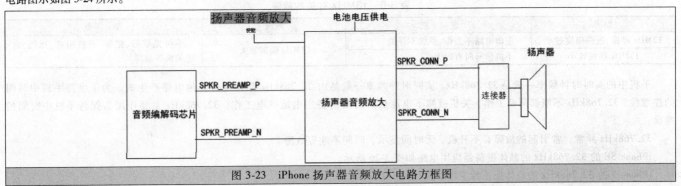

图 3-23　iPhone 扬声器音频放大电路方框图

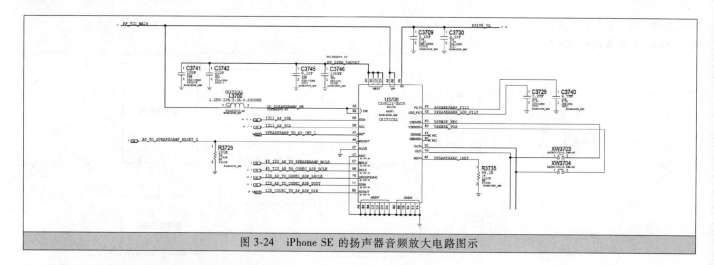

图 3-24　iPhone SE 的扬声器音频放大电路图示

iPhone 7 的扬声器音频放大电路图示如图 3-25 所示。

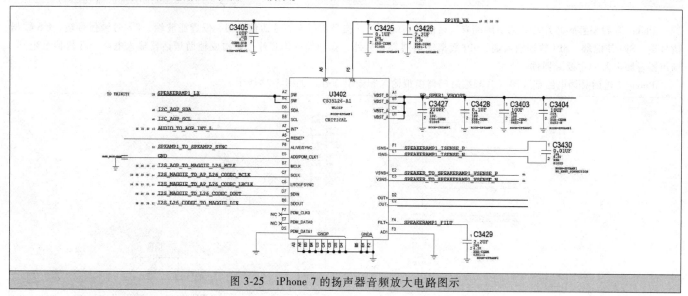

图 3-25　iPhone 7 的扬声器音频放大电路图示

☝17　时钟电路的特点是怎样的？

【答】　手机中的时钟可以分为逻辑电路主时钟、实时时钟等种类。逻辑电路的主时钟一般有 13MHz、26MHz、19.5MHz（19.2MHz）等。实时时钟一般为 32.768kHz。无论是逻辑电路的主时钟，还是实时时钟，均是手机正常工作的必要条件。

产生 13MHz 的电路有纯石英晶振、13M 组件等类型。其中，石英晶体需要与其他电路共同组成振荡，产生 13MHz。13M 组件电路只需要加电即可产生 13MHz 频率。

13MHz 晶振是一个元器件，必须配合外电路才能产生 13MHz 信号。13MHz VCO 是一个振荡组件，本身就可以产生 13MHz 的信号。

手机电路中，产生 13MHz 电路，均需要电源正常工作输出供电，13M 电路才能够产生 13MHz 输出。只有 13MHz 基准频率精确，才能够保证手机与基站保持正常的通信，完成基本的收发功能。13MHz 有关的故障见表 3-6。

表 3-6　13MHz 有关的故障

原　因	现　象	原　因	现　象
13MHz 停振、振荡幅度过小	逻辑电路不工作、手机不开机	13MHz 偏离较大	手机无信号、定屏、开机困难、死机、自动关机等故障
13MHz 频偏较小	手机信号时有时无		

手机中的实时时钟频率一般是 32.768kHz。实时时钟频率一般是由 32.768kHz 晶体配合其他电路产生的。为了维持手机中时间的连续性，32.768kHz 不能够间断工作，关机或卸下电池后，需要由备用电池供电工作。32.768kHz 主要作用为保持手机中时间的准确：

32.768kHz 异常，常引起的故障有不开机、无时间显示、时间不准等故障。

iPhone SE 的 32.768kHz 的晶体振荡器应用电路如图 3-26 所示。

iPhone 7 的 32.768kHz 的晶体振荡器应用电路如图 3-27 所示。

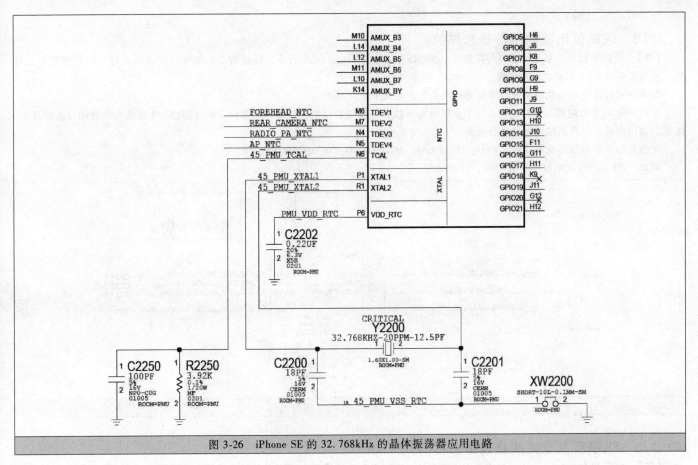

图 3-26 iPhone SE 的 32.768kHz 的晶体振荡器应用电路

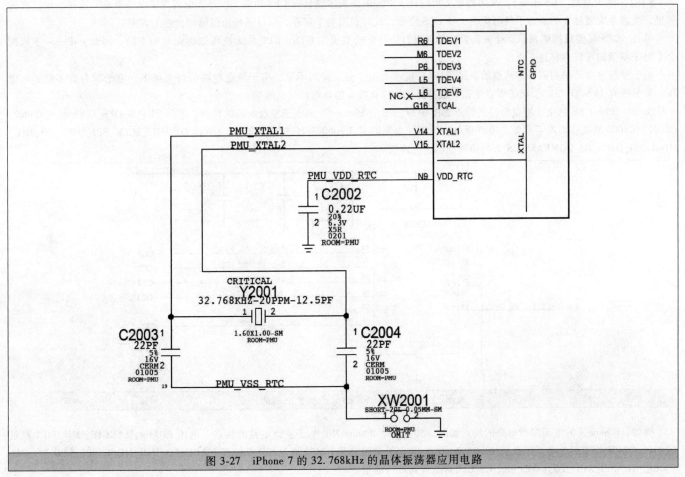

图 3-27 iPhone 7 的 32.768kHz 的晶体振荡器应用电路

⚙18　陀螺仪电路的特点是怎样的?

【答】　有的手机是将加速传感器与陀螺仪（MEMS）结合在一起。无论行走，还是跑步，加速感应器均可以精确测量距离。另外，还可以通过GPS测量跑步的步幅。

陀螺仪还可以配合运动协处理器来检测用户是否正在开车等情况。

有的iPhone手机陀螺仪电路的特点如下：供电电压送到陀螺仪芯片的相应脚。陀螺仪一般是通过SPI总线与协处理器进行通信。陀螺仪输出终端信号再到协处理器进行处理。

陀螺仪输出终端信号常见的有GYRO_TO_ OSCAR_ INTI、GYRO_TO_OSCAR_INT2等。

例如，iPhone 6S的陀螺仪电路如图3-28所示。

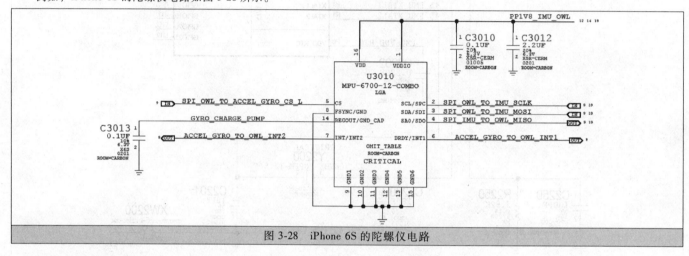

图 3-28　iPhone 6S 的陀螺仪电路

⚙19　电子罗盘电路的特点是怎样的?

【答】　电子罗盘（Compass），又叫做电子指南针。iPhone手机尽管具有GPS功能，但是，也内置了电子罗盘。这样，可以在树林里，或者是大厦林立的地方手机可能丢失掉GPS信号，这时利用电子罗盘，可以更好地保障不会迷失方向。

另外，GPS其实只能够判断所处的位置，如果我们是静止或是缓慢移动，GPS是无法得知所面对的方向。因此，iPhone手机配合上电子罗盘则可以弥补这一点。

电子罗盘主要是采用磁场传感器的磁阻（MR）技术来工作的。有的手机的电子罗盘电路的特点如下：电子罗盘有多路供电电压，常见的有1V8、PP3V0。电子罗盘电路一般是通过SPI总线与协处理器进行通信。

例如，iPhone SE的电子罗盘电路的特点如图3-29所示。iPhone SE的电子罗盘电路的特点：电压PP1V8_IMU_OWL经过C3002、C3001、C3000滤波后为电子罗盘U3000供电，指南针电路芯片U3000通过SPI总线SPI_OWL_TO_IMU_SCLK、SPI_OWL_TO_IMU_MOSI、SPI_OWL_TO_COMPASS_CS_L与协处理器进行通信。

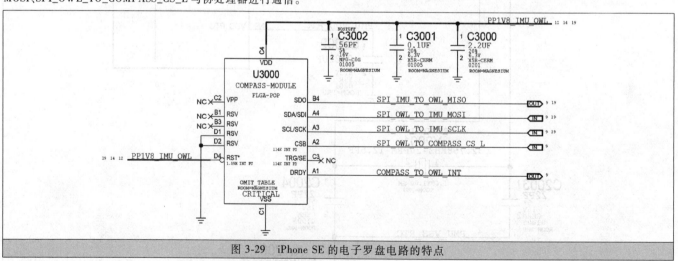

图 3-29　iPhone SE 的电子罗盘电路的特点

例如，iPhone 7的电子罗盘电路的特点如图3-30所示。iPhone 7的电子罗盘电路的特点：电压PP1V8_MAGGIE_IMU_FILT经过C2401、C2408滤波后为电子罗盘模块U2402供电，指南针电路芯片U2402通过SPI总线SPI_AOP_TO_IMU_MOSI、SPI_AOP_TO_IMU_SCLK_R1、SPI_AOP_TO_COMPASS_CS_L与协处理器进行通信。

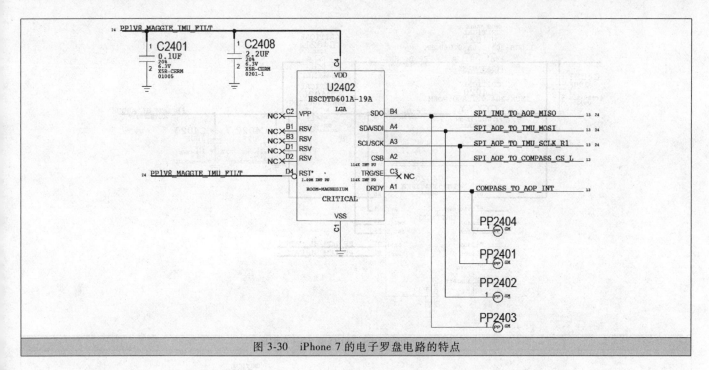

图 3-30 iPhone 7 的电子罗盘电路的特点

⌒20 气压计电路的特点是怎样的？

【答】 气压计是通过感应气压来确定相对海拔高度，即气压计就是测量大气压强值，通过气压值的变化也可以知道当前所在的海拔高度，以及辅助 GPS 定位等功能。

iPhone 智能手机中的气压计，是浓缩为了一个集成电路芯片，通过气压传感器将感受到的压力，根据其与电压的比例关系转换输出数字信号使用。

有的手机气压计电路工作特点如下：供电电压送到气压计芯片的相应脚，气压计是通过 SPI 总线与协处理器进行数据通信。

iPhone 7 气压计电路如图 3-31 所示。供电电压 PP1V8_ MAGGIE_ IMU 送到气压计 U2403 BMP284AA 的 6、8 电源端，气压计通过 SPI 总线 SPI_AOP_TO_IMU_MOSI、SPI_AOP_TO_IMU_SCLK_R1、SPI_AOP_TO_PHOSPHORUS_CS_L 与协处理器进行数据通信。

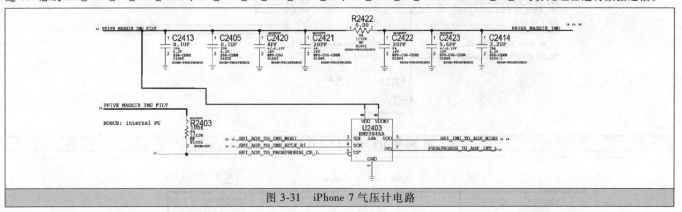

图 3-31 iPhone 7 气压计电路

⌒21 iPhone 背光驱动电路的特点是怎样的？

【答】 iPhone 6S LED 背光驱动电路如图 3-32 所示。iPhone 6S 手机显示屏的背光由芯片 U4020 完成，U4020 可以驱动 LED 实现背光，通过 I^2C 总线调整内部寄存器来控制电流大小从而控制屏幕亮度。U4020 LM3539 的 C1、B1 外接 LED。

iPhone 7 LED 背光驱动电路如图 3-33 所示。iPhone 7 手机显示屏的背光由芯片 U3701 完成，U3701 可以驱动 LED 实现背光，通过 I^2C 总线调整内部寄存器来控制电流大小从而控制屏幕亮度。U3701 LM3539A1 的 C1、B1 外接 LED。

iPhone SE LED 背光驱动电路如图 3-34 所示。iPhone SE LED 背光驱动电路也是以 LM3539A1 为核心组成的电路。

⌒22 手机无线充电的原理是怎样的？

【答】 无线充电又称为感应充电、非接触式感应充电，英文为 Wireless charge。无线充电是利用近场感应（电感耦合），由供电设备（例如手机充电器）将能量传送到用电的充电方式。由于充电器与用电装置间以电感耦合传送能量，两者间不用电线连接，因此充电器与用电的装置可以做到无导电接点外露。

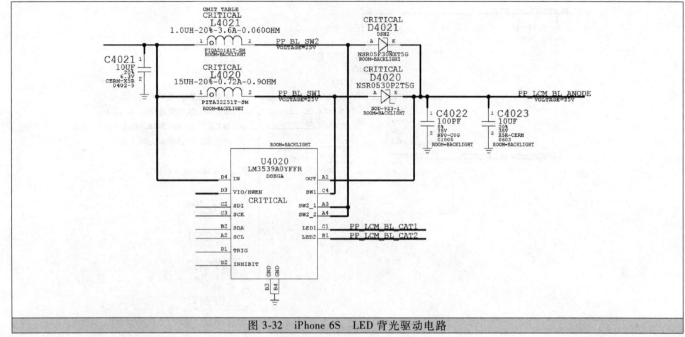

图 3-32　iPhone 6S　LED 背光驱动电路

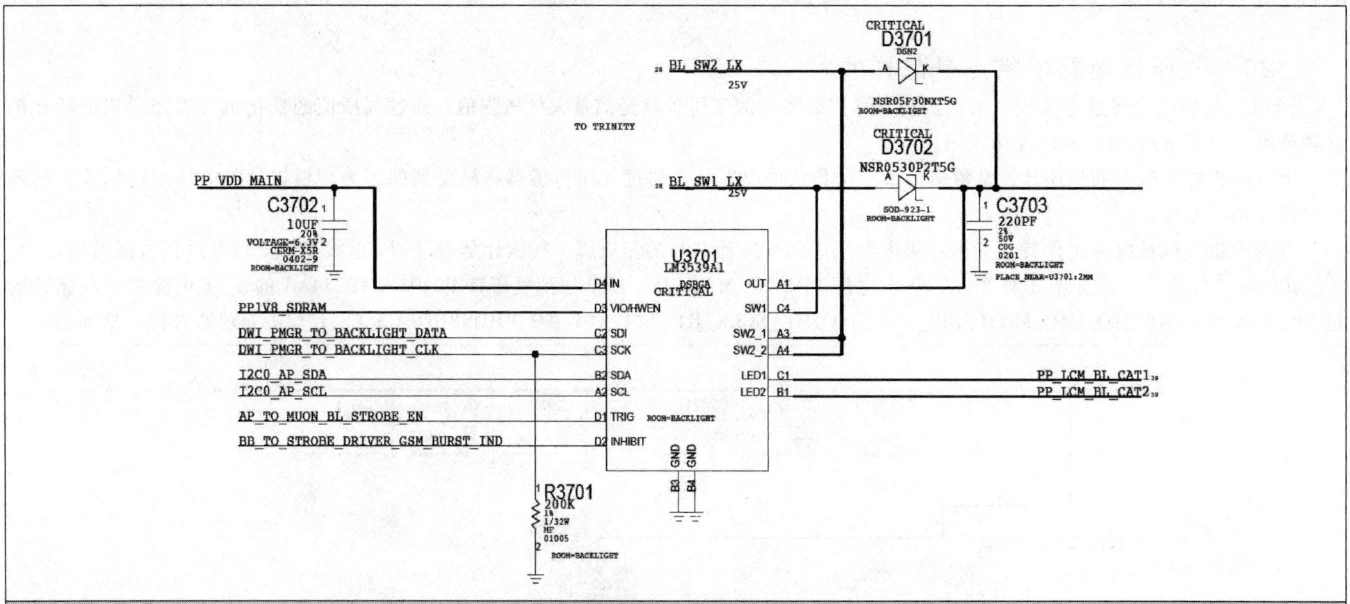

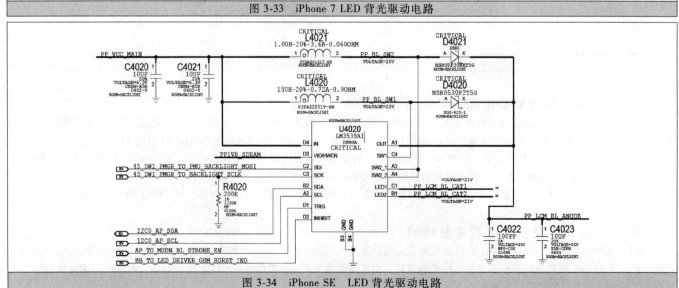

图 3-33　iPhone 7 LED 背光驱动电路

图 3-34　iPhone SE　LED 背光驱动电路

无线充电标准有 Qi（Chee）无线充电标准、Power Matters Alliance（PMA）线充电标准、Alliance for Wireless Power（A4WP）线充电标准等。iPhone 8/X 采用的是 Qi（Chee）无线充电标准。

比较常见的无线充电方式有电磁感应式、磁共振式、电场耦合式、无线电波传输方式等。iPhone 8 的无线充电技术采用的就是电磁感应方式。

在两个共振频率相同的物体间能有效地传输能量，不同频率物体间的相互作用较弱。

无线充电技术就是在发送端、接收端用相应的线圈来发送、接收产生感应的交流信号来进行充电的一项技术，用户只需要将充电设备放在一个"平板"上即可进行充电。也就是说电磁感应充电，就是当无线充电器的送电线圈的电流通过线圈会产生磁场，手机端的受电线圈未通电的线圈靠近该磁场就会产生电流，从而为手机充电，图例如图 3-35 所示。

简单地说，无线充电就是嵌入内置接收器与发射器，从而实现无线充电。

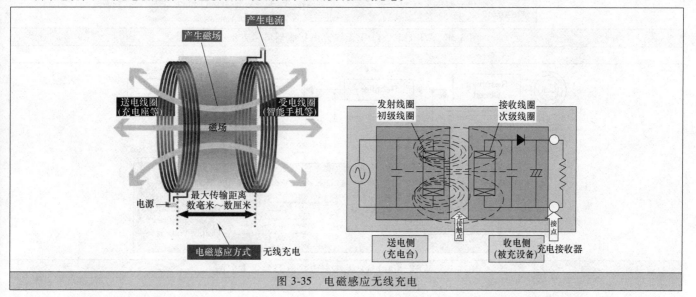

图 3-35　电磁感应无线充电

例如，WPR1500 内部结构如图 3-36 所示。WPR1500-LDO 无线充电接收器参考方框图如图 3-37 所示。WPR1500-LDO 无线充电系统示意图如图 3-38 所示。WPR1500-buck 无线充电系统示意图如图 3-39 所示。MWPR1516 是无线充电接收器，其基于 ARM ® Cortex ®-M0+® MCU 核，包括 FSK、CNC，支持高达 15W 的充电功率，内置 LDO 稳压器，能够支持工作电压从 3.5～20V，和 WPC Qi V1.2.2 标准兼容。MWPR1516 主要用在智能手机、平板电脑、电动工具等设备。

由于有线充电方式下充电线的重复插入，可能引起不必要的故障。而无线充电无接触点。

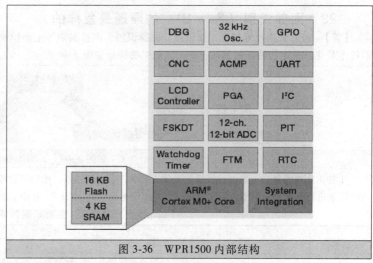

图 3-36　WPR1500 内部结构

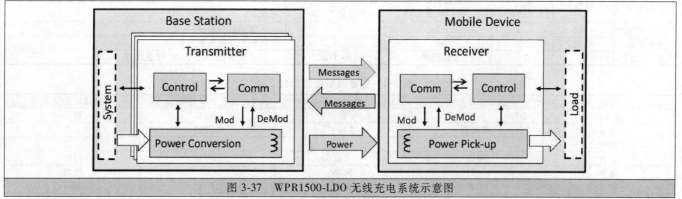

图 3-37　WPR1500-LDO 无线充电系统示意图

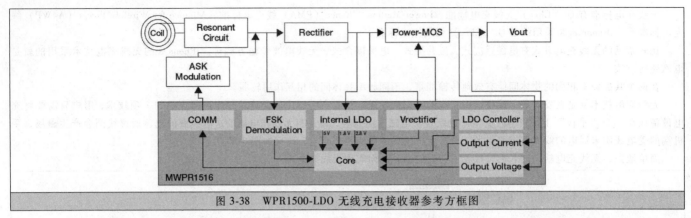

图 3-38　WPR1500-LDO 无线充电接收器参考方框图

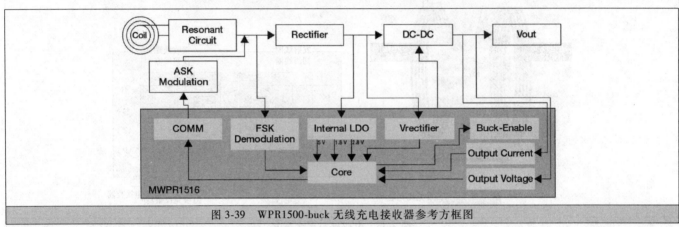

图 3-39　WPR1500-buck 无线充电接收器参考方框图

☪23　面部识别（Face ID）的原理是怎样的？

【答】　面部识别技术是继指纹识别、虹膜识别、声音识别等生物识别技术后，以其独特的方便越来越受到世人的瞩目。生物识别技术是建立在生物特征的基础上的。人的生物特征如图 3-40 所示。

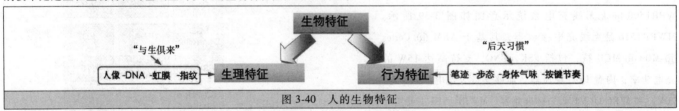

图 3-40　人的生物特征

生物识别技术就是，通过计算机与光学、声学、生物传感器、生物统计学原理等高科技手段密切结合，利用人体固有的生理特性与行为特征来进行个人身份的鉴定。生物识别技术比较见表 3-7、表 3-8。其中，面部识别技术，即人脸识别技术的特点如图 3-41 所示。

表 3-7　生物识别技术比较 1

	误认率	拒认率	易用性	处理速度/人	评价
人脸识别	低	<0.2	非常好	<1s	最好的生物识别技术
瞳孔扫描	很低	10%	需培训后使用，操作难度大	仪器对准需 3~5s，手工要 5~25s	仪器对准价格昂贵，手工操作复杂,且不适用于隐形眼镜使用者
声音识别	一般	一般	一般	3s	可能被磁带欺骗
指纹识别	很低	5%	好	5s	较好的生物识别技术
掌纹识别	低	5%	使用困难	5~15s	易传染细菌,采样困难,设备昂贵

表 3-8　生物识别技术比较 2

指标	指纹识别技术	声纹识别技术	虹膜识别技术	面像识别技术
精确度	一般	高	极高	极高
结果显示	难辨别	难辨别	难辨别	直观
使用配合	极大	一般	极大	一般
复查	可以	可以	不可以	可以
效率	一般	极高	一般	极高
可仿冒度	极高	极高	不可	不可

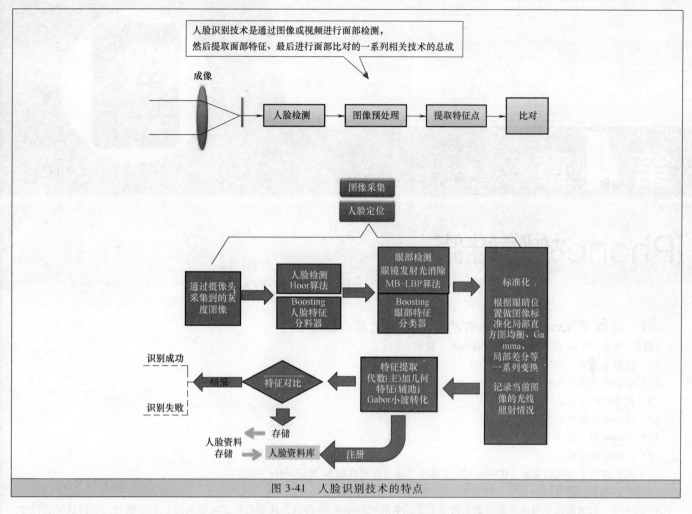

图 3-41　人脸识别技术的特点

其实，我们也无时无刻不在进行人脸识别。每天生活中遇到无数的人，从中认出那些熟人，就是人脸识别。

人脸识别技术是基于一整套原深感摄像头系统，其依靠扬声器、麦克风、前置镜头、点阵投影器、环境光感应器、距离传感器、泛光感应元器件、红外镜头等元器件协同工作实现。iPhone X 正是使用了原深感摄像头，通过点阵投影器将 30000 个肉眼不可见的光点投影在脸部，绘制出独一无二的面谱，以及结合红外镜头来读取这些光点所反射回来的深度，也就是快速扫描人脸的 3D 结构。因为人体面部 3D 数据能够分辨出的几何精度非常高，因此人脸识别技术错误率低。

iPhone X 人脸识别技术的实现主要包括的元器件或者组件有原深感摄像头、距离感应器、泛光感应元器件、点阵投影仪、红外镜头等。

iPhone X 人脸识别的简化步骤如下：检测物体靠近、检测用户脸部、获取 3D 人脸信息、结构光接收、收集完结构光等信息后的处理，具体的一些特点见表 3-9。

表 3-9　iPhone X 人脸识别的简化步骤

简化步骤	解　说
检测物体靠近	当拿起手机时，首先工作的是距离感应器，其会传送是否有物体进行靠近的信息到 iPhone X
检测用户脸部	泛光感应元器件采用垂直腔面发射激光器，会发射低功率红外光。距离感应器检测到物体后，泛光感应元器件会对前方物体进行扫描，由红外镜头接收信息，以及把信息传给 A11 芯片神经网络系统进行判断。A11 芯片识别为脸部后，则会进行下一步操作
获取 3D 人脸信息	由于泛光感应元器件检测到是人脸后，不能记录到空间。为此，此时点阵投影器发射的高功率红外结构光，并且该种光线打到人脸造成图像扭曲，从而获得物体的空间深度信息
结构光接收	由于人脸识别的光线对精度要求高，不仅点阵投影仪发射的点要足够多，同时要防止环境光干扰。因此，红外镜头上还搭载滤光片
收集完结构光等信息后的处理	收集完结构光等信息后，iPhone X 手机通过 3D 图像处理芯片可以生成具备空间信息的三维图像。该信息经过特殊调制，以数据形式与保存在处理器的 Secure Enclave 的 Face ID 编码进行配对，匹配度满足设置的要求后 iPhone X 手机就能够实现解锁

第4章

iPhone故障维修

⚙1 维修 iPhone 常需要备有的设备或者工具有哪些?

【答】 维修 iPhone 常需要备有的设备或者工具如下:

(1) 防静电腕带。

(2) 防静电工作台桌垫。

(3) 尼龙探测工具。

(4) iPhone 电池拆卸支架 。

(5) iPhone 扭力起子与 000 号齿片。

(6) iPhone 基座螺丝。

(7) SIM 弹出工具或回形针。iPhone SIM 卡弹出工具适应所有的 GSM iPhones 手机。

(8) 封装胶带。

(9) 苹果手机底部螺丝有两种型号的五角或十字。苹果 iPhone 4/4S 拆机工具套装有五角螺丝刀、十字螺丝刀、拆机棒、弹片。iPhone 4/4S 业拆机工具:0.8mm 内角金属五角螺丝刀——用于拆解充电口两侧底部五边螺丝。1.2mm 小 T10 十字螺丝刀——用于拆解主板螺丝;吸盘工具——用于屏幕更换。选择两头刀头都有磁性的起子,可以有效地牵引螺丝。

(10) 镊子。镊子的应用如下:首先用螺丝刀拆除手机 SIM 卡,再使用十字头拆开黑色塑料盖的螺丝,在用拆机工具撬开外壳,用镊子拆除手机天线与电池连接器。

(11) 热风枪。其是一种适合于贴片元器件拆焊、焊接的工具。目前,有许多智能化的风枪:具有恒温、恒风、风压温度可调、智能待机、关机、升温、电源电压的适合范围宽等特点。根据实际情况选择即可。

(12) 放大镜。其分为普通放大镜、台灯放大镜。普通放大镜的正确使用方法:右手持放大镜,使得镜头与视线平行,左手拿着需要观看的物体对着光慢慢靠近镜头,以及在移动被鉴定物体时,找到最适合的观察位置。台式放大镜,也称为台灯放大镜。其是形状如台灯样的放大镜。台灯放大镜是一种带放大倍数的放大镜的一种台灯,也就是把放大镜盖关上可以做台灯用。台式放大镜有两种,功能较齐全的台式放大镜、不带灯但形状如台灯的也叫做台式放大镜。台灯放大镜对维修时看元器件型号、看焊接效果等,效果好。

(13) 强力吸盘。其是苹果手机换屏幕拆机开机的常见工具吸盘。苹果手机强力吸盘,可以适用 iPhone X、iPhone 8、iPhone 7、iPhone 6、iPhone 6S 、iPhone 5C、iPhone 5S 等。有的吸盘,只能够适用 iPhone 5、iPhone 5C、iPhone 5S,有的能够适用 iPhone 6、iPhone 6S 等。

(14) 翘片与橇棒。其主要用于拆卸盒盖、连接器等用。其中,翘片又叫做开机片,其有大小之分。

(15) 毛刷与吹尘器。手机吹尘器又叫做手机吹尘球。毛刷与吹尘器,主要用于手机去尘。如果没有手机吹尘器与毛刷,应急可以采用毛笔代替。

一些工具的外形如图 4-1 所示。

⚙2 怎样巧制测量 iPhone 贴片元器件的"表笔"?

【答】 iPhone 电路板上的贴片元器件比较小,并且元器件排列紧密。如果采用普通的万用表笔基本无法在路测量。如果拆下来,新手可能不好拿捏,不小心掉到地上,难找。

如果利用绘图用的圆规改造万用表的表笔即可实现方便在路测量的操作。

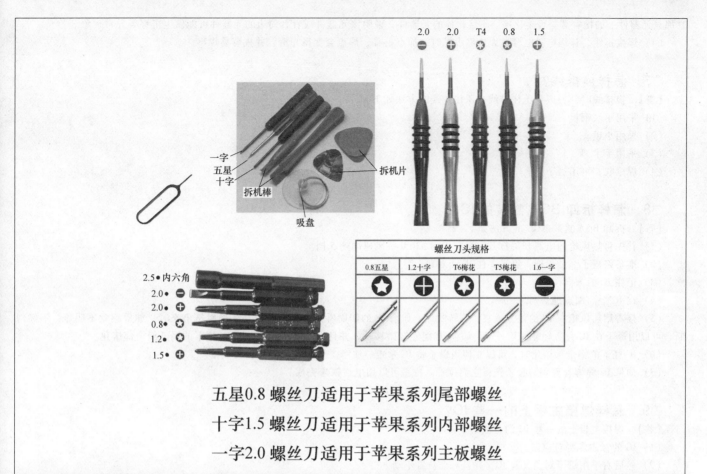

五星0.8螺丝刀适用于苹果系列尾部螺丝

十字1.5螺丝刀适用于苹果系列内部螺丝

一字2.0螺丝刀适用于苹果系列主板螺丝

图4-1　一些工具的外形

　　具体的制作方法如下：首先把一根万用表的表笔去掉原来的表针，然后把线头焊在圆规的细长的针上，再用耐热透明胶布把针裹一圈，然后旋紧。并且，注意手持部分要充分绝缘。

🍎3　怎样巧用小型吹风机维修 iPhone？

【答】　维修 iPhone 巧用小型吹风机的例子如下：

(1) 用于更换或拆装有双面胶粘贴的地方。利用小型吹风机吹，使双面胶受热膨胀变软，容易取下。

(2) 排线上带有污垢的水分，可以吹风机吹干。

(3) 如果 iPhone 进水，清洗后可以用吹风机吹干，吹到主板用手摸时有点烫为止。

🍎4　植锡膏太稀怎么办？

【答】　植锡膏太稀的处理方法如下：

(1) 放在面巾纸上按压，以把水分吸走 。

(2) 放在干净的表面平滑厚纸板上，然后均匀摊开，再用吹风机均匀吹吹。

🍎5　烙铁挂锡有小经验吗？

【答】　用海绵沾水后放在烙铁盒子里，用的时候刮一下，这样烙铁头变干净了。但是，一段时间后，烙铁头就会变黑损坏。这是因为温度不均匀，有水分导致烙铁头提早氧化。

　　如果用洗碗用的清洗球刮几下，烙铁也会变得干净。

🍎6　怎样妙用松香？

【答】　妙用松香的方法如下：

(1) 烙铁头被黑掉，加热时加点松香，并且在挂锡时多刮几下，即可变光滑。

(2) 更换一些集成电路时，加点松香，可以变得容易焊接。

(3) 如果主板漏电，一时无法判断时，可以采用烙铁沾点松香，使松香飘出来的雾落在主板元器件上。然后主板加电，并且观察那只元器件上的松香雾是否熔化掉。不熔化掉的元器件，说明该元器件或者其周边的元器件可能发生击穿等异常现象。

（4）焊接排线、补焊电阻电容、焊接显示屏时，加点松香，焊点会变得光滑，并且容易焊牢。

7　怎样换排线？

【答】　换排线时，一般要压住排线，压住排线的方法如下：

（1）采用小块钢板。

（2）采用小锁头。

（3）采用手术刀。

（4）焊枪吹，再用镊子夹。

8　怎样拆卸 BGA 封装的 IC？

【答】　拆卸 BGA 封装的 IC 的方法如下：

（1）首先将热风枪的电源开关打开，温度调到 326℃、风速调到 5 档。

（2）准备好镊子、助焊剂。镊子夹住 IC 两对角。

（3）记住 IC 的方向位置

（4）在 IC 上面加点助焊剂。

（5）接着用热风枪在 IC 的正方垂直、旋转吹焊。如果 IC 的四周看到助焊剂好像是从里面挤出来时，如果感觉不明显，不好判断，可以用镊子在 IC 旁边轻轻地顶一下。如果 IC 能够轻微移动，并且自动复位。则说明 IC 底下的锡已经全部熔化。

（6）IC 底下的锡全部熔化时，可以立即用镊子将 IC 拿走。注意：先拿下 IC，再移开风枪。

（7）如果 IC 焊脚有毛刺，必须先将它们拉平。拉平可以用电烙铁来完成。

9　怎样焊接主板上的一些 IC？

【答】　焊接主板上的一些 IC 的方法如下：

（1）IC 的标志点要对应好。

（2）然后右手用镊子对角夹起 IC，并且对准位置不动。

（3）然后左手拿起风枪对准 IC 预热，以便将 IC 位置初步固定。

（4）进一步加焊，可以用风枪吹焊。用热风枪加焊操作时，先用镊子挑一点助焊剂涂在 IC 上，再将镊子放在 IC 的对角位置且稍加压力，再用风枪对 IC 的四边引脚旋转吹焊。当看到引脚的焊锡熔化后，立即将风枪移开，等冷却、凝固后，IC 的引脚便焊上了。

（5）接着用天那水刷净 IC 即可。

10　iPhone 维修策略是怎样的？

【答】　iPhone 维修策略主要有维修、更换。维修与更换前需要确定所服务的 iPhone 是在保修期内，还是过了保修期。iPhone 手机主机保修期一般是一年，耳机、充电器等附件一般是 3~12 月不等。

iPhone 保修期一般是以购机发票日期或者手机第一次在 iTunes 激活时间中两者最早的日期开始计算。

11　手机故障查找与排除方法有哪些？

【答】　手机故障查找与排除方法见表4-1。

表 4-1　手机故障查找与排除方法

名称	解说	名称	解说
按压法	时好时坏、摔过不能开机、信号时有时无、自动死机等故障，可以通过对集成 IC 逐一进行按压试机。如果故障排除，则说明该元器件存在虚焊。注意：按压时，用力要均匀，用力不能够过大	改制法	由于没有相同的元器件代换损坏的元器件，通过改制解决故障的一种检修方法
		加焊法、重装法	摔过的手机、进水后引起不能开机、时好时坏、自动死机等故障手机，一般可以采用加焊或重装方法来检修
电流法	用稳压电源对手机加电，观察手机的工作电流反应，从而大概确定故障方位。例如开机大电流短路，一般系电源 IC 或逻辑电路（CPU）损坏、排线短路、相关的小阻容元器件损坏	假天线法	信号弱、无信号手机，可以沿着手机接收信号的走向，分段在信号的输入或输出端焊一条假天线来大概判断故障点位置
电压法	测量电路的正常工作电压来判断手机供电电路是否正常工作	借电法	已经检测到手机某一个功能电路没有供电，一时又找不到故障点。则可以再没有影响手机其他功能正常使用的情况下，从手机其他相同电压的输出端飞线到相应位置的一种应急排除故障检修方法
短路法	通过短接怀疑的元器件来判定故障。该方法一般针对天线、天线开关、滤波器等元器件的损坏	清洗法	对于进水、受潮、按键难按、按键失灵、显示充电状态、自动进入耳机状态、通话有杂音等故障的手机，一般可以用天那水清洗、吹干处理。但是，需要注意，清洗显示屏、振铃器、振动器、听筒、送话器、按键导电膜、机壳镜面等元器件不能与天那水接触，以免损坏这些元器件
分割法	通过断开某一个或多个支路，以便缩小故障范围的一种检修方法		

（续）

名　称	解　　　说	名　称	解　　　说
软件法	对于因软件资料错乱、丢失引起不能开机、开机定屏、解除手机各种密码锁等故障可以通过重写软件方法来排除故障	测温法	电池损耗过快、手机漏电等故障可以通过触摸发热元器件来判定故障范围
替换法	对怀疑、无法测试、无法确定损坏的元器件可以采用元器件替换法来检修手机	阻值法	测量元器件、线路对地阻值的方法来判定元器件、线路间是否开路、断线、虚焊或短路等的一种检修方法

☝12　维修 iPhone 怎样应用外观检查法？

【答】　接到要维修的 iPhone 后，不要马上拆机检测，而应了解损坏的现象与过程。然后，仔细采用外观检查法检查维修的 iPhone：

（1）外观是否破损、进水、进流质液体等现象。尤其是耳机、基座连接器等处容易进流质液体，如图 4-2 所示。

（2）拆卸过，检查是否存在遗漏或者丢失了元器件或者配件。

（3）检查是否发生一些物理性损坏。

（4）检查是否采用了一些伪劣或者非 OEM 的配件，引发的一些故障。

（5）检查接口是否腐蚀。

（6）检查屏幕是否破碎，如图 4-3 所示。

（7）检查接口是否变形损坏——音频接口有异常的物体、弯曲的针脚、破碎的塑料、弯曲的面板等，如图 4-4 所示。

图 4-2　基座连接器等处容易进流质液体

图 4-3　屏幕是否破碎

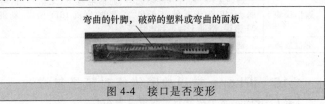

图 4-4　接口是否变形

（8）检查外壳是否严重破损、外壳裂缝、扎孔等现象。

（9）检查屏幕玻璃下是否有碎片，如图 4-5 所示。屏幕是否出现亮点或者坏点，如图 4-6 所示。

（10）检查开关按键是否丢失/损坏，如图 4-7 所示。

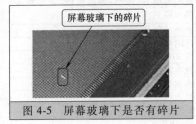

图 4-5　屏幕玻璃下是否有碎片

图 4-6　检查亮点或者坏点

图 4-7　开关按键是否丢失/损坏

☝13　iPhone 常见故障原因有哪些？

【答】　常见故障原因见表 4-2。

表 4-2　常见故障原因

现象	原　　因	现象	原　　因
暗屏下接不到电话	通信模块故障	触屏全部失灵	屏幕故障
白屏	1）屏幕故障；2）显示屏损坏；3）显示 IC 损坏；4）主字库损坏；5）软件故障	待机时间短	电池故障
		电池显示不正常	电池故障
不充电	1）通信模块故障；2）CPU 主板故障；3）尾插接口损坏或尾插排线断；4）电池老化，连接处焊接脱落；5）充电 IC 损坏；6）主板电源烧坏	花屏	屏幕故障
		屏裂	屏幕故障
		屏幕漏液	屏幕故障
		不上电不亮	电池故障
不读卡	1）卡座损坏，接触不好；2）读卡 IC 异常；3）通信字库异常	刷机 1011、23 错误	通信模块故障
		刷机 160X 报错	CPU 主板故障
不开机	1）通信模块故障；2）CPU 主板故障	刷机刷不过	CPU 主板故障
不连电脑	CPU 主板故障	刷机死循环	CPU 主板故障
触摸不灵，显示屏异常	1）显示屏损坏；2）触摸 IC 损坏；3）触摸 IC 驱动管损坏	通话电流声	通信模块故障
		通话无声	通信模块故障
触屏部分失灵	屏幕故障	通话中自动无声	通信模块故障

（续）

现象	原因	现象	原因
无 WiFi	通信模块故障	信号问题	1）天线损坏，引起无信号或信号弱；2）信号中频损坏，引起无信号；3）功放损坏，引起无信号；4）卡座损坏，接触不好；5）通信空白；6）字库错误；7）WiFi IC 损坏，引起无 WiFi 无信号
无蓝牙	通信模块故障		
无送话	1）尾插损坏；2）送话 IC 损坏		
无听筒	1）听筒损坏；2）感应线损坏；3）听筒 IC 损坏		
无信号	通信模块故障	有信号打不出	1）信号中频损坏；2）功放损坏；3）通信字库空白
信号弱	通信模块故障	自动开关机	1）尾插异常；2）音频线异常；3）主板异常

◔14 iPhone 常见硬件故障现象是怎样的？

【答】 常见硬件故障现象见表4-3。

表4-3 常见硬件故障现象

类型	现象	类型	现象
主板	开机掉电、不充电、刷机刷不过、开机黑屏、刷机死循环、不连电脑、刷机 160X 报错、不开机、开机花屏、白屏、蓝屏、开机机器有异响、开机点不亮等	喇叭	喇叭无声音、喇叭有杂音等
		WiFi	漏电、锁屏、WiFi 信号弱、无 WiFi、来电手机没有反应但呼叫方显示通等
电池	待机时间短、电池显示不正常、不亮、电池时间短等	电源	不充电、大电流等
屏幕	触屏部分失灵、触屏全部失灵、白屏、花屏、屏裂、漏液、闪屏、暗屏、红屏等	信号字库	报错23、无 WiFi、没信号等
		CPU	刷机报错等
通信模块	通话无声、通话中自动无声、通话电流声、无信号、信号弱、无 WiFi、无蓝牙、不开机、不充电、刷机 1011 错误、刷机 23 错误、暗屏下接不到电话等	大字库	刷机报错等
		听筒插口	不充电、不开机、无声音等
键盘故障	键盘打不出字、键盘输入字符不对等	天线电路	信号差、拨打电话困难、接收困难等

◔15 iPhone 常见故障维修对策是怎样？

【答】 iPhone 常见故障维修对策见表4-4。

表4-4 iPhone 常见故障维修对策

故障、现象	可能原因	维修对策
"NO WiFi"、WiFi 有信号连接不上	WiFi 集成电路损坏	更换 WiFi 集成电路
WCDMA 无服务，使用手机卡可正常通话	检查 WCDMA 射频电路	检查相关电容、电感、集成电路，发现异常的更换即可
白屏幕、屏幕裂	摔过、外力压坏	更换液晶屏幕
版本过低、白苹果、升级	系统错误、版本需要更新	软件刷机
报错"1011"	通信板 BIOS 数据损坏	更换 BIOS
不充电	电池异常	更换电池
不充电	主板充电 IC 坏	更换主板充电 IC
不充电、USB 连不上电脑以及 HOME 键失灵	充电排线坏	更换充电排线
不开机、主机进水	摔过、电路腐蚀等	主板维修
不能发送短信	通信版 BIOS 数据损坏	更换 BIOS
不送话、喇叭嘶哑、小声、无声	充电排线或麦克风异常	更换排线
充不了电池	检查电池温度检测电路、充电控制电路、电池	更换异常件即可
待机后不能滑锁	触摸屏损坏、液晶屏损坏	更换触摸屏、更换液晶屏
电池用电快、电池不开机	电池漏液、电池损坏、电池寿命到了	更换电池
耳机无声、开关键不灵、无振动、自动关机	耳机排线异常	更换耳机排线
耳机无声音	腐蚀、接触不良	更换音频组件
关机自动开机、无法开机	耳机排线异常、充电排线异常	更换排线
关机自动开机、无法开机	主板电源 IC 异常	更换主板电源 IC
关机自动开机、无法开机	通信板电源 IC 异常	更换通信板电源 IC
开关键损坏	使用过多、用力过猛	更换开关组件
开机死机、滑锁定屏、操作反映慢	WiFi 集成电路损坏	更换 WiFi 集成电路
免提通话正常，但音乐播放不正常	查语音编/译码器、应用处理器	更换异常件即可
屏幕部分触摸不灵、全部失灵、屏幕爆裂	触摸屏损坏、液晶屏损坏	更换触摸屏、更换液晶屏
屏幕破裂	摔过、外力压坏	更换屏幕总成
三无即"NO WiFi、无蓝牙、无 IMEI"	通信版 BIOS 数据损坏	更换 BIOS
使用 GSM 手机卡，手机显示无服务，不能拨打电话，使用联通手机卡可正常通话	检查 GSM 射频电路	检查相关电容、电感、集成电路，发现异常的更换即可
使用移动、联通手机卡，手机都显示信号差	检查接收射频前级电路、天线连接器	检查相关电容、电感、集成电路，发现异常的更换即可
使用移动 SIM 卡与联通 SIM 卡，手机都是显示无服务	检查 GSM 与 WCDMA 射频的公共电路	检查相关电容、电感、集成电路，发现异常的更换即可
手机能通话，到受话器中杂音比较大	检查受话器音频线路中的旁路电容、音频集成电路	更换异常件即可

（续）

故障、现象	可能原因	维修对策
手机偶尔会自动关机	检查电流检测电路、电压检测电路	更换异常件即可
听不到对方声音、破音	听筒进水、听筒摔坏	更换听筒
听筒、麦克、外音同时没有	通信板 BIOS 数据损坏	更换 BIOS
听筒无音	听筒异常	更换听筒
外部音频终端的音频信号无法送入 iPhone 中	检查语音编/译码器与系统连接器间的电路、接口	检查相关电容、电感、接口、集成电路，发现异常的更换即可
无 WiFi、无服务、无蓝牙	摔过、电路腐蚀等	主板维修
无法充电、接口损坏	接口进液体、尾插排线损坏	更换尾插
无法返回、HOME 键失灵	老化、摔过、挤压	更换返回组件
无外音、破音	喇叭腐蚀、喇叭老化	更换喇叭
无外音、无按键音	主板音频 IC 损坏	更换音频 IC
无信号、信号时有时无、有信号不能打电话	通信版信号模块问题	更换信号模块 IC
无振动	振动组件损坏、振动组件卡住等	更换振动组件
照相死机，照相花屏	摄像头坏	更换摄像头

16 怎样解决 iPhone 出现未安装 SIM 卡的提示，无法正常使用？

【答】 解决 iPhone 出现未安装 SIM 卡的提示，无法正常使用的方法如下：首先使用别针从 iPhone 中把 SIM 卡取出，然后用橡皮擦把 SIM 卡上的金属纹路擦一擦，以改善 SIM 的接触效果，完成后，再将 SIM 重新装入 iPhone 中。如果还没有效果，说明卡没有问题。故障处可能是卡槽。

另外，如果使用橡皮擦没有效果，可以在 SIM 卡下面垫上纸片或贴一小段双面胶，再将处理过的 SIM 卡重新放入 iPhone 的 SIM 插槽，以便进一步确认是否为 SIM 卡的问题还是卡槽的问题。

17 怎样维修 iPhone 电话按钮？

【答】 对于 iPhone 3G、iPhone 3GS、iPhone 4、iPhone 4S 的电话按钮由于按键使用量大或氧化，造成迟钝、停止运作、按钮运作错误。iPhone 电话按钮一般可以通过清洗按钮或者更换按钮来解决问题。

18 怎样检修 iPhone 充电故障？

【答】 手机电池在充电时，遇到屏幕不显示充电指示或无法进入充电状态，检修的方法如下：

（1）首先打开手机盖，检查一下电池的连接插座接触是否良好，如果发现有松动、表面有污迹，可以用镊子来校正或用蘸有无水乙醇的棉花球将污迹擦除。

（2）检查手机充电插孔是否完好，可以用棉签伸进插孔轻轻擦试金属弹簧片、插针。

（3）如果依旧不能够正常充电，则可以检查充电器的插头是否有污损，如有污迹，可以用无水乙醇棉签将其擦干净。

（4）检查充电器内的插头与插座间连接是否移位、金属导电表面是否有污迹。如果表面有污迹，则可以用乙醇棉签擦干净。

（5）如果依旧不能够正常充电，则检查充电器的导线是否完好。

（6）另外，可以用一个好的充电器试一下，以便检查是手机问题，还是充电器存在问题。

19 怎样检修 iPhone 自动开机？

【答】 自动开机现象就是加上电池后，不用按开/关键，手机就处开开机状态了。造成该故障的主要原因有：开/关键对地短路、开机线上其他元器件对地短路。

一般情况下，可以拆开手机，用酒精清洗，有时可以解决问题。

20 怎样检修 iPhone 自动关机（自动断电）？

【答】 手机自动关机（自动断电）的现象与原因如下：

（1）振动时自动关机——可能是由于电池连接器接触不良引起的。

（2）按键关机——手机只要不按键盘，手机不会关机。如果按按键，手机就自动关机，可能原因是 CPU、存储器虚焊引起的。

（3）发射关机——按发射就自动关机，则主要原因可能是功放有故障（虚焊或损坏）引起的。

21 怎样检修 iPhone 发射弱电？

【答】 手机在待机状态时，不显弱电。如果打电话或打几个电话后，则立即显示弱电，并且出现低电告警。

引起该种现象的原因可能是：电池连接器接触不良、功放本身损坏、电池老化等原因引起的。

22 怎样检修 iPhone 漏电？

【答】 检修 iPhone 漏电的方法如下：

（1）首先判断电源是否异常。

（2）其次判断功放是否损坏。

（3）漏电流不太时，可以给手机加上电源1分钟左右，再用手背去感觉哪部分元器件发热严重，以此来查找损坏的元器件。

（4）查找线路中有关元器件、印制线是否异常。

☪23　怎样检修 iPhone 信号不稳定？

【答】　引起 iPhone 信号不稳定往往是接收通道元器件有虚焊所致，因此，可以对接收通道进行补焊，可能可以解决问题。

☪24　iPhone 进水怎样处理？

【答】　iPhone 进水后，不要开机，一般需要清洗。因为手机进水后，可能造成电路板存在污损，也可能会导致电路发生故障以及断线。另外，进水手机的水分挥发后，线路板上可能会留下多种杂质与电解质，则会改变线路板设计时的一些分布参数，导致一些指标与性能下降。

对于一般的进水机，可以放在超声波清洗仪进行清洗，利用超声波清洗仪的振动把线路板上以及集成电路模块底部的各种杂质、电解质清理干净。清洗液可用无水酒精或天那水。

对于浸在水里时间长的手机，清洗后还需要进行干燥处理。因为浸水时间较长，水分可能已进入线路板内层。因此，可以把线路板浸泡在无水酒精里，浸泡时间在24~36小时，利用无水酒精的吸水性，使水分与无水酒精完全混合。然后，把线路板放于干燥箱进行干燥处理，温度为60℃左右，时间为20小时左右，这样基本可以把线路板内层的水分排出。

☪25　iPhone 摔过容易出现哪些故障？

【答】　iPhone 摔过，容易出现以下故障：

（1）外壳损伤、变形，更换外壳即可。

（2）集成电路、分离元器件容易开焊造成各种故障，需要进行补焊处理。

（3）晶体振荡器容易损坏，摔坏导致不起振或者振荡频率不准，产生不开机、无信号等故障。

☪26　怎样维修一些 iPhone 的主板？

【答】　维修一些 iPhone 主板的方法如图 4-8 所示。

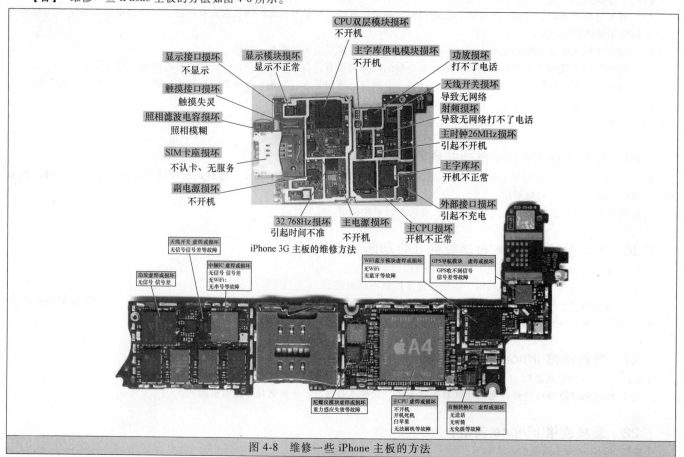

图 4-8　维修一些 iPhone 主板的方法

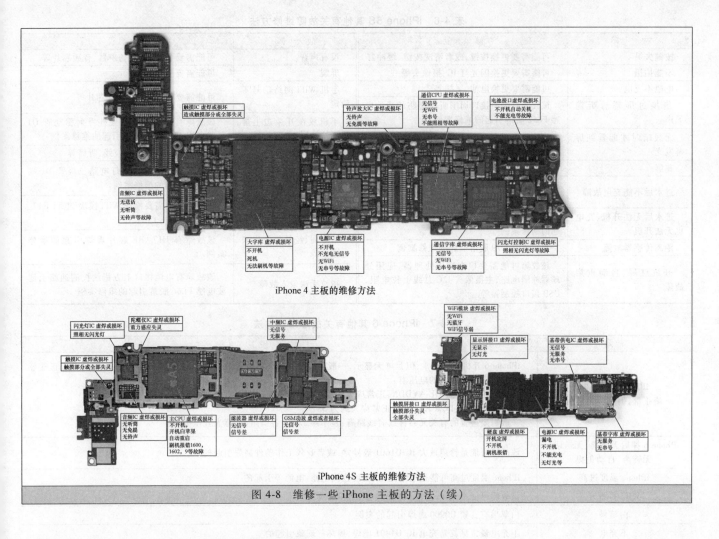

iPhone 4 主板的维修方法

iPhone 4S 主板的维修方法

图 4-8　维修一些 iPhone 主板的方法（续）

☝27　iPhone 5 有关其他故障怎样维修？

【答】　iPhone 5 其他有关故障维修方法见表 4-5。

表 4-5　iPhone 5 其他有关故障维修方法

故　障	解　说	故　障	解　说
按键失灵	可能需要更换按键	没有任何铃声，没有送话接收	该问题可能是听筒、尾插送话器、外置喇叭、主板音频芯片等异常引起的
打电话时不能自动关闭屏幕	可能需要更换听筒感应线	屏幕受到强烈震动或挤压造成的外观破损	可能需要更换整体屏幕
耳机不出声	可能需要更换音频模块	摄像头无法使用，闪光灯长亮，无法录像	该问题可能是摄像头、摄像头闪光灯、主板摄像头底座等异常引起的
耳机只有单声道	可能需要更换音频模块		
进水导致的花屏	一般可以定性为屏幕本身问题，一般是屏幕背光纸内部进液体导致花屏。该故障可以通过更换屏幕解决问题	手机听筒无声，不清晰	可能需要更换听筒感应线
		手机网络信号或者 WiFi 网络信号不稳定	可能需要更换天线
进水导致的灰屏	进水灰屏可能是屏幕本身问题，也可能是主板问题。主板问题常见的是主板 CPU 短路、主板屏供电电源短路等异常引起的	外放喇叭没有声音，或声音突然变小的情况下	可能需要更换外放喇叭
		显示无 SIM 卡	该问题可能是主板卡槽、SIM 卡、主板基带、通信板等异常引起的

☝28　iPhone 5S 有关其他故障怎样维修？

【答】　iPhone 5S 其他有关故障维修方法见表 4-6。

☝29　iPhone 6 有关其他故障怎样维修？

【答】　iPhone 6 其他有关故障维修方法见表 4-7。

表 4-6　iPhone 5S 其他有关故障维修方法

故　障	解　说	故　障	解　说
按键失灵	可能需要更换按键，或者清洗按键、缓冲器	没有声音	可能需要更换听筒、扬声器、音频芯片等
不能拍摄	可能需要更换闪光灯 IC、摄像头等	屏裂	可能需要更换屏幕
电池不充电	可能需要更换电池、尾插等	手机 WiFi 网络信号不稳定	可能需要更换天线、WiFi 芯片等
更换过屏幕后听筒无声	该故障有听筒接口周围听筒通路的滤波电感 FL52 脱落引起的维修案例	手机放在耳朵边上屏幕无法黑屏	该故障有距离传感器红外发射驱动管 Q1 负载电阻 R45 腐蚀脱焊引起的维修案例
光线暗时才能看到屏幕发光	该故障有显示屏接口周围滤波电感 FL37 损坏引起的维修案例	手机听筒无声	可能需要更换听筒感应线、听筒等
花屏	可能需要更换屏幕、连接器等	无背光灯故障	该故障有显示屏背光灯电路二极管 D1 端腐蚀脱焊引起的维修案例
进水后不能充电故障	该故障可能需要检查充电器、数据线、尾插接口、主板充电电路等	无法连上 WiFi 故障	该故障可能需要检查 WiFi 模块、电阻 R17_RF 等
进水后无法开机、充电也无法开机	该故障有电源管理部分 C260 腐蚀严重引起的维修案例	信号弱、经常打不出来电话故障	该故障有 U17_RF 芯片虚焊引起的维修案例
距离传感器故障	该故障有 C79 脱落引起的维修案例	指纹无法录入故障	该故障有电池接口上方指纹控制通路上滤波电感 FL66 脱落引起的维修案例
开机红屏、自动重启故障	该故障可能需要检查应用处理器、应用处理器外围电路、主摄像头 I2C 总线上拉电阻、USB 接口控制器等		

表 4-7　iPhone 6 其他有关故障维修方法

故障	解　说
iPhone 6 开机电流正常，但是屏无显示	iPhone 6 开机电流正常，但是屏无显示，一般需要检查有关电压是否正常、线路是否正常、有关元器件是否正常等 一般需要检查有关的电压有： 1）测量 PN5V7-SAGE-AVDDN，正常应大约为−5.7V 2）测量 PP5V7-LCM-AVDDH，正常应大约为 5.7V 一般需要检查的有关元器件或者线路有：显示座 J2019 各脚阻值、背光升压等
iPhone 6 摔后无听筒、无送话、无铃声、自动免提	该故障可能是铃声放大 IC U1601 等异常，或者音频工作条件缺失引起的
iPhone 温度过高	iPhone 温度过高可能是电池问题、温度检测电路、电源等引起的
WiFi 打不开	该故障可能是 WiFi 芯片、WiFi 供电感等引起的
白苹果	白苹果有音频 U0900 虚焊引起的案例
不充电	不充电最常见就是充电 IC U1401 虚焊、损坏等现象引起的
不开机故障	不开机故障，可能需要检查有关电压是否正常、CPU 时钟电路是否正常、复位信号是否正常、总线信号是否正常等。其中，常需要检查的一些电压如下： 1）供电 PP3V0_NAND，在电容 C0634 上测量到大约 3V 的电压 2）供电 PP1V8_SDRAM，在电容 C1243 上测量大约 1.8V 的电压 3）供电 PP1V2_SDRAM，在电容 C1214 上测量大约 1.2V 的电压 4）供电 PP1V8_ALWAYS，在电容 C1440 上测量到大约 1.8V 的电压 5）供电 PP1V2，在电容 C0427 上测量到大约 1.2V 的电压 6）供电 PP_CPU/1.0V，在电感 L1212 上可以测量到大约 1.0V 的电压 7）供电 PP_VAR_SOC/1.0V，在电容 C1223 上测量到大约 1V 的电压 8）供电 PP0V95_FIXED_SOC/1.0V，在电感 L1219 上测量到大约 1V 的电压 9）供电 PP1V8，在电容 C0617 上测量到大约 1.8V 的电压 　　如果检测上面电压都正常，则需要检查 CPU 时钟电路、复位信号是否正常、总线信号是否正常等。其中，检查 CPU 时钟电路，可以用示波器可测量到一个 24MHz 的正弦波。如果没有示波器，可以用万用表检测晶振两端正常大约 0.9V 的电压。如果检测异常，则可能需要更换 24MHz 晶振、谐振电容、Y0201、R0202、R0207、C0209、C0210 等相关元器件 　　检查总线信号，一般可以在 PP0301、PP0302 测试点，测量到大约 1.8V 的电压，如果异常，则需要再检查与总线相关的 R0303、R0302 等元器件 　　检查复位信号，一般 RESET_1V8_L 在 C0201 可以测量到大约 1.8V 电压。如果检测异常，则需要检测 R0206、U1501、U1202、U1700 等相关元器件
触摸失灵	该故障可能需要检查触摸屏幕、主板、触摸屏接口、触摸屏接口元器件、各部分供电元器件等
耳机声音杂	该故障可能需要检查尾插、音频电路、耳机、音频编解码芯片等
黑屏故障	该故障可能需要检查屏灯电路、屏灯升压电路、显示屏接口等
进水后一直显示无 SIM 卡，未做任何处理	该故障可能需要检查 SIM 卡、保护管 VR3101、附件其他相关元器件与线路等
进水引起的故障	如果进水开机电流大约为 100mA，则可能是电源 IC U1201 等损坏引起的，如果电流大约为 70mA 不联机，则可能是音频、显示 IC 等损坏引起的

（续）

故障	解　说
距离传感器失效	该故障可能需要检查手机距离传感器排线、手机距离传感器、距离传感器接口等
手机进水，在录入指纹时提示失败	该故障可能是 Home 键排线接口、指纹排线、CPU、指纹传感器供电管异常等引起的
死机重启	死机重启有 U5301_RF 虚焊引起的案例
指南针失灵故障	该故障可能需要检查重力感应传感器、指南针芯片、协处理器等

30　iPhone 6Plus 有关其他故障怎样维修？

【答】　iPhone 6Plus 其他有关故障维修方法见表 4-8。

表 4-8　iPhone 6Plus 其他有关故障维修方法

故　障	解　说
背光不均匀	该故障可能需要检查主板、背光灯控制电路、灯控芯片等
不开机	该故障可能需要检查电源管理芯片、供电负载、供电滤波电容等
开机红屏重启故障	该故障有前摄像头损坏的维修案例
开机显示温度过高	该故障可能需要检查 NTC 电阻、温度检测电路等
手机放音乐无声、来电无声、免提无声	该故障有音频放大电路损坏的维修案例
手机进过水后，不充电故障	该故障可能需要检查进水部位、充电电路、电池接口、相应控制电路等
手机进水，指纹功能无法使用	该故障可能需要检查指纹排线、指纹排线接口、主板电路、充电管理芯片等
手机进水后，出现反复自动开关机	该故障有电源管理芯片损坏的维修案例
手机进水后，照相时打开黑屏，无法使用照相功能	该故障可能需要检查摄像头接口、闪光灯驱动芯片等
刷机时报"未知错误 14"，显示"白苹果"界面	该故障可能需要检查硬盘、硬盘供电、码片、供电滤波电容等

31　iPhone 7 不开机主板的原因有哪些？

【答】　iPhone 7 不开机主板的原因如下：

（1）32.768Hz 异常，引发 iPhone 7 不开机。

（2）CPU 模块异常，引发 iPhone 7 不开机。

（3）SIM 卡座不认卡异常，引发 iPhone 7 不开机。

（4）电源集成电路损坏，引发 iPhone 7 不开机。

（5）功放异常，引发 iPhone 7 不开机。

（6）射频集成电路异常，引发 iPhone 7 不开机。

（7）天线开关异常，引发 iPhone 7 不开机。

（8）外部接口异常，引发 iPhone 7 不开机。

（9）显示接口异常，引发 iPhone 7 不开机。

（10）显示模块异常，引发 iPhone 7 不开机。

（11）照相滤波电容异常，引发 iPhone 7 不开机。

（12）主时钟异常，引发 iPhone 7 不开机。

（13）主字库供电模块异常，引发 iPhone 7 不开机。

（14）主字库异常，引发 iPhone 7 不开机。

32　iPhone 7 有关其他故障怎样维修？

【答】　iPhone 7 其他有关故障维修方法见表 4-9。

表 4-9　iPhone 7 其他有关故障维修方法

故障	解说	故障	解说
按键失灵	可能需要更换按键，或者清洗按键	没有声音	可能需要更换听筒、扬声器、音频芯片等
不能拍摄	可能需要更换闪光灯 IC、摄像头等	屏裂	可能需要更换屏幕
电池不充电	可能需要更换电池、尾插等	手机 WiFi 网络信号不稳定	可能需要更换天线、WiFi 芯片等
花屏	可能需要更换屏幕、连接器等	手机听筒无声	可能需要更换听筒感应线、听筒等

33　一台 iPhone 8 手机可以开机，但无法进入系统怎样维修？

【答】　iPhone 8 手机可以开机，但无法进入系统，显示未激活状态，这是由于基带部分没有启动的原因引起的。具体的一些可能原因如下：

（1）CPU 端脚发生断脚现象。

（2）CPU 引脚存在虚焊现象。

（3）基带字库存在虚焊现象。

（4）基带字库存在断脚现象。

（5）手机可能存在进水现象。

☺34　iPhone 8 有关其他故障怎样维修？

【答】　iPhone 8 其他有关故障维修方法见表 4-10。

表 4-10　iPhone 8 其他有关故障维修方法

故　障	解　说	故　障	解　说
不读 SIM 卡	电源集成电路、保护稳压管异常等原因引起	开机恢复模式、刷机报错 23、信号部分工作不正常	CPU 供电、字库供电异常等原因引起
不能够通信，开机不久有发热现象	电源集成电路异常等原因引起	不开机	电源等元器件损坏引起

☺35　一台 iPhone 8Plus 打电话无声音怎样维修？

【答】　经询问机主，得知该台 iPhone 8Plus 在地上曾摔过。结合故障现象不打电话时一切声音均正常，打电话时所有声音没有，说明很可能是主板上音频芯片摔碎损坏引起。更换后，试机，一切正常。

☺36　一台 iPhone 8Plus 的屏幕被震碎怎样维修？

【答】　iPhone 8Plus 的屏幕被震碎一般情况下就是更换配件屏幕。因此，平时需要注意保护好 iPhone 8Plus 屏幕。

☺37　一台 iPhone X 听筒时有声音时无声音怎样维修？

【答】　一台 iPhone X 听筒有时候没有声音，如果压一下听筒又有声音，有时候杂音大，有时候声音断断续续。根据故障现象可以判断该台 iPhone X 可能是摔过或者听筒受外力发生脱焊、音频芯片异常引起的。经检测发现系音频芯片脱焊引起的，补焊后，试机，一切正常。

☺38　iPhone X 有关其他故障怎样维修？

【答】　iPhone X 其他有关故障维修方法见表 4-11。

表 4-11　iPhone X 其他有关故障维修方法

故　障	解　说
iPhone X 摔过后，就没有声音了	如果是扬声器损坏了，则需要更换扬声器即可。还有可能是排线、音频 IC、放大 IC 等异常引起的
iPhone X 摔一下后无法照相	可能是摄像头、摄像头供电、滤波电容等相关元器件异常引起的
不能充电	可能是电源集成电路异常等原因引起的
麦克风或喇叭异常	可能是音频 IC 异常等原因引起的
通话时对方听到噪音	顶部的麦克风可能堵塞、可能是保护壳发出的异常声音

iPhone

第 5 章

iPhone软故障

⚙1 iPhone 为什么有软故障？

【答】 软故障也就是软件故障。iPhone 手机的一些软件故障是因破解、升级、恢复等不当操作而产生的，有的是因安装、删除程序与游戏而产生的。

iPhone 如果出现一个空白的屏幕，关闭菜单或运行缓慢，最有可能的是 iPhone 出现了软故障。

⚙2 什么是固件以及它的特点是怎样的？

【答】 固件就是 iPhone 存储基础 iOS 与实现通信软件的载体，也可以直观理解为操作系统本身。

没有固件，iPhone 只是一部没有大脑的硬件。

iPhone 的固件分为应用部分和基带部分。应用部分主要指的 iOS 的 iPhone OS 操作系统，而基带主要就是 iPhone 通信系统。两部分加起来，合成为一个 xxxx. ispw 文件存在。

iPhone 系列的一些固件如图 5-1 所示。

iPhone 3G 固件	iPhone 3GS 固件	iPhone 4 固件	iPhone 4S 固件
4.2.1	6.1.6	7.1.2	8.1
4.1	6.1.3	7.1.1	8.0.2
4.0.2	6.1.2	7.1	8.0
4.0.1	6.1	7.0.6	7.1.2
4.0	6.0.1	7.0.4	7.1.1
3.1.3	6.0	7.0.3	7.1
3.0.1	5.1.1	7.0.2	7.0.6
3.0	5.1	7.0	7.0.4
2.2.1	5.0.1	6.1.3	7.0.3
2.2	5.0	6.1.2	7.0.2

iPhone 5 固件	iPhone 5C 固件	iPhone 5S 固件
8.1	8.1	8.1
8.0.2	8.0.2	8.0.2
8.0	8.0	8.0
7.1.2	7.1	7.1
7.1.1	7.1.1	7.1.1
7.1	7.1.2	7.1.2
7.0.6	7.0.6	7.0.6
7.0.4	7.0.5	7.0.4
7.0.3	7.0.4	7.0.3
7.0.2	7.0.3	7.0.2

iPhone 6 固件	iPhone 6Plus 固件
8.1	8.1
8.0.2	8.0.2
8.0	8.0

图 5-1　iPhone 系列的一些主要固件

iPhone 3G 的固件有 4.2.1 固件、4.1 固件、4.0.2 固件、4.0.1 固件、4.0 固件、3.1.3 固件、3.1.2 固件、3.1 固件、3.0.1 固件、3.0 固件、2.X 固件。

iPhone 4S 的固件版本有 5.0（9A334）、5.0.1（9A405）、5.0.1（9A406）、5.1（9B179）。

iPhone 5 的固件版本有 7.1、7.0.6、7.0.4、7.0.3、7.0.2、7.1.1、7.1.2、8.0、8.0.2、8.1 等。

iPhone 5C 的固件版本有 7.0.3、7.0.4、7.0.5、7.0.6、7.1、7.1.1、7.1.2、8.0、8.0.2、8.1 等。

iPhone 5S 的固件版本有 7.0.3、7.0.4、7.0.5、7.0.6、7.1、7.1.1、7.1.2、8.0、8.0.2、8.1 等。

iPhone 6 的固件版本有 8.0、8.0.2、8.1 等。

iPhone 6Plus 的固件版本有 8.0、8.0.2、8.1 等

3 iPhone 固件对应基带版本是怎样的?

【答】 iPhone 5S 固件对应基带版本号见表 5-1。

表 5-1 iPhone 5S 固件对应基带版本号

固件	7.0	7.0.1	7.0.2	7.0.3	7.0.4
基带版本	1.00.06	1.00.06	1.00.06	1.02.02	1.03.01
固件	7.0.5	7.0.6	7.1	7.1.1	7.1.2
基带版本	1.03.02	1.03.02	2.18.02	2.18.02	2.18.02

iPhone 5 固件对应基带版本号见表 5-2。

表 5-2 iPhone 5 固件对应基带版本号

固件	7.0	7.0.1	7.0.2	7.0.3	7.0.4	7.0.6	7.1	7.1.1	7.1.2
基带版本	5.00.01	5.00.01	5.00.01	5.02.00	5.02.00	5.02.00	6.02.00	6.02.00	6.02.00

iPhone 4S 固件对应基带版本号见表 5-3。

表 5-3 iPhone 4S 固件对应基带版本号

固件	5.0	5.0.1/9A405	5.0.1/9A406	5.1	5.1.1
基带版本	1.0.11	1.0.13	1.0.14	2.0.10	2.0.12

iPhone 4 固件对应基带版本号见表 5-4。

表 5-4 iPhone 4 固件对应基带版本号

固件	4.0	4.0.1	4.0.2	4.1	4.2.1
基带版本	1.59.00	1.59.00	1.59.00	2.10.04	3.10.01

iPhone 3GS 固件对应基带版本号见表 5-5。

表 5-5 iPhone 3GS 固件对应基带版本号

固件	3.0	3.0.1	3.1	3.1.2	3.1.3	4.0	4.0.1	4.0.2	4.1	4.2.1+
基带版本	4.26.08	4.26.08	5.11.07	5.11.07	5.12.01	5.13.04	5.13.04	5.13.04	5.14.02	5.15.04

iPhone 3G 固件对应基带版本号见表 5-6。

表 5-6 iPhone 3G 固件对应基带版本号

固件	2.0	2.0.1	2.0.2	2.1	2.2	2.2.1	3.0	3.0.1	3.1	3.1.2	3.1.3	4.0	4.0.1	4.0.2	4.1	4.2.1
基带版本	1.45.00	1.48.02	2.08.01	2.11.07	2.28.00	2.30.03	4.26.08	4.26.08	5.11.07	5.11.07	5.12.01	5.13.04	5.13.04	5.13.04	5.14.02	5.15.04

4 更新固件是怎样的?

【答】 更新固件就相当于重新安装操作系统,一般是通过 iTunes 里面的"iPhone 固件恢复"的方式来完成。

iPhone 3GS 之前的 iPhone 手机,由于没有足够的安全措施,可以直接下载 Apple 的固件软件(xxx.ipsw),然后恢复即可。

如果从网络上下载固件就可以直接"越狱",这样用户就乐见了。但是,苹果公司不乐见。为此,从 iPhone 3GS 就加入了加密方式,要想恢复固件(或更新固件),首先要到苹果公司的激活服务器上去检查、验证:要恢复的固件软件(xxx.ipsw)是否来自于苹果官方——检查这个固件的签名。如果不是来自官方的,则会杜绝用户恢复该固件。

5 怎样查看 iPhone 手机固件版本?

【答】 如果 iPhone 手机的显示不正常,可用一款名为"forecast"的软件来查看。查看的步骤:用数据线连接 iPhone 手机到电脑,启动 forecast 程序,即可查看固件版本。

也可以进入 iPhone 的"设置"菜单来查看固件版本:"设置"→"通用"→"关于本机"中查看"版本"。

通过升级版本查看 Modem 的固件版本——与系统升级版本的对应关系如下:

03.12.06_ G 对应版本 1.0.0。

03.14.08_ G 对应版本 1.0.1 和 1.02。

04.02.04_ G 对应版本 1.1.1。

◎6　怎样查看 iPhone 手机基带版本?

【答】　进入 iPhone 的"设置"菜单来查看固件版本:"设置"→"通用"→"关于本机"中查看"调制解调器固件",即"基带版本号"。

◎7　新开封的 iPhone 怎样查看系统版本?

【答】　新开封的 iPhone 查看系统版本的方法如下:

(1) 首先进入紧急呼叫模式。

(2) 再用键盘输入: ＊3001#12345#＊。

(3) 然后按 Dial 键,启动 iPhone 内置的测试程序。

(4) 再选择 Versions,可以看到运行的固件 (Firmware) 版本。

(5) 再推断出系统的版本。

◎8　如何找到 iPhone 的软件版本?

【答】　屏幕上浏览的 iPhone 查看软件版本:

(1) 按 Home 键返回到主屏幕。

(2) 选择设置→常规→关于。

(3) 该屏幕上会列出 iPhone 的软件版本。

使用 iTunes 来确定软件版本:

(1) 下载并安装最新版本的 iTunes 中。

(2) 启动 iTunes,iTunes 窗口左侧的设备→选择设备的设备→查看"摘要"选项卡或"设置"选项卡中的软件版本即可。

◎9　为什么要知道固件版本、基带版本?

【答】　固件版本号与 iPhone 是否可以被"越狱"有关。基带版本号与 iPhone 是否可以被软解有关。

◎10　怎样系统恢复?

【答】　系统恢复可以验证功能性问题,具体操作方法如下:

(1) 关闭电源　移除客户的SIM卡　确保iPhone电源关闭　验证iPhone电源已关闭
使用SIM卡推出工具小　同时按住睡眠/唤醒键和主屏　按主屏幕键,屏幕不亮。
心的移除客户的SIM卡　幕按键大概15s,
iPhone将强关闭所有当前状态

(2) 进入恢复模式　连接iTunes
按住主屏幕键同时将USB线连接电脑和
iPhone,等较直到有iTunes图标出现在
屏幕上。

(3) 进行软件恢复　开始恢复模式恢复
点击"确定"当提示iPhone需要恢复的信息显
示在电脑上时。
然后点击"恢复"。

(4) 完成系统恢复和激活　让iPhone完成恢复,然后
重新启动
激活iPhone
断开USB线,插入SIM卡,
接上USB线重新连接电脑。

◎11　什么是"越狱"以及它的特点是怎样的?

【答】　原始的 iPhone 只能上 App Store 买软件或者使用 App Store 上的免费软件,不能够自由安装 App Store 外的软件与安装插件,用户没有完全的权限访问 iPhone 手机中的文件。"越狱"就是让用户的 iPhone 逃出 App Store 的限制,让 iPhone 可以使用一家"苹果"的软件变成可以使用 App Store 以外的软件、第三方管理工具。

App Store 以外的软件、第三方管理工具也只有在"越狱"的 iPhone 手机上访问 iPhone 的所有目录。

◎12　什么是解锁以及它的特点是怎样的?

【答】　有锁住,就有解锁。解锁就是解除受运营商的限制,让你的 iPhone 可以自由地在中国移动、中国联通、中国电信等任何运营商中选择更换。

手机解锁可以分为硬解锁、软解锁。软解锁是通过改写机器内固件的方式进行功能破解,对机器硬件无任何修改,不需要拆机。最常见的硬解锁便是使用卡贴以及由 Apple 官方的密钥解锁,或者拆机硬性将机器的基带进行降级从而达到破解的目的。

卡贴是一层贴在手机卡表面的电路膜，其可以将 SIM 卡修改，从而达到 iPhone 能够识别相关的 SIM 卡。不过，使用卡贴可能存在的问题：需要将 SIM 卡进行剪裁、个别需要换卡、信号不稳定等。

iPhone 4S 解锁卡贴有一款叫做 TPSIMiPhone 4S 解锁卡贴，其适用于以下版本的 iPhone 4S 解锁：iPhone 4S 的 1.0.11/1.0.13/1.0.14。

13　什么是破解？

【答】　破解就是"越狱+解锁"的合称。

14　iPhone 有锁版与无锁版有哪些区别？

【答】　有锁版 iPhone 不能及时更新官方固件，必须等国外破解组织放出解锁工具才可以打电话、发短信、上网。无锁版 iPhone 可以随时随地更新，没有一些限制的。

15　什么是 DFU 模式以及它的特点是怎样的？

【答】　DFU 的英文全称为 Development Firmware Upgrade。DFU 模式即 iPhone 固件的强制升级、降级模式。

恢复模式是用来恢复 iPhone 的固件。DFU 模式是用来升级或者降级固件（即刷机）。恢复模式下系统使用 iBoot 来进行固件的恢复，DFU 模式下系统则不会启动 iBoot。

16　怎样进入 DFU 模式？

【答】　进入 DFU 模式的第 1 种操作方法如下：

（1）用数据线连接 iPhone 手机到电脑，确认 iTunes 识别到目标手机。

（2）按住 iPhone 手机的 Home 键并保持不放，然后同时按 Power 键。

（3）等到 iPhone 手机屏幕变黑后，松开 Power 键，直到 iTunes 提示检测到恢复模式的 iPhone 时，再松开 Home 键。

（4）对手机进行固件升级/恢复。

注：在 DFU 操作模式下，iPhone 手机是处于黑屏状态的。

进入 DFU 模式的第 2 种操作方法如下：

（1）将 iPhone 连到电脑上，然后将 iPhone 关机。

（2）同时按住 Power 键与 Home 键。

（3）当 iPhone 手机的屏幕出现白色的苹果标志时，松开 Power 键，并继续按住 Home 键。

（4）开启 iTunes，等待出现进行恢复模式的操作提示后，即可按住电脑键盘上 Shift 键，单击"恢复"按钮，选择相应的固件进行恢复。

17　维修 iPhone 为什么要刷软件？

【答】　使用 iPhone，常要安装应用程序。一旦操作失误或者程序错误，则就产生软故障。因此，维修 iPhone 手机，常要刷软件，需要会操作 iPhone。

18　怎样刷机？

【答】　刷机的方法如下：根据固件版本以及故障现象来刷机。

（1）例如不开机的手机就先从低往高刷。调取低版本固件刷机时，出现提示 3194，则说明原来的固件高于现在刷机调取的固件，那么，就需要直接刷高版本的固件。

（2）例如不能正常启动的手机在准备刷机时，首先把 iPhone 启动到 DFU 恢复模式，按住 Home 键与 Power 键，直到屏幕变黑，然后继续按住 Home 键与 Power 键 3 秒钟，再松开 Power 键，并且继续按住 Home 键，大约 15 秒进入 DFU 模式。如果是首次，电脑会安装对应的驱动程序。按住电脑的 Shift，再点击"恢复"按钮，并且选择需要升级到的版本对应的升级文件，这样 iTunes 会自动检测，直到刷机完毕。如果在刷固件的最后，出现错误提示 1015，则说明该 iPhone 的基带被修改过。这时需要激活，激活后进入非激活状态，然后用对应国家的卡或万能激活卡来激活 iPhone。

总的来说，一般软件问题都有一种总方法——刷机解决。不过，刷机时需要备份。

19　固件怎样升级？

【答】　固件升级的方法如下：

（1）连接电脑备份数据。

（2）用 iTunes 升级，先将所有固件全部下载，任意存放在电脑上。

（3）选择升级模式，iPhone 的升级有两种模式：

第1种："更新"。这种模式只会恢复所有的系统文件，原有机器中用户自己的文件会保留。

第2种：按着电脑的Shift键点击"恢复"。这种模式会删除iPhone上所有的资料，恢复所有的系统文件，并把iPhone恢复到非激活状态。

⏲20 iPhone刷机报错的原因与解决方法是怎样的？

【答】 iPhone刷机报错的可能原因与解决方法见表5-7。

表5-7 iPhone刷机报错的可能原因与解决方法

刷 机 报 错	可能原因与解决方法
刷机报1002	可能重装基带CPU或字库可以解决问题
刷机报1004	可能需要修改HOTS，也就是找到C：WindowsSystem32driversetc下hosts文件，然后右键点击用记事本打开。最后一行的74.208.10.249 http://gs.apple.com，把该行删掉，再保存即可
刷机报1013	可能可以通过打开越狱工具pwn激活手机，后重启解决问题
刷机报1015	通常是在将iPhone进行固件降级时出现的，而iTunes默认是不允许iPhone降级到以前版本的情况，此时可以通过将iPhone进入DFU模式后，再进行降级
刷机报1413	可能是iTunes的动态引导文件iPodUpdaterExt.dll引起的，建议卸载iTunes，重新安装
刷机报1417	可能更换USB接口，或者把数据线插到主机后面的USB供电口等方法解决问题
刷机报1602、1604	可能是USB接口有问题、第三方安全软件、杀毒软件等引起的
刷机报160X(1601、1602等统称160X)	如果手机摔坏，报1601，大部分说明CPU异常
刷机报21或9	说明手机码片有问题，或软件资料不匹配
刷机报29	说明电池检测脚不正常，可以通过更换电池或检测主板检测脚是否断线来排除故障
刷机报3194	说明调取的版本过低，可以通过刷高版本来解决问题
刷机报1602	说明需要写基带字库资料

⏲21 更新固件时，iTunes中的警告信息对应原因是怎样的？

【答】 尝试通过iTunes更新或恢复固件iPhone时，更新或恢复过程可能中断，iTunes可能显示警告信息。常遇到iTunes中的警告信息（发生未知错误）可能包括下列数字之一，它们对应的原因见表5-8。

表5-8 iTunes中的警告信息对应原因

包括数字	解说	原因或者解决方法
-19	未知错误-19	从iTunes的"摘要"标签中取消选择"连接此iPhone时自动同步"→重新连接iPhone→更新可能会解决该问题
0xE8000025	未知错误0xE8000025	更新最新的iTunes可能会解决问题
1	未知错误1	可能是未进入降级模式等原因引起的，更换USB插口、重启电脑可能会解决问题
2	未知错误2	停用/卸载第三方安全软件、防火墙软件可能会解决问题
6	未知错误6	安装默认数据包大小设置不正确造成的现象
9	未知错误9	iPhone意外从USB总线上脱落，并且通信中断时一般会出现该错误，以及恢复过程中手动断开设备连接时也会出现该错误。一般可以通过执行USB隔离故障诊断、尝试其他USB端口、消除第三方安全软件的冲突来解决该错误
13	未知错误13	执行USB隔离故障诊断、尝试其他USB 30针基座接口电缆、消除第三方安全软件冲突、尝试通过其他良好的电脑与网络进行恢复等进行解决问题
14	未知错误14	执行USB隔离故障诊断、尝试其他USB 30针基座接口电缆、消除第三方安全软件冲突、尝试通过其他良好的电脑与网络进行恢复等进行解决问题
19	未知错误19	从iTunes的"摘要"标签中取消选择"连接此iPhone时自动同步"→重新连接iPhone→更新可能会解决问题
20	未知错误20	可能是安全软件干扰、更新引起的故障
21	未知错误21	可能是安全软件干扰、更新引起的故障
34	未知错误34	可能是安全软件干扰、更新引起的故障
37	未知错误37	可能是安全软件干扰、更新引起的故障
1000	未知错误1000	如果错误出现在iPhone更新程序日志文件中，则可能是解压、传输恢复设备期间由iTunes下载的IPSW文件时发生错误引起的。排除方安全软件干扰、其他设备冲突可能会解决问题
1013	未知错误1013	可以重启电脑、重装系统、跳出恢复模式等方法来解决问题
1013	未知错误1013	调整hosts文件、安全软件，确保与gs.apple.com的连接不被阻止，可能会解决问题
1015	未知错误1015	可能是软件降级导致的错误、使用旧的.ipsw文件进行恢复时出现的错误、系统不支持降级到以前的版本出现的错误等
1015	未知错误1015	可能是软件本版与基带版本不对应等原因引起的问题

（续）

包括数字	解说	原因或者解决方法
1479	未知错误 1479	尝试联系 Apple 进行更新或恢复时会出现该错误。重新连接重新启动可能会解决问题
1602	未知错误 1602	执行 USB 隔离故障诊断、消除第三方安全防火墙软件冲突、尝试通过其他良好的电脑与网络进行恢复等进行解决
1603	未知错误 1603	重新启动 iPhone、重置 iPhone 同步的历史和恢复、更新 iTunes、更新 iPhone、重新启动计算机、更换 USB 插口、创建一个新的用户帐户和恢复等方法可能会解决问题
1604	未知错误 1604	执行 USB 隔离故障诊断、尝试其他 USB 30 针基座接口电缆、消除第三方安全软件冲突、尝试通过其他良好的电脑与网络进行恢复等进行解决
2001	未知错误 2001	移除一些 USB 设备和备用电缆后重新启动电脑以及解决安全软件冲突可能会解决问题
2002	未知错误 2002	移除一些 USB 设备和备用电缆后重新启动电脑以及解决安全软件冲突可能会解决问题
2005	未知错误 2005	移除一些 USB 设备和备用电缆后重新启动电脑以及解决安全软件冲突可能会解决问题
2006	未知错误 2006	移除一些 USB 设备和备用电缆后重新启动电脑以及解决安全软件冲突可能会解决问题
2009	未知错误 2009	移除一些 USB 设备和备用电缆后重新启动电脑以及解决安全软件冲突可能会解决问题
3194	未知错误 3194	使用的软件版本与硬件设备不匹配,更新软件可能会解决问题

♻22　iPhone 支持哪些电子邮件附件文件格式？

【答】·　iPhone 支持的电子邮件附件文件格式见表 5-9。

表 5-9　iPhone 支持的电子邮件附件文件格式

类型	说明	类型	说明
.doc	Microsoft Word	.pages	Pages
.docx	Microsoft Word（XML）	.pdf	"预览"和 Adobe Acrobat
.htm	网页	.ppt	Microsoft PowerPoint
.html	网页	.txt	文本
.key	Keynote	.vcf	联络人信息
.numbers	Numbers	.xls	Microsoft Excel
.xlsx	Microsoft Excel（XML）		

♻23　iPhone 扬声器/麦克风/听筒常见故障怎样排除？

【答】　iPhone 扬声器/麦克风/听筒常见故障的排除方法见表 5-10。

表 5-10　iPhone 扬声器/麦克风/听筒常见故障的排除方法

常见故障	排除方法
对着麦克风说话时或从扬声器传出的声音不清楚或很小声	1）检查 iPhone 的音量设定是否正确,可以按下 iPhone 左侧的调高音量与调低音量按钮来调整音量 2）iPhone 有保护套时,确认保护套是否盖住扬声器、麦克风。在不使用保护套的情况下试打几通电话,看是否可以听得比较清楚,或尝试播放音乐,检验扬声器音量是否有所改善 3）检查扬声器、麦克风网罩、麦克风孔,是否有棉絮或其他碎屑阻塞
立体声耳机没有声音	1）拔下耳机,验证耳机插孔是否堵塞 2）重新连接耳机,确保插头已完全插入 3）检查 iPhone 上的音量设置是否正确 4）尝试另一副 Apple 耳机,检查所用的立体声耳机是否异常 5）检查 iPhone 警告音或其他 iPhone 声音效果是否有问题 6）检查内置扬声器的声音是否正常
听筒未传出声音	耳机插孔是否有东西插着、调整音量键钮是否有效、贴有保护膜是否遮住听筒、使用 Bluetooth 耳机测试、重新启动 iPhone 等方法进行处理,如果依旧无法解决问题,则可能需要更换装置才能够解决问题

♻24　iPhone 电源/电池常见故障怎样排除？

【答】　iPhone 电源/电池常见故障的排除方法见表 5-11。

表 5-11　iPhone 电源/电池常见故障的排除方法

常见故障	排除方法
iPhone 显示电池电量不足图像且无响应	1）使用 iPhone USB 电源适配器为 iPhone 充电至少 15min 2）尝试关闭 iPhone,再打开 3）连接到 iPhone 充电器的情况下,尝试重置 iPhone
电池寿命似乎很短	1）尝试关闭 iPhone,再打开 2）将 iPhone 连接到 iTunes,并恢复 iPhone 3）iPhone 电量不足,需要充电至少 10min 后才能使用 4）为 iPhone 充电时,必须充满电后再断开连接。当屏幕右上角的电池图标与 类似时,则表示电池完全充满 5）如果用电脑充电,不要将 iPhone 连接到键盘。同时,电脑必须已打开,并且不能处于睡眠或待机模式

（续）

常见故障	排除方法
温度高	1）在温度介于-20~45℃间的地方存放 iPhone 2）不要将 iPhone 留放在汽车内,因为驻停的汽车内温度可能会超出此范围
无法打开,或仅在连接电源时才能够打开	1）验证"睡眠/唤醒"按钮是否正常工作 2）检查耳机插孔或基座接口中的液触指示器是否已激活、是否存在腐蚀/碎屑迹象 3）将 iPhone 连接到 iPhone 的 USB 电源适配器,并充电至少 10min
无法通过 USB 电源适配器给电池充电	1）只有 iPhone 原始机型可通过基于 FireWire 的电源充电 2）iPhone 连接到已关闭或者处于睡眠或待机模式的电脑,则电池可能会耗尽 3）插座是否工作 4）尝试使用其他 USB 电源适配器,以检查是否是手机的问题
出现低电池电量图像	iPhone 处于低电量状态,需要充电 10min 以上才能使用

♂25　iPhone 显示屏常见故障怎样诊断?

【答】　iPhone 显示屏常见故障的诊断方法见表 5-12。

表 5-12　iPhone 显示屏常见故障的诊断方法

常见故障	诊断方法
触摸屏响应故障——没有响应、响应缓慢、响应不稳定	1）重新启动设备,看故障能否消失 2）用微湿、不起绒的软布清洁屏幕,看故障能否消失 3）iPhone 有保护壳或薄膜,揭掉看故障能否消失
接听电话时屏幕无法锁定或变黑	1）验证屏是否锁定或进入睡眠模式 2）尝试关闭 iPhone,然后再打开,看故障能否排除 3）手机存在问题
显示屏图像问题	1）尝试关闭 iPhone,然后再打开 2）查看不同内容,以验证问题是否与内容无关 3）图像太暗,调整亮度。通用设置中,选取亮度并滑动滑块即可
显示屏无法进入横向模式	1）iPhone 平放时,照片、网页、应用程序不会改变显示方向模式 2）垂直握持 iPhone ,可在纵向、横向模式间切换,反之亦然 3）要测试,可以在垂直握持 iPhone 时打开"计算器"应用程序。此时,显示为标准计算器。然后将 iPhone 旋转到水平位置,此时为科学计算器
显示屏无法自动调节亮度	1）验证自动亮度调节设置(设置→亮度)是否设为开,以及亮度级别是否设为接近滑块中间的位置 2）按主屏幕按钮返回主屏幕,然后按"睡眠/唤醒"按钮锁定 iPhone。在明亮环境中遮住 iPhone 上部三分之一,以阻挡光线,然后按"睡眠/唤醒"按钮或主屏幕按钮来唤醒手机,然后观察屏幕与应用程序图标的亮度,此时应略微变暗,然后移去显示屏上部的遮盖物,显示屏不久应会变亮。如果,没有上述效果,说明手机存在问题
显示屏显示白屏	1）尝试关闭 iPhone,然后再打开,看故障能否排除 2）重置设备 3）手机存在问题

♂26　iPhone 按钮和开关常见故障怎样排除?

【答】　iPhone 按钮和开关常见故障的排除方法见表 5-13。

表 5-13　iPhone 按钮和开关常见故障的排除方法

常见故障	排除方法
"睡眠/唤醒"按钮无法锁定或解锁 iPhone	1）通常可以按"睡眠/唤醒"按钮锁定 iPhone 2）默认情况下,如果一分钟内没有触摸屏幕,iPhone 会自动锁定 3）通常可以按主屏幕按钮或"睡眠/唤醒"按钮,然后滑动滑块解锁 iPhone 4）尝试关闭 iPhone,然后再重新打开,看能否排除故障
主屏幕按钮失效	1）iPhone 进入睡眠模式,唤醒 iPhone,按下主屏幕按钮看是否有效 2）iPhone 硬件故障
主屏幕按钮响应迟缓	1）退出某个应用程序时主屏幕按钮响应迟缓,则可以尝试另一个应用程序,看能否排除故障。如果问题仅在某些应用程序中存在,则可以删除这些应用程序,并重新安装。 2）关闭 iPhone,然后再打开。如果 iPhone 无法重新启动,则尝试重置 iPhone 3）iPhone 硬件故障

♂27　iPhone 相机常见故障怎样排除?

【答】　iPhone 相机常见故障的排除方法见表 5-14。

表 5-14　iPhone 相机常见故障的排除方法

常 见 故 障	排 除 方 法
相机无法正常工作	1）如果在任何主屏幕上都没有看到相机，说明可能是没有正确操作：按设置→通用→访问限制，打开"访问限制"。如果已打开，将"允许相机"设为"打开"，或轻按"停用访问限制" 2）确保相机镜头干净，并且没有任何遮挡 3）对焦时，尽量保持稳定 4）尝试关闭 iPhone，重新打开 5）如果是 iPhone 4，如果主摄像头有问题，则尝试使用前摄像头查看问题是否仍然存在；如果是前摄像头有问题，则使用主摄像头测试是否仍然存在

☺28　iPhone 指南针常见故障怎样排除？

【答】　iPhone 指南针常见故障的排除方法见表 5-15。

表 5-15　iPhone 指南针常见故障的排除方法

常 见 故 障	排 除 方 法
指南针不工作	1）将 iPhone 移到远离磁场的地方 2）按数字 8 的轨迹前后移动 iPhone，重新校准指南针

注：不适用于 iPhone 原始机型或 iPhone 3G。

☺29　iPhone 常见的一些软故障怎样排除？

【答】　iPhone 常见的一些软故障的排除方法见表 5-16。

表 5-16　iPhone 常见的一些软故障的排除方法

常见软故障	排 除 方 法
iPhone 不响应	1）iPhone 电池电量可能过低，需要将 iPhone 连接到电脑或其电源适配器以充电 2）按住屏幕下方的主屏幕按钮至少 6 秒钟，直到使用的应用程序退出 3）关闭 iPhone，再次开启。按住 iPhone 顶部的睡眠/唤醒按钮几秒钟，直到一个红色滑块出现，拖动此滑块。然后按住睡眠/唤醒按钮数秒，直至屏幕上出现 Apple 标志 4）将 iPhone 复位
iTunes 和同步 iPhone 没有出现在 iTunes 中或者不能同步	1）iPhone 电池可能需要重新充电 2）将 iPhone 连接到电脑上的其他 USB 2.0 端口 3）关掉 iPhone，然后再次打开 4）SIM 被锁定，则按"解锁"并输入 SIM 的 PIN 码
不能拨打电话或接听来电	1）检查屏幕顶部的状态栏中的蜂窝信号图标。如果没有信号格，或显示"无服务"，则移到其他位置。如果在室内，则尝试户外或移到较接近窗口的地方，看问题能否消除 2）检查所在的区域网络覆盖情况 3）飞行模式是否未打开 4）关掉 iPhone，然后再次打开 5）SIM 被锁定，则按"解锁"并输入 SIM 的 PIN 码
不能通过 WiFi 发送文本	1）iPhone 不支持通过 WiFi 发送文本 2）iTunes WiFi Music Store 并非所有国家或地区都可以用
如何把手机上遇到的问题截图说明	同时快速点击关机键和圆形 Home 键即可截图，截图保存在照片中
同步无法工作	1）iPhone 电池可能需要重新充电 2）电脑断开其他 USB 设备的连接，将 iPhone 连接到电脑上的其他 USB 2.0 端口 3）关掉 iPhone，然后再次打开 4）SIM 被锁定，则按"解锁"并输入 SIM 的 PIN 码
网站、文本或电子邮件不可用网站、文本或电子邮件不可用	1）检查屏幕顶部的状态栏中的蜂窝信号图标。如果没有信号格，或显示"无服务"，则移到其他位置。如果在室内，则尝试户外或移到较接近窗口的地方，看问题能否消除 2）检查所在的区域网络覆盖情况 3）蜂窝网络不能用，则改为连接到 WiFi 网络（如果可用的话） 4）飞行模式是否没有打开 5）关掉 iPhone，然后再次打开 6）SIM 被锁定，则按"解锁"并输入 SIM 的 PIN 码
未越狱的手机查看网页时，有的图片怎么不显示？或者看不了网页视频	未越狱的手机不支持 Flash，越狱后可以安装插件来实现
注册 iPhone ID 后，如用户名和密码忘记，怎么找回	1）在电脑端 iTunes 中登陆账号时，选择忘记密码，进行找回 2）在 iPhone 端输入错误密码三次后，根据提示找回密码。有两种选择，一种是根据问题答案找回，另一种是根据注册邮箱找回

（续）

常见软故障	排 除 方 法
打电话没声音,通话需要在免提情况下才能听得见声音	一般是手机受潮导致进入耳机模式
点击屏幕会说话	手机打开了 Voice Over 功能,快速连续按三下 Home 键
电话无法播出,无法挂断,被叫时对方接通正常手机无反应,短信也无法发送	1)使用的卡有问题 2)需要正确设置蜂窝数据后,打开蜂窝数据,让手机与互联网接通一下即可
莫名关机,对方拨打电话时并未关机	长按电源键+Home 键,直到屏幕出现苹果 logo 为止(一般在 10s 左右)
屏幕界面突然扩大	三个手指同时连续点击屏幕三下
在某些程序中,输入某些文字后,程序秒退	打开设置→通用,还原键盘字典即可
光线感应失灵,没摔没进水	亮度自动调节失效原因有 Bug 问题、硬件问题、黑暗基点设置问题。其中,黑暗基点设置问题解决方法如下: 1)首先把自动调节关闭,再关掉屏幕 2)然后用手(戴黑手套)遮住光感器位置,也就是模拟黑暗效果 3)点亮屏幕,进入设置,以及把亮度拉到最左边,并且打开自动调节,然后关屏幕 4)然后手拿开,再点亮屏幕,手机亮度自动调节

说明：注意因机型不同,具体现象维修方法可能存在差异。上表主要是某一机型维修案例的总结。

⌘30 iPhone 关机与重新启动怎样操作？

【答】 如果 iPhone 应用不能正常工作,则可以强制将其退出,然后尝试重新打开。iPhone 关机操作方法如下：设置"→"通用",然后轻点"关机"。或者如图 5-2 所示操作。

图 5-2 iPhone 关机

强制重新启动 iPhone 操作如图 5-3 所示。

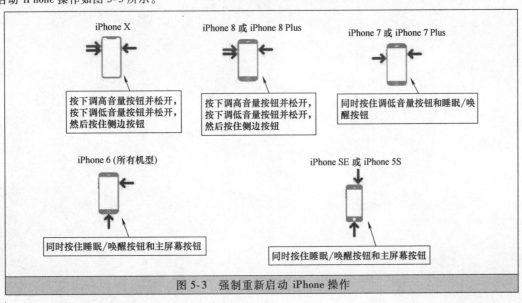

图 5-3 强制重新启动 iPhone 操作

⌘31 iPhone7 常见软故障怎样排除？

【答】 iPhone7 常见软故障的排除方法见表 5-17。

表 5-17　iPhone7 常见软故障的排除方法

常见软故障	排除方法
Face time 突然不能用了	Face time 通过 WiFi 网络下使用
iPhone 本地固件怎样升级	如果将 iPhone 固件已下载到电脑,可进行本地固件升级操作: 1)将需要升级的 iPhone 手机连接到电脑,使手机进入 DFU 模式 2)Windows 用户按住键盘的【Shift】键(苹果电脑用户按住【Option】键),单击相关窗口中的【更新】按钮(或【恢复】按钮) 3)选择"更新",则固件升级,但机器内的用户资料不会被清除。如果选择"恢复固件升级,机器内的用户资料完全清除 4)在弹出的窗口中找到要升级的 iPhone 固件,再单击【打开】按钮,iPhone 固件升级开始自功执行,直到出现升级成功窗口 如果 iPhone 手机不是合法的签约用户,iTunes 不能自动激活 iPhone,则可能需要对手机进行破解操作
SIM 卡怎样测试	1)还原 iPhone 或关机后重新启动 iPhone 2)重新安装 SIM 卡
如何复制 SIM 卡中的号码	功能表→设置→邮件,通讯录,日历→导入 SIM 通讯录
如何添加音乐而不删除原本手机中的音乐	1)在电脑资料库中存有已同步到手机中的音乐 2)采用手动管理音乐与视频,而后可以直接拖拽音乐等到 iTunes 中的 iPhone 设备中
时常没有信号怎么办	1)首先确定 iPhone 7 已经解锁 2)重新拔卡插卡,看问题是否消失 3)有时重新刷机或许能够解决问题 4)可能是硬件有问题
为什么通话时屏幕变黑了	距离感应,保持距离即可点亮屏幕
怎样还原所有设置	设置→通用→还原→还原所有设置
怎样恢复	使用 iTunes 恢复
怎样开机	按下睡眠/唤醒按钮,或主屏幕按钮,并滑动"解锁"滑块以开机
怎样抹掉所有内容和设置	设置→通用→还原→抹掉所有内容和设置

iPhone

第6章

iPhone 5维修即查

☝1 iPhone 5 的特点是怎样的？

【答】 iPhone 5 由 2012 年 9 月苹果公司推出的一款手机。iPhone 5 预装 iOS 6.0.1 手机操作系统，现在可以升级到 iOS 8。iPhone 5 主要参数、特点见表 6-1。

表 6-1 iPhone 5 主要参数、特点

项　目	参数、特点	项　目	参数、特点
3D 加速	支持	机身内存	16GB、32GB、64GB
3G 视频通话	不支持	计算器	支持
CPU 核数	双核	键盘类型	虚拟 QWERTY 键盘
CPU 频率	1.3GHz	距离感应	支持
GPS 模块(硬件)	辅助全球卫星定位系统与 GLONASS 定位系统	蓝牙	支持
Modem	支持	连拍功能	支持
Office	支持	铃音类型	MP3 铃声
PC 数据同步	支持	浏览器	Safari
SIM 卡尺寸	iPhone 5 专用 Nano-SIM 卡	录音	支持
WiFi	支持	闹钟	支持
WiFi 热点	支持	屏幕材质	IPS
彩信功能	支持	屏幕尺寸	4.0 英寸
超大字体	不支持	屏幕色彩	Retina 显示屏
炒股软件	支持	闪光灯	LED 闪光灯
储存卡类型	不支持	摄像头	800 万
处理器	苹果 A6 处理器	视频拍摄	高达每秒 30 帧带声音的 HD(1080P)高清视频
触摸屏	电容屏	输入方式	触控
传感器类型	CMOS	数据线	Lightning 接口
地图软件	支持	数据业务	802.11a/b/g/n WLAN 网络 (802.11n 时工作在 2.4GHz 和 5GHz)。Bluetooth4.0 无线技术
电池更换	不支持
电池类型	锂电池	陀螺仪	支持
电池型号	内置充电式锂离子电池	外观	直板
电视播放	不支持	网络频率	GSM 机型 A1428 或 A1429 * ：UMTS/HSPA+/ DC-HSDPA (850、900、1700/2100、1900、2100 MHz) CDMA 机型 A1429 或 A1442 * ：CDMA EV-DO Rev. A (800、1900 MHz)；UMTS/HSPA+/ DC-HSDPA (850、900、1900、2100 MHz)； GSM/EDGE (850、900、1800、1900 MHz)
电子罗盘	支持
电子书	支持
电子邮件	支持
耳机	3.5mm
非工作温度	-20~45℃(-4~113℉)
分辨率	1136×640
副摄像头	120 万	网络制式	CDMA2000/CDMA
工作环境温度	0~35℃(32~95℉)	相对湿度	非凝结状态下 5%~95%
光线传感器	支持	颜色	黑配炭黑色、白配银白色
后台 QQ	支持	运行内存	1G RAM
后台操作	支持	智能机	是
机身材质	铝合金机身与玻璃镶饰	重力感应	支持
机身尺寸	高度：123.8mm(4.87 英寸)。宽度：58.6mm(2.31 英寸)。厚度：7.6mm(0.30 英寸)	自动对焦	支持
		最大工作高度	3000m

◌2 iPhone 5 外形结构是怎样的？

【答】 iPhone 5 外形结构如图 6-1 所示。

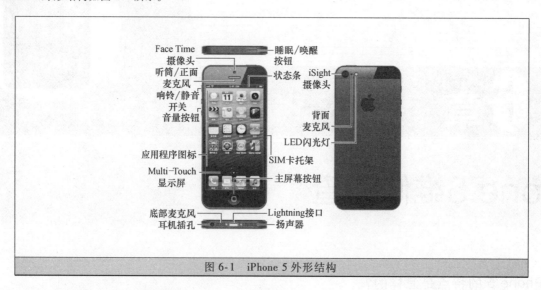

图 6-1 iPhone 5 外形结构

◌3 iPhone 5 后盖上的型号的类型含义是怎样的？

【答】 iPhone 5 后盖上的型号的类型含义见表 6-2。

表 6-2 iPhone 5 后盖上的型号的类型含义

型　　号	类 型 含 义
A1428	iPhone 5（GSM 机型）
A1429	iPhone 5（GSM、CDMA 机型）
A1442	iPhone 5（CDMA 机型，中国）

◌4 iPhone 5 内部结构是怎样的？

【答】 iPhone 5 内部结构如图 6-2 所示。

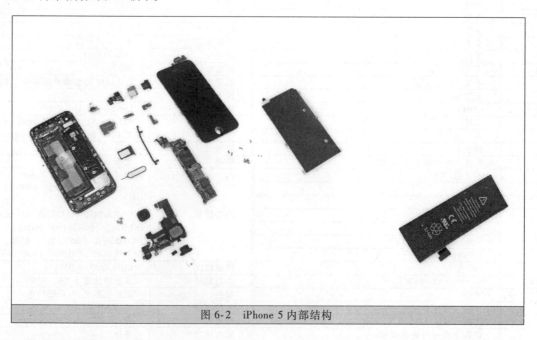

图 6-2 iPhone 5 内部结构

iPhone 5 主板元器件分布如图 6-3 所示。

iPhone 5 主板上一些 IC 的外形见表 6-3。

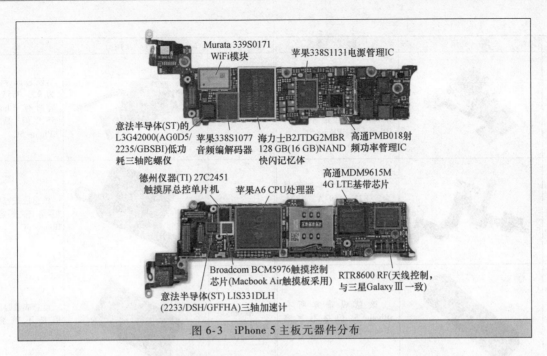

图 6-3 iPhone 5 主板元器件分布

表 6-3 iPhone 5 主板上一些 IC 的外形

型 号	外 形	型 号	外 形
BCM5976		RTR8600	
MDM9615M		338S1077 Cirrus 音频解码器	

♔5 iPhone 5 所用零部件有哪些？

【答】 iPhone 5 所用的一些零部件见表 6-4。

表 6-4 iPhone 5 所用的一些零部件

名 称	图 例	解 说	名 称	图 例	解 说
音频控制电缆与电源按钮总成		该音频控制电缆与电源按钮总成的苹果零件编号为 821-1416-07、821-1416。该音频控制电缆与电源按钮总成兼容所有 iPhone 5，但是不兼容 iPhone 5S、iPhone 5C	功率与锁定按钮		该总成兼容所有 iPhone 5，但是不兼容 iPhone 5S、iPhone 5C
扬声器		该扬声器兼容所有 iPhone 5，但是不兼容 iPhone 5S、iPhone 5C	主页按钮		该总成兼容所有 iPhone 5，但是不兼容 iPhone 5S、iPhone 5C
基座连接器与耳机接口		该总成苹果零件编号为 821-1417-08、821-1417、821-1699-A。该总成兼容所有 iPhone 5，但是不兼容 iPhone 5S、iPhone 5C	Home 按钮连接电缆		该总成苹果零件编号为 821-1474-A、821-1474。该总成兼容所有 iPhone 5，但是不兼容 iPhone 5S、iPhone 5C

（续）

名　称	图　例	解　说	名　称	图　例	解　说
后置摄像头		该总成苹果零件编号为 821-1662、821-1662-A。该总成兼容所有 iPhone 5，但是不兼容 iPhone 5S、iPhone 5C	振动器		该总成苹果零件编号为 923-0655。该总成兼容所有 iPhone 5、iPhone 5S，但是不兼容 iPhone 5C
前置摄像头与传感器连接电缆		该总成苹果零件编号为 821-1449-A、821-1449。该总成兼容所有 iPhone 5，但是不兼容 iPhone 5S、iPhone 5C	蜂窝天线		该总成兼容所有 iPhone 5，但是不兼容 iPhone 5S、iPhone 5C
音量按钮		该总成兼容所有 iPhone 5，但是不兼容 iPhone 5S、iPhone 5C	液晶显示板		该总成兼容所有 iPhone 5，但是不兼容 iPhone 5S、iPhone 5C
底部的螺丝		该总成兼容所有 iPhone 5，但是不兼容 iPhone 5S、iPhone 5C	WiFi 天线		该总成兼容所有 iPhone 5，但是不兼容 iPhone 5S、iPhone 5C
后盖		该总成兼容所有 iPhone 5，但是不兼容 iPhone 5S、iPhone 5C	Nano SIM 卡槽		该总成兼容所有 iPhone 5，但是不兼容 iPhone 5S、iPhone 5C

⚆6　iPhone 5 有哪些型号？

【答】　iPhone 5 的一些型号速查见表6-5。

表 6-5　iPhone 5 的一些型号速查

型　号	国家与特点	型　号	国家与特点
MD654LL（16GB 黑色）	美版 iPhone 5（Verizon 无锁）、三网通用	MD646LL（64GB 黑色）	美版 iPhone 5、ATT 无锁、2 网
MD655LL（16GB 白色）	美版 iPhone 5（Verizon 无锁）、三网通用	MD647LL（64GB 黑色）	美版 iPhone 5、ATT 无锁、2 网
MD671LL（16GB 黑色）	美版 iPhone 5（Verizon 无锁）、三网通用	MD293LL（16GB 黑色）	美版 GSM 两网 ATT 无锁版，可以使用中国移动与中国联通
MD658LL（32GB 黑色）	美版 iPhone 5（Verizon 无锁）、三网通用		
MD659LL（32GB 白色）	美版 iPhone 5（Verizon 无锁）、三网通用	MD294LL（16GB 白色）	美版 GSM 两网 ATT 无锁版，可以使用中国移动与中国联通
MD664LL（64GB 黑色）	美版 iPhone 5（Verizon 无锁）、三网通用		
MD665LL（64GB 白色）	美版 iPhone 5（Verizon 无锁）、三网通用	MD295LL（32GB 黑色）	美版 GSM 两网 ATT 无锁版，可以使用中国移动与中国联通
MD634LL（16GB 黑色）	美版 iPhone 5、ATT 无锁、2 网		
MD635LL（16GB 白色）	美版 iPhone 5、ATT 无锁、2 网	MD296LL（32GB 白色）	美版 GSM 两网 ATT 无锁版，可以使用中国移动与中国联通
MD636LL（32GB 黑色）	美版 iPhone 5、ATT 无锁、2 网		
MD637LL（32GB 白色）	美版 iPhone 5、ATT 无锁、2 网	MD642LL（64GB 黑色）	美版 GSM 两网 ATT 无锁版，可以使用中国移动与中国联通
MD644LL（64GB 黑色）	美版 iPhone 5、ATT 无锁、2 网		
MD645LL（64GB 白色）	美版 iPhone 5、ATT 无锁、2 网	MD643LL（64GB 白色）	美版 GSM 两网 ATT 无锁版，可以使用中国移动与中国联通
MD638LL（16GB 黑色）	美版 iPhone 5、ATT 无锁、2 网		
MD639LL（16GB 白色）	美版 iPhone 5、ATT 无锁、2 网	MD656LL（16GB 黑色）	美版 S 版机器、有锁
MD640LL（32GB 黑色）	美版 iPhone 5、ATT 无锁、2 网	MD657LL（16GB 白色）	美版 S 版机器、有锁
MD641LL（32GB 白色）	美版 iPhone 5、ATT 无锁、2 网	MD660LL（32GB 黑色）	美版 S 版机器、有锁

（续）

型　号	国家与特点	型　号	国家与特点
MD661LL（32GB 白色）	美版 S 版机器、有锁	MD298ZP（16GB 白色）	中国香港地区版（既港行）
MD667LL（64GB 黑色）	美版 S 版机器、有锁	MD299ZP（32GB 黑色）	中国香港地区版（既港行）
MD668LL（64GB 白色）	美版 S 版机器、有锁	MD300ZP（32GB 白色）	中国香港地区版（既港行）
MD293C（16GB 黑色）	加拿大版	MD662ZP（64GB 黑色）	中国香港地区版（既港行）
MD294C（16GB 白色）	加拿大版	MD663ZP（64GB 白色）	中国香港地区版（既港行）
MD295C（32GB 黑色）	加拿大版	MD297KH（16GB 黑色）	韩国版
MD296C（32GB 白色）	加拿大版	MD298KH（16GB 白色）	韩国版
MD642C（64GB 黑色）	加拿大版	MD299KH（32GB 黑色）	韩国版
MD643C（64GB 白色）	加拿大版	MD300KH（32GB 白色）	韩国版
MD297X（16GB 黑色）	澳大利亚/新西兰版	MD662KH（64GB 黑色）	韩国版
MD298X（16GB 白色）	澳大利亚/新西兰版	MD663KH（64GB 白色）	韩国版
MD299X（32GB 黑色）	澳大利亚/新西兰版	MD298IP（16GB 白色）	意大利版
MD300X（32GB 白色）	澳大利亚/新西兰版	MD297IP（16GB 黑色）	意大利版
MD662X（64GB 黑色）	澳大利亚/新西兰版	MD299IP（32GB 黑色）	意大利版
MD663X（64GB 白色）	澳大利亚/新西兰版	MD300IP（32GB 白色）	意大利版
MD297ZA（16GB 黑色）	新加坡/马来西亚版	MD662IP（64GB 黑色）	意大利版
MD298ZA（16GB 白色）	新加坡/马来西亚版	MD663IP（64GB 白色）	意大利版
MD299ZA（32GB 黑色）	新加坡/马来西亚版	MD297TA（16GB 黑色）	中国台湾地区版
MD300ZA（32GB 白色）	新加坡/马来西亚版	MD298TA（16GB 白色）	中国台湾地区版
MD662ZA（64GB 黑色）	新加坡/马来西亚版	MD299TA（32GB 黑色）	中国台湾地区版
MD663ZA（64GB 白色）	新加坡/马来西亚版	MD300TA（32GB 白色）	中国台湾地区版
MD297B（16GB 黑色）	英国版	MD662TA（64GB 黑色）	中国台湾地区版
MD298B（16GB 白色）	英国版	MD663TA（64GB 白色）	中国台湾地区版
MD300B（32GB 白色）	英国版	MD297RS（16GB 黑色）	俄罗斯版
MD299B（32GB 黑色）	英国版	MD298RS（16GB 白色）	俄罗斯版
MD662B（64GB 黑色）	英国版	MD299RS（32GB 黑色）	俄罗斯版
MD663B（64GB 白色）	英国版	MD300RS（32GB 白色）	俄罗斯版
MD297DN（16GB 黑色）	德国版	MD662RS（64GB 黑色）	俄罗斯版
MD298DN（16GB 白色）	德国版	MD663RS（64GB 白）	俄罗斯版
MD299DN（32GB 黑色）	德国版	MD297PP（16GB 黑色）	菲律宾版
MD300DN（32GB 白色）	德国版	MD298PP（16GB 白色）	菲律宾版
MD662DN（64GB 黑色）	德国版	MD299PP（32GB 黑色）	菲律宾版
MD663DN（64GB 白色）	德国版	MD300PP（32GB 白色）	菲律宾版
ME039CH（16GB 黑色）	国行、电信合约机/CDMA 裸机	MD662PP（64GB 黑色）	菲律宾版
ME040CH（16GB 白色）	国行、电信合约机/CDMA 裸机	MD663PP（64GB 白色）	菲律宾版
ME041CH（32GB 黑色）	国行、电信合约机/CDMA 裸机	MD297F（16GB 黑色）	法国版
ME042CH（32GB 白色）	国行、电信合约机/CDMA 裸机	MD298F（16GB 白色）	法国版
MD297CH（16GB 黑色）	国行、联通合约机/GSM 版本裸机	MD299F（32GB 黑色）	法国版
MD298CH（16GB 白色）	国行、联通合约机/GSM 版本裸机	MD300F（32GB 白色）	法国版
MD299CH（32GB 黑色）	国行、联通合约机/GSM 版本裸机	MD662F（64GB 黑色）	法国版
MD300CH（32GB 白色）	国行、联通合约机/GSM 版本裸机	MD663F（64GB 白色）	法国版
MD662CH（64GB 黑色）	国行、联通合约机/GSM 版本裸机	MD297AE（16GB 黑色）	沙特阿拉伯版
MD663CH（64GB 白色）	国行、联通合约机/GSM 版本裸机	MD298AE（16GB 白色）	沙特阿拉伯版
MD297J（16GB 黑色）	日本版、SoftBank 版	MD299AE（32GB 黑色）	沙特阿拉伯版
MD298J（16GB 白色）	日本版、SoftBank 版	MD300AE（32GB 白色）	沙特阿拉伯版
MD299J（32GB 黑色）	日本版、SoftBank 版	MD662AE（64GB 黑色）	沙特阿拉伯版
MD300J（32GB 白色）	日本版、SoftBank 版	MD663AE（64GB 白色）	沙特阿拉伯版
MD662J（64GB 黑色）	日本版、SoftBank 版	MD297AB（16GB 黑色）	阿联酋版
MD663J（64GB 白色）	日本版、SoftBank 版	MD298AB（16GB 白色）	阿联酋版
ME039J（16GB 黑色）	日本版、KDDI 版	MD299AB（32GB 黑色）	阿联酋版
ME040J（16GB 白色）	日本版、KDDI 版	MD300AB（32GB 白色）	阿联酋版
ME041J（32GB 黑色）	日本版、KDDI 版	MD662AB（64GB 黑色）	阿联酋版
ME042J（32GB 白色）	日本版、KDDI 版	MD663AB（64GB 白色）	阿联酋版
ME043J（64GB 黑色）	日本版、KDDI 版	MD297GR（16GB 黑色）	希腊版
ME044J（64GB 白色）	日本版、KDDI 版	MD298GR（16GB 白色）	希腊版
MD297ZP（16GB 黑色）	中国香港地区版（既港行）	MD299GR（32GB 黑色）	希腊版

（续）

型　号	国家与特点	型　号	国家与特点
MD300GR（32GB 白色）	希腊版	MD299Y（32GB 黑色）	意大利版
MD662GR（64GB 黑色）	希腊版	MD300Y（32GB 白色）	意大利版
MD663GR（64GB 白色）	希腊版	MD662Y（64GB 黑色）	意大利版
MD297Y（16GB 黑色）	意大利版	MD663Y（64GB 白色）	意大利版
MD298Y（16GB 白色）	意大利版		

☝7　iPhone 5 主要芯片型号与功能是怎样的？

【答】　iPhone 5 主要芯片型号与功能见表 6-6。

表 6-6　iPhone 5 主要芯片型号与功能

型　号	功能与解说
27C245I	德州仪器（TI）27C245I 为触摸屏总控单片机
338S1077	苹果的 338S1077 为 Cirrus 音频解码器，提供数字音频到模拟音频的解码与转换作用
338S1117	苹果的 338S1117 为电源管理 IC
686083-1229	TriQuint 公司的 686083-1229 为 WCDMA / HSUPA 的 UMTS 频段的功放/双工器模块
A5613 ACPM-5613	Avago Technologies（安华高科技）的 A5613 ACPM-5613 为 LTE 频段 13 功率放大器
A6	苹果 A6 为 CPU 处理器。苹果 A6 处理器是由苹果基于 ARM7 指令集自行设计的第一款 Soc 芯片，不再是标准的 ARM 构架，而是根据苹果自身的芯片需求定制 根据这块 A6 芯片上的编号，其中内置了 1GB 的尔必达 LP DDR2 SDRAM 内存
AFEM-7813	Avago 公司的 AFEM-7813 为双频段 LTE B1/B3 PA+FBAR 双工器模块
BCM5976	Broadcom 的 BCM5976 为触摸控制芯片
H2JTDG2MBR	海力士的 H2JTDG2MBR 为 128 GB（16 GB）的 NAND 闪存
L3G4200D（AGD5/2235/G8SBI）	意法半导体（ST）的 L3G4200D（AGD5/2235/G8SBI）为低功耗三轴陀螺仪
LIS331DLH（2233/DSH/GFGHA）	意法半导体（ST）的 LIS331DLH（2233/DSH/GFGHA）为三轴加速计
MDM9615M	高通的 MDM9615M 为 4G LTE 基带芯片
Murata 339S0171	Murata 339S0171 为 WiFi 模块
RTR8600	RF 控制芯片
SKY77352-15	Skyworks 公司的 77352-15 为 GSM / GPRS / EDGE 功率放大器模块
SKY77491-158	Skyworks 公司的 77491-158 为 CDMA 功率放大器模块

☝8　74AUP2G34GN 的维修速查是怎样的？

【答】　74AUP2G34GN 为低功耗双路缓冲器。74AUP2G34GN 在 iPhone 5 中的 MENU & POWER/HOLD KEY 电路中有应用，电路如图 6-4 所示。

NXP 的 74AUP2G34GN 其引脚分布如图 6-5 所示，其中，第 1 引脚指示位于其左下角。

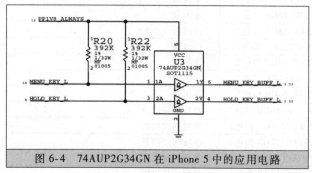

图 6-4　74AUP2G34GN 在 iPhone 5 中的应用电路

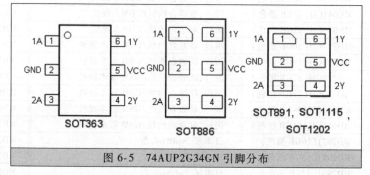

图 6-5　74AUP2G34GN 引脚分布

74AUP2G34GN 逻辑功能见表 6-7。

表 6-7　74AUP2G34GN 逻辑功能

输入/nA	输出/nY
L	L
H	H

说明：H 为高电平，L 为低电平。

☝9　74AUP3G04 的维修速查是怎样的？

【答】　74AUP3G04 为低电压的三路反相缓冲器，为 0.8~3.6V 的宽电源电压范围。iPhone 5 中应用的 74AUP3G04 为 SOT1089，也就是 XSON8 封装。74AUP3G04 后缀为 GF，也就是完整型号为 74AUP3G04GF。NXP 的 74AUP3G04GF 的型号代码为 p4。

74AUP3G04 的引脚分布如图 6-6 所示，74AUP3G04 在 iPhone 5 中的应用电路如图 6-7 所示。

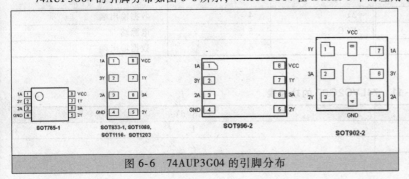

图 6-6　74AUP3G04 的引脚分布

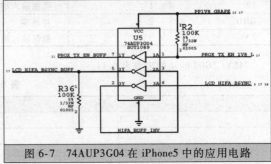

图 6-7　74AUP3G04 在 iPhone5 中的应用电路

74AUP3G04 的引脚功能见表 6-8。

表 6-8　74AUP3G04 的引脚功能

符　　号	脚序（SOT765-1、SOT833-1、SOT1089、SOT996-2、SOT1116 、SOT1203）	功　　能
1A、2A、3A	1、3、6	数据输入端
1Y、2Y、3Y	7、5、2	数据输出端
GND	4	接地端
VCC	8	电源端

74AUP3G04 的功能表见表 6-9。

表 6-9　74AUP3G04 的功能表

输入/nA	输出/nY
L	H
H	L

说明：H 为高电平，L 为低电平。

◌10　74LVC2G07 的维修速查是怎样的？

【答】　74LVC2G07 为带开漏输出的两个非反相缓冲器。iPhone 5 中应用的 74LVC2G07 为 SOT891，也就是 XSON6 封装。其后缀为 GF，也就是完整型号为 74LVC2G07GF。NXP 的 74LVC2G07GF 的型号代码为 V7。74LVC2G07 的引脚分布如图 6-8 所示。74LVC2G07 在 iPhone5 中的应用电路如图 6-9 所示。

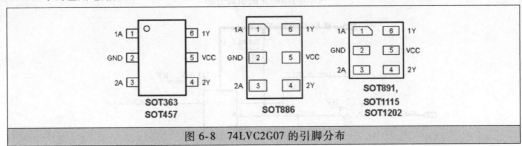

图 6-8　74LVC2G07 的引脚分布

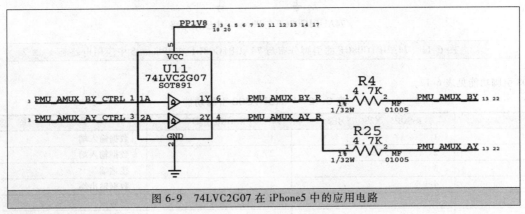

图 6-9　74LVC2G07 在 iPhone5 中的应用电路

74LVC2G07 引脚功能见表 6-10。

表 6-10　74LVC2G07 引脚功能

符　号	引　脚	功　能	符　号	引　脚	功　能
1A	1	数据输入端	2Y	4	数据输出端
GND	2	接地端	VCC	5	电源端
2A	3	数据输入端	1Y	6	数据输出端

74LVC2G07 的功能表见表 6-11。

表 6-11　74LVC2G07 的功能表

输入/nA	输出/nY
L	L
H	Z

说明：H 为高电平，L 为低电平。Z 为高阻抗关闭状态。

⛑11　74AUP1G08GF 的维修速查是怎样的?

【答】　74AUP1G08GF 为低功耗 2 输入与门。iPhone 5 中应用的 74AUP1G08 为 SOT891，也就是 XSON6 封装。其后缀为 GF，也就是完整型号为 74AUP1G08GF。NXP 的 74AUP1G08GF 的型号代码为 pE。74AUP1G08GF 逻辑电路如图 6-10 所示。

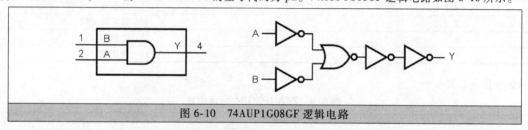

图 6-10　74AUP1G08GF 逻辑电路

74AUP1G08GF 的引脚分布与 74AUP1G08GF 在 iPhone 5 中应用电路如图 6-11 所示。

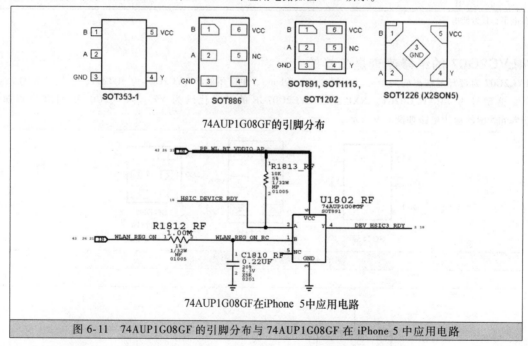

图 6-11　74AUP1G08GF 的引脚分布与 74AUP1G08GF 在 iPhone 5 中应用电路

74AUP1G08 引脚功能见表 6-12。

表 6-12　74AUP1G08 引脚功能

符　号	TSSOP5、X2SON5 引脚	XSON6 引脚	功　能
B	1	1	数据输入端
A	2	2	数据输入端
GND	3	3	接地端
Y	4	4	数据输出端
NC	—	5	空脚端
VCC	5	6	电源端

74AUP1G08 的功能表见表 6-13。

表 6-13　74AUP1G08 的功能表

输　入		输　出
A	B	Y
L	L	L
L	H	L
H	L	L
H	H	H

说明：H 为高电平，L 为低电平。

💿12　74LVC1G32 的维修速查是怎样的？

【答】　74LVC1G32 为单路 2 输入或门。iPhone 5 中应用的 74LVC1G32 为 SOT891，也就是 XSON6 封装。其后缀为 GF，也就是完整型号为 74LVC1G32GF。NXP 的 74LVC1G32GF 的型号代码为 VG。74LVC1G32GF 逻辑电路如图 6-12 所示。

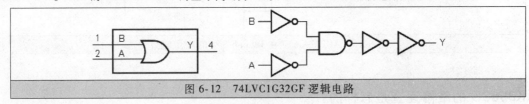

图 6-12　74LVC1G32GF 逻辑电路

74LVC1G32GF 的引脚分布如图 6-13 所示。74LVC1G32GF 在 iPhone 5 中应用电路如图 6-14 所示。

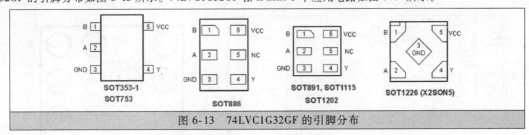

图 6-13　74LVC1G32GF 的引脚分布

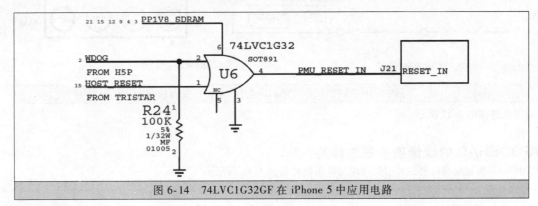

图 6-14　74LVC1G32GF 在 iPhone 5 中应用电路

74LVC1G32 引脚功能见表 6-14。

表 6-14　74LVC1G32 引脚功能

符　　号	TSSOP5、X2SON5 引脚	XSON6 引脚	功　　能	符　　号	TSSOP5、X2SON5 引脚	XSON6 引脚	功　　能
B	1	1	数据输入端	Y	4	4	数据输出端
A	2	2	数据输入端	NC	—	5	空脚端
GND	3	3	接地端	VCC	5	6	电源端

74LVC1G32 的功能表见表 6-15。

表 6-15　74LVC1G32 的功能表

输　　入		输　　出
A	B	Y
L	L	L
L	H	L
H	L	L
H	H	H

说明：H 为高电平，L 为低电平。

♻13　ACPM-5617 的维修速查是怎样的？

【答】ACPM-5617 在 iPhone 5 中的应用电路如图 6-15 所示。

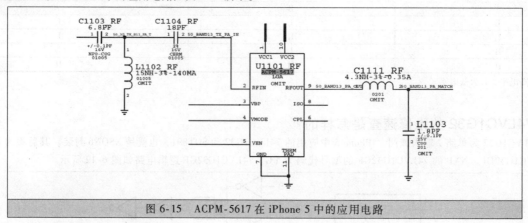

图 6-15　ACPM-5617 在 iPhone 5 中的应用电路

♻14　AK8963C 的维修速查是怎样的？

【答】AK8963C 为 3 轴电子罗盘芯片，AK8963C 内部框图与 AK8963C 引脚分布如图 6-16 所示。

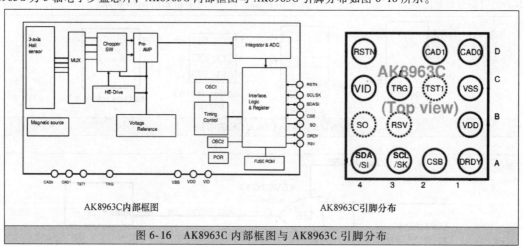

AK8963C内部框图　　　　　AK8963C引脚分布

图 6-16　AK8963C 内部框图与 AK8963C 引脚分布

AK8963C 应用电路如图 6-17 所示。

♻15　AP3DSHAD 的维修速查是怎样的？

【答】AP3DSHAD 为螺旋感应器，其引脚功能与应用电路如图 6-18 所示。

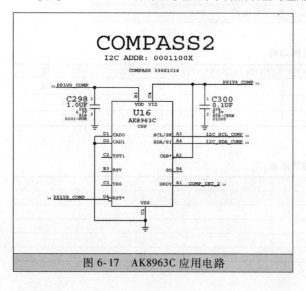

图 6-17　AK8963C 应用电路

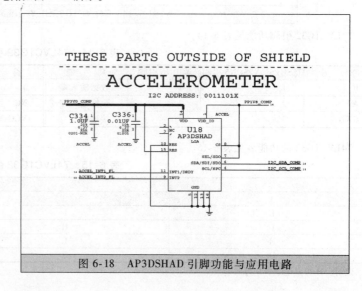

图 6-18　AP3DSHAD 引脚功能与应用电路

16　AP3GDL20BCTR 的维修速查是怎样的？

【答】　AP3GDL20BCTR 为螺旋加速器，其引脚功能与应用电路如图 6-19 所示。

17　L3G4200D 的维修速查是怎样的？

【答】　L3G4200D 的引脚分布如图 6-20 所示。

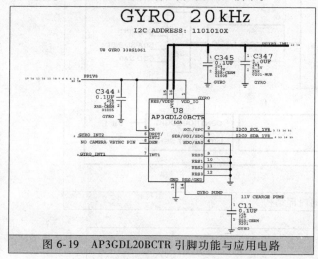

图 6-19　AP3GDL20BCTR 引脚功能与应用电路

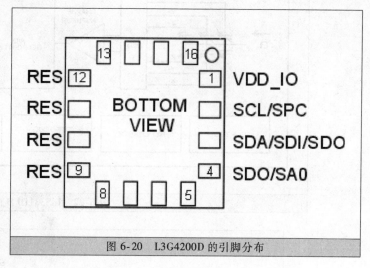

图 6-20　L3G4200D 的引脚分布

L3G4200D 的内部结构如图 6-21 所示。

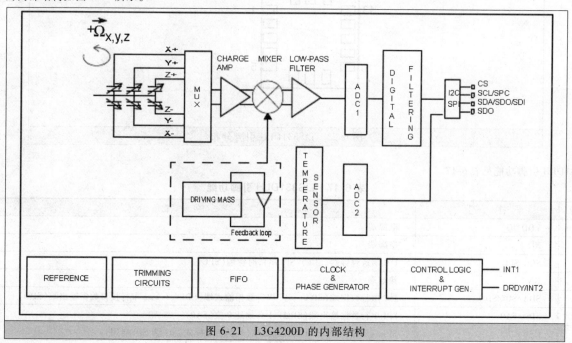

图 6-21　L3G4200D 的内部结构

L3G4200D 的引脚功能见表 6-16。

表 6-16　L3G4200D 的引脚功能

引　脚	符　号	功　能	引　脚	符　号	功　能
1	VDD_IO	电源端	5	CS	SPI 启用端。I^2C/SPI 模式选择端（1：为 I^2C 模式。0：为 SPI 启用）
2	SCL/SPC	I^2C 串行时钟端（SCL）、SPI 串口时钟端（SPC）	6	DRDY/INT2	数据就绪端
			7	INT1	可编程中断端
3	SDA/SDI/SDO	I^2C 串行数据端（SDA）、SPI 串行数据输入端（SDI）、3-wire 串行接口数据输出端（SDO）	8~12	Reserved	连接到地端
			13	GND	接地端
			14	PLLFILT	锁相环环路滤波端
4	SDO/SA0	SPI 串行数据输出端（SDO）、I^2C 地址 0 位（SA0）	15	Reserved	连接到电源端
			16	VDD	电源端

18 LIS331DLH 的维修速查是怎样的?

【答】 LIS331DLH 的内部结构如图 6-22 所示，引脚分布如图 6-23 所示。

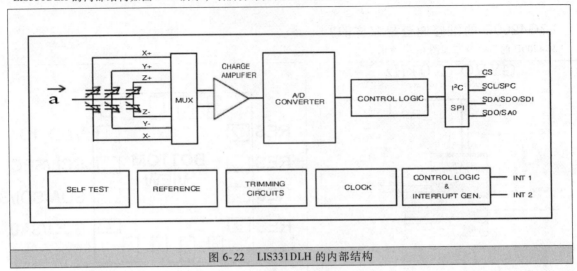

图 6-22 LIS331DLH 的内部结构

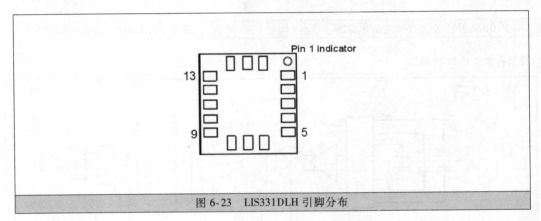

图 6-23 LIS331DLH 引脚分布

LIS331DLH 引脚功能见表 6-17。

表 6-17 LIS331DLH 引脚功能

引　脚	符　号	功　能
1	VDD_IO	电源端
2、3	NC	空脚端
4	SCL、SPC	I^2C 串行时钟端(SCL)、SPI 串口时钟端(SPC)
5	GND	接地端
6	SDA/SDI/SDO	I^2C 串行数据端(SDA)、SPI 串行数据输入端(SDI)、3-wire 串行接口数据输出端(SDO)
7	SDO/SA0	SPI 串行数据输出端(SDO)、I^2C 地址 0 位(SA0)
8	CS	SPI 启用端。I^2C/SPI 模式选择端(1：为 I^2C 模式。0：为 SPI 启用)
9	INT2	可编程中断 2 端
10	Reserved	连接到地端
11	INT1	可编程中断 1 端
12、13	GND	接地端
14	VDD	电源端
15	Reserved	连接到电源端
16	GND	接地端

19 LM3563A3TMX 的维修速查是怎样的?

【答】 LM3563A3TMX 在 iPhone5 中的 LED 驱动器中有应用，其引脚功能与应用电路如图 6-24 所示。

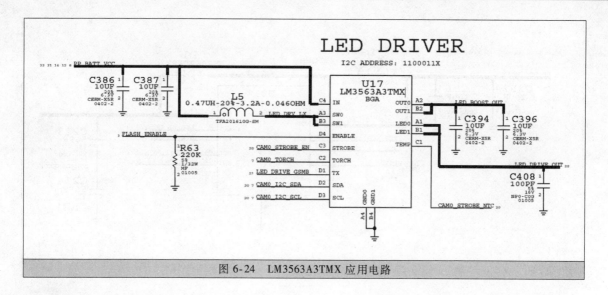

图 6-24 LM3563A3TMX 应用电路

⌚20 LM34908 的维修速查是怎样的？

【答】 LM34908 在 iPhone 5 中的应用电路如图 6-25 所示。

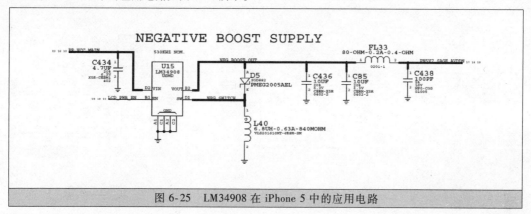

图 6-25 LM34908 在 iPhone 5 中的应用电路

⌚21 HFQSWEFUA-127 的维修速查是怎样的？

【答】 HFQSWEFUA-127 在 iPhone 5 中的应用电路如图 6-26 所示。

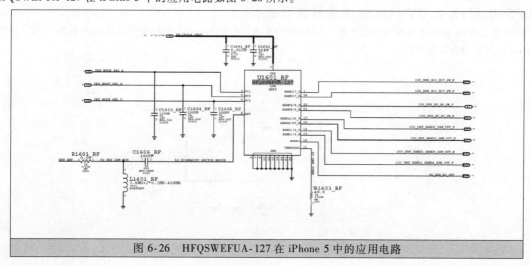

图 6-26 HFQSWEFUA-127 在 iPhone 5 中的应用电路

⌚22 LM3534TMX-A1 的维修速查是怎样的？

【答】 LM3534TMX-A1 在 iPhone 5 中的应用电路如图 6-27 所示。

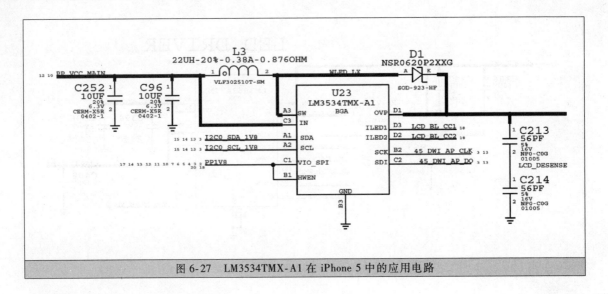

图 6-27　LM3534TMX-A1 在 iPhone 5 中的应用电路

⏻23　LMSP3NQPD06 的维修速查是怎样的?

【答】　LMSP3NQPD06 在 iPhone 5 中的应用电路如图 6-28 所示。

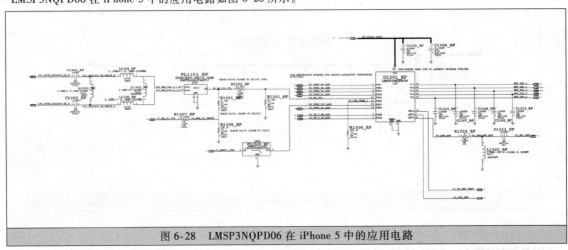

图 6-28　LMSP3NQPD06 在 iPhone 5 中的应用电路

⏻24　LP5907UVX-3.3V 的维修速查是怎样的?

【答】　LP5907 为 250mA 超低噪声低压差稳压器。LP5907UVX-3.3V 在 iPhone 5 中的应用电路如图 6-29 所示。LP5907UVX-3.2V 在 iPhone 5 中的应用电路如图 6-30 所示。

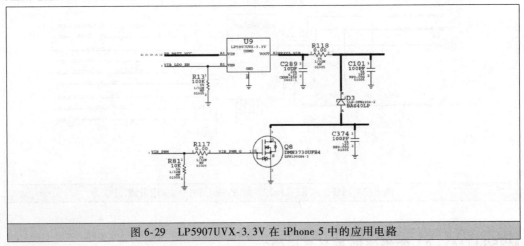

图 6-29　LP5907UVX-3.3V 在 iPhone 5 中的应用电路

LP5907 不同封装引脚分布如图 6-31 所示。

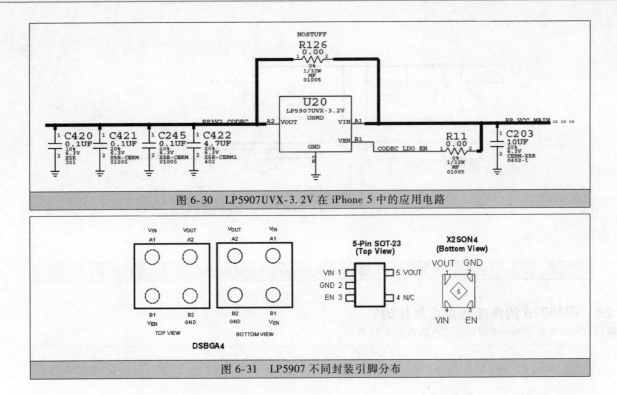

图 6-30　LP5907UVX-3.2V 在 iPhone 5 中的应用电路

图 6-31　LP5907 不同封装引脚分布

⏻25　LP5908UVE-1.28 的维修速查是怎样的？

【答】　LP5908UVE-1.28 在 iPhone 5 中的应用电路如图 6-32 所示。

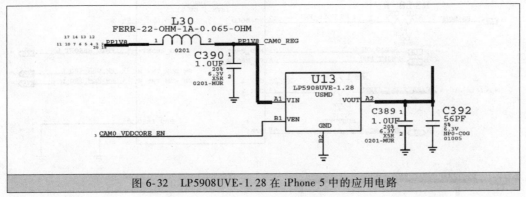

图 6-32　LP5908UVE-1.28 在 iPhone 5 中的应用电路

⏻26　MX25U1635EBAI-10G 的维修速查是怎样的？

【答】　MX25U1635EBAI-10G 在 iPhone 5 中的应用电路如图 6-33 所示。

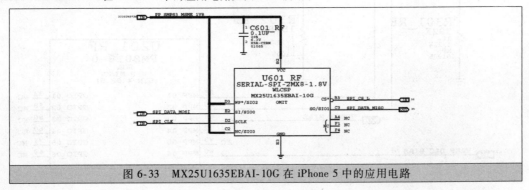

图 6-33　MX25U1635EBAI-10G 在 iPhone 5 中的应用电路

⏻27　MAX77100 的维修速查是怎样的？

【答】　MAX77100 在 iPhone 5 中的应用电路如图 6-34 所示。

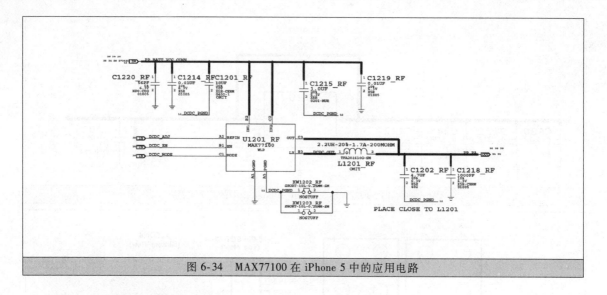

图 6-34　MAX77100 在 iPhone 5 中的应用电路

☺28　PM8018 的维修速查是怎样的？

【答】　PM8018 在 iPhone 5 中的应用电路如图 6-35 所示。

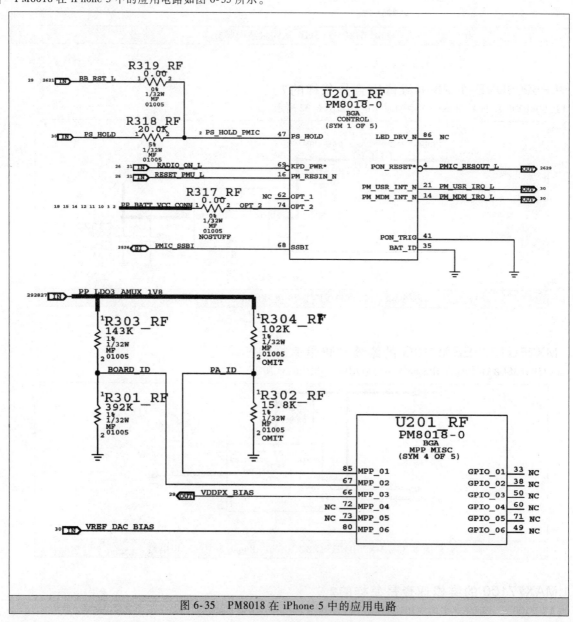

图 6-35　PM8018 在 iPhone 5 中的应用电路

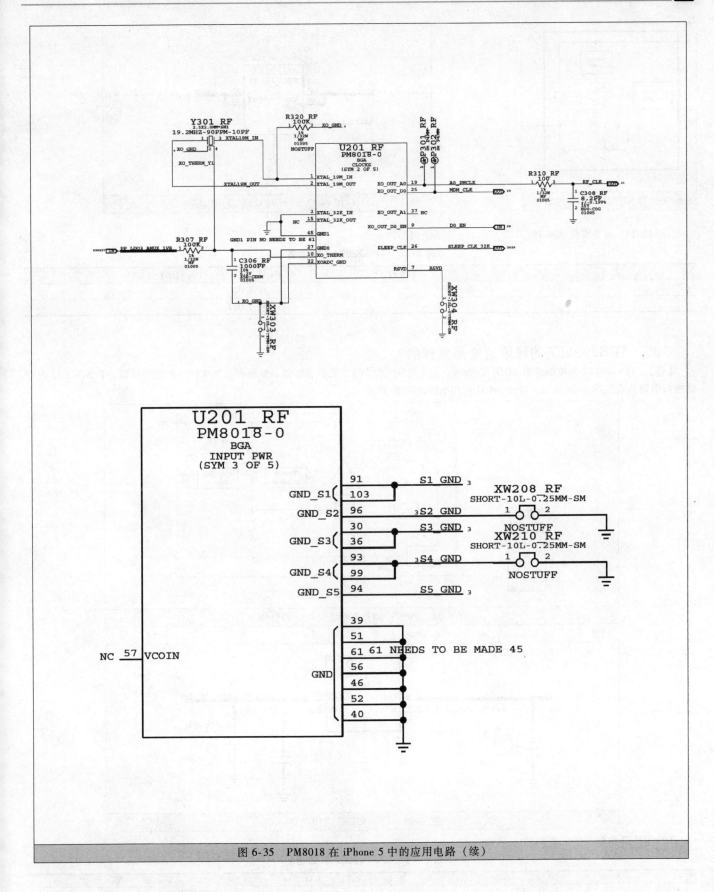

图 6-35 PM8018 在 iPhone 5 中的应用电路（续）

⏱29 TPS22924X 的维修速查是怎样的？

【答】 TPS22924X 是集成型负载开关，其采用 1.4mm×0.9mm CSP 的封装。TPS22924X 参考内部电路如图 6-36 所示。TPS22924X 应用电路如图 6-37 所示。

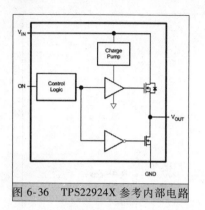

图 6-36　TPS22924X 参考内部电路

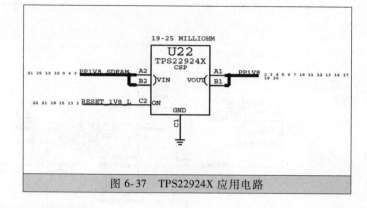

图 6-37　TPS22924X 应用电路

TPS22924X 功能表见表 6-18。

表 6-18　TPS22924X 功能表

ON（控制信号）	VIN 到 VOUT	VOUT 到 GND
L	断开 OFF	接通 ON
H	接通 ON	断开 OFF

⚲30　TPS799L57 的维修速查是怎样的？

【答】　TPS799L57 为单路输出 LDO、200mA、固定电压（5.7V）、低静态电流、低噪声、高 PSRR 线性稳压器。TPS799L57 内部结构与引脚分布如图 6-38 所示，TPS799L57 应用电路如图 6-39 所示。

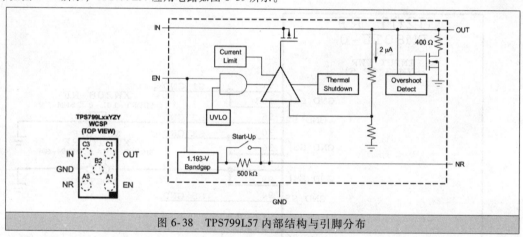

图 6-38　TPS799L57 内部结构与引脚分布

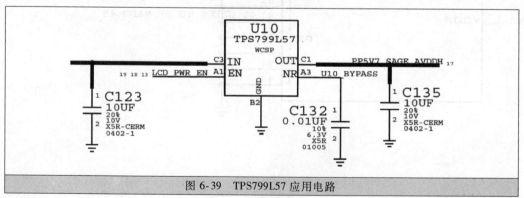

图 6-39　TPS799L57 应用电路

TPS799L57 引脚功能见表 6-19。

表 6-19　TPS799L57 引脚功能

符　号	引　脚	I/O	解　说
EN	A1	I	驱动使能端
GND	B2	—	接地端
IN	C3	I	电源端
NR	A3		降噪端
OUT	C1	O	稳压输出端

31 XM0831SZ-AL1067 的维修速查是怎样的?

【答】 XM0831SZ-AL1067 在 iPhone 5 中的应用电路如图 6-40 所示。

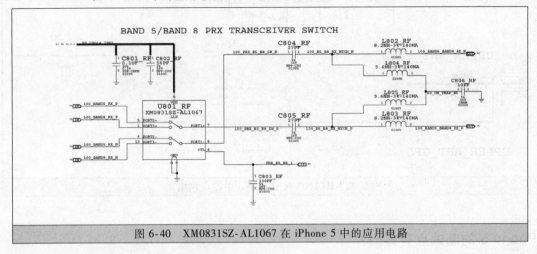

图 6-40 XM0831SZ-AL1067 在 iPhone 5 中的应用电路

32 SKY77352 的维修速查是怎样的?

【答】 SKY77352 在 iPhone 5 中的应用电路如图 6-41 所示。

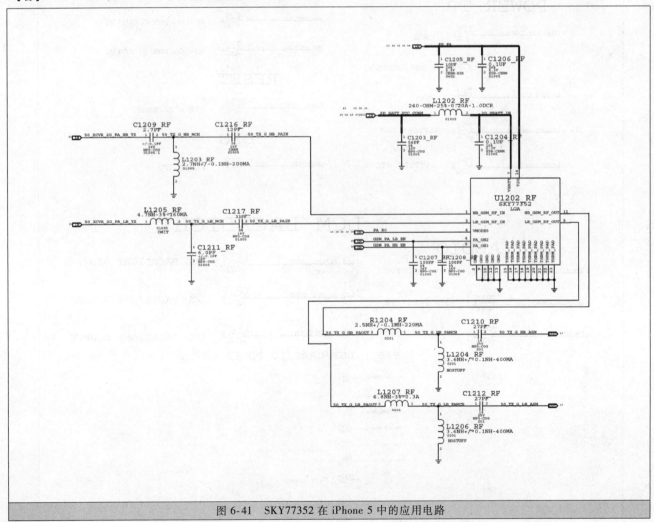

图 6-41 SKY77352 在 iPhone 5 中的应用电路

33 RF1102 的维修速查是怎样的?

【答】 RF1102 在 iPhone 5 中的应用电路如图 6-42 所示。

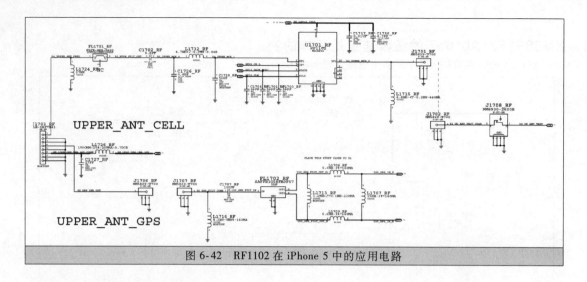

图 6-42　RF1102 在 iPhone 5 中的应用电路

♻34　iPhone 5 的测试点有哪些？

【答】　iPhone 5 的一些测试点如图 6-43 所示。

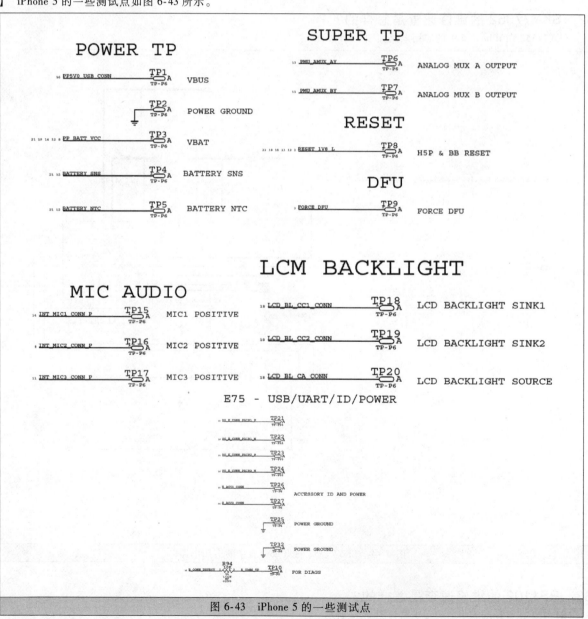

图 6-43　iPhone 5 的一些测试点

iPhone

第7章

iPhone 5S与iPhone 5C维修即查

7.1 iPhone 5C

☝1 iPhone 5C 的特点是怎样的？

【答】 iPhone 5C 由 2013 年 9 月苹果公司推出的一款手机。iPhone 5C 主要参数、特点见表 7-1。

表 7-1 iPhone 5C 主要参数、特点

项 目	参数、特点	项 目	参数、特点
颜色	白色、粉色、黄色、蓝色、绿色	后置摄像头像素	800 万像素
存储空间	16GB、32GB	传感器类型	CMOS
芯片	A6 芯片	闪光灯	LED 补光灯
手机类型	4G 手机，3G 手机，智能手机，音乐手机，时尚手机	图像尺寸	最大支持 3264×2448 像素照片拍摄
外观设计	直板	感应器	三轴陀螺仪、加速感应器、距离感应器、环境光传感器
主屏尺寸	4 英寸		
屏幕比例	16：9	接头	Lightning 接头
触摸屏	电容屏、多点触控	外部按键和连接端口	开/关-睡眠/唤醒、音量增/减、响铃/静音、主屏幕、3.5 毫米立体声耳机迷你插孔、麦克风、内置扬声器、Lightning 接口
数据业务	GPRS，EDGE		
内存	1G		
键盘类型	虚拟 QWERTY 键盘、虚拟九宫格键盘、手写键盘		
支持 2G 频段	2G：GSM 800/850/900/1800/1900	iSight 摄像头	800 万像素 f/2.4 光圈、LED 闪光灯、背照式感光元件、五镜式镜头、混合红外线滤镜、自动对焦、轻点对焦、面部检测、全景模式、照片地理标记功能
支持 3G 频段	WCDMA 850/900/1900/2100MHz CDMA2000		
摄像头	内置		
摄像头类型	双摄像头（前后）	定位功能	辅助全球卫星定位系统与 GLONASS 定位系统、数字指南针、无线网络、蜂窝网络
前置摄像头像素	120 万像素		

☝2 iPhone 5C 后盖上的型号的类型含义是怎样的？

【答】 iPhone 5C 后盖上的型号的类型含义见表 7-2。

表 7-2 iPhone 5C 后盖上的型号的类型含义

型号	类型含义
A1532 或 A1507 或 A1529	iPhone 5C（GSM 机型）
A1532 或 A1456	iPhone 5C（CDMA 机型）
A1516 或 A1526 或 A1529	iPhone 5C（GSM 机型，中国）

其中，各型号支持的频率见表 7-3。

表 7-3 各型号支持的频率

型 号	解 说
A1456	CDMA EV-DO Rev. A 和 Rev. B（800，1700/2100，1900，2100MHz）；UMTS/HSPA+/DC-HSDPA（850，900，1700/2100，1900，2100MHz）；GSM/EDGE（850，900，1800，1900MHz）；LTE（Bands 1，2，3，4，5，8，13，17，18，19，20，25，26） A1456 是北美、日本所用，典型称谓为 Sprint 版、日版。一般能购买到的为 Sprint、日版，均为有锁机，不建议使用
A1507	UMTS/HSPA+/DC-HSDPA（850，900，1900，2100MHz）；GSM/EDGE（850，900，1800，1900MHz）；LTE（Bands 1，2，3，5，7，8，20） A1507 是欧美机，一般可使用移动/联通 2G、联通 3G、联通 4G

（续）

型　号	解　说
A1526	UMTS/HSPA+/DC-HSDPA（850、900、1900、2100MHz）；GSM/EDGE（850、900、1800、1900MHz）
A1526（国行）	UMTS/HSPA+/DC-HSDPA（850、900、1900、2100MHz）；GSM/EDGE（850、900、1800、1900MHz），该版本支持联通3G和移动2G
A1529	UMTS/HSPA+/DC-HSDPA（850, 900, 1900, 2100MHz）；GSM/EDGE（850, 900, 1800, 1900MHz）；FDD-LTE（Bands 1, 2, 3, 5, 7, 8, 20）；TD-LTE（Bands 38, 39, 40）802.11a/b/g/n WiFi（802.11n 2.4GHz and 5GHz）Bluetooth 4.0 wireless technology A1529是港版机，一般可使用移动/联通2G、联通3G、联通4G、移动4G
A1532（CDMA）	CDMA EV-DO Rev. A（800、1700/2100、1900、2100MHz）；UMTS/HSPA+/DC-HSDPA（850、900、1700/2100、1900、2100MHz）；GSM/EDGE（850、900、1800、1900MHz） A1532（CDMA）是为北美地区所用，也就是美版、V版、三网版本。一般能购买到的为Verizon全价机，无网络锁。最佳使用状况一般为中国联通3G、中国电信3G网络
A1532（GSM）	UMTS/HSPA+/DC-HSDPA（850, 900, 1700/2100, 1900, 2100MHz）；GSM/EDGE（850, 900, 1800, 1900MHz）；LTE（Bands 1, 2, 3, 4, 5, 8, 13, 17, 19, 20, 25） A1532（GSM）是北美地区所用，也就是美版。一般能购买到的为T-Mobile无合约机，无网络锁。最佳使用状况一般是中国联通3G网络
A1532（国行）	CDMA EV-DO Rev. A（800、1700/2100、1900、2100MHz）；UMTS/HSPA+/DC-HSDPA（850、900、1700/2100、1900、2100MHz）；GSM/EDGE（850、900、1800、1900MHz），该版本支持电信独家3G

☼3　iPhone 5C 与 iPhone 5S 一些型号的比较是怎样的？

【答】　iPhone 5C 与 iPhone 5S 一些型号的比较见表7-4。

表7-4　iPhone 5C 与 iPhone 5S 一些型号的比较

iPhone 5S 型号		A1533（GSM）	A1457	A1533（CDMA）	A1528	A1530
iPhone 5C 型号		A1532（GSM）	A1507	A1532（CDMA）	A1526	A1529
国家/地区		美国（T-Mobile）	英国　德国　法国	中国（电信） 美国（Verizon）	中国（联通）	中国香港地区　新加坡　韩国
2G 中国移动 中国联通	制式	GSM/EDGE	GSM/EDGE	GSM/EDGE	GSM/EDGE	GSM/EDGE
	频段	850　900　1800　1900	850　900　1800　1900	850　900　1800　1900	850　900　1800　1900	850　900　1800　1900
3G 中国联通 WCDMA	制式	UMTS/HSPA+ DC-HSDPA	UMTS/HSPA+ DC-HSDPA	UMTS/HSPA+ DC-HSDPA	UMTS/HSPA+ DC-HSDPA	UMTS/HSPA+ DC-HSDPA
	频段	850　900　1700/2100 1900　2100	850　900　1900　2100	850　900　1700/2100 1900　2100	850　900　1900　2100	850　900　1900　2100
中国电信 CDMA2000	制式	不支持	不支持	CDMA EV-DO Rev, A Rev, B 理论上支持	不支持	不支持
	频段			800　1700/2100 1900　2100		
中国移动 TD-SCDMA	制式	不支持	不支持	不支持	不支持	支持
	频段					未知
中国移动 TD-LTE	制式	不支持	不支持	不支持	不支持	支持
	频段					38　39　40
4G 中国联通 中国电信 FDD-LTE	制式	支持	支持	未知，理论上支持	未知，理论上支持	支持
	频段	1 2 3 4 5 8 13 17 19 20 25	1 2 3 5 7 8 20	1 2 3 4 5 8 13 17 19 20 25	1 2 3 5 7 8 20	1 2 3 5 7 8 20

☼4　iPhone 5C 外形结构是怎样的？

【答】　iPhone 5C 外形结构如图7-1所示。

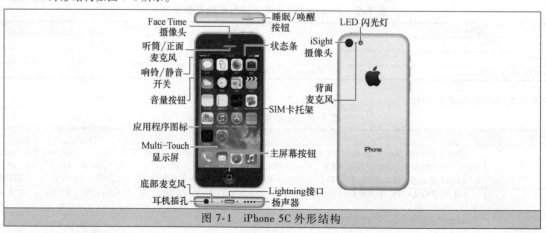

图7-1　iPhone 5C 外形结构

⑤5　iPhone 5C 所用零部件有哪些？

【答】　iPhone 5C 所用的一些零部件见表 7-5。

表 7-5　iPhone 5C 所用的一些零部件

名　称	图　例	解　说	名　称	图　例	解　说
主页按钮		该总成兼容所有 iPhone 5C，但是不兼容 iPhone 5S、iPhone 5	SIM 卡槽		该总成苹果零件编号为 923-0544、923-0545、923-0546、923-0547、923-0548。该总成兼容所有 iPhone 5C，但是不兼容 iPhone 5S、iPhone 5
Home 按钮连接电缆		该总成苹果零件编号为 821-1761-03、923-0537。该总成兼容所有 iPhone 5C，但是不兼容 iPhone 5S、iPhone 5	Lightning 闪电接口和耳机接口		该总成苹果零件编号为 821-1705。该总成兼容所有 iPhone 5C，但是不兼容 iPhone 5S、iPhone 5
后置摄像头		该总成苹果零件编号为 821-1707、923-0549。该总成兼容所有 iPhone 5C，但是不兼容 iPhone 5S、iPhone 5。iPhone 5C 摄像头与 iPhone 5S 摄像头两者区别其实很小，都是800 万像素，但是 iPhone 5C 摄像头光圈是 f/2.4，iPhone 5S 的摄像头光圈是 f/2.2	耳机喇叭		该总成兼容所有 iPhone 5C，但是不兼容 iPhone 5S、iPhone 5
振动器		该总成苹果零件编号为 923-0541。该总成兼容所有 iPhone 5C，但是不兼容 iPhone 5S、iPhone 5	Wi-Fi 与蓝牙天线		该总成苹果零件编号为 821-1883-A。该总成兼容所有 iPhone 5C，但是不兼容 iPhone 5S、iPhone 5
前置摄像头与传感器连接电缆		该总成苹果零件编号为 821-1613。该总成兼容所有 iPhone 5C，但是不兼容 iPhone 5S、iPhone 5	扬声器		该总成苹果零件编号为 923-0540。该总成兼容所有 iPhone 5C，但是不兼容 iPhone 5S、iPhone 5。也就是 iPhone 5S 与 5C 主板的 FaceTime 与扬声器连接器不同，不能通用

⑤6　iPhone 5C 主板元器件分布是怎样的？

【答】　iPhone 5C 主板元器件分布如图 7-2 所示。

⑤7　iPhone 5C 内部结构是怎样的？

【答】　iPhone 5C 内部结构如图 7-3 所示。

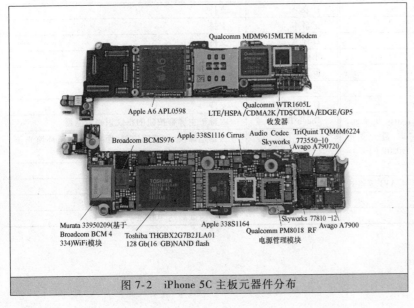

图 7-2　iPhone 5C 主板元器件分布

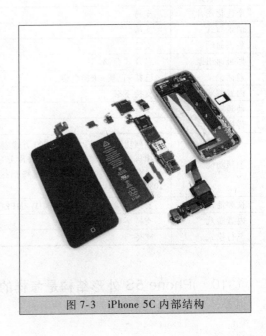

图 7-3　iPhone 5C 内部结构

8 主要芯片型号与功能是怎样的?

【答】 iPhone 5C 主要一些芯片型号与功能见表7-6。

表 7-6 iPhone 5C 主要一些芯片型号与功能

型　号	功能与解说	型　号	功能与解说
338S1116	苹果的 338S1116 芯片。338S1116 为 Apple 苹果定制的音频编码 Cirrus Logic Codec 芯片。338S1116 在苹果 iPad 4 中也有应用	A790720	安华高的 A790720 芯片
		BCM5976	博通的 BCM5976 为触控屏控制器
		MDM9615M	高通的 MDM9615M 为 LTE 调制解调器
338S1164	苹果的 338S1164 芯片	PM8018	高通的 PM8018 为射频电源管理芯片
339S0209	Murata 的 339S0209 为 WiFi 模块（基于博通 BCM44334）	SKY773550-10	Skyworks 的 773550-10 芯片
		SKY77810-12	Skyworks 的 77810-12 芯片
A6	苹果A6 APL0598 为应用处理器。A6 处理器使用了尔必达 B8164B3PM-1D-F 8Gbit（1GB）DDR2 运行内存	THGBX2G7B2JLA01	东芝的 THGBX2G7B2JLA01 为 128Gbit(16GB)闪存
		TQM6M6224	TriQuint 的 TQM6M6224 芯片
A7900	安华高的 A7900 芯片	WTR1605L	高通的 WTR1605L 为 LTE/HSPA +/CDMA2K/TDSCDMA/EDGE/GPS 收发器

7.2　iPhone 5S

9　iPhone 5S 的特点是怎样的?

【答】iPhone 5S 由 2013 年 9 月苹果公司推出的一款手机。iPhone 5S 主要参数、特点见表7-7。

表 7-7　iPhone 5S 主要参数、特点

项　目	参数、特点	项　目	参数、特点
手机外形	直板	Java 扩展	支持
外壳颜色	深空灰色、太空银色、香槟金色	蓝牙接口	支持蓝牙 4.0
主屏参数	IPS 屏幕；1136×640 分辨率；4 英寸	红外接口	无
操作系统	iOS 7	数据业务	GPRS,EDGE,HSDPA
中央处理器	苹果 A7/M7 协处理器 1331MHz	Java 扩展	支持
存储空间	1GB RAM,16GB/32GB/64GB NAND-FLASH	WAP 上网	支持
通讯录	名片式存储，已接+已拨+未接电话	WWW 浏览器	支持
铃声	支持 MP3/MIDI 等格式	数据线接口	Lightning 接口
内置游戏	支持下载	扩展卡	不支持容量扩展
E-mail	支持 IMAP4,POP3,SMTP 等	WiFi（WLAN）	支持 WiFi，IEEE 802.11 a/n/b/g
录音	支持	GPS 定位系统	内置 GPS,支持 GLONASS
语音拨号	支持	办公功能	Quick Office,PDF, Page,Keynote,Numbers
个性化铃声	支持	闹钟	支持
个性化图片	支持	计算器	支持
情景模式	支持	秒表	支持
免提通话	支持	记事本	支持
话机通讯录	名片式存储	日程表	支持
通话记录	已接+已拨+未接电话	单位换算	支持
内置游戏	支持下载	世界时钟	支持
动画屏保	支持	电子字典	支持
待机图片	支持	自动键盘锁	支持
拍照功能	拍照功能：内置；主相机：800 万像素 CMOS 传感器；副相机：120 万像素传感器；照片分辨率：最大支持 3264×2448 像素照片拍摄；视频拍摄：1080P（1920×1080,30 帧/秒）视频录制	Touch ID	内置于主屏幕按钮的指纹识别传感器
		感应器	三轴陀螺仪、加速感应器、距离感应器、环境光传感器、指纹识别传感器
		工作环境温度	0~35℃（32~95℉）
视频播放	支持 H.264/M4V/MP4/MOV/MPEG-4/AVI 等格式	非工作温度	-20~45℃（-4~113℉）
内置游戏	支持下载	相对湿度	非凝结状态下 5%~95%
飞行模式	支持	工作高度	目前测试高达 3000m

10　iPhone 5S 外形结构是怎样的?

【答】　iPhone 5S 外形结构如图 7-4 所示。

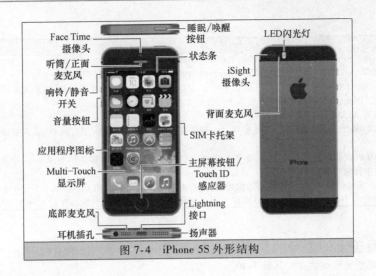

图7-4　iPhone 5S外形结构

☝11　iPhone 5S 所用零部件有哪些?

【答】　iPhone 5S 所用的一些零部件见表7-8。

表7-8　iPhone 5S 所用的一些零部件

名　　称	图　　例	解　　说
前置摄像头和传感器连接电缆		该总成苹果零件编号为 821-1613。该总成兼容所有 iPhone 5S,但是不兼容 iPhone 5、iPhone 5C
后置摄像头		该总成苹果零件编号为 923-0652、821-1592-06。该总成兼容所有 iPhone 5S,但是不兼容 iPhone 5、iPhone 5C。iPhone 5S 采用 800 万像素 iSight 摄像头,表面编号为 DNL333 41WGRF 4W61W,DNL 开头的编号与 iPhone 4S、iPhone 5 是一致的。摄像头的底部编号为 AW32 65BD 4511 b763

☝12　iPhone 5S 网络制式的特点是怎样的?

【答】　iPhone 5S 网络制式的特点见表7-9。

表7-9　iPhone 5S 网络制式的特点

机　　型	特　　点
A1453 *	A1453 * 基带强悍,但现实上该版本多数会锁网,主要发售为美版的 Sprint 版、日版。 A1453 * 是北美与日本所用,也就是 Sprint 版、日版。一般能购买到的为 Sprint 与日版,均为有锁机
A1457 *	该该版本与国际版类似,主要差别在于 LTE 频段上。该版本主要在英国、法国、德国发售 A1457 * 是欧洲地区所用,也就是英版等。欧洲各国情况复杂,不建议使用
A1518	GSM/EDGE（850、900、1800、1900 MHz）;TD-SCDMA 1900（F）、2000（A）;TD-LTE（频段 38、39、40）;UMTS（WCDMA)/HSPA+/ DC-HSDPA（850、900、1900、2100 MHz）;仅限国际漫游 A1518 *（大陆行货）是没有宣布上市的版本。最佳使用状况是中国移动 3G、中国移动 4G 网络
A1528	UMTS（WCDMA)/HSPA+/DC-HSDPA（850、900、1900、2100 MHz）;GSM/EDGE（850、900、1800、1900 MHz） A1528 主要是针对中国联通 3G 与移动 2G 用户,A1528 * 版本的 iPhone5S 不支持 LET 4G 网络 A1528 * 为中国联通版本。最佳使用状况是中国联通 3G 网络
A1530	UMTS（WCDMA)/HSPA+/DC-HSDPA（850、900、1900、2100MHz）;GSM/EDGE（850、900、1800、1900MHz）;TD-SCDMA 1900 （F）、2000（A）;TD-LTE（频段 38、39、40） A1530 * 最重要的特点是支持 FDD-LTE、TD-LTE,也就是支持 4G。同时,该版本也支持联通 2G、联通 3G、甚至是联通 4G,不过电信网络 CDMA 不支持 A1530 分为有港版 A1530 与国行公开版裸机 A1530,港版只有 A1530 A1530 * 是除日本与大陆外的亚太地区所用,也就是港版。非运营商渠道的港版机无网络锁。最佳使用状况是中国移动 3G、4G、中国联通 3G 网络 A1530 * 是没有宣布上市的版本,与国际同型号相比,官方支持中国移动 3G 网络。最佳使用状况是中国移动 3G、中国移动 4G、中国联通 3G 网络

（续）

机　　型	特　　点
A1533	CDMA EV-DO Rev. A（800、1700/2100、1900、2100MHz）；GSM/EDGE（850、900、1800、1900MHz）；仅限国际漫游；UMTS（WCDMA）/HSPA+/DC-HSDPA（850、900、1700/2100、1900、2100 MHz）；仅限国际漫游 A1533＊主要是针对电信 3G 用户。A1533＊除了支持 CDMA 外，参数内还包括了 A1528＊的所有频段，以及 1700/2100 的 WCDMA 频段。因此，电信版的 A1533＊实际上硬件是支持三网基带的芯片 美版无锁只有 A1533 A1533（GSM）是北美地区所用，也就是美版。一般能购买到的为 T-Mobile 无合约机，无网络锁。最佳使用状况是中国联通 3G 网络 A1533（CDMA）是北美地区所用，也就是美版、V 版、三网版本。一般能购买到的为 Verizon 全价机，无网络锁。最佳使用状况是中国联通 3G、中国电信 3G 网络 A1533＊是中国电信版本，与国际同型号相比，只具有电信设备进网许可的 CDMA 许可证，境内不能使用 WCDMA 网络。最佳使用状况是中国电信 3G 网络。国行 A1533 手机由于工信部许可证限制，境内只能够使用 CDMA 网络，不能使用 WCDMA 网络

♥13　iPhone 5S 后盖上的型号的类型含义是怎样的？

【答】　iPhone 5S 后盖上的型号的类型含义见表 7-10。

表 7-10　iPhone 5S 后盖上的型号的类型含义

型　　号	类型含义
A1533 或 A1457 或 A1530	iPhone 5S（GSM 机型）
A1533 或 A1453	iPhone 5S（CDMA 机型）
A1518 或 A1528 或 A1530	iPhone 5S（GSM 机型，中国）

♥14　iPhone 5S 底板编号是怎样的？

【答】　iPhone 5S 底板编号为：BOM639-4159（16GB）、BOM639-4160（32GB）、BOM639-3973（64GB）。

♥15　iPhone 5S 内部结构是怎样的？

【答】　iPhone 5S 内部结构如图 7-5 所示。

图 7-5　iPhone 5S 内部结构

♥16　iPhone 5S 主板元器件分布是怎样的？

【答】　iPhone 5S 主板元器件分布如图 7-6 所示。

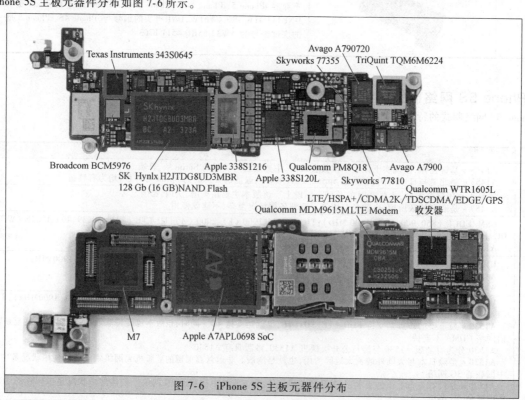

图 7-6　iPhone 5S 主板元器件分布

♻17 iPhone 5S 主要芯片是怎样的？

【答】 iPhone 5S 主要一些芯片见表 7-11。

表 7-11 iPhone 5S 主要一些芯片

型 号	功能与解说
338S120L	苹果的 338S120L 芯片。CirrusLogic 的 338S1201 为音频编解码，338S1202 作为功率放大器（推动扬声器）。338S1201 在 iPhone 6、iPhone 6Plus 中也有应用
338S1216	苹果的 338S1216 芯片
37C64G1	德州仪器的 37C64G1 芯片
A7	苹果 A7 APL0698 SoC 处理器。A7 为 64 位架构移动处理器，实际上是基于 ARMv8 指令集的双核处理器。A7 只是 CPU+GPU，不具备通讯能力，因此，iPhone 5S 再采用了高通 MDM9615M 作为基带，也就是利用 MDM9615M 支撑各种网络协议处理
A7900	Avago 的 A7900 为功率放大器
A790720	Avago 的 A790720 为功率放大器
BCM4334	Broadcom 的 BCM4334 用来支持 WiFi、蓝牙
BCM5976	博通的 BCM5976 为触摸屏控制器
H2JTDG8UD3MBR	海力士的 H2JTDG8UD3MBR 为 16GB NAND 闪存
M7	M7 为协处理器，实际上是一个基于 ARM Cortex-M3 的处理器，专门用来处理重力感应器（ST 的 B329）、加速度感应器（Bosch 的 BMA220）、电子罗盘（AKM 的 AK8963）的各种信号。苹果的该款 M7 实际上是 NXP 生产的
MDM9615	高通的 MDM9615 为 LTE 基带。MDM9615 在 iPhone5/5C/5S 中有应用，其为第三类移动宽带标准 LTE 芯片，最高支持 100Mbit/s 的数据传输率
Murata 339S0205	Murata 的 339S0205 为 WiFi 无线模块，基于博通 BCM4334、支持 802.11n
PM8081	高通的 PM8081 为基带、射频电源管理单元芯片
SKY 77355	Skyworks 的 77355 芯片
SKY77810	Skyworks 的 77810 芯片
TQM6M6224	TriQuint 的 TQM6M6224 为滤波器
WTR1605L	高通的 WTR1605L 为 LTE/HSPA+/CDMA2000/TD-SCDMA/EDGE/GPS 收发器。WTR1605L 是对各种频率信号进行处理

iPhone 5S 主要一些芯片图解如图 7-7 所示。

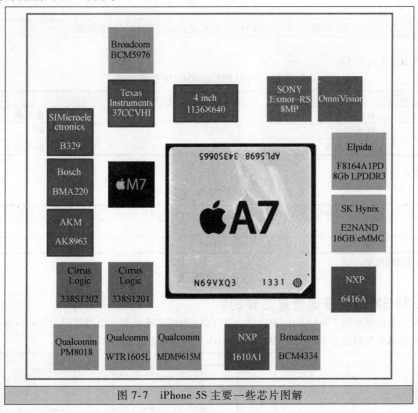

图 7-7 iPhone 5S 主要一些芯片图解

♻18 74AUP2G3404GN 的维修速查是怎样的？

【答】 74AUP2G3404GN 为 XSON6、SOT1115 封装。NXP 生产的型号代码为 aZ。74AUP2G3404GN 功能结构如图 7-8 所示。

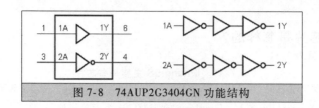
图 7-8 74AUP2G3404GN 功能结构

74AUP2G3404GN 引脚分布如图 7-9 所示。在 iPhone 5S 中的应用电路如图 7-10 所示。

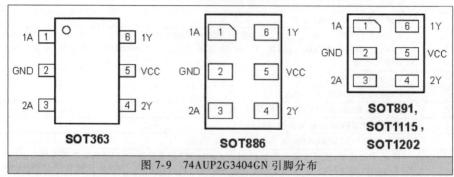
图 7-9 74AUP2G3404GN 引脚分布

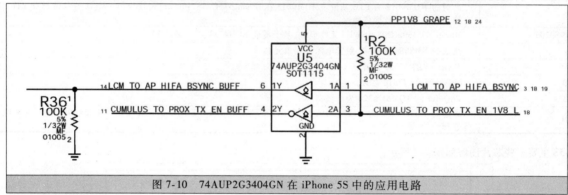
图 7-10 74AUP2G3404GN 在 iPhone 5S 中的应用电路

74AUP2G3404GN 引脚功能见表 7-12。

表 7-12 74AUP2G3404GN 引脚功能

引 脚 符 号	功 能	引 脚 符 号	功 能
1A	数据输入端	2Y	数据输出端
GND	接地端	VCC	电源端
2A	数据输入端	1Y	数据输出端

74AUP2G3404GN 逻辑功能见表 7-13。

表 7-13 74AUP2G3404GN 逻辑功能

输入 1A	输出 1Y	输入 2A	输出 2Y
L	L	L	H
H	H	H	L

说明：H 表示高电平，L 表示低电平。

19 74LVC1G34GX 的维修速查是怎样的？

【答】 74LVC1G34GX 为单路缓冲器。74LVC1G34GX 为 X2SON5、SOT1226 封装，型号代码为 YN。74LVC1G34GX 逻辑电路如图 7-11 所示。74LVC1G34GX 引脚分布如图 7-12 所示。74LVC1G34GX 的应用电路如图 7-13 所示。

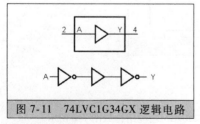
图 7-11 74LVC1G34GX 逻辑电路

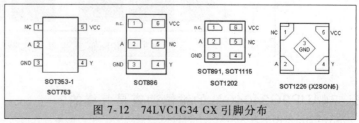
图 7-12 74LVC1G34 GX 引脚分布

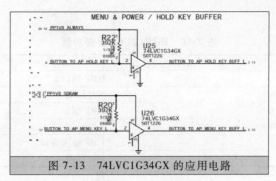

图 7-13 74LVC1G34GX 的应用电路

74LVC1G34GX 逻辑功能表见表 7-14。

表 7-14 74LVC1G34GX 逻辑功能表

输入端/A	输出端/Y
L	L
H	H

说明：L 表示低电平，H 表示高电平。

74LVC1G34GX 引脚功能见表 7-15。

表 7-15 74LVC1G34GX 引脚功能

符 号	TSSOP5、X2SON5 引脚	XSON6 引脚	功 能
NC	1	1	空脚端
A	2	2	数据输入端
GND	3	3	接地端
Y	4	4	数据输出端
NC	—	5	空脚端
VCC	5	6	电源端

✆20 BGS12SL6 的维修速查是怎样的？

【答】 BGS12SL6 为射频开关。BGS12SL6 的 TSLP-6-4 封装型号代码为 S。BGS12SL6 内部结构如图 7-14 所示。BGS12SL6 引脚分布如图 7-15 所示。BGS12SL6 应用电路如图 7-16 所示。

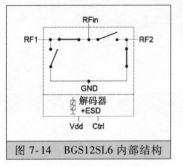

图 7-14 BGS12SL6 内部结构

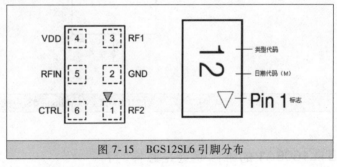

图 7-15 BGS12SL6 引脚分布

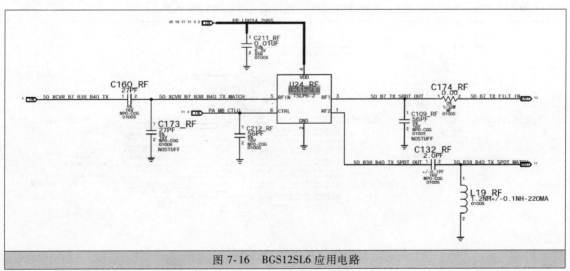

图 7-16 BGS12SL6 应用电路

BGS12SL6 引脚功能见表 7-16。

表 7-16 BGS12SL6 引脚功能

符号	类型	功能
RF2	I/O	RF 端口 2
GND	GND	接地端
RF1	I/O	RF 端口 1
VDD	PWR	电源端
RFIN	I/O	RF 输入端口
CTRL	I	控制端

BGS12SL6 真值表见表 7-17。

表 7-17 BGS12SL6 真值表

交换路径	Ctrl 端电平
RFin - RF1	0
RFin - RF2	1

21 CAT24C08C4A 的维修速查是怎样的？

【答】 CAT24C08C4A 为存储器，其在 iPhone 5S 中的应用电路如图 7-17 所示。

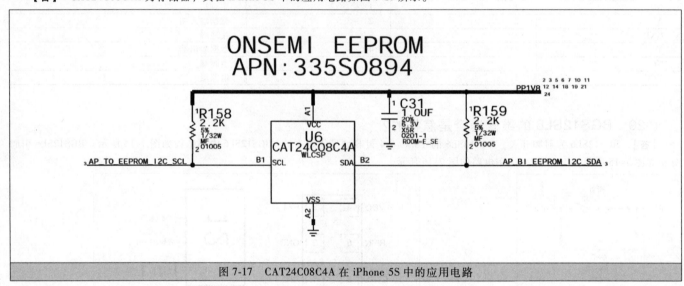

图 7-17 CAT24C08C4A 在 iPhone 5S 中的应用电路

22 CBTL1608A1 的维修速查是怎样的？

【答】 CBTL1608A1 在 ipad4 中也有应用，其在 iPhone 5S 中的应用电路如图 7-18 所示。

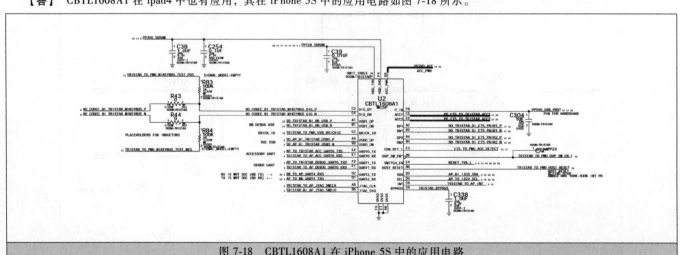

图 7-18 CBTL1608A1 在 iPhone 5S 中的应用电路

⚡23　CS35L20 的维修速查是怎样的？

【答】　CS35L20 在 iPhone 5S 中的应用电路如图 7-19 所示。

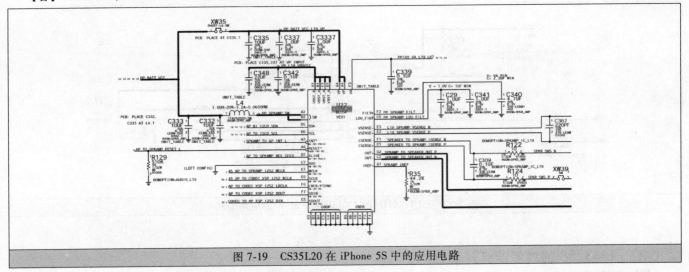

图 7-19　CS35L20 在 iPhone 5S 中的应用电路

⚡24　CXA4403GC 的维修速查是怎样的？

【答】　CXA4403GC 在 iPhone 5S 中的应用电路如图 7-20 所示。

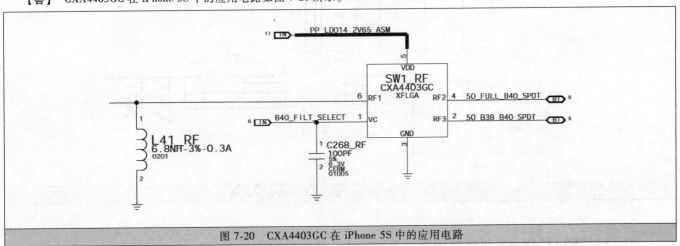

图 7-20　CXA4403GC 在 iPhone 5S 中的应用电路

⚡25　FAN5721UC00A0X 的维修速查是怎样的？

【答】　FAN5721UC00A0X 在 iPhone 5S 中的应用电路如图 7-21 所示。

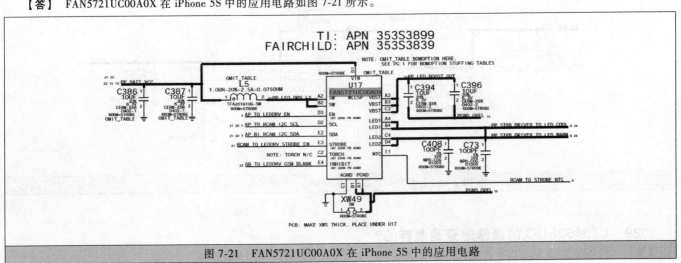

图 7-21　FAN5721UC00A0X 在 iPhone 5S 中的应用电路

26　ISL97751IIA0PZ 的维修速查是怎样的?

【答】 ISL97751IIA0PZ 在 iPhone 5S 中的应用电路如图 7-22 所示。

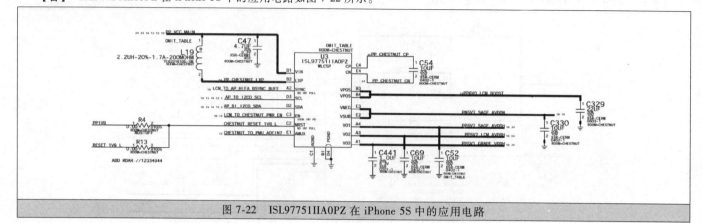

图 7-22　ISL97751IIA0PZ 在 iPhone 5S 中的应用电路

27　LM3258 的维修速查是怎样的?

【答】 LM3258 在 iPhone 5S 中的 PA DC/DC CONVERTER 电路中的应用如图 7-23 所示。

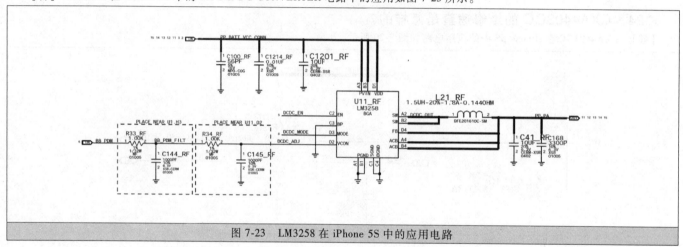

图 7-23　LM3258 在 iPhone 5S 中的应用电路

28　LM3534TMX-A1 的维修速查是怎样的?

【答】 LM3534TMX-A1 在 iPhone 5S 中的应用电路如图 7-24 所示。

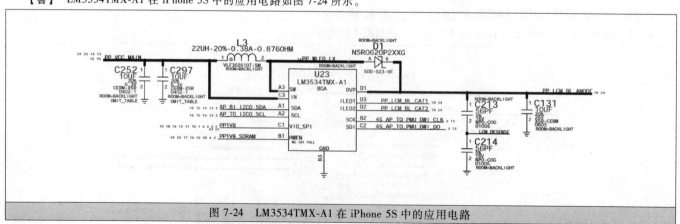

图 7-24　LM3534TMX-A1 在 iPhone 5S 中的应用电路

29　LT3460EDC 的维修速查是怎样的?

【答】 LT3460EDC 为 DC/DC 转换集成电路,其在 iPhone 5S 中的应用电路如图 7-25 所示。

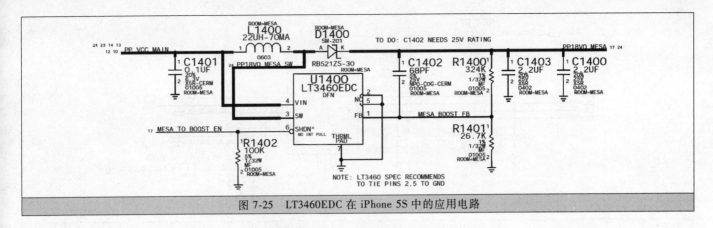

图 7-25 LT3460EDC 在 iPhone 5S 中的应用电路

30 MX25U1635EBAI-10G 的维修速查是怎样的？

【答】 MX25U1635EBAI-10G 在 iPhone 5S 中的应用电路如图 7-26 所示。

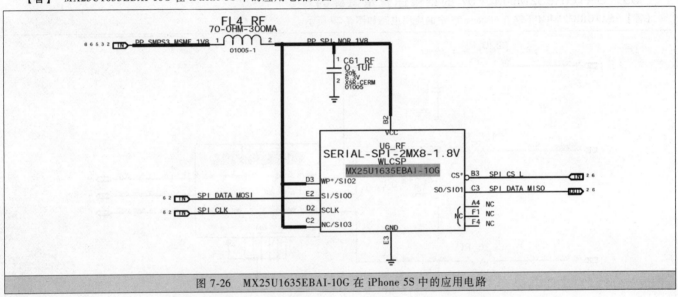

图 7-26 MX25U1635EBAI-10G 在 iPhone 5S 中的应用电路

31 RF1495 的维修速查是怎样的？

【答】 RF1495 在 iPhone 5S 中的应用电路如图 7-27 所示。

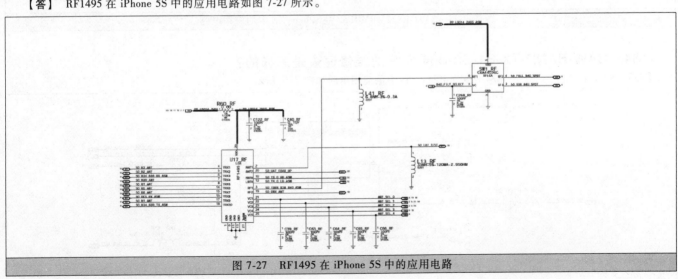

图 7-27 RF1495 在 iPhone 5S 中的应用电路

32 RF1629 的维修速查是怎样的？

【答】 RF1629 在 iPhone 5S 中的应用电路如图 7-28 所示。

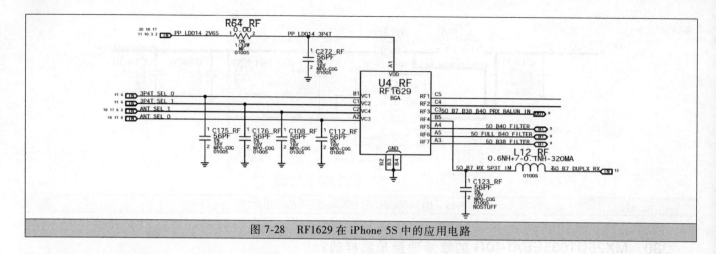

图7-28 RF1629在iPhone 5S中的应用电路

⏱33 SATGR832MBM0F57的维修速查是怎样的？

【答】 SATGR832MBM0F57在iPhone 5S中的应用电路如图7-29所示。

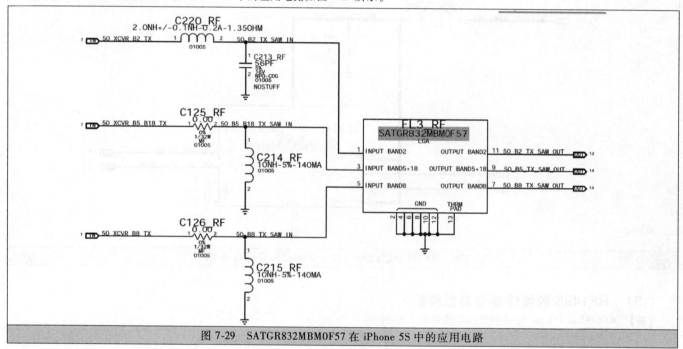

图7-29 SATGR832MBM0F57在iPhone 5S中的应用电路

⏱34 SAW-BAND-TX-B1-B3-B34-B39的维修速查是怎样的？

【答】 SAW-BAND-TX-B1-B3-B34-B39在iPhone 5S中的应用电路如图7-30所示。

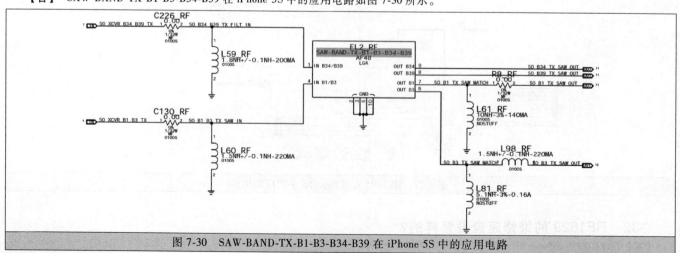

图7-30 SAW-BAND-TX-B1-B3-B34-B39在iPhone 5S中的应用电路

⚙35 SKY65716-11 的维修速查是怎样的?

【答】 SKY65716-11 在 iPhone5S GPS 电路中的应用电路如图 7-31 所示。

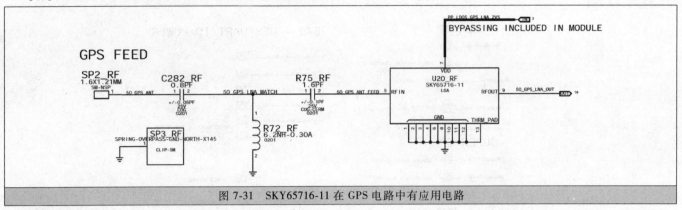

图 7-31 SKY65716-11 在 GPS 电路中有应用电路

⚙36 WTR1605 的维修速查是怎样的?

【答】 WTR1605 在 iPhone 5S 中的射频收发电路中有应用,电路如图 7-32 所示。

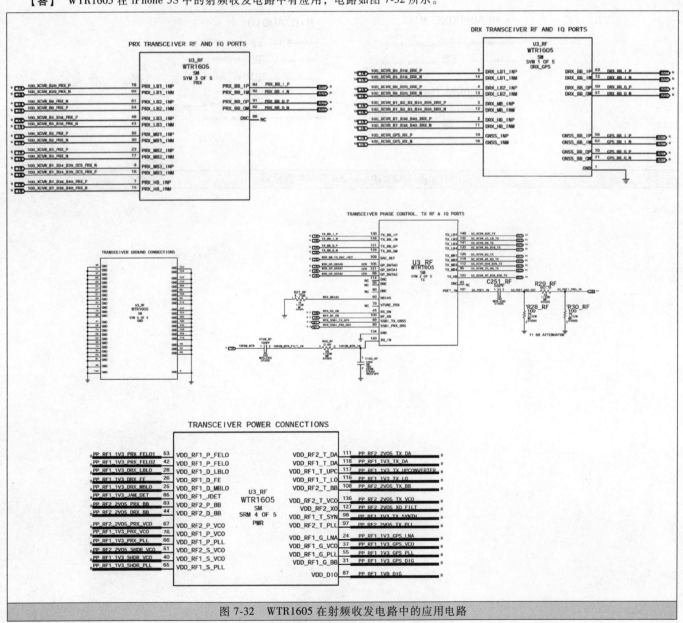

图 7-32 WTR1605 在射频收发电路中的应用电路

37　iPhone 5S 的测试点有哪些？

【答】　iPhone 5S 的一些测试点如图 7-33 所示。

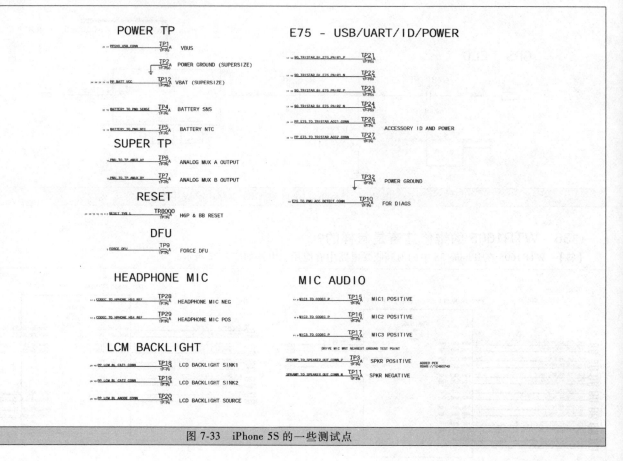

图 7-33　iPhone 5S 的一些测试点

iPhone

第8章

iPhone 6与iPhone 6Plus维修即查

8.1 iPhone 6

🍎1 iPhone 6 的特点是怎样的?

【答】 iPhone 6 由 2014 年 9 月苹果公司推出的一款手机。iPhone 6 主要参数、特点见表 8-1。

表 8-1 iPhone 6 主要参数、特点

项目	参数、特点	项目	参数、特点
手机类型	4G 手机,3G 手机,智能手机,音乐手机,拍照手机	存储空间	16GB/64GB/128GB
触摸屏类型	电容屏,多点触控	存储卡	不支持容量扩展
主屏尺寸	4.7 英寸	摄像头	内置
主屏材质	Multi-Touch(IPS 技术)	摄像头类型	双摄像头(前后)
主屏分辨率	1334×750 像素	后置摄像头	800 万像素
屏幕像素密度	326ppi	前置摄像头	120 万像素
窄边框	4.25mm	传感器类型	背照式/BSI CMOS
屏幕占比	65.81%	闪光灯	True Tone 闪光灯
4G 网络	移动 TD-LTE,联通 TD-LTE,FDD-LTE,电信 TD-LTE,FDD-LTE	光圈	$f/2.2$
		造型设计	直板
3G 网络	联通 3G(WCDMA),电信 3G(CDMA2000),移动 3G(TD-SCDMA),联通 2G/移动 2G(GSM)	机身颜色	深空灰色,银色,金色
		操作类型	物理按键
WLAN 功能	双频 WiFi,IEEE 802.11 a/b/g/n/ac	感应器类型	加速传感器,光线传感器,距离传感器,指纹识别传感器,三轴陀螺仪,气压计,电子罗盘
导航	GPS 导航,A-GPS 技术,GLONASS 导航,电子罗盘		
连接与共享	NFC(仅限 Apple Pay),蓝牙 4.0	SIM 卡类型	Nano SIM 卡
CPU 型号	64 位苹果 A8+M8 协处理器	机身接口	3.5mm 耳机接口,Lightning 数据接口
CPU 频率	1.38GHz	Touch ID	内置于主屏幕按钮的指纹识别传感器
GPU 型号	Imagination PowerVR SGX6450	定位功能	辅助 GPS 和 GLONASS 定位系统、数字指南针、无线网络、蜂窝网络、iBeacon 微定位
运行内存	1GB		

🍎2 iPhone 6 支持频段是怎样的?

【答】 iPhone 6 支持频段如下:

2G：GSM 850/900/1800/1900

3G：CDMA EVDO 800/1700/1900/2100

3G：WCDMA 900/2100

3G：TD-SCDMA 1880-1920/2010-2025

4G：FDD-LTE B1/2/3/4/5/7/8/13/17/18/19/20/25/26/28/29MHz

A1586 型号＊/A1524 型号＊支持频段如下:

CDMA EV-DO Rev. A（800，1700/2100，1900，2100MHz）

UMTS（WCDMA)/HSPA+/DC-HSDPA（850，900，1700/2100，1900，2100MHz）

TD-SCDMA 1900（F），2000（A）

GSM/EDGE（850，900，1800，1900MHz）

FDD-LTE（频段 1，2，3，4，5，7，8，13，17，18，19，20，25，26，28，29）

TD-LTE（频段 38，39，40，41）

A1589 型号/A1593 型号支持频段如下：

TD-SCDMA 1900（F），2000（A）

GSM/EDGE（850，900，1800，1900MHz）

TD-LTE（频段 38，39，40，41）

UMTS（WCDMA）/HSPA+/DC-HSDPA（850，900，1700/2100，1900，2100MHz）；仅适用于国际漫游

FDD-LTE（频段 1，2，3，4，5，7，8，13，17，18，19，20，25，26，28，29）；仅适用于国际漫游

ぴ3　iPhone 6 后盖上的型号的类型含义是怎样的？

【答】 iPhone 6 后盖上的型号的类型含义见表 8-2。

表 8-2　iPhone 6 后盖上的型号的类型含义

型　号	类 型 含 义	型　号	类 型 含 义
A1549	GSM 机型	A1586	TD-LTE/LTE　FDD/TD-SCDMA/WCDMA/cdma2000/CDMA 1X/GSM 制式
A1549	CDMA 机型		

ぴ4　iPhone 6 外形结构是怎样的？

【答】 iPhone 6 外形结构如图 8-1 所示。

ぴ5　iPhone 6 内部结构是怎样的？

【答】 iPhone 6 内部结构如图 8-2 所示。

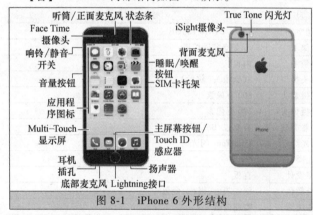

图 8-1　iPhone 6 外形结构

图 8-2　iPhone 6 内部结构

ぴ6　iPhone 6 主板元器件分布是怎样的？

【答】 iPhone 6 主板元器件分布如图 8-3 所示。

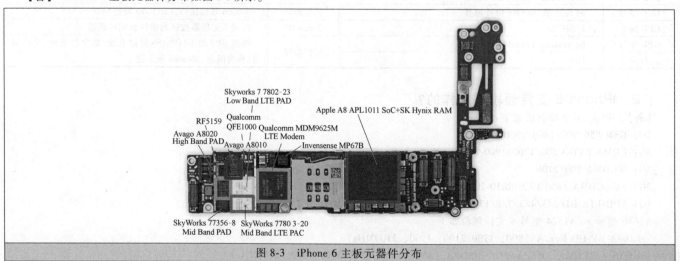

图 8-3　iPhone 6 主板元器件分布

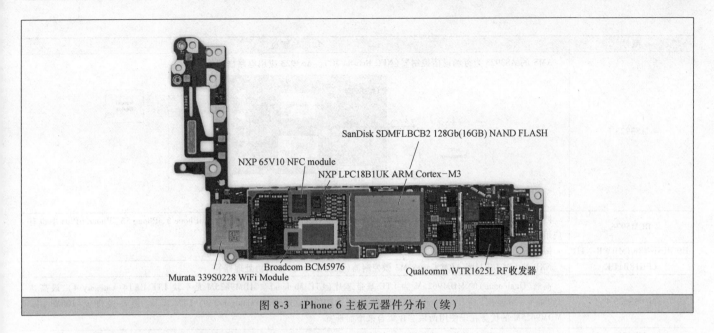

图 8-3　iPhone 6 主板元器件分布（续）

☺7　iPhone 6 的一些部件是怎样的？

【答】　iPhone 6 的一些部件见表 8-3。

表 8-3　iPhone 6 的一些部件

名称	图解	解说	名称	图解	解说
Lightning 接口组件		该组件上耳机、Lightning 接口是连成一体的	后置摄像头		该组件的编号为 821-2460-03
扬声器		扬声器是独立的整块，维修时，可以整块更换	Home 键组件		Home 键周围的橡胶垫圈比较脆弱，维修时，需要轻轻拿
振动电机		iPhone 6 的振动电机采用金属外壳加持	前置摄像头组件		前置摄像头组件是一个比较大的电缆组件，其上包括扬声器、前置摄像头等

☺8　iPhone 6 的主要一些芯片有哪些？

【答】　iPhone 6 的主要一些芯片见表 8-4。

表 8-4　iPhone 6 的主要一些芯片

型号	功能与解说
338S1201	Cirrus Logic 的 338S1201 为音频编码器（Audio Codec）。338S1201 在 iPhone 5S、iPhone 6Plus 中也有应用
338S1251-AZ	Apple/Dialog 的 338S1251-AZ 为电源管理芯片（Power Management IC）。338S1251-AZ 在 iPhone 6Plus 中也有应用
339S0228	村田（Murata）的 339S0228 为 WiFi 芯片模块（WiFi Module）。339S0228 在 iPhone 6Plus 中也有应用
343S0694	德仪（Texas Instruments）的 343S0694 为触摸芯片模块（Touch Transmitter）。343S0694 在 iPhone 6Plus 中也有应用
65V10	NXP 的 65V10 为 NFC 芯片模块+安全元件（NXP 的 PN544 或者 PN548 NFC 控制器）。65V10 在 iPhone 6Plus 中也有应用
A8	苹果的 A8 APL1011 SOC+海力士内存 H9CKNNN8KTMRWR-NTH。A8 为 64 位 Soc 处理器，也集成了专门的 M8 运动协处理器。新一代 A8 芯片比 A7 芯片快 20%，总体而言，A8 处理器与 A7 处理器差别比较小，仅增强了核心，降低了延迟，其他技术指标差别不大。A8 在 iPhone 6Plus 中也有应用
A8010	Avago 的 A8010 为超高频带 PA（功率放大器）+FBARs（谐振器），Avago 的 A8010 在 iPhone 6Plus 中也有应用
A8020	Avago 的 A8020 为高频带功率放大器-双工器（High Band PAD），Avago 的 A8020 在 iPhone 6Plus 中也有应用

（续）

型号	功能与解说
AS3923	AMS 的 AS3923 为近场通信控制器（NFC Booster IC）。AS3923 应用电路框图如下： 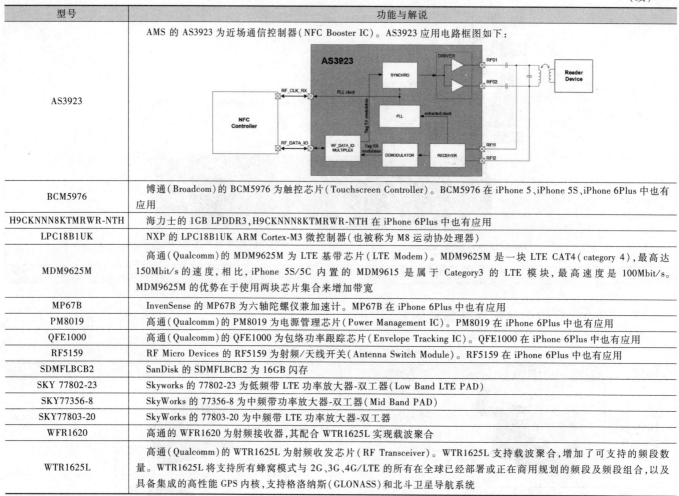
BCM5976	博通（Broadcom）的 BCM5976 为触控芯片（Touchscreen Controller）。BCM5976 在 iPhone 5、iPhone 5S、iPhone 6Plus 中也有应用
H9CKNNN8KTMRWR-NTH	海力士的 1GB LPDDR3，H9CKNNN8KTMRWR-NTH 在 iPhone 6Plus 中也有应用
LPC18B1UK	NXP 的 LPC18B1UK ARM Cortex-M3 微控制器（也被称为 M8 运动协处理器）
MDM9625M	高通（Qualcomm）的 MDM9625M 为 LTE 基带芯片（LTE Modem）。MDM9625M 是一块 LTE CAT4（category 4），最高达 150Mbit/s 的速度，相比，iPhone 5S/5C 内置的 MDM9615 是属于 Category3 的 LTE 模块，最高速度是 100Mbit/s。MDM9625M 的优势在于使用两块芯片集合来增加带宽
MP67B	InvenSense 的 MP67B 为六轴陀螺仪兼加速计。MP67B 在 iPhone 6Plus 中也有应用
PM8019	高通（Qualcomm）的 PM8019 为电源管理芯片（Power Management IC）。PM8019 在 iPhone 6Plus 中也有应用
QFE1000	高通（Qualcomm）的 QFE1000 为包络功率跟踪芯片（Envelope Tracking IC）。QFE1000 在 iPhone 6Plus 中也有应用
RF5159	RF Micro Devices 的 RF5159 为射频/天线开关（Antenna Switch Module）。RF5159 在 iPhone 6Plus 中也有应用
SDMFLBCB2	SanDisk 的 SDMFLBCB2 为 16GB 闪存
SKY 77802-23	Skyworks 的 77802-23 为低频带 LTE 功率放大器-双工器（Low Band LTE PAD）
SKY77356-8	SkyWorks 的 77356-8 为中频带功率放大器-双工器（Mid Band PAD）
SKY77803-20	SkyWorks 的 77803-20 为中频带 LTE 功率放大器-双工器
WFR1620	高通的 WFR1620 为射频接收器，其配合 WTR1625L 实现载波聚合
WTR1625L	高通（Qualcomm）的 WTR1625L 为射频收发芯片（RF Transceiver）。WTR1625L 支持载波聚合，增加了可支持的频段数量。WTR1625L 将支持所有蜂窝模式与 2G、3G、4G/LTE 的所有在全球已经部署或正在商用规划的频段及频段组合，以及具备集成的高性能 GPS 内核，支持格洛纳斯（GLONASS）和北斗卫星导航系统

8.2　iPhone 6Plus

9　iPhone 6Plus 的特点是怎样的？

【答】　iPhone 6Plus 由 2014 年 9 月苹果公司推出的一款手机。iPhone 6Plus 主要参数、特点见表 8-5。

表 8-5　iPhone 6Plus 主要参数、特点

项目	参数、特点	项目	参数、特点
类型	3G 手机，4G 手机，智能手机，平板手机，拍照手机，双核手机	GPS	GLONASS
外观类型	直板	无线 WLAN	WiFi，IEEE 802.11a/b/g/n/ac
网络制式	TD-LTE/FDD-LTE/TD-SCDMA/WCDMA/CDMA2000/CDMA1X/GSM	数据线接口	Lightning 接口
		RAM 大小	1GB
CPU 频率	1.4GHz 苹果 A8+M8	储存空间	16GB、64GB、128GB
CPU 核心数	双核	外部按键和连接端口	主屏幕/Touch ID 传感器、音量增/减、响铃/静音、开/关-睡眠/唤醒、麦克风、Lightning 接口、3.5mm 耳机插孔、内置扬声器
GPU 类型	PowerVR GX6650		
SIM 卡类型	Nano SIM 卡		
键盘类型	虚拟键盘	感应器	Touch ID、气压计、三轴陀螺仪、加速感应器、距离感应器、环境光传感器
颜色	银色、金色、深空灰色		

10　iPhone 6Plus 适应的频率有哪些？

【答】　iPhone 6Plus 适应的频率如下：

2G：GSM 800/1800

3G：WCDMA 1800/1900/2100

2G：CDMA 1X 800

3G：CDMA2000 800/1800/1900

3G：TD-SCDMA 1880-1920/2010-2025

4G：TD-LTE B39/B40/B41

4G：FDD-LTE B3/B7MHz

⏱11　iPhone 6Plus 后盖上的型号的类型含义是怎样的？

【答】　iPhone 6Plus 后盖上的型号的类型含义见表8-6。

⏱12　iPhone 6Plus 外形结构是怎样的？

【答】　iPhone 6Plus 外形结构如图 8-4 所示。

表 8-6　iPhone 6Plus 后盖上的型号的类型含义

型号	类型含义	型号	类型含义
A1522	GSM 机型	A1524	GSM/EDGE（850，900，1800,1900MHz）
A1522	CDMA 机型		FDD-LTE(Bands 1,2,3,4,5,7,8,13,17,18,19,20,25,26,28,29)
A1524	UMTS/HSPA +/DC - HSDPA（850，900，1700/2100,1900,2100MHz） TD-SCDMA 1900（F），2000（A）		TD-LTE（Bands 38,39,40,41）

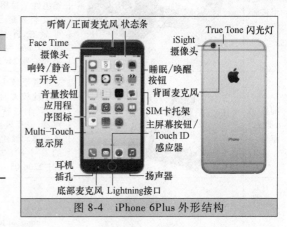

图 8-4　iPhone 6Plus 外形结构

⏱13　iPhone 6Plus 内部结构是怎样的？

【答】　iPhone 6Plus 内部结构如图 8-5 所示。

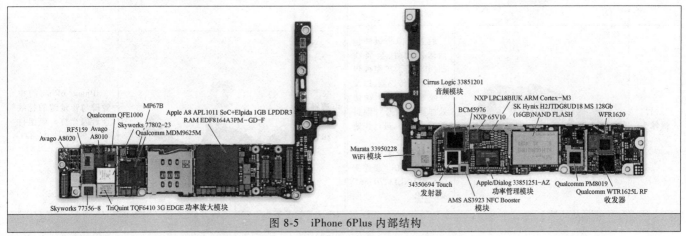

图 8-5　iPhone 6Plus 内部结构

⏱14　iPhone 6Plus 主板元器件分布是怎样的？

【答】　iPhone 6Plus 主板元器件分布如图 8-6 所示。

图 8-6　iPhone 6Plus 主板元器件分布

⏱15 iPhone 6Plus 的零部件有哪些?

【答】 iPhone 6Plus 的一些零部件见表8-7。

表8-7 iPhone 6Plus 的一些零部件

名称	图例	解说	名称	图例	解说
Home 键组件		iPhone 6Plus 的 Home 键直接连在了主板上,取消了长长的排线设计。Home 键组件是采用一个金属支架固定,取下后可轻松拆掉 Home 键。Home 键组件苹果的编号 2441-06	扬声器		iPhone 6Plus 的扬声器可以单独拆卸下来
前置摄像头组件		前置摄像头组件是一个比较大的电缆组件,其上包括耳机扬声器、麦克风、环境光传感器。该组件苹果的编号 821-2200-06、821-2206-05	Lightning 接口		Lightning 接口组件上有耳机接口、天线排线接口等
振动器		iPhone 6Plus 采用了新的振动器,其位于电池的右侧	电源键与音量键组件		iPhone 6Plus 的电源键与音量键的排线连着闪光灯。该组件苹果的编号为 821-2212-06
后置摄像头		后置摄像头组件包括透镜元件、金属线圈、电缆等。该组件包括相机的传感器,以及从陀螺仪、M8 运动协处理器的数据对颤抖的操作动作,进行快速移动补偿。该组件苹果的编号为 821-2208-04。摄像头编号为 DNL43270566F MKLAB			

⏱16 iPhone 6Plus 主要芯片有哪些?

【答】 iPhone 6Plus 主要一些芯片见表8-8。

表8-8 iPhone 6Plus 主要一些芯片

型号	功能与解说
338S1201	Cirrus Logic 的 338S1201 为音频编解码器(Audio Codec)。338S1201 在 iPhone 5S、iPhone 6 中也有应用
338S1251-AZ	Apple/Dialog 的 338S1251-AZ 为电源管理芯片(Power Management IC)。338S1251-AZ 在 iPhone 6 中也有应用
339S0228	村田(Murata)的 339S0228 为 WiFi 芯片模块(WiFi Module)。339S0228 在 iPhone 6 中也有应用
343S0694	德仪(Texas Instruments)的 343S0694 为触摸芯片模块(Touch Transmitter)。343S0694 在 iPhone 6 中也有应用
65V10 NSD425	NXP 的 65V10 为 NFC 芯片模块+安全元件(NXP 的 PN544 NFC 控制器)。65V10 在 iPhone 6 中也有应用
A8	A8 处理器为 APL1011 SoC+Elpida 1GB LPDDR3 RAM(尔必达 1GB LPDDR3 内存与它封装在一起,编号为 EDF8164A3PM-GD-F)。A8 处理器在 iPhone 6 中也有应用
A8010 KA1422 JNO27	Avago 的 A8010 为超高频带 PA(功率放大器)+FBARs(谐振器)。Avago 的 A8010 在 iPhone 6 中也有应用
A8020 KA1428 JR159	Avago 的 A8020 为高频带功率放大器-双工器(High Band PAD)。Avago 的 A8020 在 iPhone 6 中也有应用
AS3923	AMS 的 AS3923 为近场通信提升器(NFC Booster IC)
BCM5976	博通(Broadcom)的 BCM5976 为触控芯片(Touchscreen Controller)。BCM5976 在 iPhone 5、iPhone 5S、iPhone 6 中也有应用

（续）

型号	功能与解说
H2JTDG8UD1BMS	SK Hynix 的 H2JTDG8UD1BMS 为 128Gbit（16GB）闪存（NAND Flash）
LPC18B1UK	NXP 的 LPC18B1UK ARM Cortex-M3 微控制器（也被称为 M8 运动协处理器）
M8	M8 协处理器，也就是 NXP 的 LPC18B1UK
MDM9625M	高通（Qualcomm）的 MDM9625M 为 LTE 基带芯片（LTE Modem）
MP67B	InvenSense 的 MP67B 六轴陀螺仪与加速度器组合（6-axis Gyroscope and Accelerometer Combo）。MP67B 在 iPhone 6 中也有应用
PM8019	高通（Qualcomm）的 PM8019 为电源管理芯片（Power Management IC）。PM8019 在 iPhone 6 中也有应用
QFE1000	高通（Qualcomm）的 QFE1000 为包络跟踪芯片（Envelope Tracking IC）。QFE1000 在 iPhone 6 中也有应用
RF5159	RF Micro Devices 的 RF5159 为射频/天线开关（Antenna Switch Module）。RF5159 在 iPhone 6 中也有应用
SKY77356-8	SkyWorks 的 77356-8 为中频带功率放大器-双工器（Mid Band PAD）
SKY77802-23	Skyworks 的 77802-23 为低频带 LTE 功率放大器-双工器（Low Band LTE PAD）
TQF6410	TriQuint 的 TQF6410 为 3G EDGE 功率放大器模块（Power Amplifier Module）
WFR1620	高通（Qualcomm）的 WFR1620 为射频接收器，其配合 WTR1625L 实现载波聚合
WTR1625L	高通（Qualcomm）的 WTR1625L 为射频芯片（RF Transceiver）

第9章

iPhone SE、iPhone 7与iPhone 7Plus 维修即查

9.1 iPhone SE

1 iPhone SE 外形结构是怎样的？

【答】 iPhone SE 外形结构如图 9-1 所示。

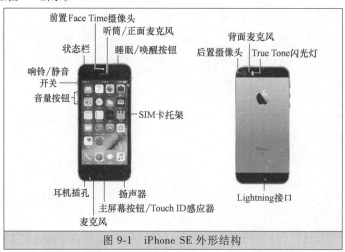

图 9-1　iPhone SE 外形结构

2 iPhone SE 所用零部件有哪些？

【答】 iPhone SE 所用的一些零部件见表 9-1。

表 9-1　iPhone SE 所用的一些零部件

名称	图例	解说	名称	图例	解说
显示屏		iPhone SE 的显示屏与 iPhone 5S 显示屏有很大的相似性	摄像头		iPhone SE 的摄像头不能够直接代换 iPhone 5S 的摄像头
电池		iPhone SE 的电池为 3.82V，6.21Wh，1624mAh。 iPhone SE 的电池连接器与 iPhone 5S 的不同，也就是说 iPhone SE 的电池与 iPhone 5S 的电池不能够替换	Lightning 接口组件		iPhone SE 的 Lightning 接口组件与 iPhone 5S 的 Lightning 接口组件不能够代换

3　iPhone SE 内部结构是怎样的？

【答】　iPhone SE 内部结构如图 9-2 所示。

图 9-2　iPhone SE 内部结构

4　iPhone SE 主板结构与维修是怎样的？

【答】　iPhone SE 主板结构与维修如图 9-3 所示。

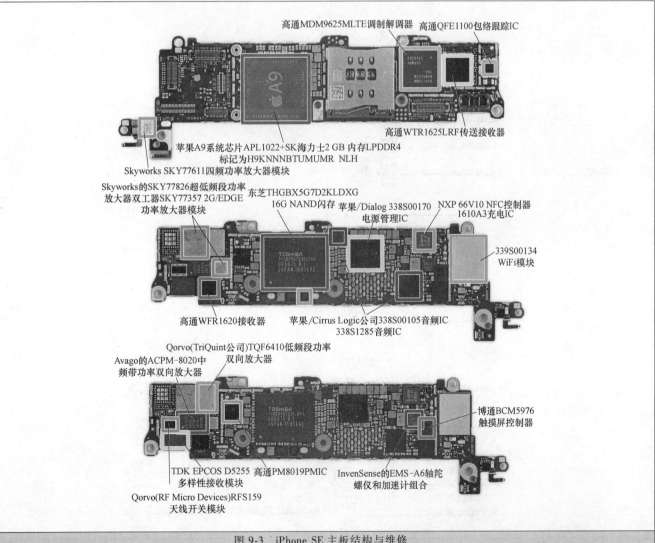

图 9-3　iPhone SE 主板结构与维修

♻5 iPhone SE 测试点有哪些?

【答】 iPhone SE 一些测试点如图 9-4 所示。

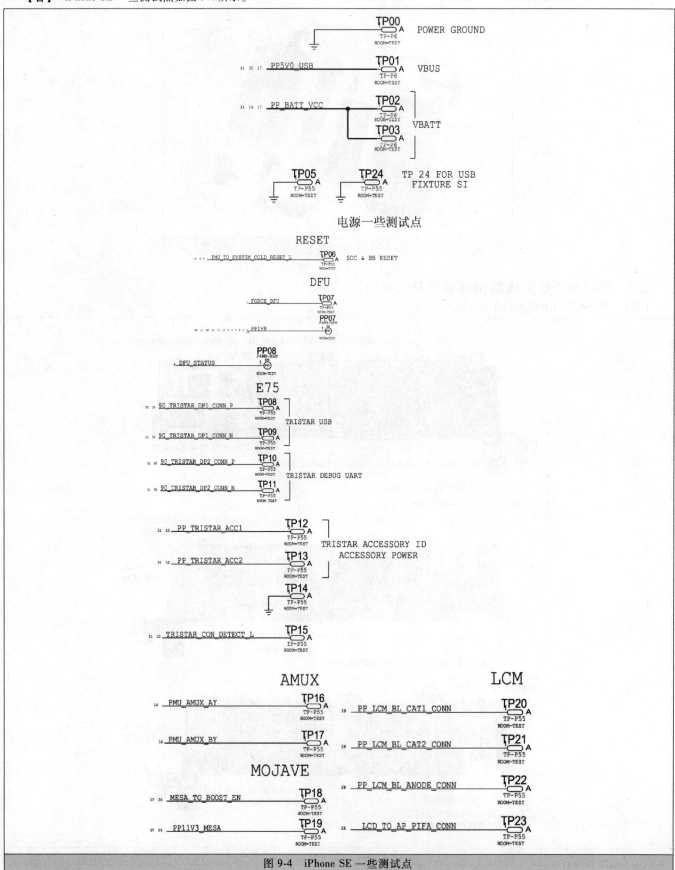

图 9-4 iPhone SE 一些测试点

9.2 iPhone 7 与 iPhone 7Plus

6 iPhone 7 的特点是怎样的？

【答】 iPhone 7 是 Apple（苹果公司）第 10 代手机。iPhone 7 取消了 16GB 机型，最低存储容量为 32GB，以及另外两个容量是 128GB 和 256GB。iPhone 7 主要参数、特点见表 9-2。

表 9-2 iPhone 7 主要参数、特点

项目	参数、特点	项目	参数、特点
2G/3G 网络	GSM、WCDMA（联通 3G）、CDMA 2000/1x、CDMA EV-DO（电信 3G）	前置摄像头	700 万像素
		闪光灯	双色温 补光灯
4G 网络	全网通、移动 4G、联通 4G、电信 4G	视频播放	支持视频播放、支持 MP4、AVI、NAVI、DV-AVI、DIVX、MOV、ASF、WMV、RM、RMVB 等格式
CPU	苹果 A10 2.23GHz（4 核）		
CPU 频率	2230	手机类型	智能手机、拍照手机、防水手机、四核手机、4G 手机
音频播放	支持 MP3 播放、支持 MP3、AAC、AAC+、eAAC+、AMR、WAV、MID、OGG 等格式		
SIM 卡类型	Nano-SIM 卡、单卡	手机频段	2G：GSM 850/900/1800/1900 3G：TD-SCDMA 1900/2100 3G：WCDMA 850/900/1700/2100 3G：CDMA EVDO 800/1900/2100 4G：TD-LTE B38/39/40/41 4G：FDD-LTE B1/2/3/4/5/7/8/12/13/17/18/19/20/25/26/27/28/29/30
传感器	重力感应、距离感应、光线感应、加速传感器、指纹识别、电子罗盘、NFC、陀螺仪、气压计		
电池类型	不可拆卸式电池		
电池容量	1960mAh		
后置摄像头	1200 万像素		
后置摄像头传感器类型	CMOS 传感器	手机外形	直板
键盘类型	虚拟触摸键盘	数据接口	支持数据线
扩展卡	无扩展卡功能	数码变焦	5 倍数码变焦
拍摄特色	自动对焦、人脸识别、全景拍摄、防抖功能、连拍功能、HDR、光学防抖	图形浏览	支持 JPEG、PNG、GIF、BMP 等格式
		外壳颜色	黑色、银色、金色、玫瑰金、亮黑色
屏幕大小	4.7 英寸	像素密度	326ppi
屏幕分辨率	1334×750 像素	主屏色彩	1600 万色
屏幕技术/材质	IPS	主摄像头光圈	$f/1.8$

7 iPhone 7Plus 的特点是怎样的？

【答】 Phone 7Plus 是苹果 7 升级版手机，iPhone 7Plus 主要参数、特点见表 9-3。

表 9-3 iPhone 7Plus 主要参数、特点

项目	参数、特点	项目	参数、特点
3G 网络	移动 3G（TD-SCDMA）、联通 3G（WCDMA）、电信 3G（CDMA2000）、联通 2G/移动 2G（GSM）	连接与共享	VoLTE、NFC、蓝牙 4.2、MIMO
		屏幕技术	3D Touch 技术
4G 网络	移动 TD-LTE、联通 TD-LTE、联通 FDD-LTE、电信 TD-LTE、电信 FDD-LTE	屏幕像素密度	401ppi
		屏幕占比	67.67%
CPU 型号	苹果 A10+M10 协处理器	前置摄像头	700 万像素
运行内存	3GB	三防功能	支持 IP67 级防溅、防水、防尘
存储空间	32GB/128GB/256GB	闪光灯	True Tone 闪光灯（4 颗）
SIM 卡类型	Nano-SIM 卡	摄像头	内置
WLAN 功能	WiFi，IEEE 802.11 a/b/g/n/ac；	摄像头类型	三摄像头（后双）
操作类型	物理按键	摄像头特色	六镜式镜头
处理器位数	64 位	视频拍摄	4K（3840×2160，30 帧/秒）视频录制
触摸屏类型	电容屏、多点触控	手机类型	4G 手机、3G 手机、智能手机、平板手机
传感器类型	背照式/BSI CMOS	网络类型	全网通
导航	GPS 导航、A-GPS 技术、GLONASS 导航	窄边框	4.71mm
电池类型	不可拆卸式电池	支持频段	2G：GSM 850/900/1800/1900； 3G：TD-SCDMA 1900/2100； 3G：WCDMA 850/900/1700/2100； 3G：CDMA EVDO 800/1900/2100； 4G：TD-LTE B38/39/40/41； 4G：FDD-LTE B1/2/3/4/5/7/8/12/13/17/18/19/20/25/26/27/28/29/30
电池容量	2910mAh		
感应器类型	三轴陀螺仪、加速传感器、光线传感器、距离传感器、气压计、指纹识别		
光圈	主 $f/1.8$，副 $f/2.2$		
核心数	四核		
后置摄像头	1200 万像素		
机身材质	金属机身		
机身接口	Lightning 数据接口	主屏材质	Retina HD
理论待机时间	384 小时	主屏尺寸	5.5 英寸
理论通话时间	1260min	主屏分辨率	1920×1080 像素

✂8 iPhone 7 与 iPhone 7Plus 尺寸是多少？

【答】 iPhone 7 与 iPhone 7Plus 尺寸如图 9-5 所示。

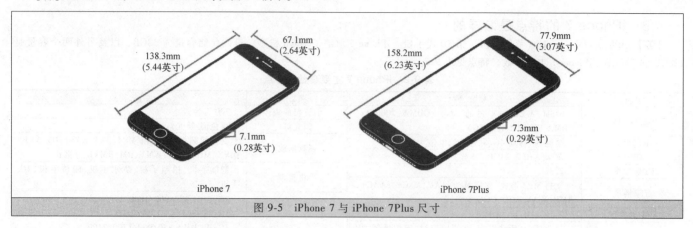

图 9-5 iPhone 7 与 iPhone 7Plus 尺寸

✂9 iPhone 7 与 iPhone 7Plus 外部按键和连接端口是怎样的？

【答】 iPhone 7 与 iPhone 7Plus 外部按键和连接端口如图 9-6 所示。

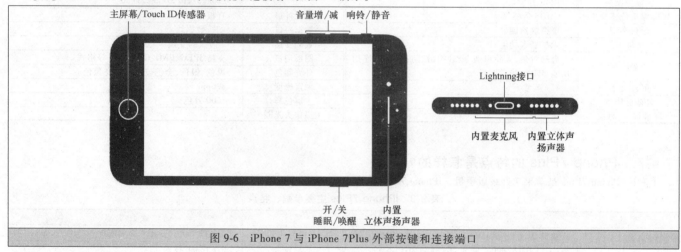

图 9-6 iPhone 7 与 iPhone 7Plus 外部按键和连接端口

✂10 iPhone 7 与 iPhone 7Plus 型号与蜂窝网络和无线连接是怎样的？

【答】 iPhone 7 与 iPhone 7Plus 型号与蜂窝网络和无线连接见表 9-4。

表 9-4 iPhone 7 与 iPhone 7Plus 型号与蜂窝网络和无线连接

型号	蜂窝网络和无线连接	型号	蜂窝网络和无线连接
A1660 型号、A1661 型号	FDD-LTE（频段 1，2，3，4，5，7，8，12，13，17，18，19，20，25，26，27，28，29，30）； TD-LTE（频段 38，39，40，41）； TD-SCDMA 1900（F），2000（A）； CDMA EV-DO Rev. A?（800，1900，2100MHz）； UMTS/HSPA +/DC-HSDPA（850，900，1700/2100，1900，2100MHz）； GSM/EDGE（850，900，1800，1900MHz）	A1780 型号、A1786 型号	FDD-LTE（频段 1，2，3，4，5，7，8，12，13，17，18，19，20，25，26，27，28，29，30）； TD-LTE（频段 38，39，40，41）； TD-SCDMA 1900（F），2000（A）； UMTS/HSPA +/DC-HSDPA（850，900，1900，2100MHz）； GSM/EDGE（850，900，1800，1900MHz）

A1780 的 CMIIT ID（即无线电发射设备型号核准代码）为 2016CJ6050。A1660 的 CMIIT ID（即无线电发射设备型号核准代码）为 2016CJ3673。

✂11 iPhone 7 与 iPhone 7Plus 外形结构是怎样的？

【答】 iPhone 7 与 iPhone 7Plus 外形结构如图 9-7 所示。

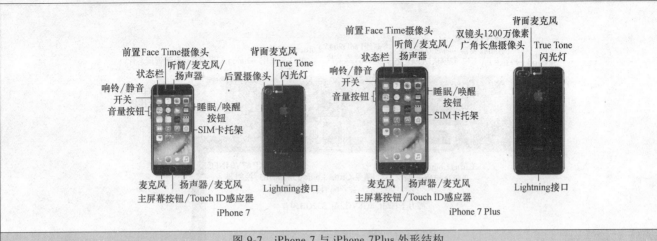

图 9-7 iPhone 7 与 iPhone 7Plus 外形结构

12 Lightning 接口是怎样的？

【答】 将 Lightning 转 USB 连接线连接到 Lightning 接口以给 iPhone 充电或同步 iPhone。

iPhone 7、iPhone 7Plus 上，使用配备 Lightning 插头的 EarPods 听取音频，或使用 Lightning 转耳机插孔转换器来连接耳机或其他配备 3.5 毫米插孔的设备类型。

13 iPhone 7 内部结构是怎样的？

【答】 iPhone 7 内部结构如图 9-8 所示。

iPhone 7 内部结构与 iPhone 6 内部结构比较，属于 3D Touch 一部分的 Taptic Engine 振动模块，被放置在电池下方，从而使得 iPhone 7 的电池电量从 1810mAh 缩水到 1715mAh。

14 iPhone 7 主板结构与维修是怎样的？

【答】 iPhone 7 主板结构与维修如图 9-9 所示。

图 9-8 iPhone 7 内部结构

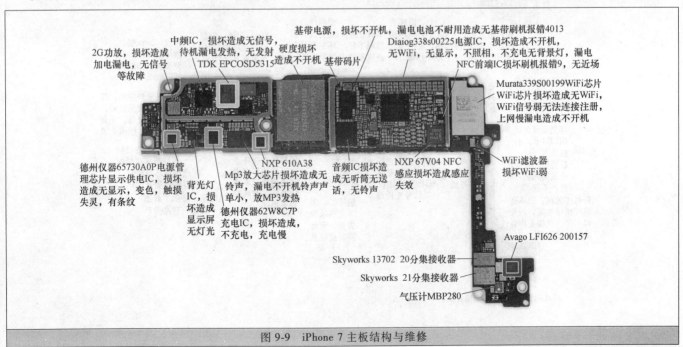

图 9-9 iPhone 7 主板结构与维修

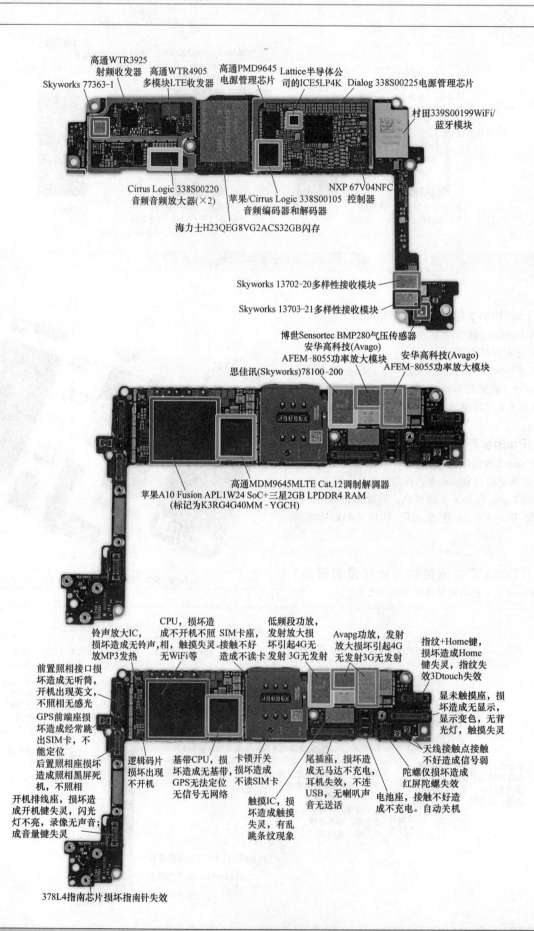

高通WTR3925
射频收发器
Skyworks 77363-1
高通WTR4905
多模块LTE收发器
高通PMD9645
电源管理芯片
Lattice半导体公
司的ICE5LP4K
Dialog 338S00225电源管理芯片
村田339S00199WiFi/
蓝牙模块

Cirrus Logic 338S00220
音频音频放大器(×2)
苹果/Cirrus Logic 338S00105
音频编码器和解码器
NXP 67V04NFC
控制器

海力士H23QEG8VG2ACS32GB闪存

Skyworks 13702-20多样性接收模块

Skyworks 13703-21多样性接收模块

博世Sensortec BMP280气压传感器
安华高科技(Avago)
AFEM-8055功率放大模块
思佳讯(Skyworks)78100-200
安华高科技(Avago)
AFEM-8055功率放大模块

高通MDM9645MLTE Cat.12调制解调器
苹果A10 Fusion APL1W24 SoC+三星2GB LPDDR4 RAM
(标记为K3RG4G40MM - YGCH)

铃声放大IC,
损坏造成无铃声,
放MP3发热
前置照相接口损
坏造成无听筒,
开机出现英文,
不照相无感光
GPS前端座损
坏造成经常跳
出SIM卡,不
能定位
后置照相座损坏
造成照相黑屏死
机,不照相
开机排线座,损坏造
成开机键失灵,闪光
灯不亮,录像无声音;
成音量键失灵

CPU,损坏造
成不开机不照
相,触摸失灵
无WiFi等

SIM卡座,
接触不好
造成不读卡

逻辑码片
损坏出现
不开机

基带CPU,损
坏造成无基带,
GPS无法定位
无信号无网络

卡锁开关
损坏造成
不读SIM卡

低频段功放,
发射放大损
坏引起4G无
发射3G无发射

尾插座,损坏造
成无马达不充电,
耳机失效,不连
USB,无喇叭声
音无送话

触摸IC,损
坏造成触摸
失灵,有乱
跳纹现象

Avapg功放,发射
放大损坏引起4G
无发射3G无发射

指纹+Home键,
损坏造成Home
键失灵,指纹失
效3Dtouch失效

显未触摸座,损
坏造成无显示,
显示变色,无背
光灯,触摸失灵

天线接触点接触
不好造成信号弱
陀螺仪损坏造成
红屏陀螺失效
电池座,接触不好造
成不充电。自动关机

378L4指南芯片损坏指南针失效

图9-9　iPhone 7主板结构与维修（续）

✪15　iPhone 7 所用零部件有哪些？

【答】　iPhone 7 所用的一些零部件见表9-5。

表9-5　iPhone 7 所用的一些零部件

名称	图例	解说	名称	图例	解说
灯光、摄像头		iPhone 7 摄像头升级到 *f*/1.8mm 光圈、6 镜式镜头、1200 万像素、4-LED True Tone 闪光灯、一个背照式感光元件在使用照相与视频时进行光线感应、补偿	显示屏部件		打开 iPhone 7 会损坏显示器上的防水密封。如果不更换胶粘剂密封，iPhone 7 将正常运作，但不再防水。断开 iPhone 7 上方屏幕总成与主板间的几个排线接口后，即可取下前面板
电池		电池规格为 3.8V，1960mAh	后壳		从下侧连接器支架上拆下两种三点 Y000 螺丝：三个 1.2mm 螺一个 2.4mm 螺钉
扬声器		iPhone 7 扬声器附带着 1 条焊接上去的连接到逻辑板上的 WiFi 天线。扬声器的输出口有 1 个橡胶扬声器格栅垫作为深层入口保护	LCD 保护片		卸下 LCD 保护片时，务必小心不要戳到并损坏显示屏数据线缆
逻辑板		iPhone 7 与 iPhone 7Plus 逻辑板相似，但是尺寸大小不同			
Lightning 接口排线（雷电线缆总成）		Lightning 排线具有其他附带的电缆：一根天线、两个麦克风、两个扬声器格栅插头等	Home 按键组件		Home 按键组件带有 Touch ID。iPhone 7 的 Home 按键组件的 3D Touch 芯片，型号为 343S00014。拿掉 LCD 屏幕面板背面的金属支架后，就可以看到 iPhone 7 的该 3D Touch 芯片
天线电缆		做了防水处理	震动模块		iPhone 7 的震动模块与普通的震动马达不同，其只需一次振荡就可以达到峰值输出，能够发出类似敲击感的独特震动感
听筒、摄像头		听筒为第二个立体声扬声器，自动图像防抖功能和像素隔离的 FaceTime 高清摄像头	天线模块		iPhone 7 与上代具有相同的天线模块

⌂16 iPhone 7 电池连接器线路是怎样的？

【答】 iPhone 7 电池连接器线路如图 9-10 所示。

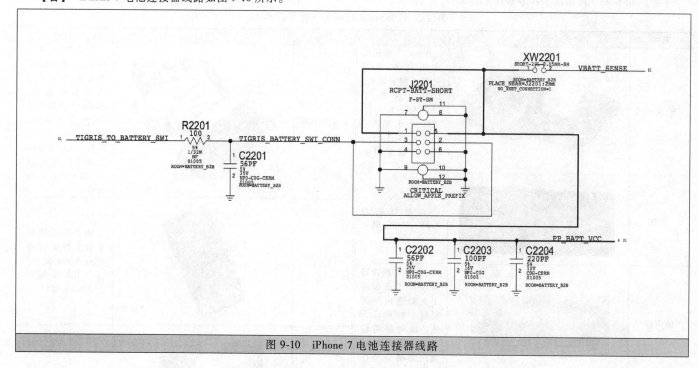

图 9-10　iPhone 7 电池连接器线路

⌂17 iPhone 7Plus 内部结构是怎样的？

【答】 iPhone 7Plus 内部结构如图 9-11 所示。

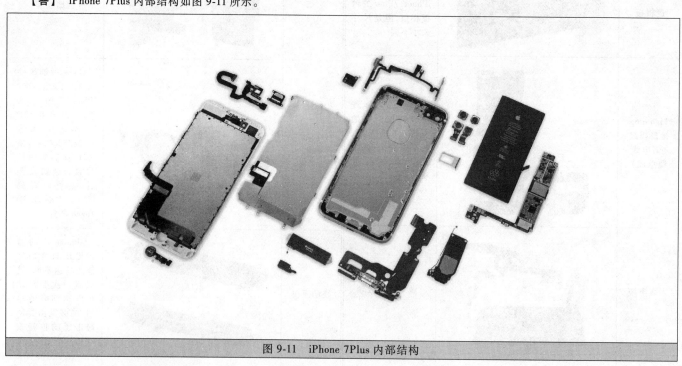

图 9-11　iPhone 7Plus 内部结构

iPhone 7Plus 内部采用了黑色、白色的粘合剂。这些粘合剂是为了防水。iPhone 7Plus 首先需要移除天线部分，才能够将主板拆下。iPhone 7Plus 顶部左侧是 WiFi 天线。

⌂18 iPhone 7Plus 主板结构与维修是怎样的？

【答】 iPhone 7Plus 主板结构与维修如图 9-12 所示。

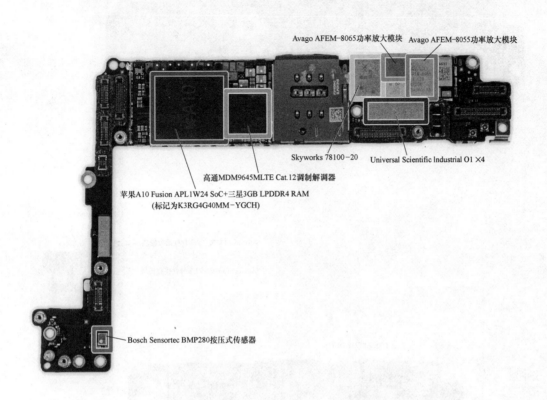

Avago AFEM-8065功率放大模块 Avago AFEM-8055功率放大模块

Skyworks 78100-20 Universal Scientific Industrial O1 ×4

高通MDM9645MLTE Cat.12调制解调器

苹果A10 Fusion APL1W24 SoC+三星3GB LPDDR4 RAM
（标记为K3RG4G40MM-YGCH）

Bosch Sensortec BMP280按压式传感器

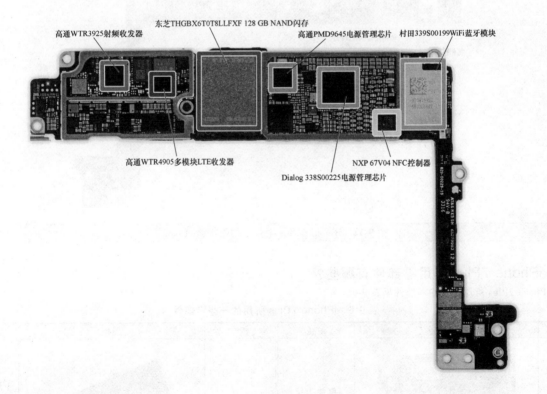

东芝THGBX6T0T8LLFXF 128 GB NAND闪存

高通WTR3925射频收发器 高通PMD9645电源管理芯片 村田339S00199WiFi蓝牙模块

高通WTR4905多模块LTE收发器

Dialog 338S00225电源管理芯片 NXP 67V04 NFC控制器

图 9-12　iPhone 7Plus 主板结构与维修

— 177 —

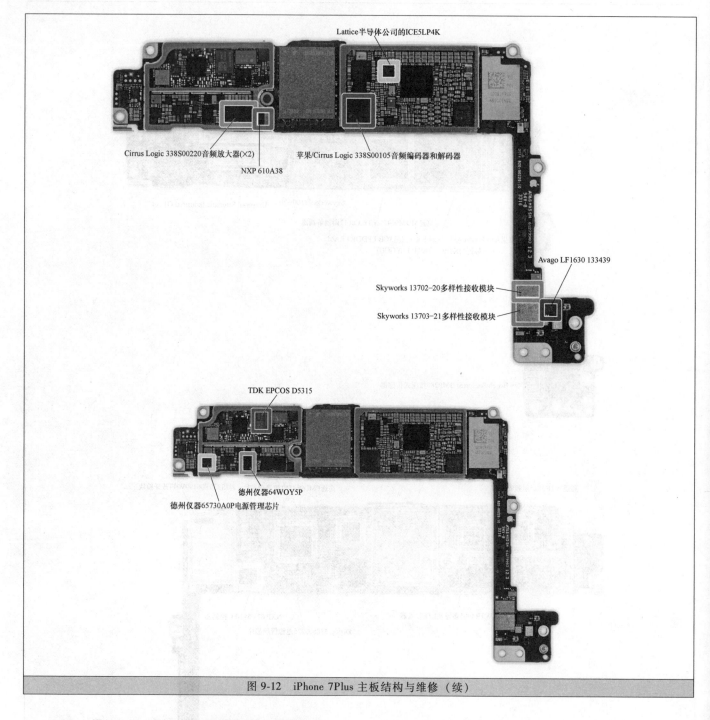

图 9-12　iPhone 7Plus 主板结构与维修（续）

⚒19　iPhone 7Plus 所用零部件有哪些？

【答】　iPhone 7Plus 所用的一些零部件见表 9-6。

表 9-6　iPhone 7Plus 所用的一些零部件

名称	图例	解说	名称	图例	解说
电池小拉条		电池小拉条用于拆卸电池用	电池		电池规格是3.82V、2900mAh、11.1Wh，相比iPhone 6SPlus略有增加

（续）

名称	图例	解说	名称	图例	解说
摄像头		双传感器,双镜头,双光学防抖。iPhone 7Plus两个摄像头都是 1200 万像素,其中一个是广角镜头,另一个是长焦镜头	扬声器		与 iPhone 6Plus、 iPhone 6SPlus 一样, iPhone 7Plus的扬声器也附着天线
SIM 卡托		SIM 卡托有橡胶圈。橡胶圈能够有效地把水与灰尘都拦截在手机之外。更换配件后,需要注意密封圈是否安装到位	Lightning 接口组件		Lightning 接口组件与麦克风相连,麦克风固定在扬声器网罩上
显示屏组件		iPhone 7Plus 与 iPhone 6、 iPhone 6S 中拆出来的 1920×1080 显示屏差不多,但也有显著的改变:本尊比上一代支持更大 P3 颜色范围,亮度增加 25%	前置摄像头连接组件		前置摄像头连接组件上包括麦克风、立体扬声器、前置摄像头、距离传感器和光线传感器
			Home 键		Home 键触摸传感器组件应用了 Analog Devices AD7149 电容传感控制器。Home 键采用了压敏设计

⌘20 iPhone 7 连接器是怎样的?

【答】 iPhone 7 一些连接器的特点如图 9-13 所示。

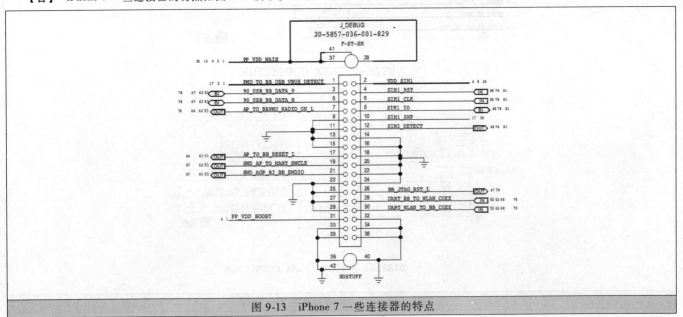

图 9-13 iPhone 7 一些连接器的特点

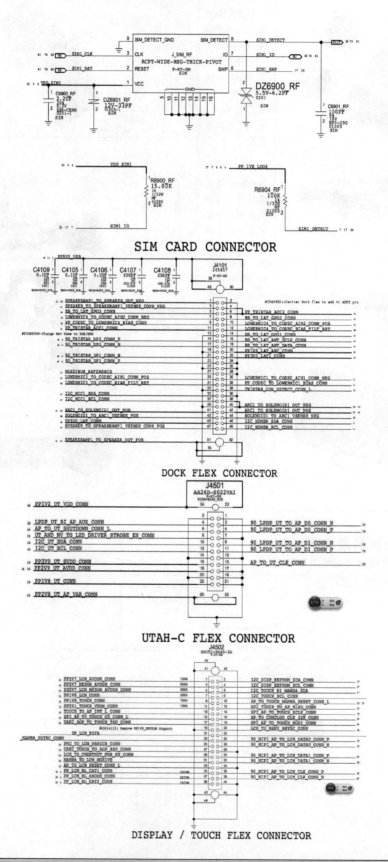

图 9-13　iPhone 7 一些连接器的特点（续）

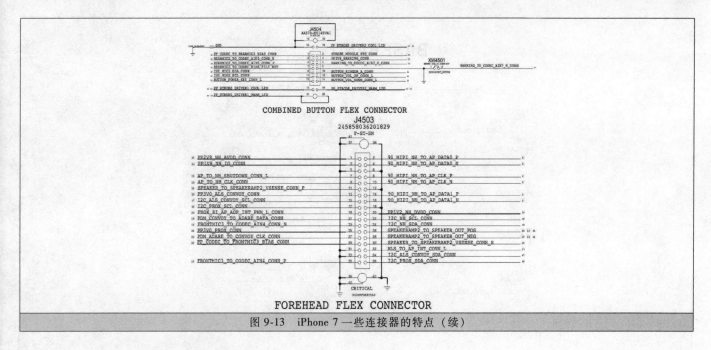

图9-13 iPhone 7一些连接器的特点（续）

☪21 iPhone 7 测试点有哪些?

【答】 iPhone 7 一些测试点如图 9-14 所示。

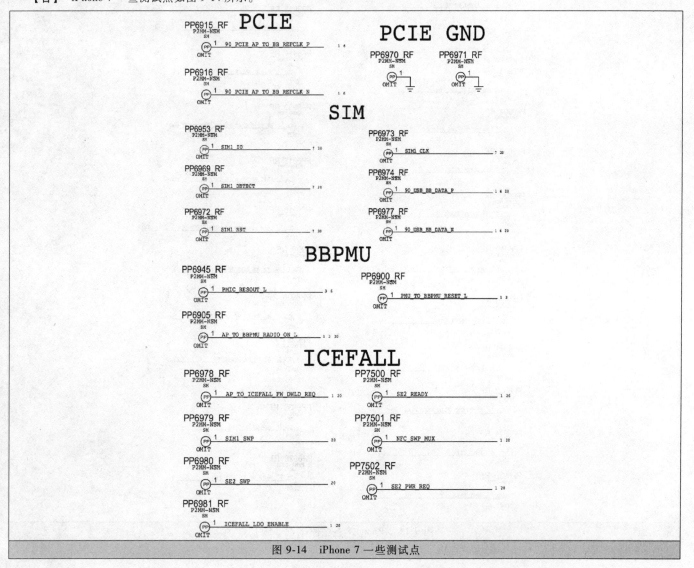

图 9-14 iPhone 7 一些测试点

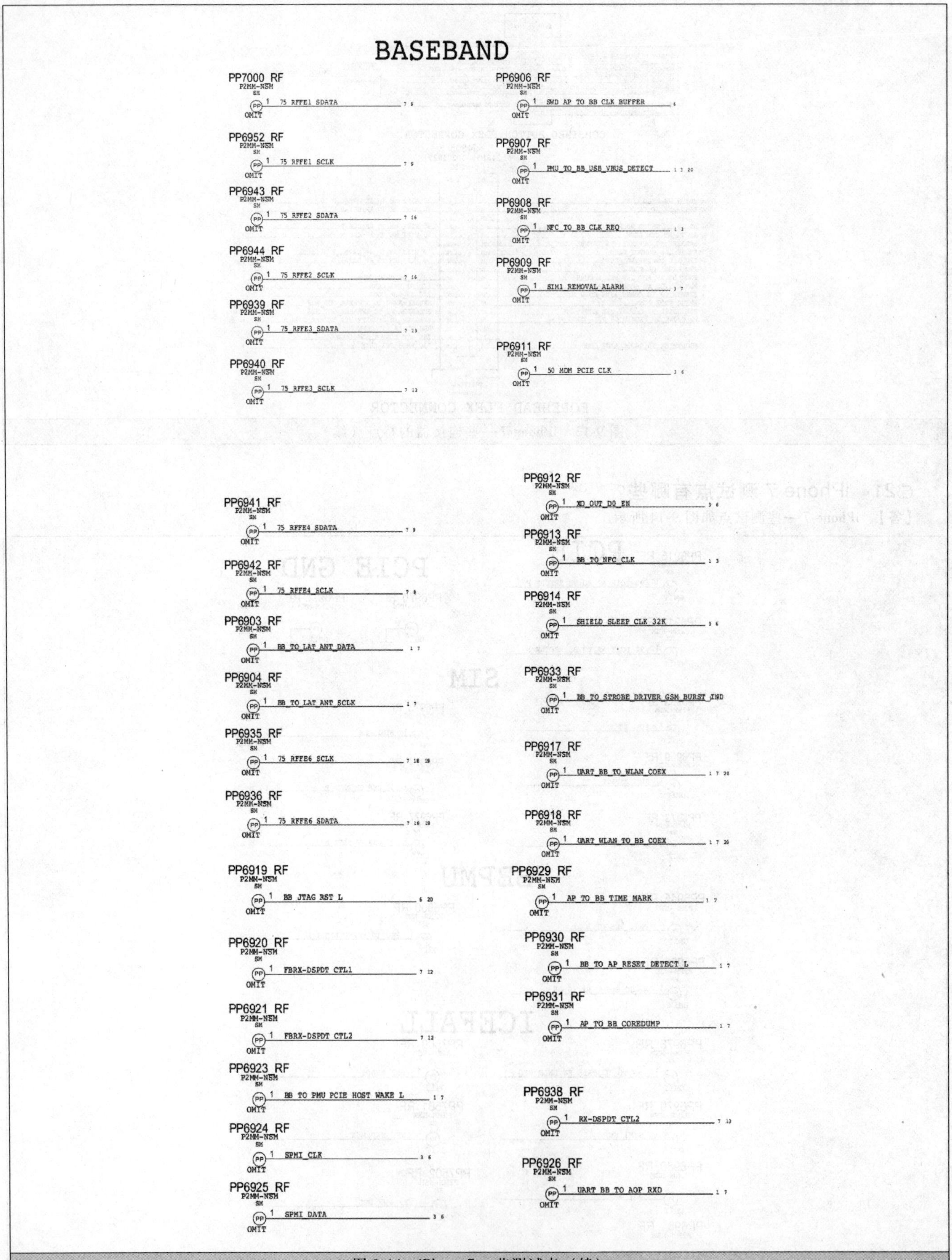

BASEBAND

PP7000_RF
P2MM-NSM
EX
(PP) 1 75 RFFE1 SDATA
OMIT 7 9

PP6952_RF
P2MM-NSM
SX
(PP) 1 75 RFFE1 SCLK
OMIT 7 9

PP6943_RF
P2MM-NSM
SX
(PP) 1 75 RFFE2 SDATA
OMIT 7 16

PP6944_RF
P2MM-NSM
SX
(PP) 1 75 RFFE2 SCLK
OMIT 7 16

PP6939_RF
P2MM-NSM
SX
(PP) 1 75 RFFE3 SDATA
OMIT 7 13

PP6940_RF
P2MM-NSM
SX
(PP) 1 75 RFFE3 SCLK
OMIT 7 13

PP6941_RF
P2MM-NSM
NX
(PP) 1 75 RFFE4 SDATA
OMIT 7 9

PP6942_RF
P2MM-NSM
SX
(PP) 1 75 RFFE4 SCLK
OMIT 7 9

PP6903_RF
P2MM-NSM
SX
(PP) 1 BB_TO_LAT_ANT_DATA
OMIT 1 7

PP6904_RF
P2MM-NSM
SX
(PP) 1 BB_TO_LAT_ANT_SCLK
OMIT 1 7

PP6935_RF
P2MM-NSM
SX
(PP) 1 75 RFFE6 SCLK
OMIT 7 18 19

PP6936_RF
P2MM-NSM
SX
(PP) 1 75 RFFE6 SDATA
OMIT 7 18 19

PP6919_RF
P2MM-NSM
SX
(PP) 1 BB JTAG RST L
OMIT 6 20

PP6920_RF
P2MM-NSM
SX
(PP) 1 FBRX-DSPDT CTL1
OMIT 7 12

PP6921_RF
P2MM-NSM
SX
(PP) 1 FBRX-DSPDT CTL2
OMIT 7 12

PP6923_RF
P2MM-NSM
SX
(PP) 1 BB TO PMU PCIE HOST WAKE L
OMIT 1 7

PP6924_RF
P2MM-NSM
SX
(PP) 1 SPMI_CLK
OMIT 3 6

PP6925_RF
P2MM-NSM
SX
(PP) 1 SPMI_DATA
OMIT 3 6

PP6906_RF
P2MM-NSM
SX
(PP) 1 SWD AP TO BB CLK BUFFER
OMIT 6

PP6907_RF
P2MM-NSM
SX
(PP) 1 PMU_TO_BB_USB_VBUS_DETECT
OMIT 1 3 20

PP6908_RF
P2MM-NSM
SX
(PP) 1 NFC_TO_BB_CLK_REQ
OMIT 1 3

PP6909_RF
P2MM-NSM
SX
(PP) 1 SIM1_REMOVAL_ALARM
OMIT 3 7

PP6911_RF
P2MM-NSM
SX
(PP) 1 50 MDM PCIE CLK
OMIT 3 6

PP6912_RF
P2MM-NSM
SX
(PP) 1 XO_OUT_DO_EN
OMIT 3 6

PP6913_RF
P2MM-NSM
SX
(PP) 1 BB_TO_NFC_CLK
OMIT 1 3

PP6914_RF
P2MM-NSM
SX
(PP) 1 SHIELD_SLEEP_CLK_32K
OMIT 3 6

PP6933_RF
P2MM-NSM
SX
(PP) 1 BB_TO_STROBE_DRIVER_GSM_BURST_IND
OMIT

PP6917_RF
P2MM-NSM
SX
(PP) 1 UART_BB_TO_WLAN_COEX
OMIT 1 7 20

PP6918_RF
P2MM-NSM
SX
(PP) 1 UART_WLAN_TO_BB_COEX
OMIT 1 7 20

PP6929_RF
P2MM-NSM
SX
(PP) 1 AP_TO_BB_TIME_MARK
OMIT 1 7

PP6930_RF
P2MM-NSM
SX
(PP) 1 BB_TO_AP_RESET_DETECT_L
OMIT 1 7

PP6931_RF
P2MM-NSM
SX
(PP) 1 AP_TO_BB_COREDUMP
OMIT 1 7

PP6938_RF
P2MM-NSM
SX
(PP) 1 RX-DSPDT_CTL2
OMIT 7 13

PP6926_RF
P2MM-NSM
SX
(PP) 1 UART_BB_TO_AOP_RXD
OMIT 1 7

图 9-14　iPhone 7 一些测试点（续）

第 **10** 章

iPhone 8、iPhone 8Plus与iPhone X 维修即查

10.1 iPhone 8

♔1 iPhone 8 的特点是怎样的？

【答】 iPhone 8 是第 11 代 iPhone 手机，支持无线充电，分为 64GB、256GB 两个版本。iPhone 8 主要参数、特点见表 10-1。

表 10-1　iPhone 8 主要参数、特点

项目	参数、特点	项目	参数、特点
容量	64GB、256GB	视频通话	通过无线网络或蜂窝网络进行 FaceTime 视频通话
尺寸	高度：138.4mm（5.45 英寸） 宽度：67.3mm（2.65 英寸） 厚度：7.3mm（0.29 英寸）	音频播放	支持的音频格式：AAC-LC、HE-AAC、HE-AACv2、Protected AAC、MP3、Linear PCM、Apple Lossless、FLAC、Dolby Digital（AC-3）、Dolby Digital Plus（E-AC-3）与 Audible（格式 2、3、4、Audible Enhanced Audio、AAX 与 AAX+）
显示屏	视网膜高清显示屏 4.7 英寸（对角线）LCD 宽屏 Multi-Touch 显示屏，采用 IPS 技术 1334×750 像素分辨率，326ppi 1400：1 对比度（标准） 原彩显示 广色域显示（P3） 3D Touch 625cd/m² 最大亮度（标准）	视频播放	支持的视频格式：HEVC、H.264、MPEG-4Part2 与 Motion JPEG 支持播放杜比视界与 HDR10 视频内容 AirPlay 镜像、照片和视频输出至 Apple TV（第二代或更新机型） 视频镜像和视频输出支持：通过 Lightning 数字影音转换器和 Lightning 至 VGA 转换器，最高可达 1080p（转换器需单独购买）
Touch ID	内置于主屏幕按钮的指纹识别传感器	外部按键和 连接端口	主屏幕/Touch ID 传感器 音量增/减 响铃/静音 侧边按钮 内置立体声扬声器内置麦克风 Lightning 接口
蜂窝网络和 无线连接	A1863 型号 * FDD-LTE（频段 1,2,3,4,5,7,8,12,13,17,18,19,20,25,26,28,29,30,66） TD-LTE（频段 34,38,39,40,41） TD-SCDMA1900（F），2000（A） CDMAEV-DORev. A（800,1900,2100MHz） UMTS/HSPA +/DC-HSDPA（850,900,1700/2100,1900,2100MHz） GSM/EDGE（850,900,1800,1900MHz）	感应器	Touch ID 指纹识别传感器 气压计 三轴陀螺仪 加速感应器 距离感应器 环境光传感器
定位功能	辅助 GPS、GLONASS、Galileo 和 QZSS 定位系统 数字指南针 无线网络 蜂窝网络 iBeacon 微定位	SIM 卡	Nano-SIM 卡

♔2 iPhone 8 外形结构是怎样的？

【答】 iPhone 8 外形结构如图 10-1 所示。

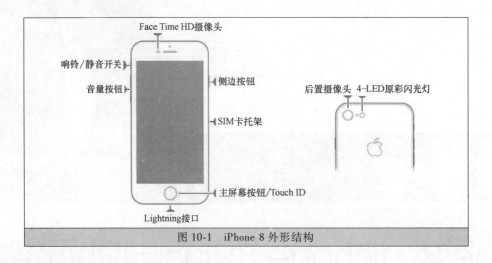

图 10-1　iPhone 8 外形结构

3　iPhone 8 内部结构是怎样的？

【答】　iPhone 8 内部结构如图 10-2 所示。

iPhone 8 的 Lightning 接口比 iPhone 7 Lightning 接口内部增加了挡板，具有增强结构等作用。iPhone 8 为单侧扬声器，具有防水橡胶垫。iPhone 8 依然采用了 Home 键。

图 10-2　iPhone 8 内部结构

4　iPhone 8 主板结构与维修是怎样的？

【答】　iPhone 8 主板结构与维修如图 10-3 所示。

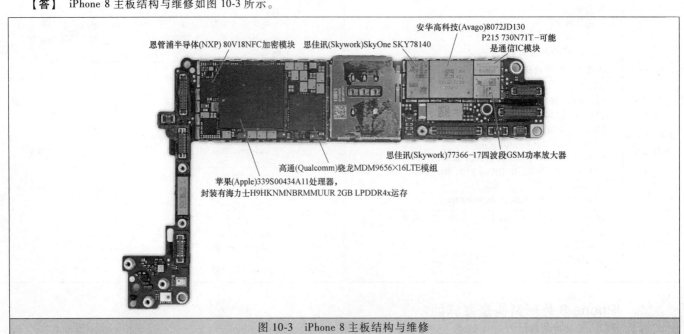

图 10-3　iPhone 8 主板结构与维修

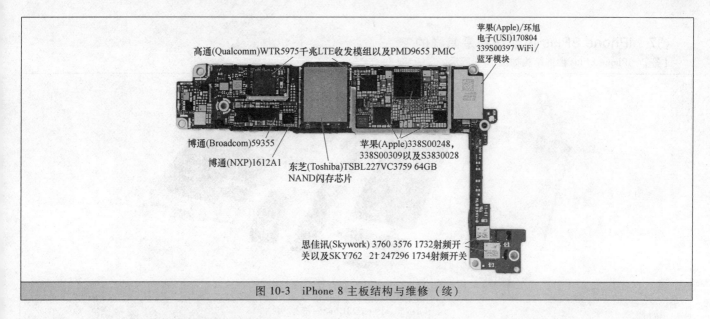

图 10-3　iPhone 8 主板结构与维修（续）

☝5　iPhone 8 所用零部件有哪些？

【答】　iPhone 8 所用的一些零部件见表 10-2。

表 10-2　iPhone 8 所用的一些零部件

名称	图例	解说	名称	图例	解说
电池		3.82V、1821mAh 的电池能够提供最高 6.96Wh 的能量	主摄像头		iPhone 8 的摄像头与 iPhone7 有相同的 $f/1.8$ 光圈，六片模组镜片，但是其他的组件有所提升。iPhone 8 上的传感器比 iPhone7 的传感器要大。iPhone 8 采用的是单摄像头
			前置摄像头		前置摄像头，其实是组件

10.2　iPhone 8Plus

☝6　iPhone 8Plus 外形结构是怎样的？

【答】　iPhone 8Plus 外形结构如图 10-4 所示。

图 10-4　iPhone 8Plus 外形结构

☆7　iPhone 8Plus 内部结构是怎样的？

【答】　iPhone 8Plus 内部结构如图 10-5 所示。

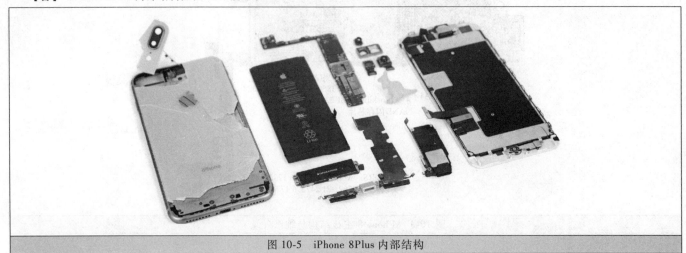

图 10-5　iPhone 8Plus 内部结构

iPhone 8Plus 双摄模块与 iPhone 7Plus 一样，需要两个摄像头同时工作通过算法才能支持人像模式。另外，iPhone 8Plus 双摄中的广角摄像头四角配有小磁铁。

iPhone 8 系列的屏幕与电池容易拆卸维修更换，但是 iPhone 8 系列的玻璃背板一旦受损，几乎不能够单独更换。因此，维修拆卸时，必须注意。

iPhone 8Plus 具有无线充电功能，从而可以延长 Lightning 接口的使用寿命。

☆8　iPhone 8Plus 所用零部件有哪些？

【答】　iPhone 8Plus 所用的一些零部件见表 10-3。

表 10-3　iPhone 8Plus 所用的一些零部件

名称	图例	解说	名称	图例	解说
后置摄像头		iPhone 8Plus 采用了两颗后置摄像头，并且两后置摄像头差别较大。iPhone 8Plus 依然采用了与 iPhone 7 相同的传感器，也就是 1200 万像素广角镜头，还搭配一个可将景物拉得更近的 1200 万像素长焦镜头。不同的是，苹果称已对 iPhone 8Plus 的双镜头摄像头进行了优化、调整	前置摄像头		iPhone 8Plus 具有 700 万像素的前置摄像头模块，尺寸为 6.8mm×5.8mm×4.4mm

☆9　iPhone 8Plus 主板结构与维修是怎样的？

【答】　iPhone 8Plus 主板结构与维修如图 10-6 所示。

iPhone 8Plus 所用集成电路的特点见表 10-4。

表 10-4　iPhone 8Plus 所用集成电路的特点

型号	特　点	型号	特　点
339S00397	339S00397 为 WiFi/蓝牙模块。	h23q2t8qk6mesbc	h23q2t8qk6mesbc 为 SK Hynix 海力士的 256GB NAND 闪存
80V18	80V18 为恩智浦的 NXPNFC 模块。控制器型号为 7PN552V0C	PMB5757	PMB5757 为 RF 射频收发器
A11	A11 仿生 AP，标识为 TMHS09，采用叠层封装（PoP）方式，配备美光（Micron）的 LPDDR4SDRAM 运行内存，型号为 MT53D384M64D4NY，容量为 3GB。A11 仿生芯片内置了专用的"神经网络引擎（NeuralEngine）"。A11 与 A10 比最大的不同在家内置了 NPU 单元	PMB6848	PMB6848（也称为 X-PMU 748）为电源管理集成电路。上面还标识为 Apple338S00309、338S00248
		PMB9948	X2748B11、XMM7480（PMB9948）是英特尔新一代基带模块（调制解调器），也是英特尔第四代 LTE 调制解调器。XMM7480（PMB9948）调制解调器的大小为 7.70mm×9.15mm，比 XMM7360（PMB9943）的 7.71mm×8.47mm 更大一些
CYPD2104	CYPD2104 为 CCG2USBType-C 型端口控制器	S2L012AC	S2L012AC 为 ToF 传感器，尺寸为 1.17mm×1.97mm

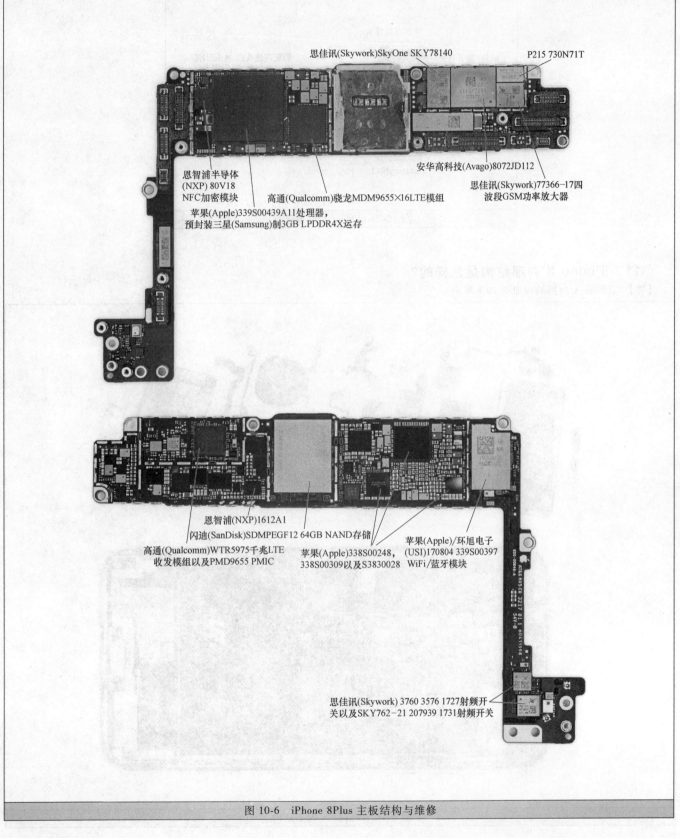

思佳讯(Skywork)SkyOne SKY78140

P215 730N71T

恩智浦半导体
(NXP) 80V18
NFC加密模块

苹果(Apple)339S00439A11处理器，
预封装三星(Samsung)制3GB LPDDR4X运存

高通(Qualcomm)骁龙MDM9655×16LTE模组

安华高科技(Avago)8072JD112

思佳讯(Skywork)77366-17四
波段GSM功率放大器

恩智浦(NXP)1612A1

闪迪(SanDisk)SDMPEGF12 64GB NAND存储

高通(Qualcomm)WTR5975千兆LTE
收发模组以及PMD9655 PMIC

苹果(Apple)338S00248，
338S00309以及S3830028

苹果(Apple)/环旭电子
(USI)170804 339S00397
WiFi/蓝牙模块

思佳讯(Skywork) 3760 3576 1727射频开
关以及SKY762-21 207939 1731射频开关

图 10-6 iPhone 8Plus 主板结构与维修

10.3 iPhone X

♻10 iPhone X 外形结构是怎样的？

【答】 iPhone X 外形结构如图 10-7 所示。

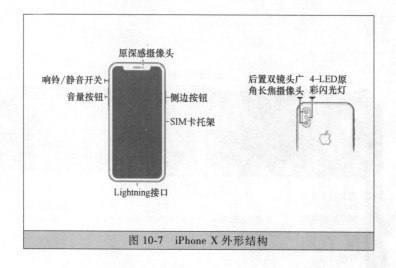

图 10-7　iPhone X 外形结构

⚙11　iPhone X 内部结构是怎样的？

【答】　iPhone X 内部结构如图 10-8 所示。

图 10-8　iPhone X 内部结构

iPhone X 拆卸时，注意不要扯坏排线。

⚙12　iPhone X 主板结构与维修是怎样的？

【答】　iPhone X 主板结构与维修如图 10-9 所示。

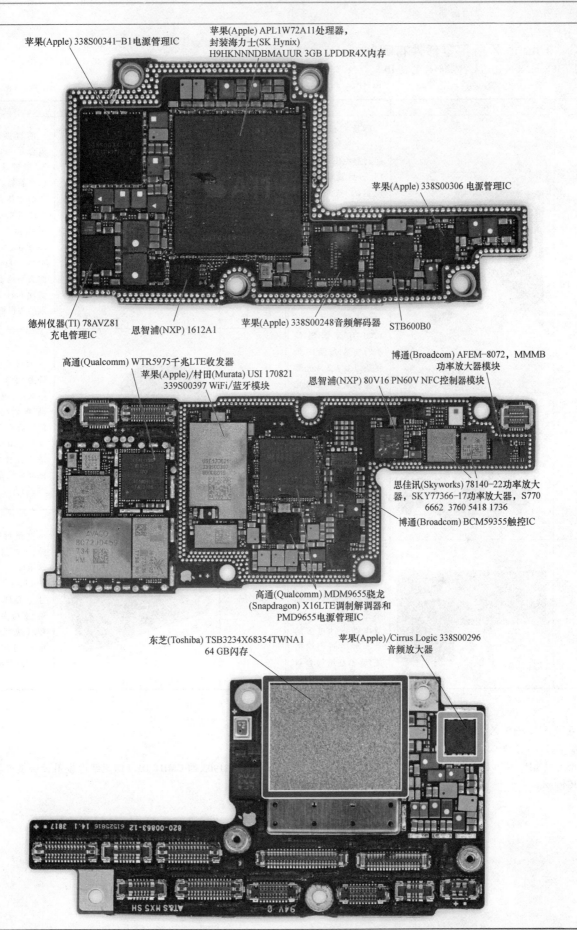

苹果(Apple) 338S00341-B1电源管理IC

苹果(Apple) APL1W72A11处理器，
封装海力士(SK Hynix)
H9HKNNNDBMAUUR 3GB LPDDR4X内存

苹果(Apple) 338S00306 电源管理IC

德州仪器(TI) 78AVZ81
充电管理IC

恩智浦(NXP) 1612A1

苹果(Apple) 338S00248音频解码器

STB600B0

高通(Qualcomm) WTR5975千兆LTE收发器

苹果(Apple)/村田(Murata) USI 170821
339S00397 WiFi/蓝牙模块

恩智浦(NXP) 80V16 PN60V NFC控制器模块

博通(Broadcom) AFEM-8072，MMMB
功率放大器模块

思佳讯(Skyworks) 78140-22功率放大
器，SKY77366-17功率放大器，S770
6662 3760 5418 1736

博通(Broadcom) BCM59355触控IC

高通(Qualcomm) MDM9655骁龙
(Snapdragon) X16LTE调制解调器和
PMD9655电源管理IC

东芝(Toshiba) TSB3234X68354TWNA1
64 GB闪存

苹果(Apple)/Cirrus Logic 338S00296
音频放大器

图 10-9　iPhone X 主板结构与维修

☝13　iPhone X 所用零部件有哪些?

【答】　iPhone X 所用的一些零部件见表 10-5。

表 10-5　iPhone X 所用的一些零部件

名称	图　例	解　说	名称	图　例	解　说
后置双摄像头组件		后置双摄像头具有一个坚固的支架,起到避免出现"弯曲门"。后置双摄像头模组的另一面用泡沫粘合剂固定在背板上,以防止因碰撞而造成的位移。背板上的玻璃罩周围为微小焊点,起到防止相机与背板玻璃的碰撞 iPhone X 后置双1200 万像素摄像头,$f/1.8$ 光圈广角镜头以及 $f/2.4$ 光圈长焦镜头,均配备光学防抖	前置摄像头组件		前置摄像头组件集合了一系列传感器,能够让 iPhone X 拥有面部识别功能。 前置摄像头 $f/2.2$ 光圈 700 万像素原深感摄像头,支持 Face ID、1080P 高清录像。TrueDepth 摄像头系统是 iPhone X 实现 Face ID 人脸识别的关键所在
主板		iPhone X 有两块主板,占空间大约是 iPhone 8Plus 的 70%,这样电池能够有更大的空间	无线充电线圈组件		无线充电线圈组件上面具有大量的零部件,包括音量按键、响铃/静音开关、传感器支架、多功能电缆。iPhone X 支持快充技术以及 Qi 标准无线充电
电池		iPhone X 为双电池模块带有四个电池拉带。电池拉带贴在电池的侧面,而不是折叠在顶部。双电池设计更多的是一种空间利用措施,而不是增加容量的措施	显示屏		把组件全部拆解掉,才能只剩下空的显示屏 iPhone X 为 5.8 英寸全面屏、OLED 材质、支持多点触控的超级视网膜高清显示屏,分辨率为 2436×1125(458ppi)

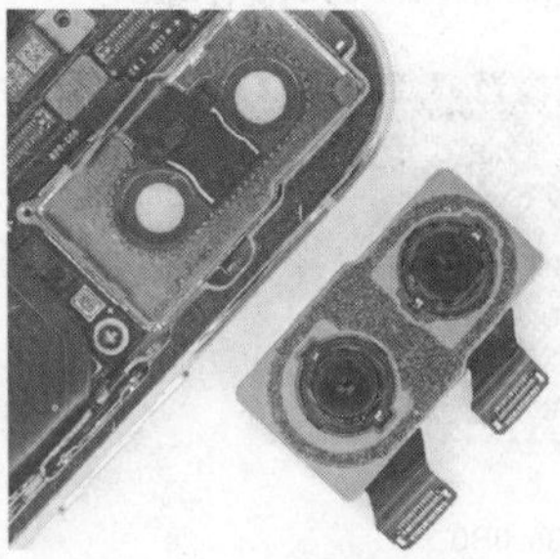

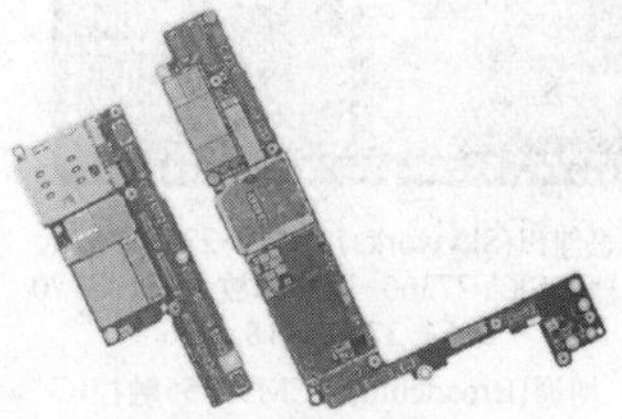

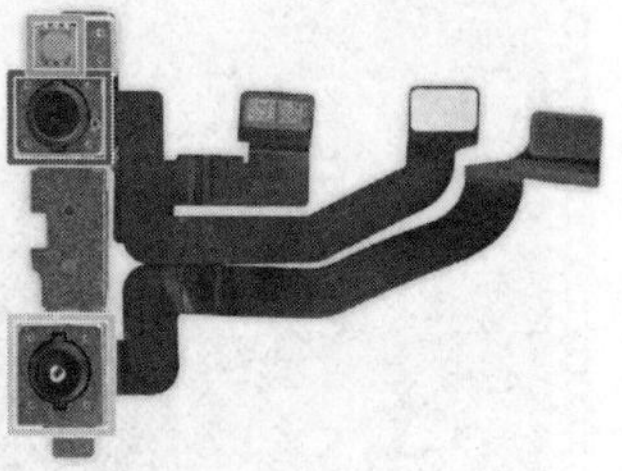

☝14　iPhone X 的 CMIIT ID 是多少?

【答】　iPhone X 的 CMIIT ID 如下:

A1865 的 CMIIT ID (即无线电发射设备型号核准代码) 为 2017CJ4847。A1903 的 CMIIT ID (即无线电发射设备型号核准代码) 为: 2017CJ6092。

附录 A iPhone 6S（N71）部分维修参考线路图

N71 MLB - PVT OK2FAB
MAUI - USB, JTAG, XTAL

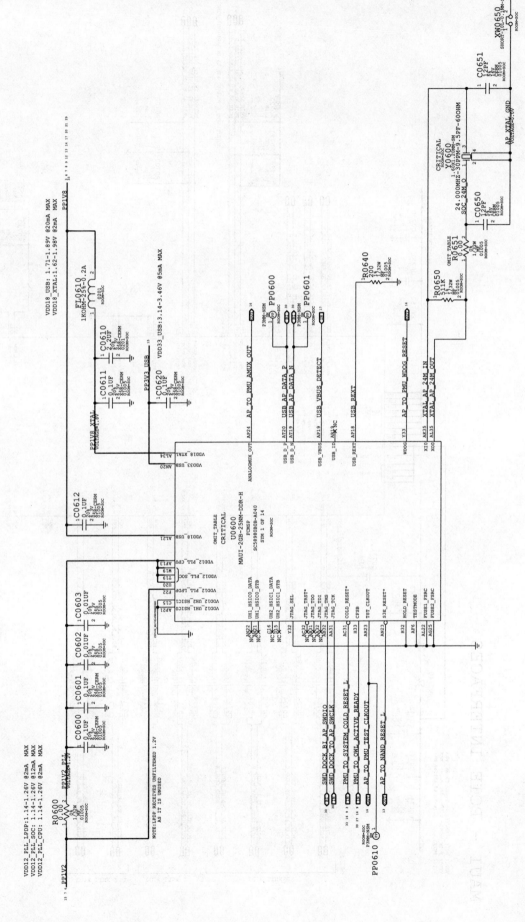

图 A-1

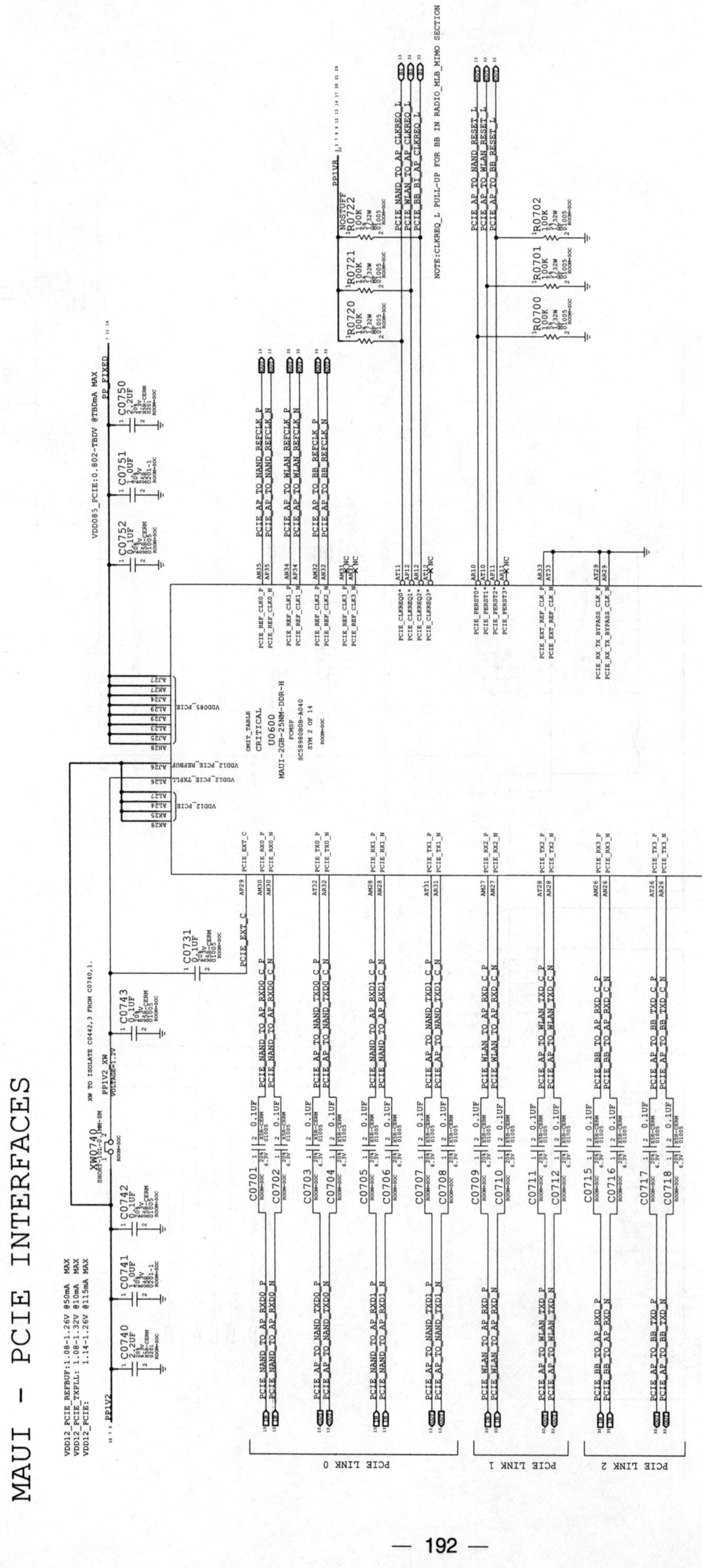

MAUI - PCIE INTERFACES

图 A-2

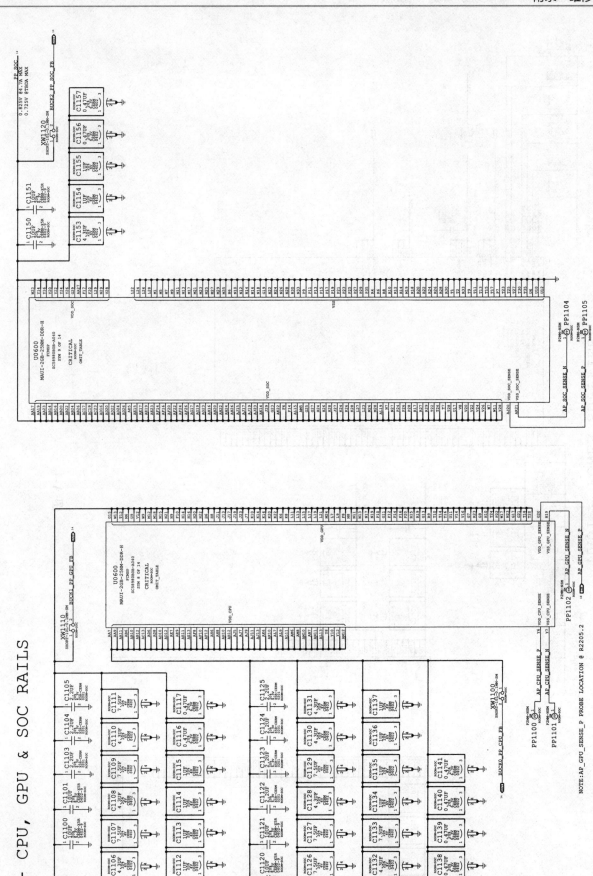

图 A-3

MAUI - CPU, GPU & SOC RAILS

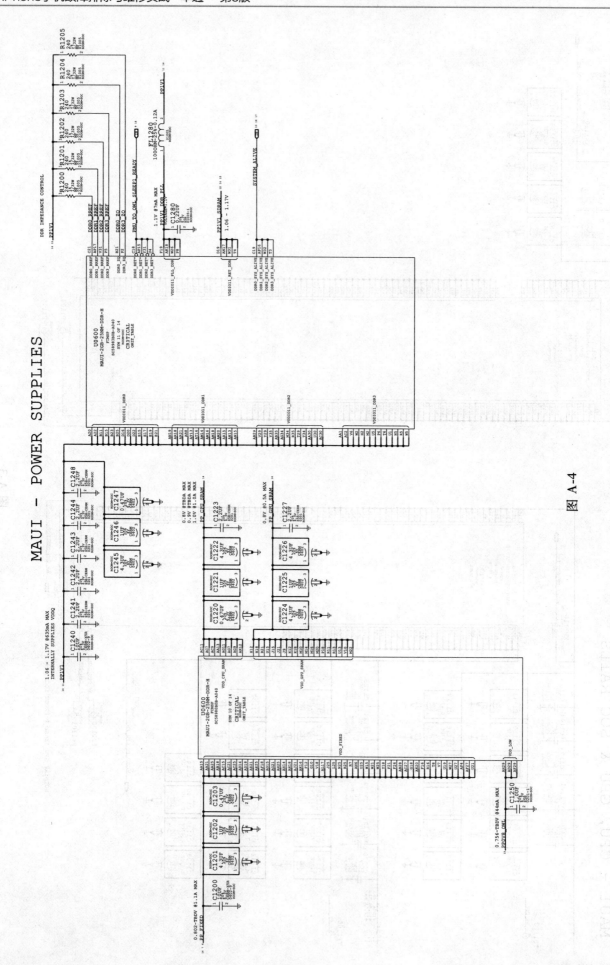

MAUI - POWER SUPPLIES

图 A-4

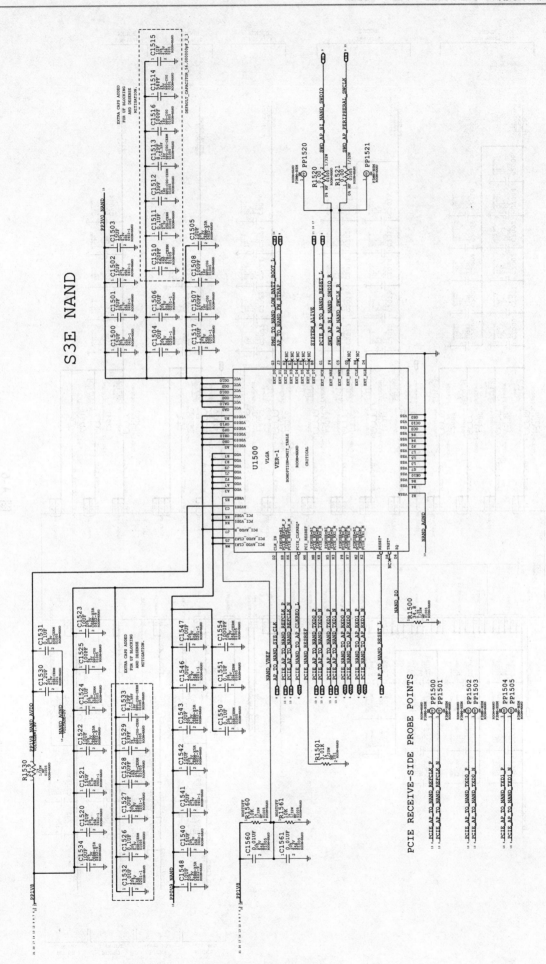

图 A-5

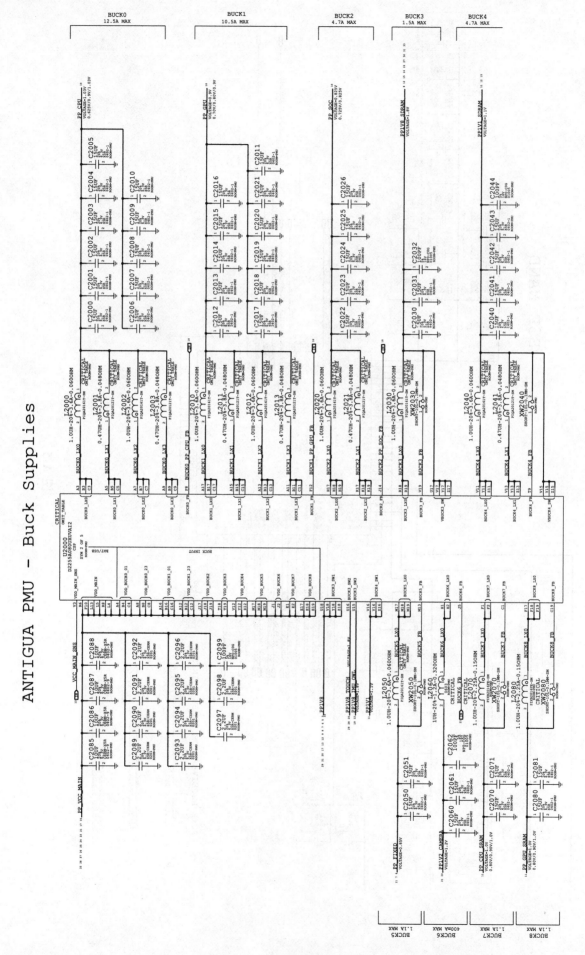

ANTIGUA PMU - Buck Supplies

图 A-6

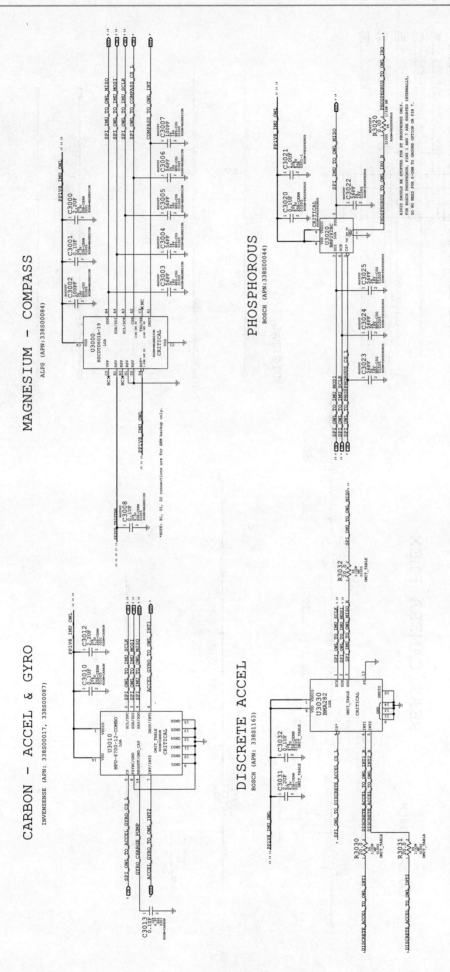

图 A-7

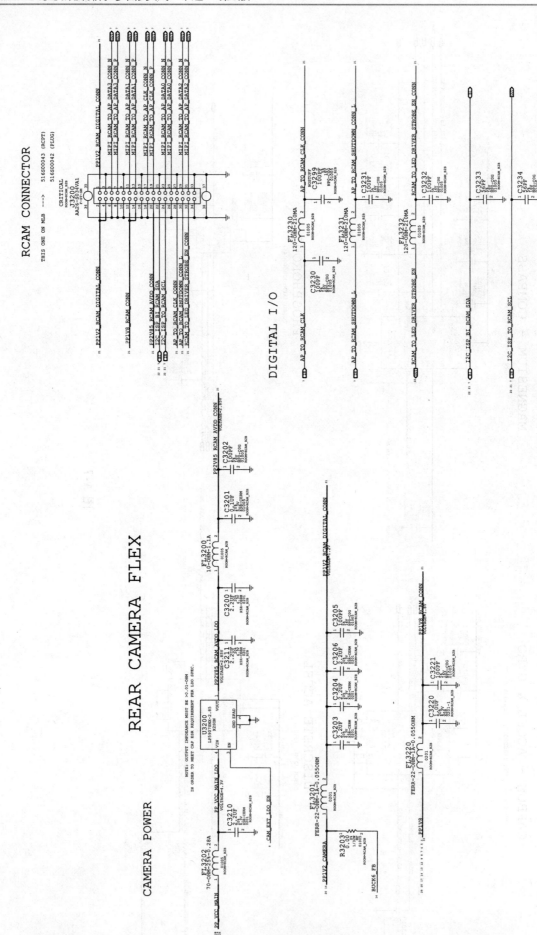

图 A-8

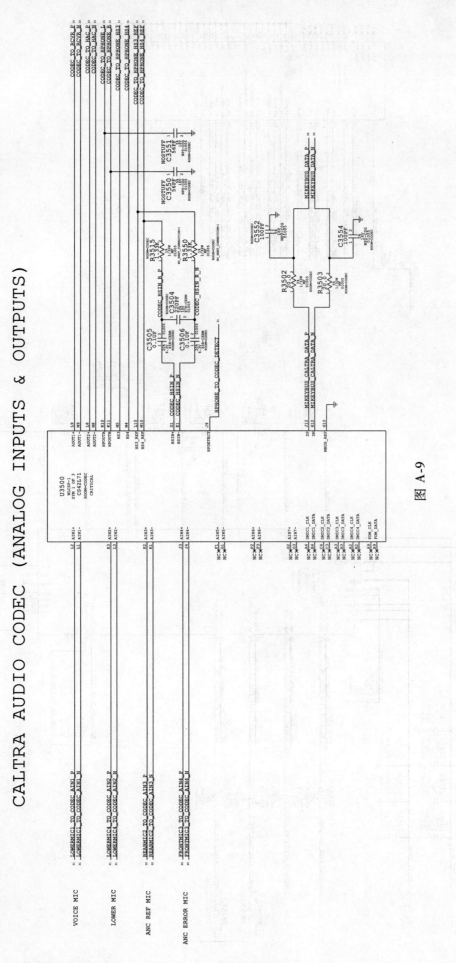

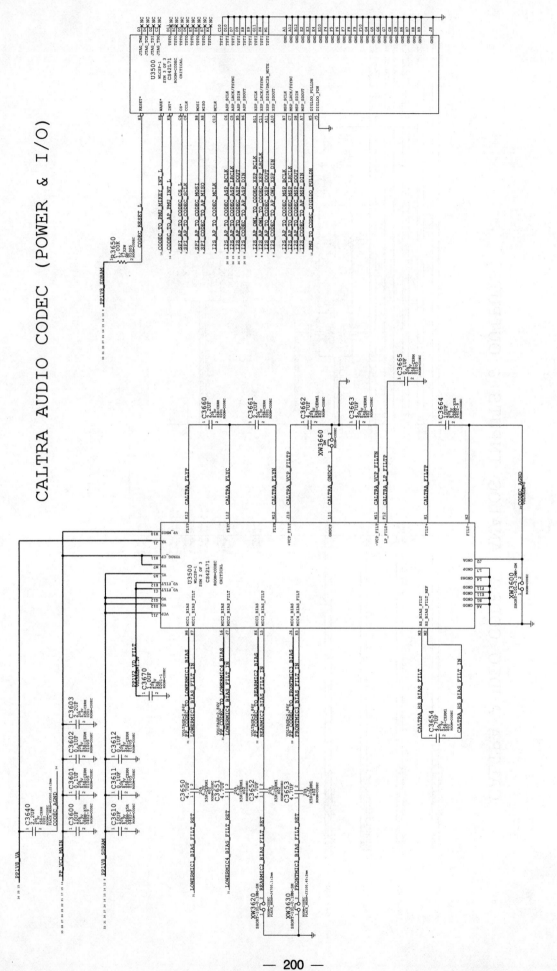

CALTRA AUDIO CODEC (POWER & I/O)

图 A-10

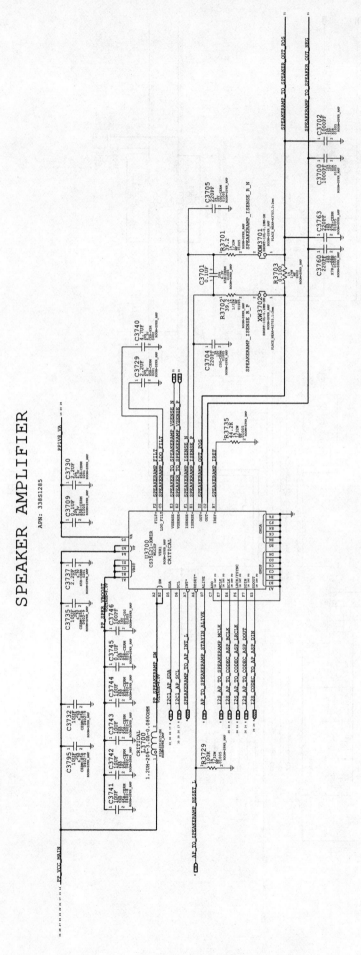

SPEAKER AMPLIFIER

图 A-11

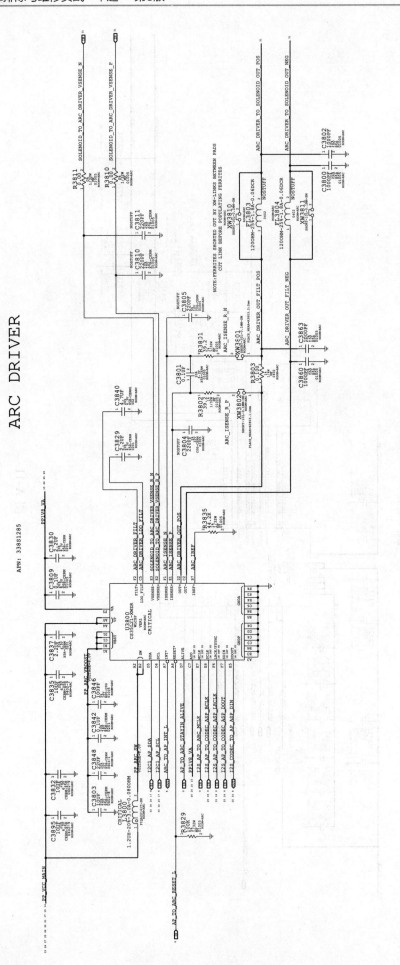

图 A-12

DISPLAY & TOUCH - POWER SUPPLIES

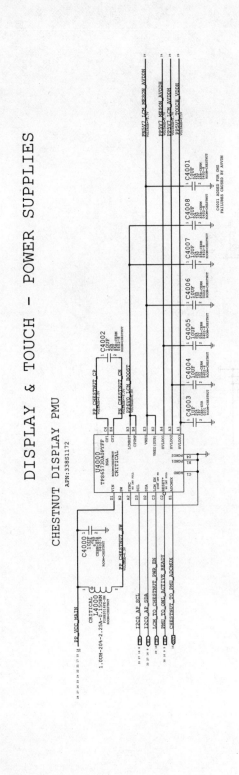

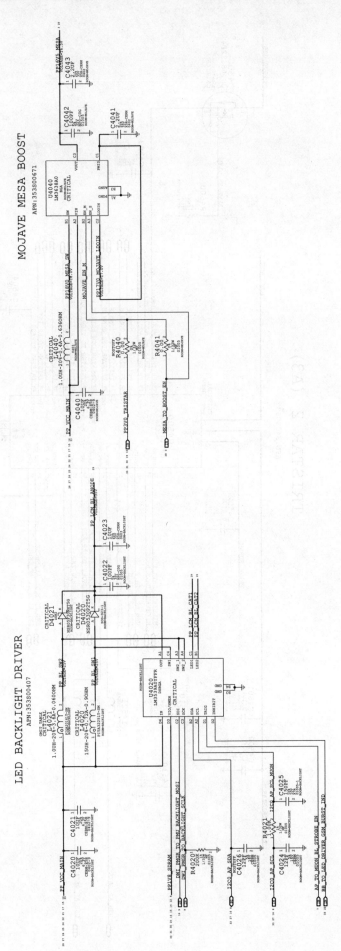

图 A-13

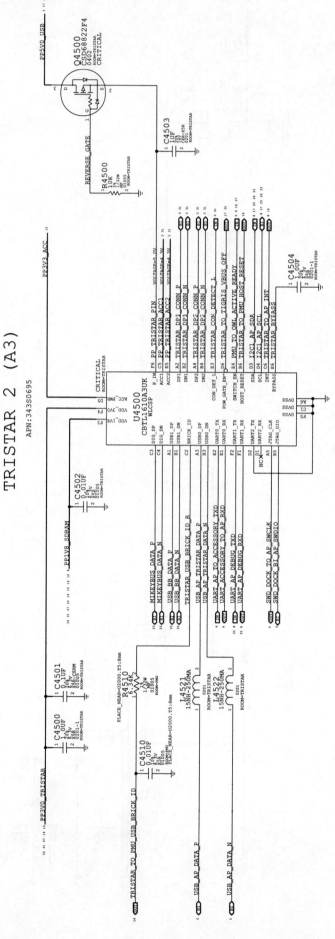

图 A-14

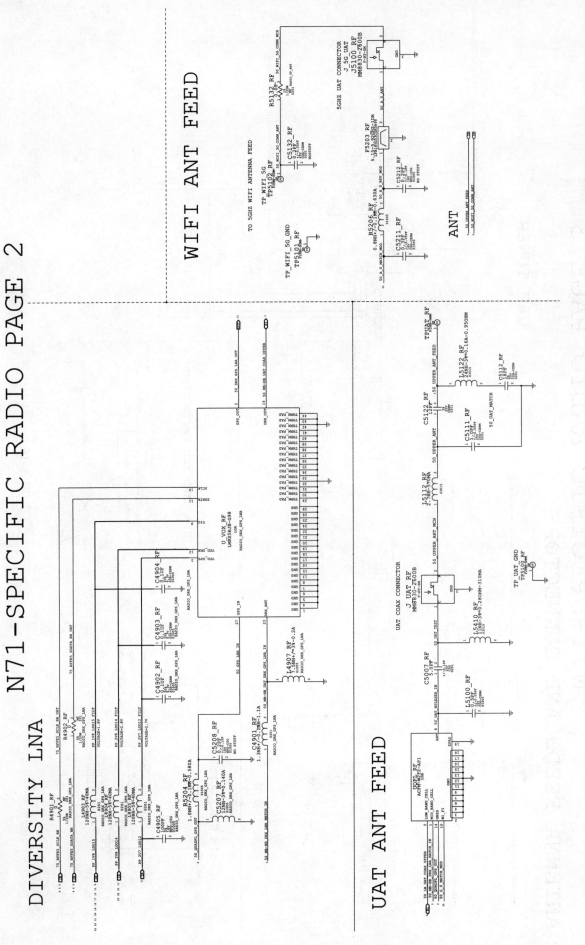

图 A-15

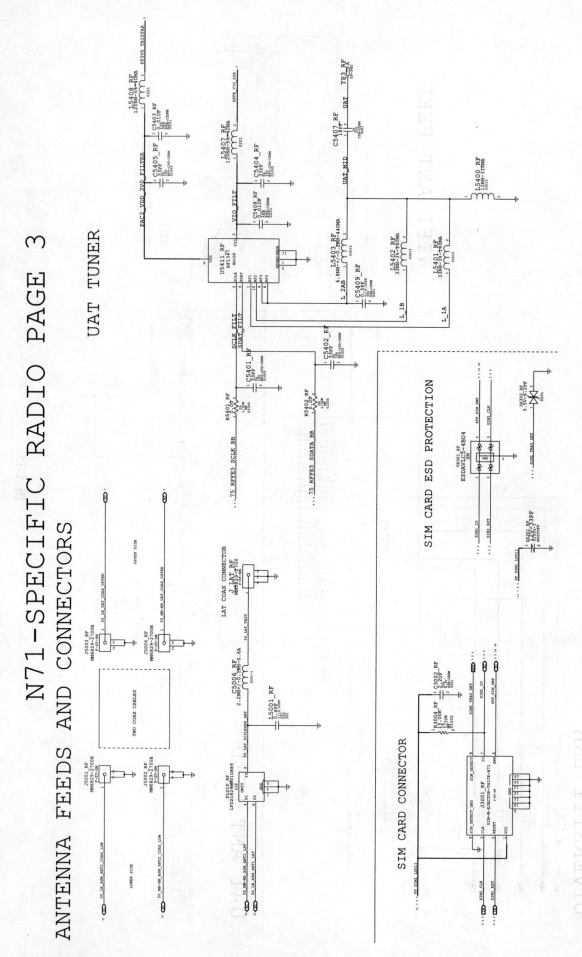

图 A-16

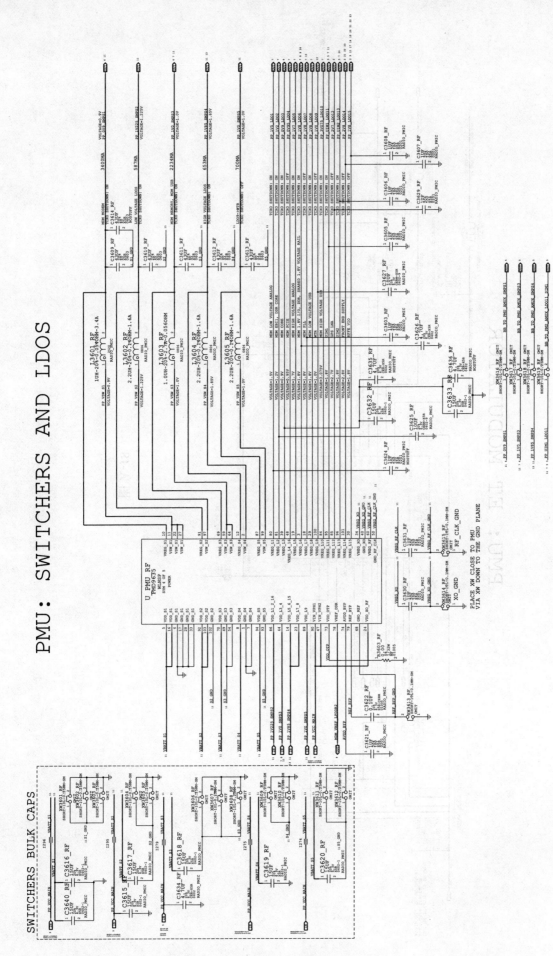

PMU: SWITCHERS AND LDOS

图 A-17

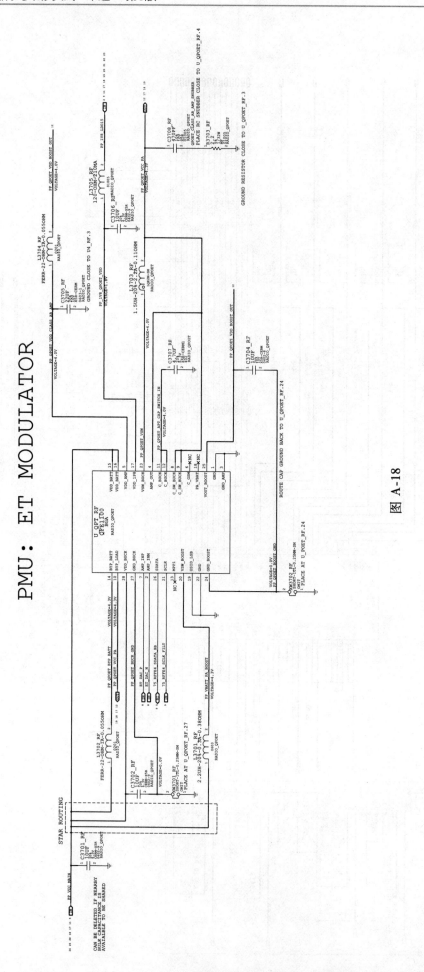

PMU: ET MODULATOR

图 A-18

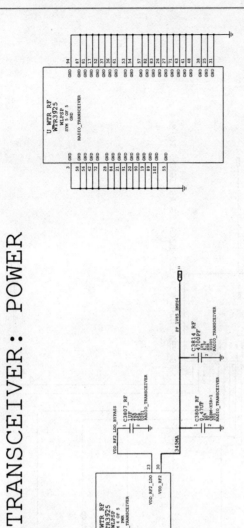

TRANSCEIVER: POWER

图 A-19

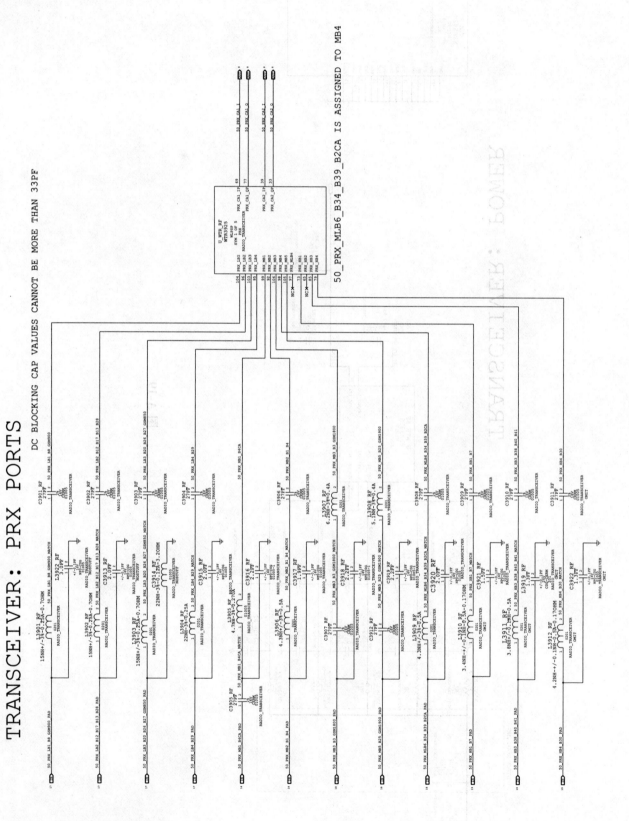

TRANSCEIVER: PRX PORTS

图 A-20

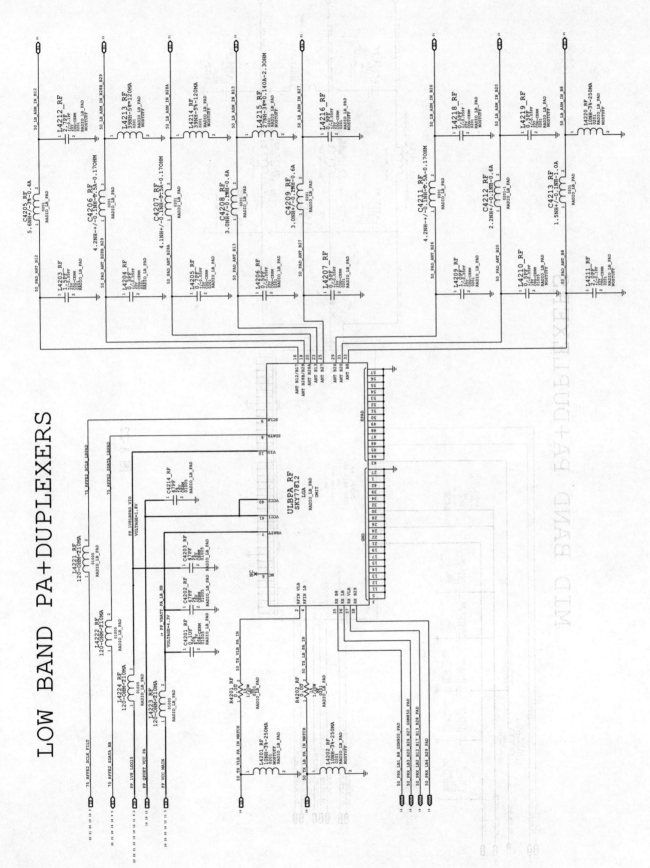

LOW BAND PA+DUPLEXERS

MID BAND PA+DUPLEXERS

图 A-21

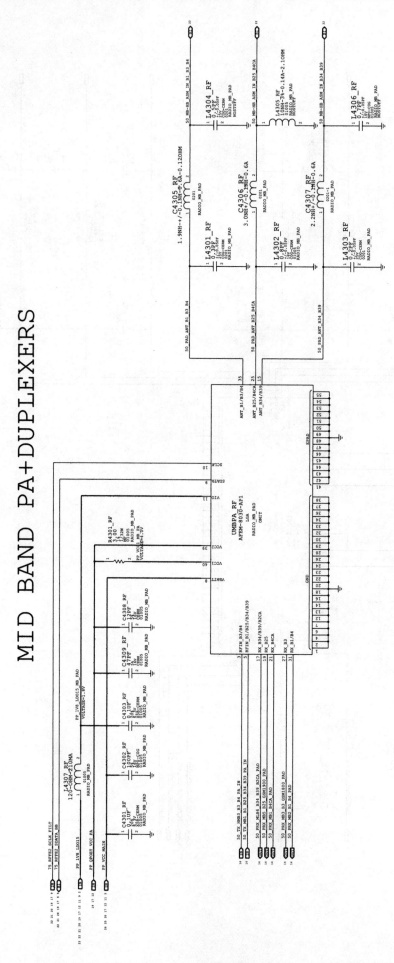

图 A-22

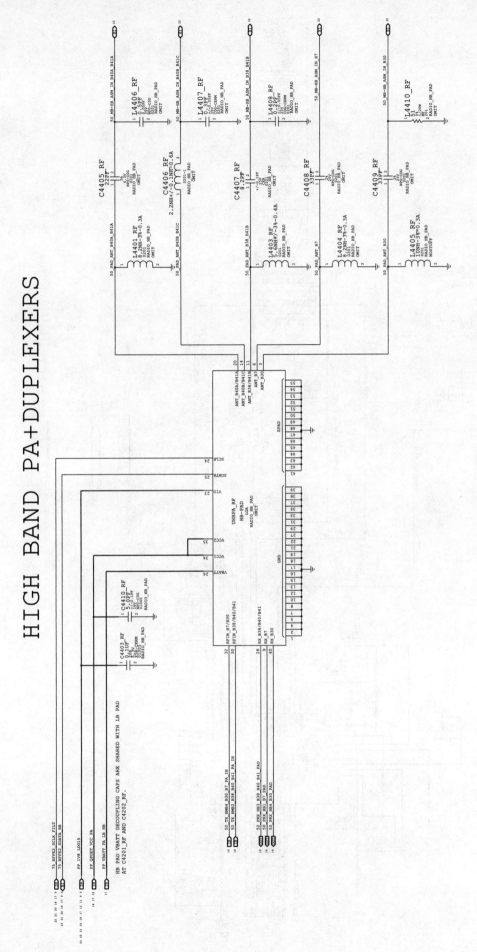

图 A-23

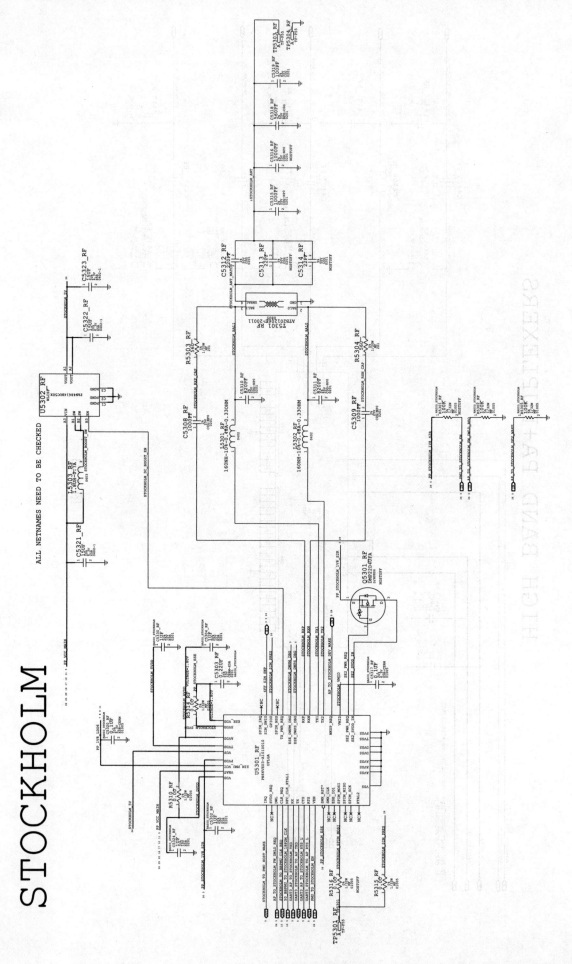

图 A-24

附录 B　iPhone SE 部分维修参考线路图

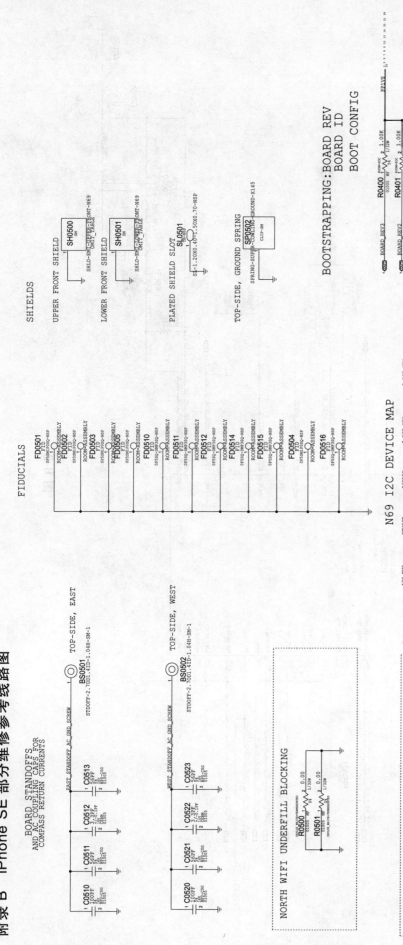

图 B-1

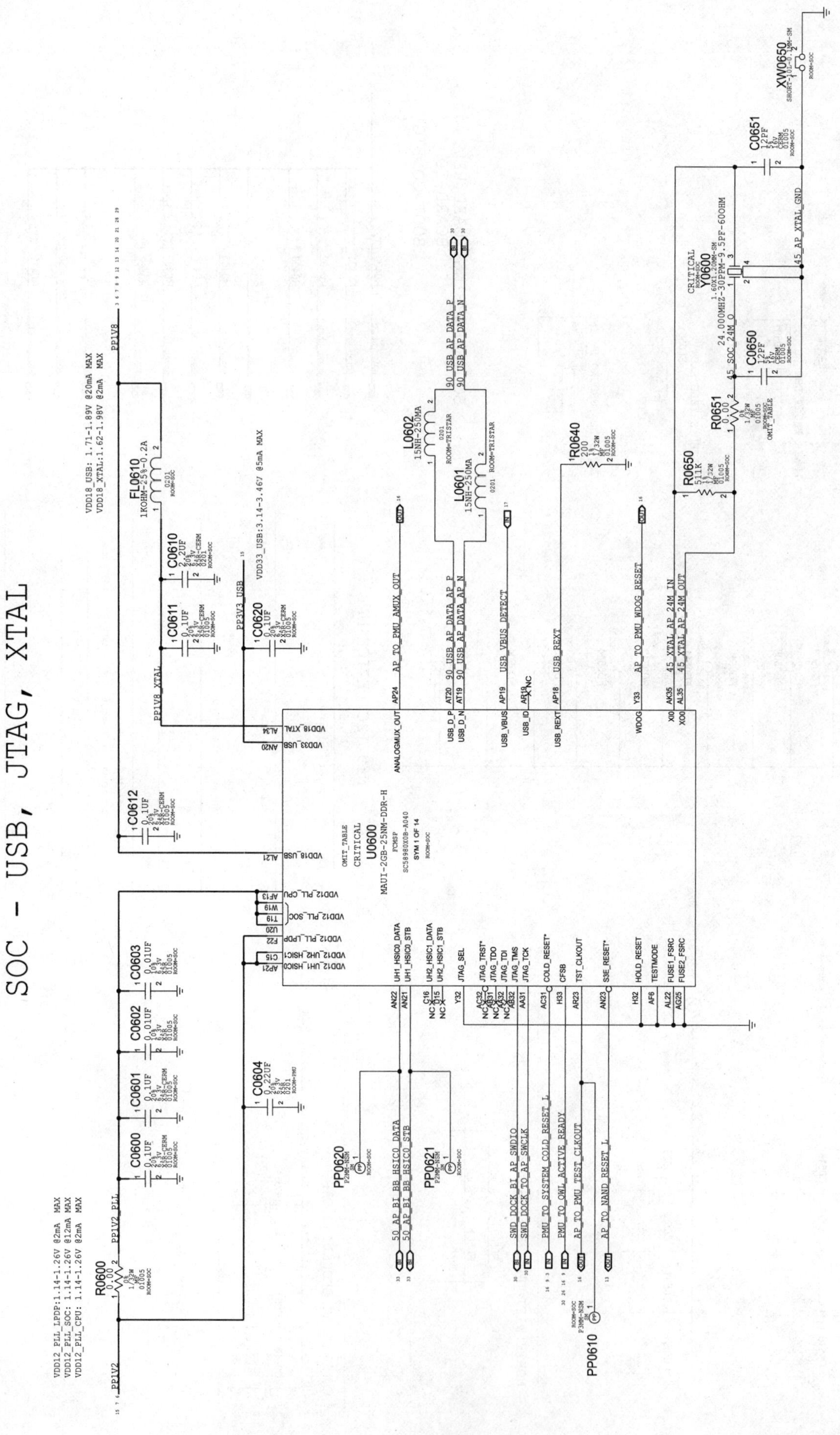
SOC - USB, JTAG, XTAL
U0600
CRITICAL
OMIT_TABLE
MAUI-2GB-25NM-DDR-H
SYM 1 OF 14
R0600
C0600
C0601
C0602
C0603
C0604
C0612
C0611
C0610
C0620
FL0610
L0601
L0602
R0640
R0650
R0651
C0650
C0651
Y0600
XW0650
PP0610
PP0620
PP0621
PP1V2
PP1V2_PLL
PP1V8
PP1V8_XTAL
PP3V3_USB
90_USB_AP_DATA_P
90_USB_AP_DATA_N
AP_TO_PMU_AMUX_OUT
USB_VBUS_DETECT
USB_REXT
AP_TO_PMU_WDOG_RESET
45_XTAL_AP_24M_IN
45_XTAL_AP_24M_OUT
45_SOC_24M_O
45_AP_XTAL_GND
50_AP_BI_BB_HSIC0_DATA
50_AP_BI_BB_HSIC0_STB
SWD_DOCK_BI_AP_SWDIO
SWD_DOCK_TO_AP_SWCLK
PMU_TO_SYSTEM_COLD_RESET_L
PMU_TO_OWL_ACTIVE_READY
AP_TO_PMU_TEST_CLKOUT
AP_TO_NAND_RESET_L

图 B-2

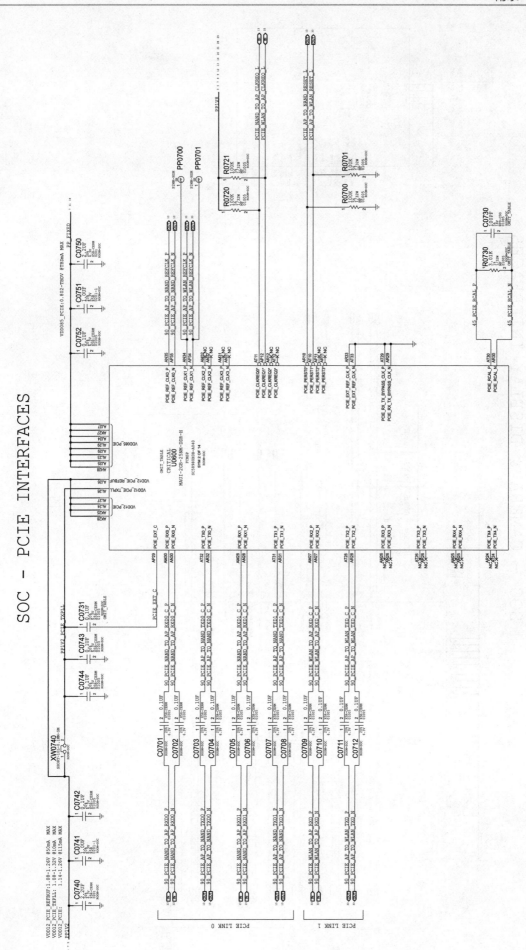

SOC - PCIE INTERFACES

图 B-3

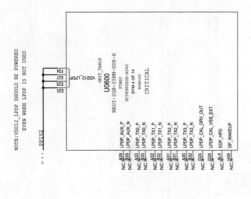

SOC - CAMERA & DISPLAY INTERFACES

图 B-4

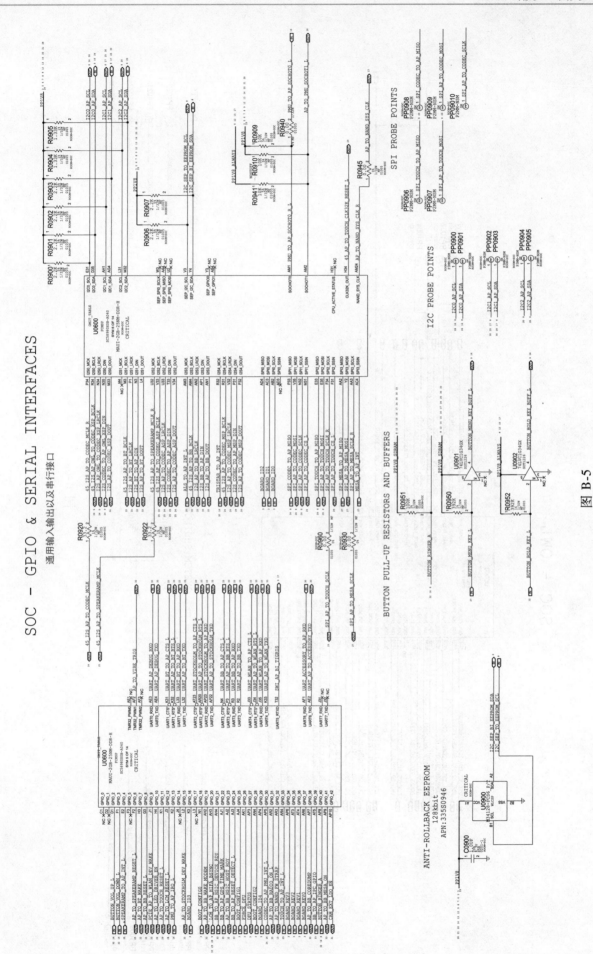

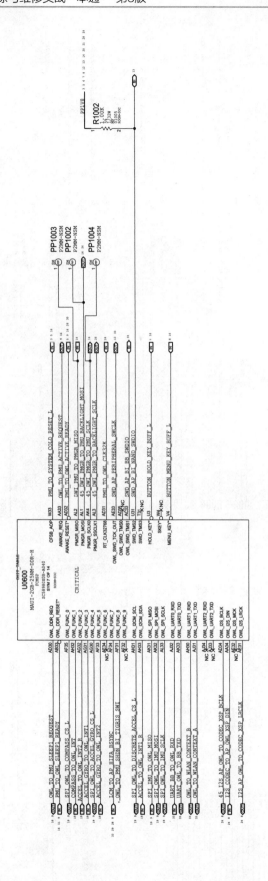

SOC - OWL

POWER STATE CONTROL PROBE POINTS

OWL SYSTEM SHUTDOWN OPTION

图 B-6

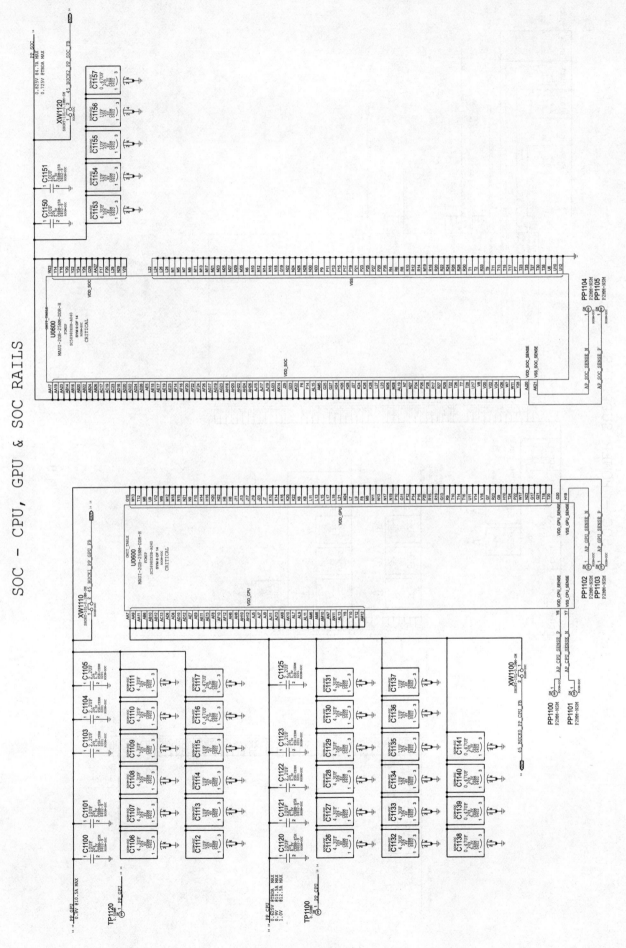

SOC - CPU, GPU & SOC RAILS

图 B-7

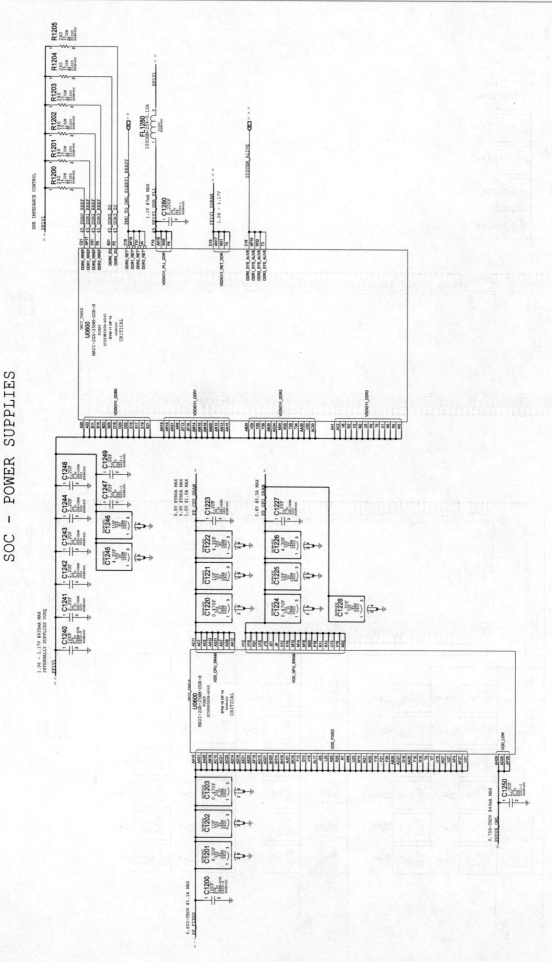

SOC - POWER SUPPLIES

图 B-8

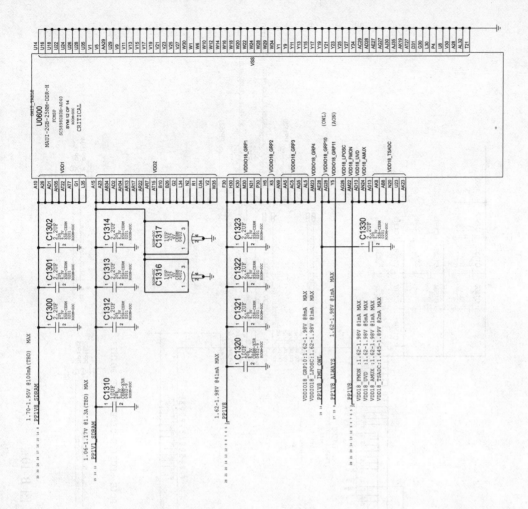

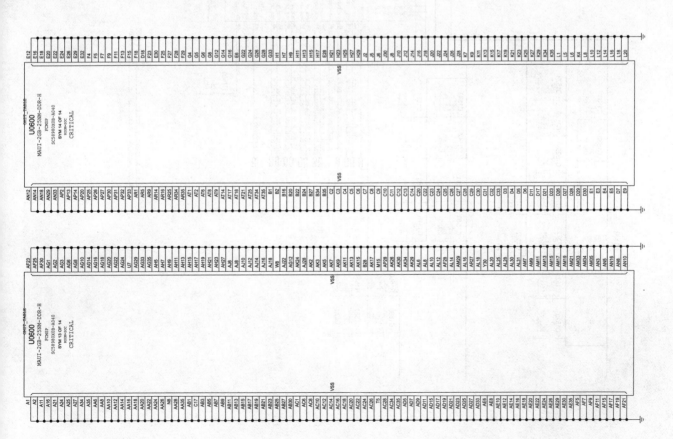

SOC - POWER SUPPLIES

图 B-9

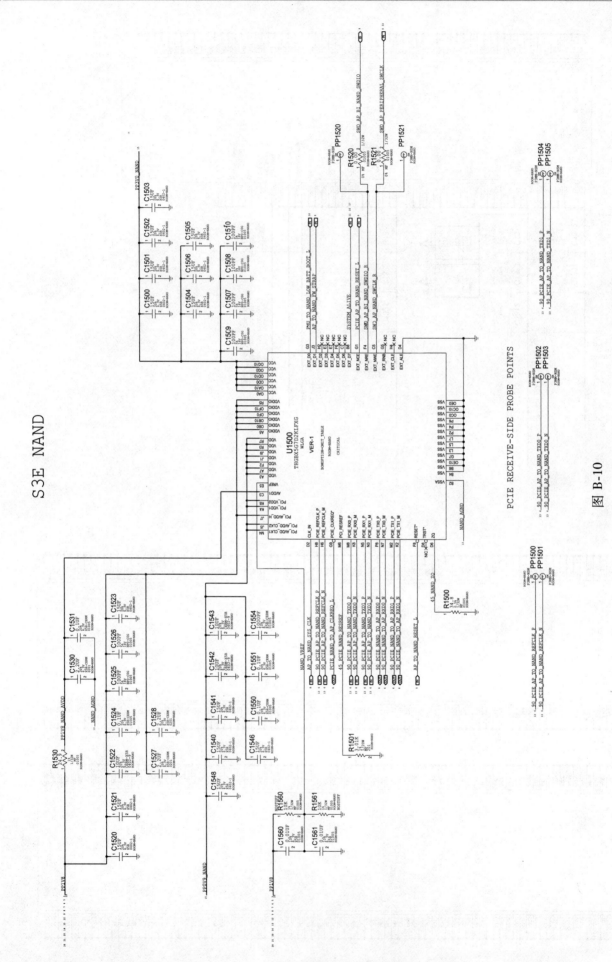

S3E NAND

PCIE RECEIVE-SIDE PROBE POINTS

图 B-10

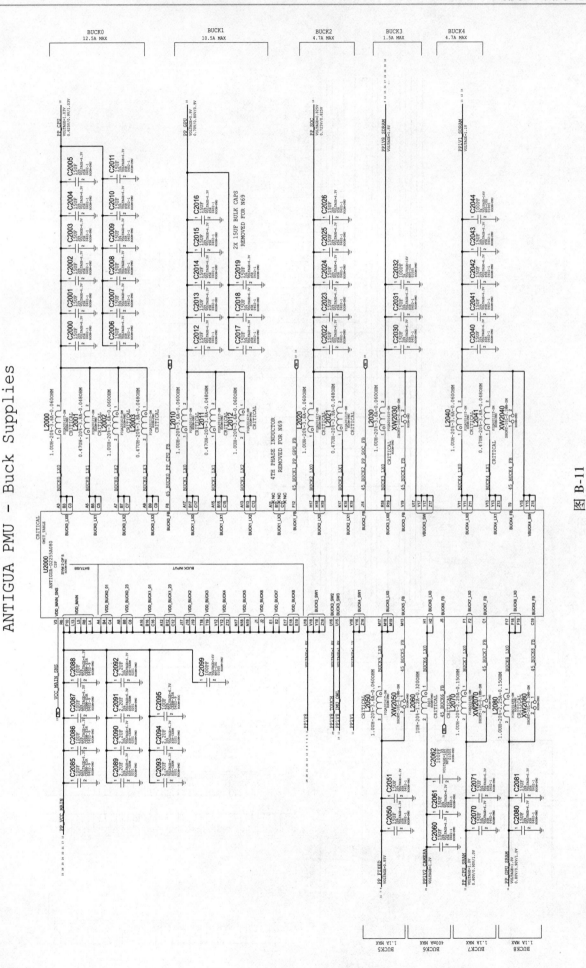

ANTIGUA PMU - Buck Supplies

图 B-11

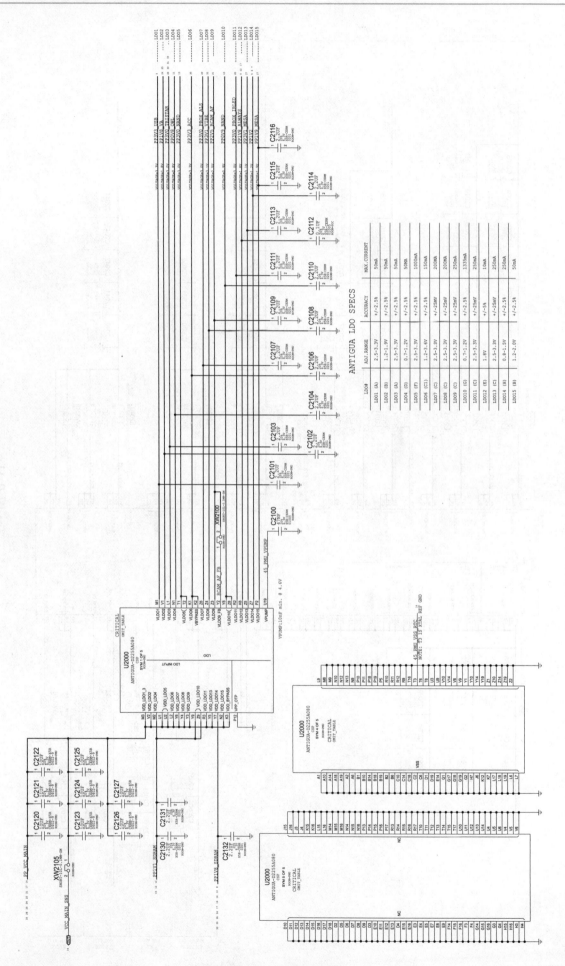

ANTIGUA PMU - LDOS

图 B-12

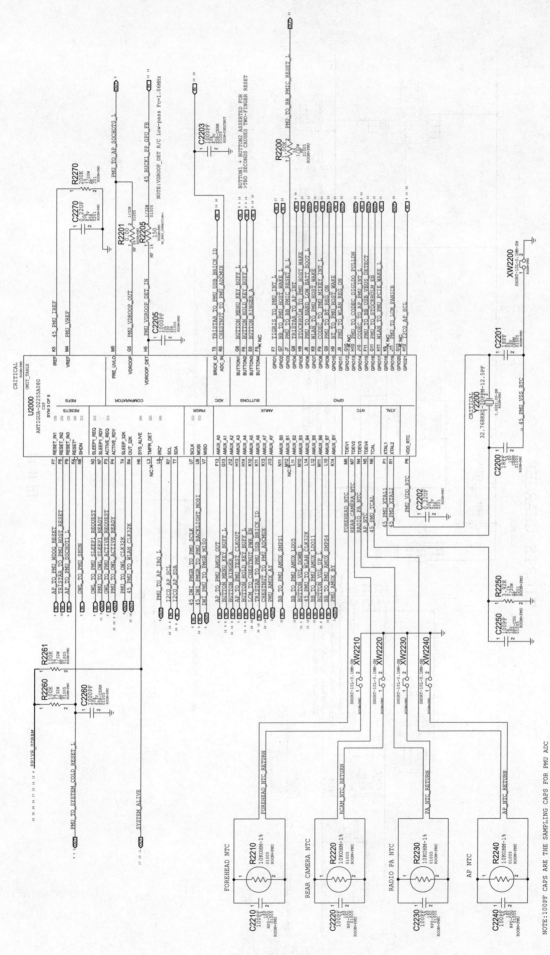

图 B-13

NOTE:100PF CAPS ARE THE SAMPLING CAPS FOR PMU ADC

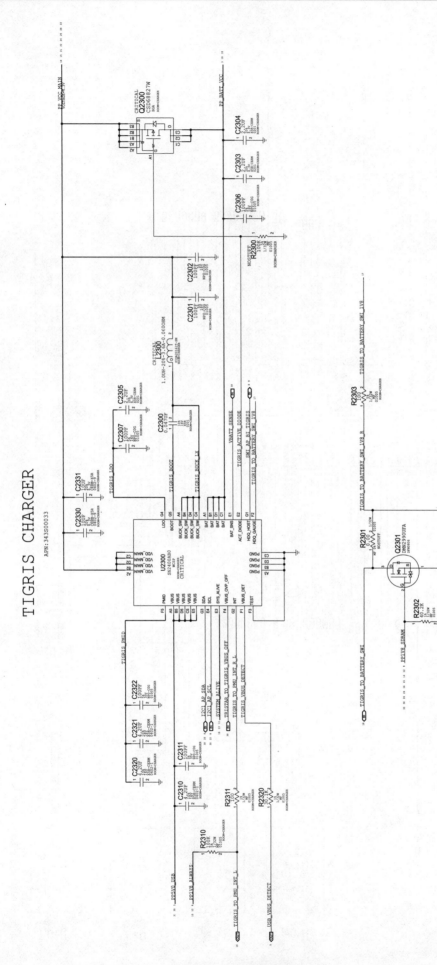

TIGRIS CHARGER

图 B-14

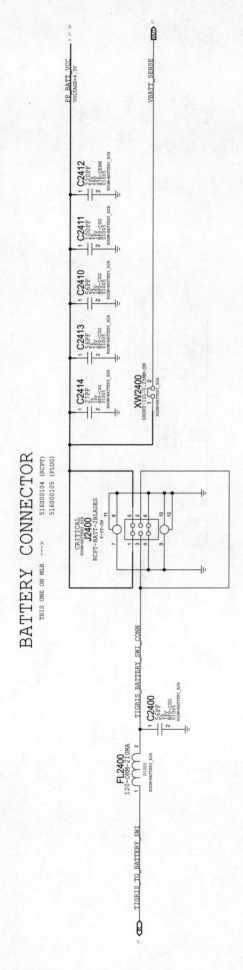

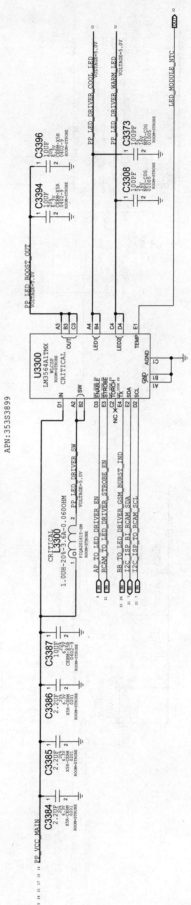

图 B-15

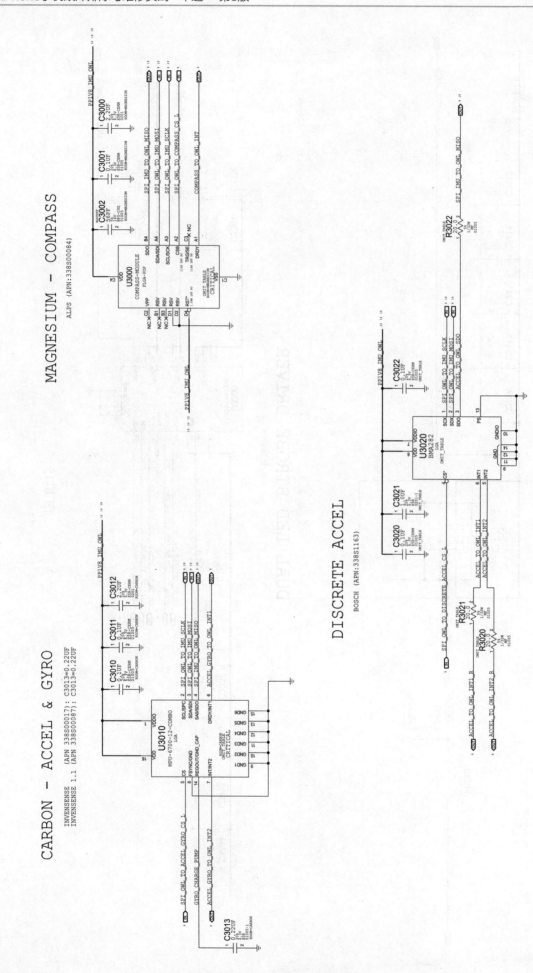

图 B-16

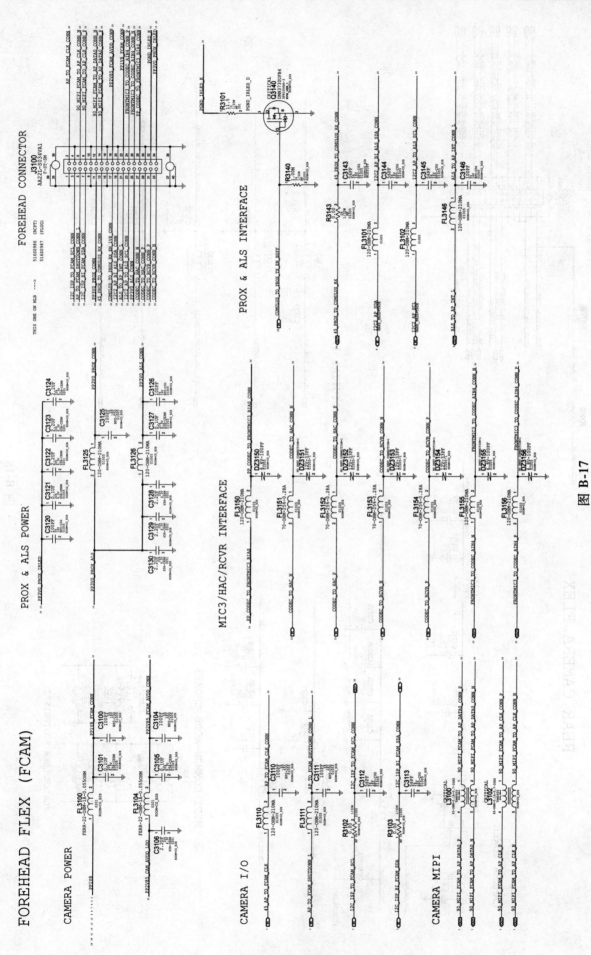

图 B-17

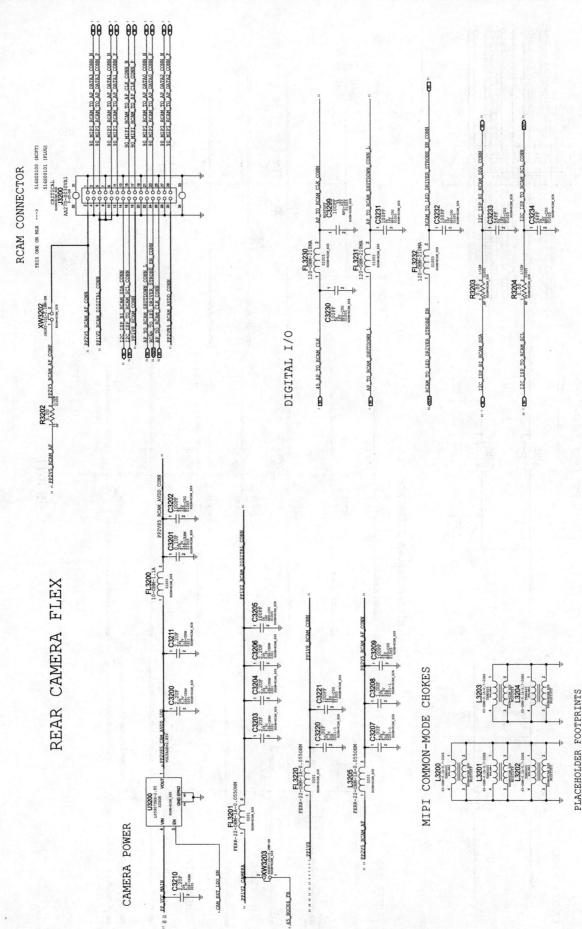

图 B-18

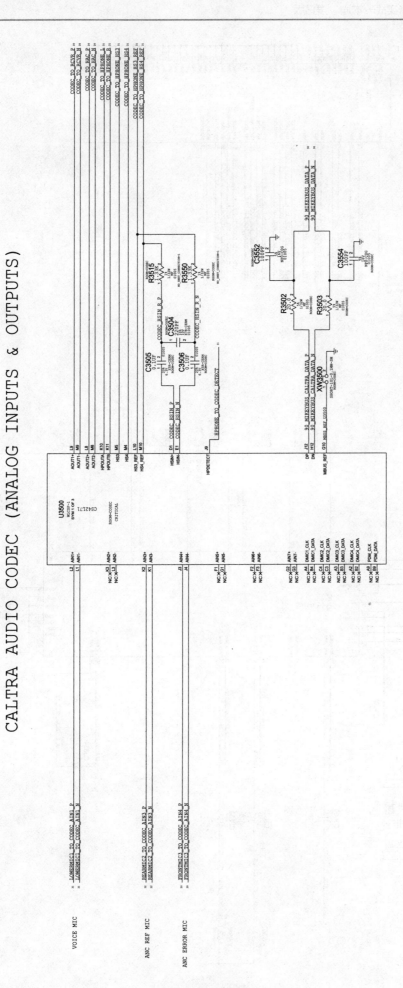

CALTRA AUDIO CODEC (ANALOG INPUTS & OUTPUTS)

图 B-19

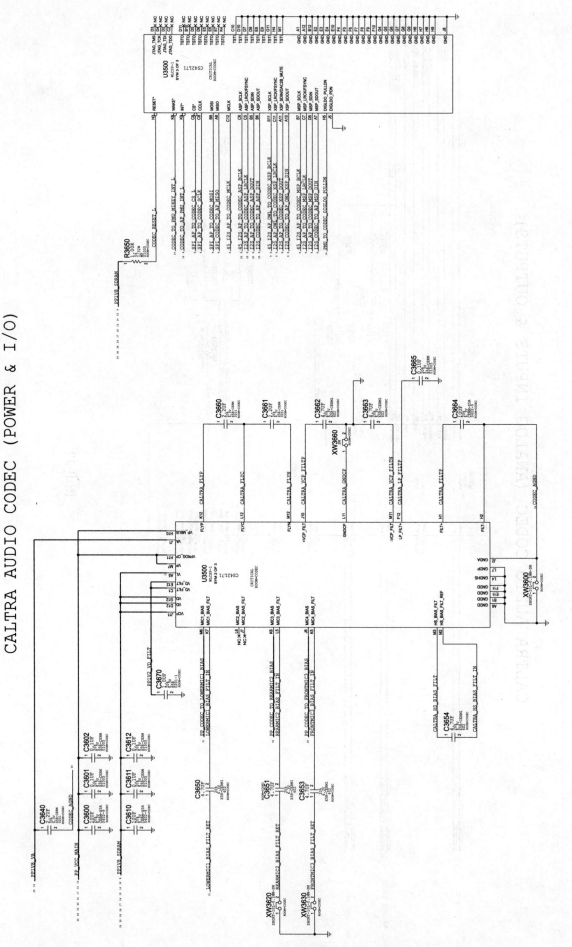

CALTRA AUDIO CODEC (POWER & I/O)

图 B-20

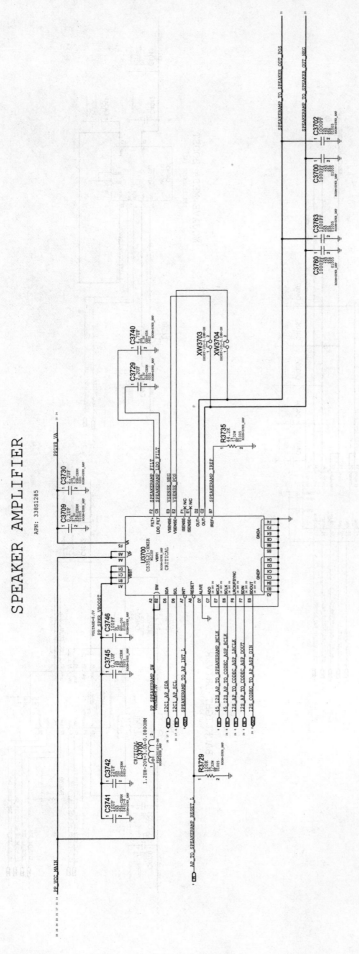

图 B-21

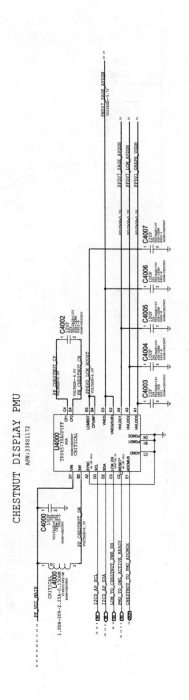

图 B-22

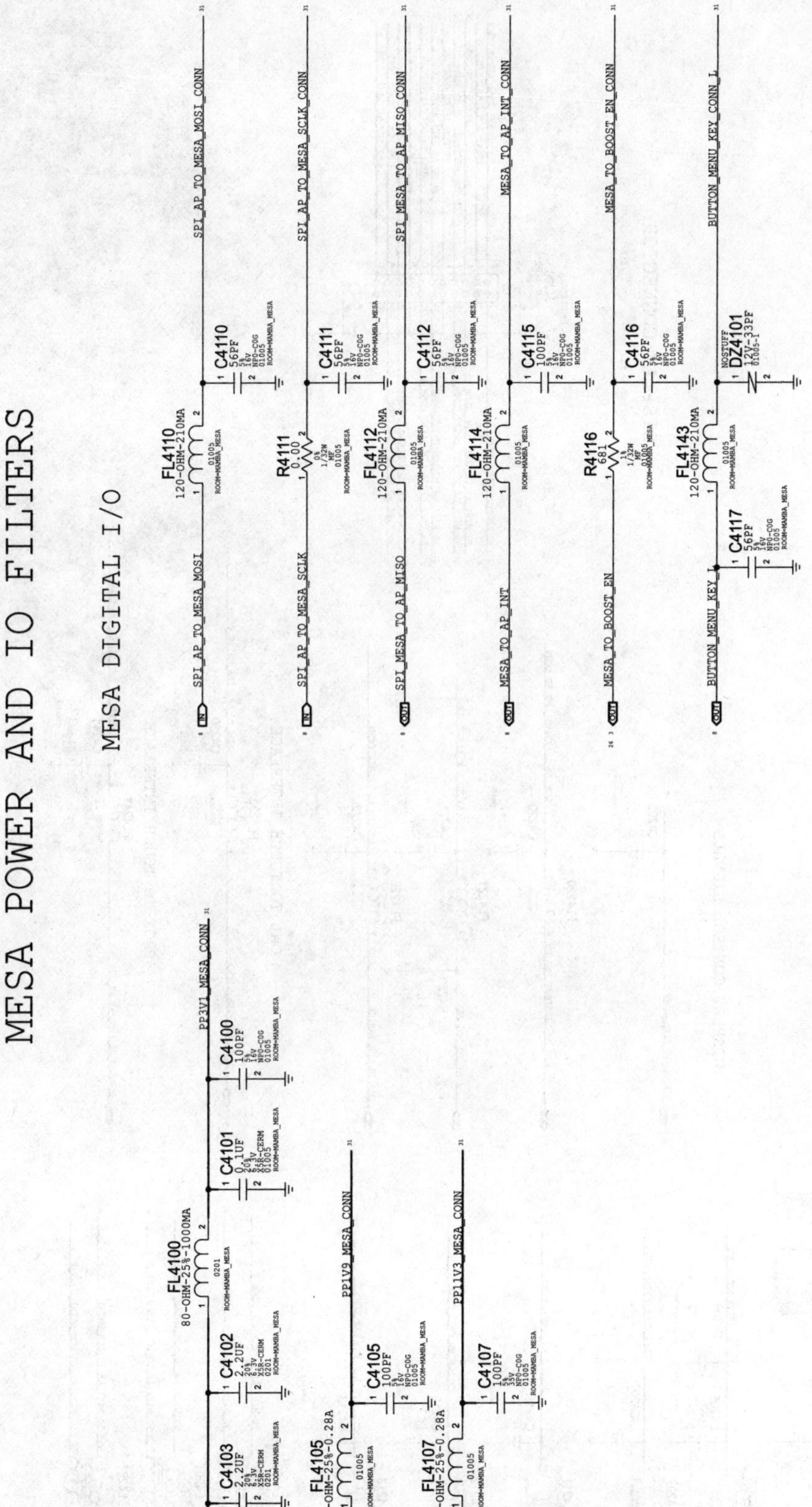
MESA POWER AND IO FILTERS
MESA DIGITAL I/O
MESA POWER
PP3V1_MESA
PP1V9_MESA
PP1V3_MESA
PP3V1_MESA_CONN
PP1V9_MESA_CONN
PP1V3_MESA_CONN
FL4100
80-OHM-25%-1000MA
FL4105
70-OHM-25%-0.28A
FL4107
70-OHM-25%-0.28A
C4100
C4101
C4102
C4103
C4104
C4105
C4106
C4107
SPI_AP_TO_MESA_MOSI
SPI_AP_TO_MESA_SCLK
SPI_MESA_TO_AP_MISO
MESA_TO_AP_INT
MESA_TO_BOOST_EN
BUTTON_MENU_KEY_L
SPI_AP_TO_MESA_MOSI_CONN
SPI_AP_TO_MESA_SCLK_CONN
SPI_MESA_TO_AP_MISO_CONN
MESA_TO_AP_INT_CONN
MESA_TO_BOOST_EN_CONN
BUTTON_MENU_KEY_CONN_L
FL4110
120-OHM-210MA
R4111
0.00
FL4112
120-OHM-210MA
FL4114
120-OHM-210MA
R4116
681
FL4143
120-OHM-210MA
C4110
C4111
C4112
C4115
C4116
C4117
DZ4101
12V-33PF

图 B-23

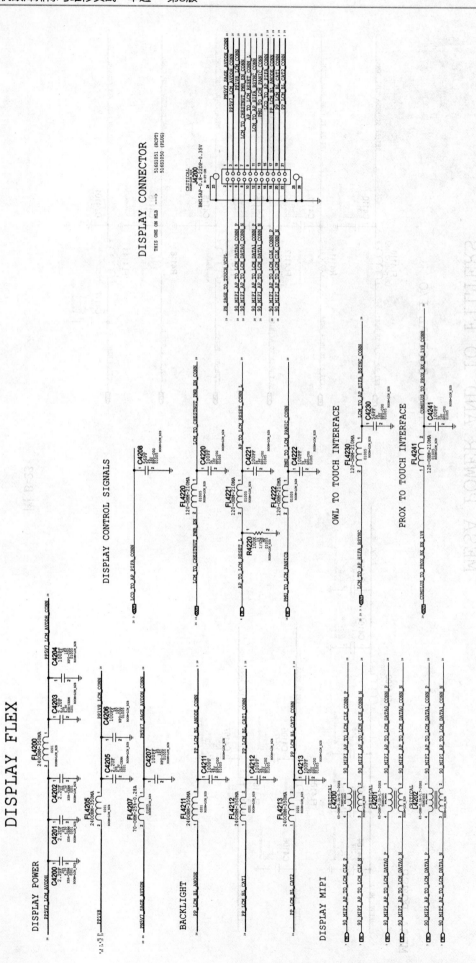

图 B-24

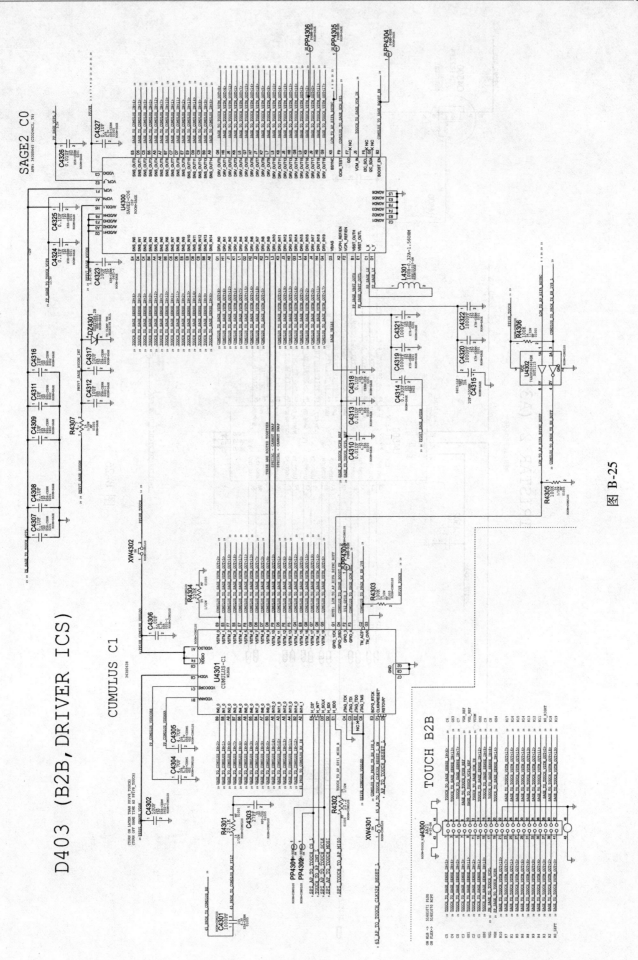

图 B-25

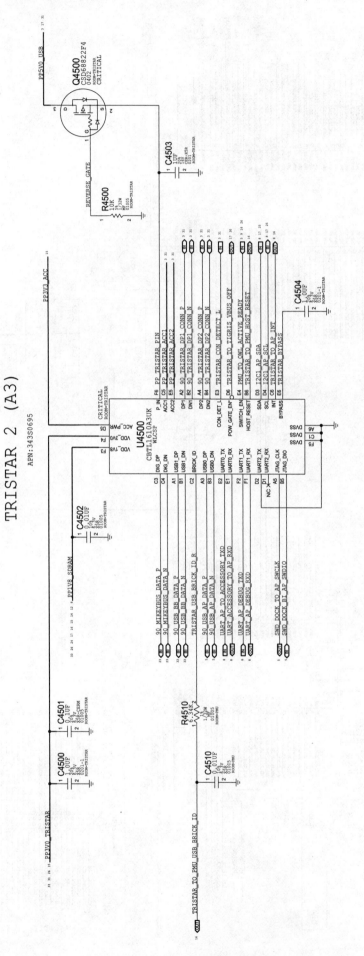

图 B-26

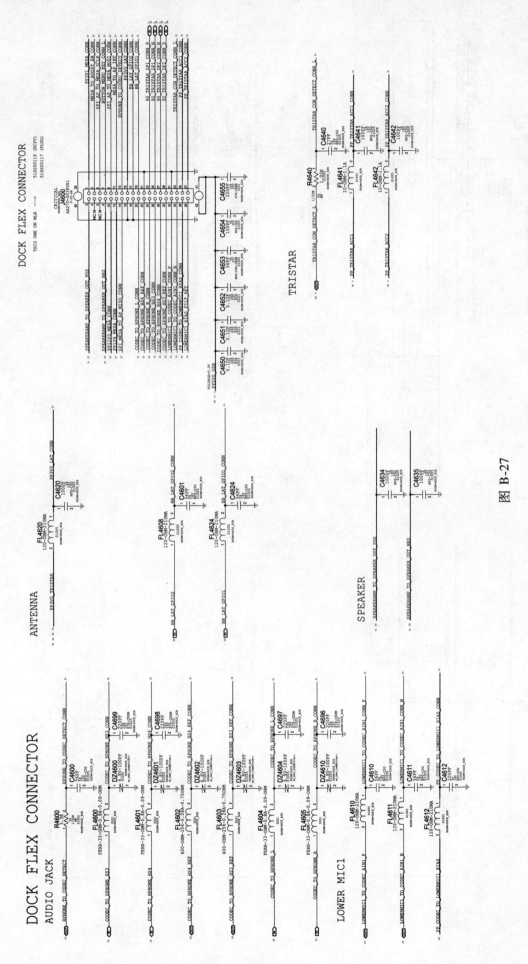

图 B-27

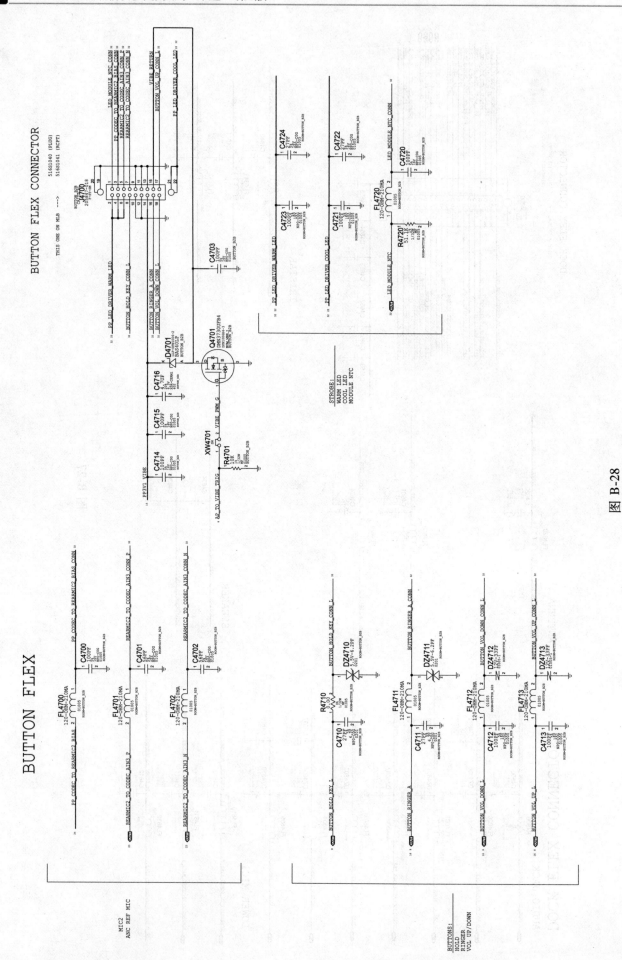

图 B-28

BASEBAND, WLAN, BT & STOCKHOLM

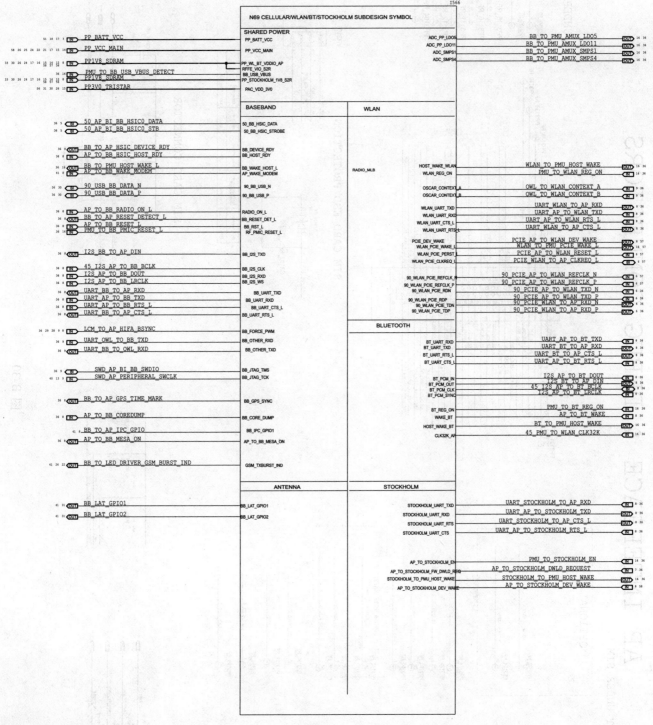

图 B-29

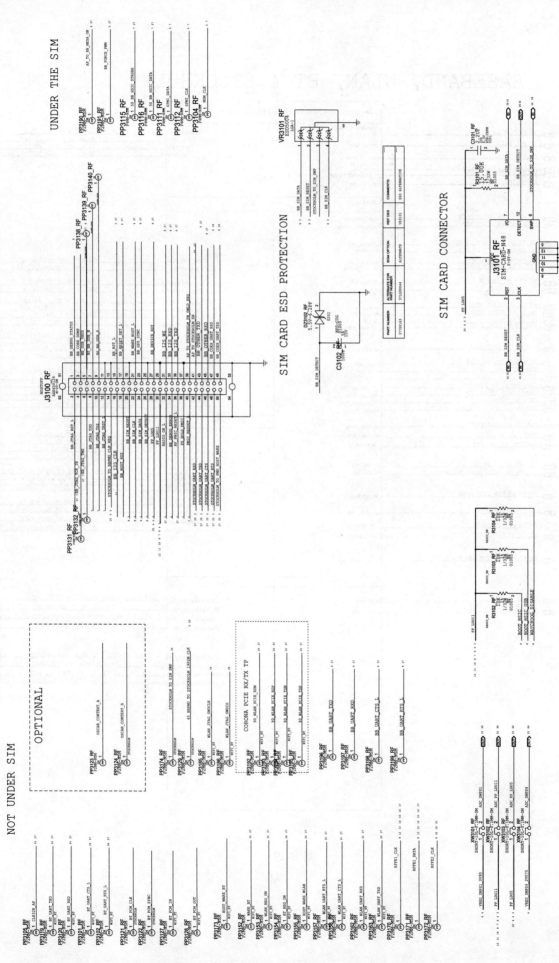

图 B-30

BASEBAND PMU (1 OF 2)

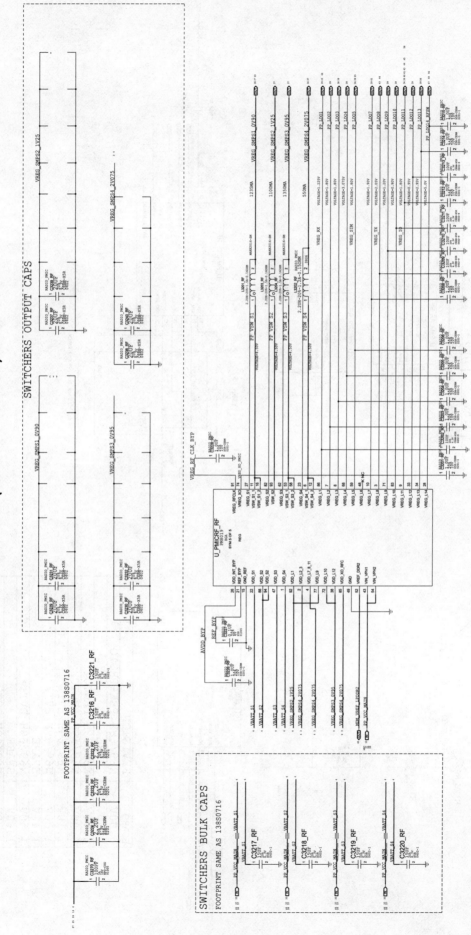

图 B-31

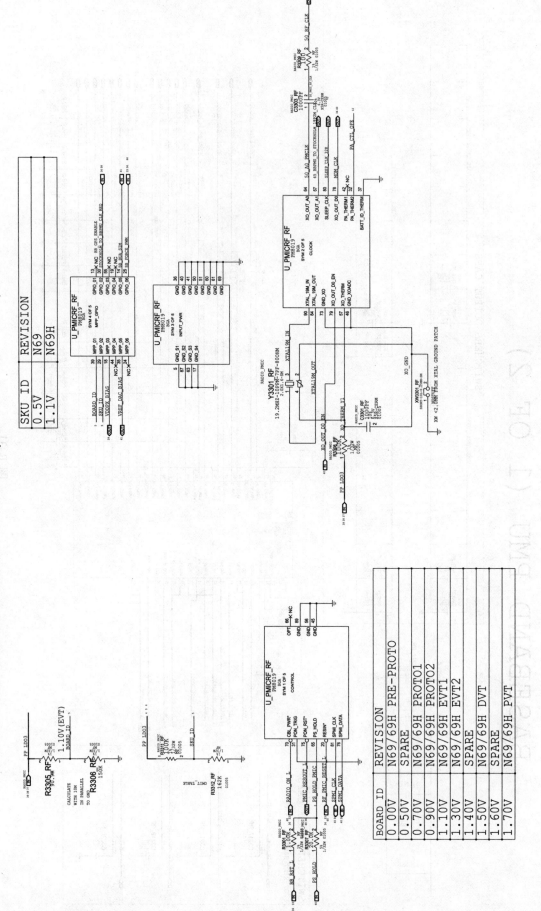

BASEBAND PMU (2 OF 2)

SKU ID	REVISION
0.5V	N69
1.1V	N69H

BOARD ID	REVISION
0.00V	N69/69H PRE-PROTO
0.50V	SPARE
0.70V	N69/69H PROTO1
0.90V	N69/69H PROTO2
1.10V	N69/69H EVT1
1.30V	N69/69H EVT2
1.40V	SPARE
1.50V	N69/69H DVT
1.60V	SPARE
1.70V	N69/69H PVT

图 B-32

BASEBAND (1 OF 3)

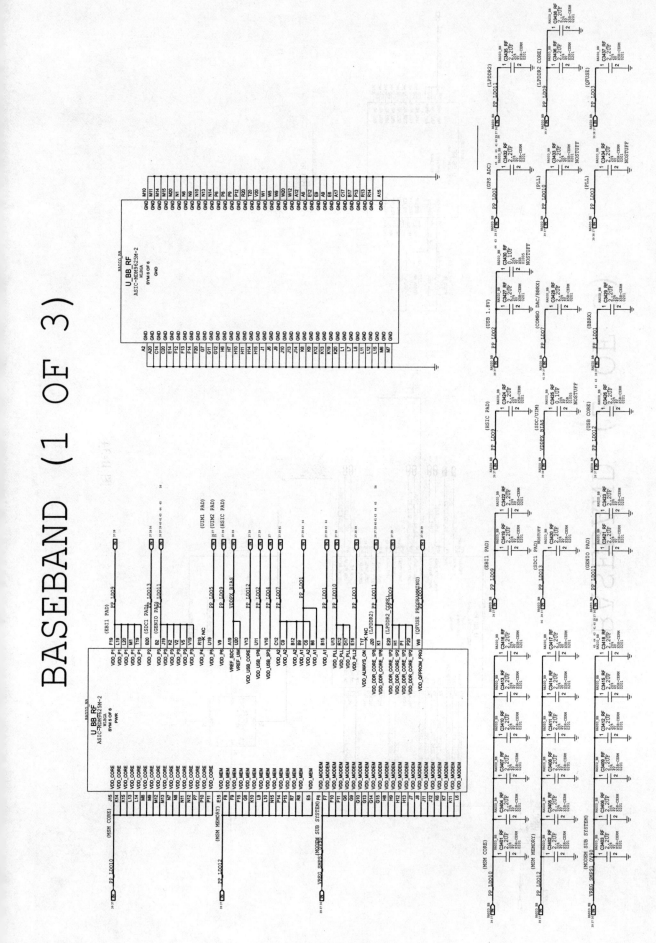

图 B-33

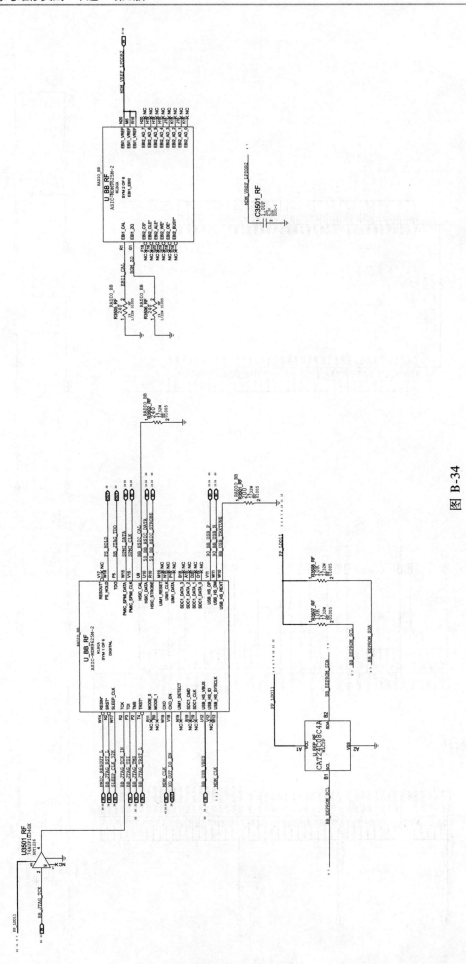

BASEBAND (2 OF 3)

图 B-34

BASEBAND (3 OF 3)

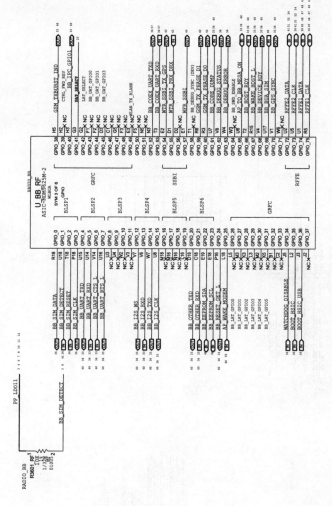

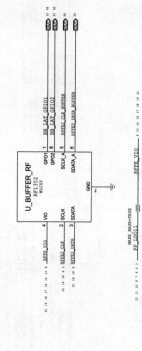

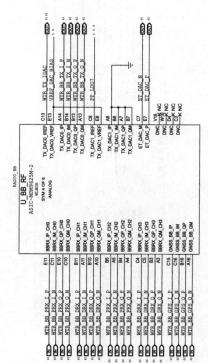

图 B-35

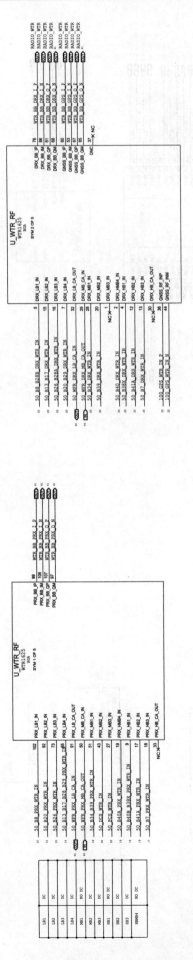

WTR TRANSCEIVER (1 OF 2)

图 B-36

WTR TRANSCEIVER (2 OF 2)

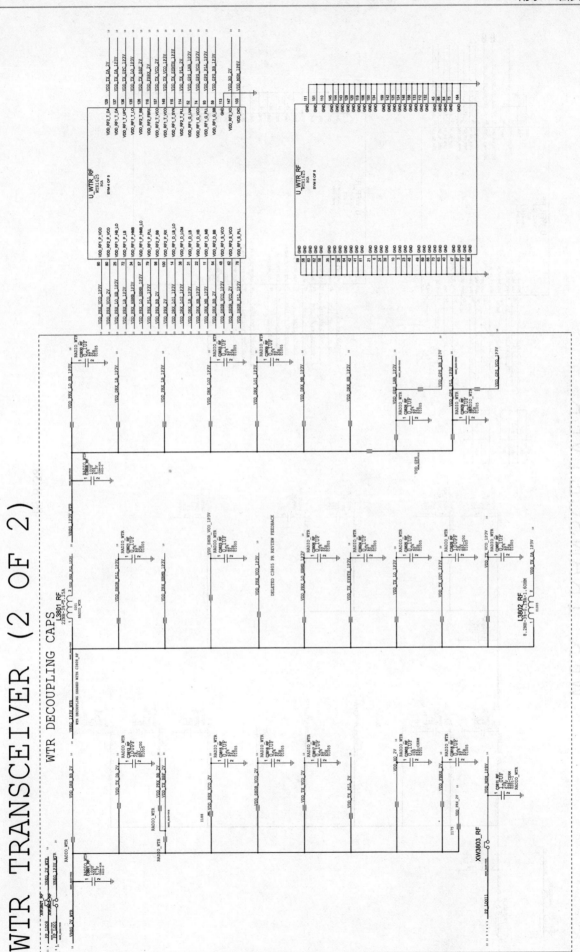

图 B-37

WFR TRANSCEIVER

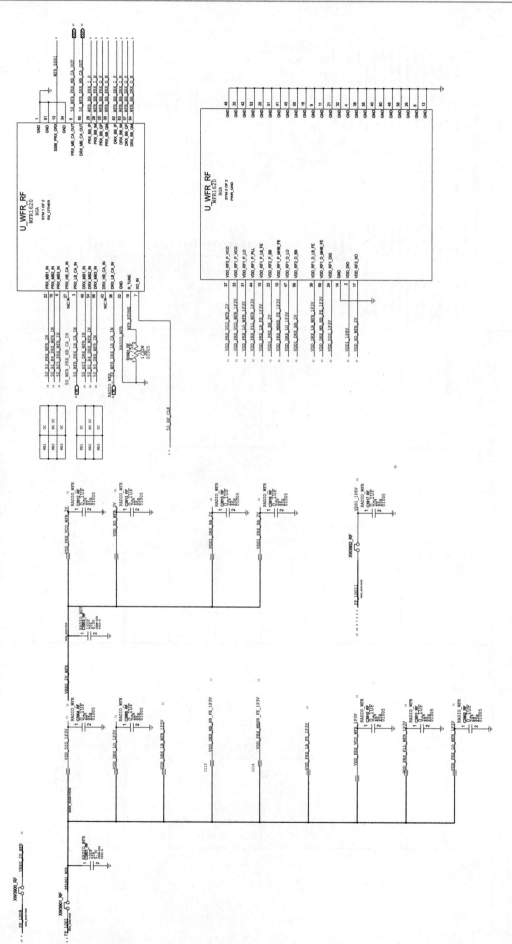

图 B-38

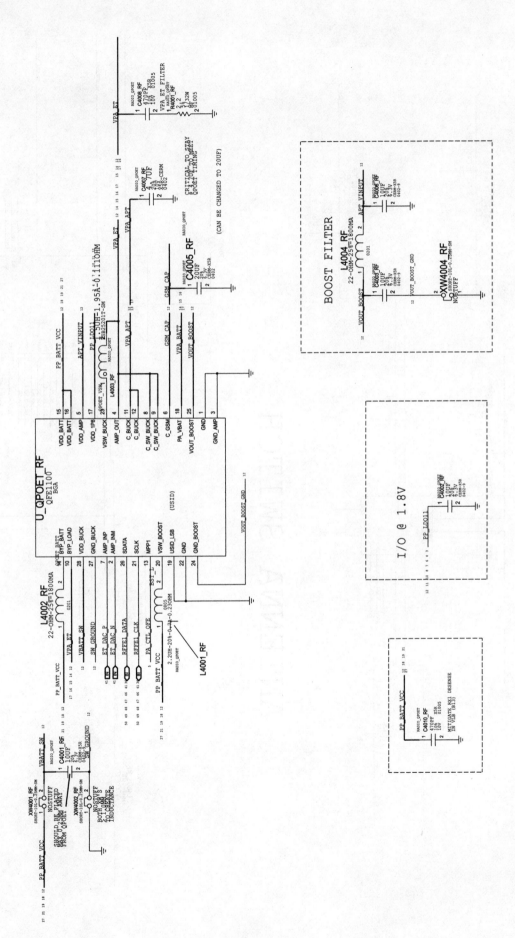

图 B-39

2G PA

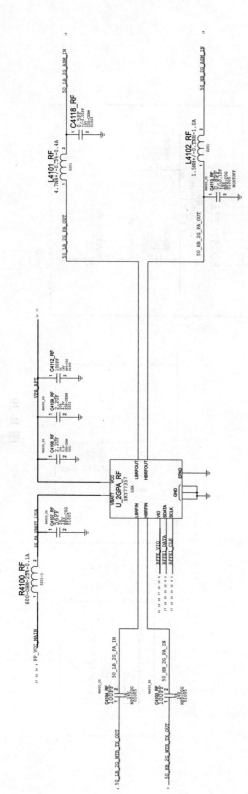

ANTENNA SWITCH

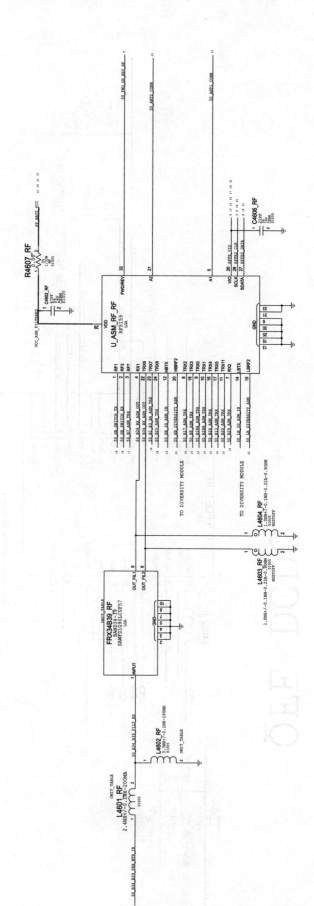

图 B-40

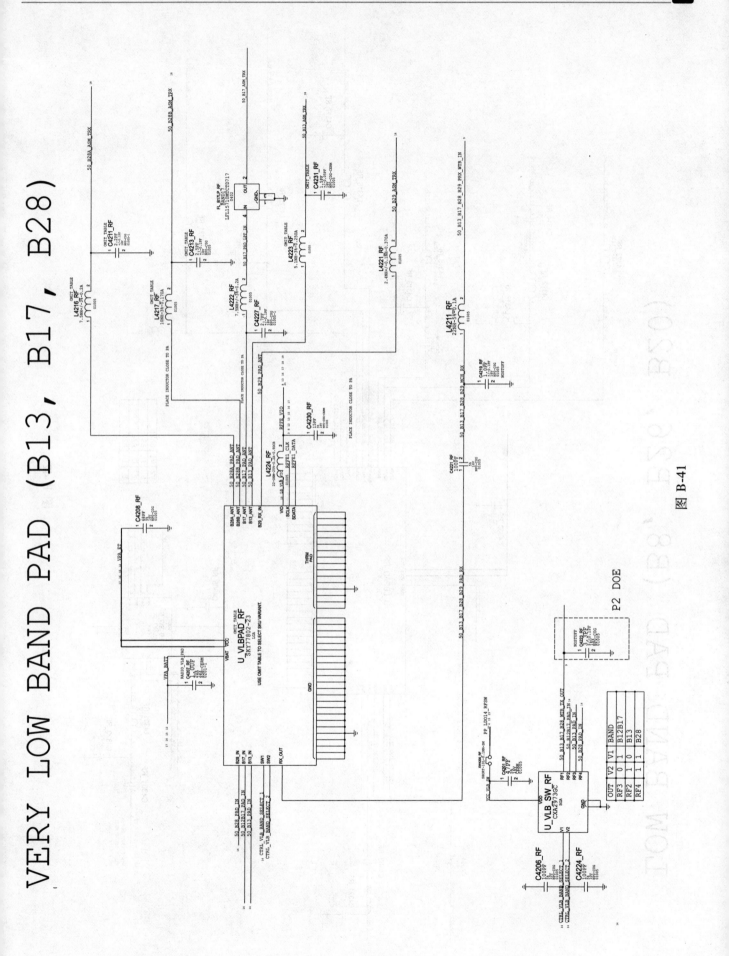

VERY LOW BAND PAD (B13, B17, B28)

图 B-41

LOW BAND PAD (B8, B26, B20)

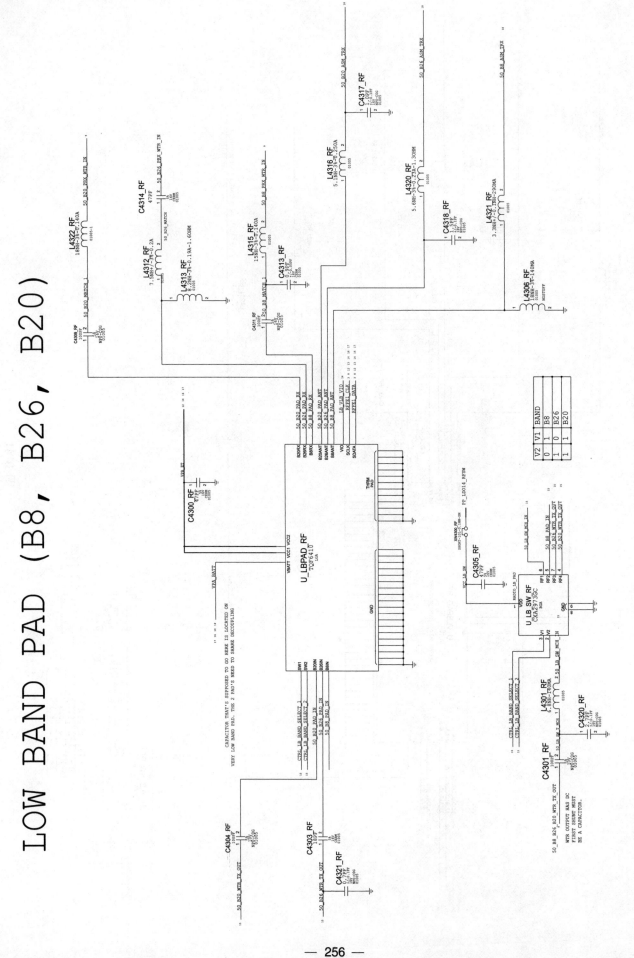

图 B-42

MID BAND PAD (B1, B25, B3, B4, B34, B39)

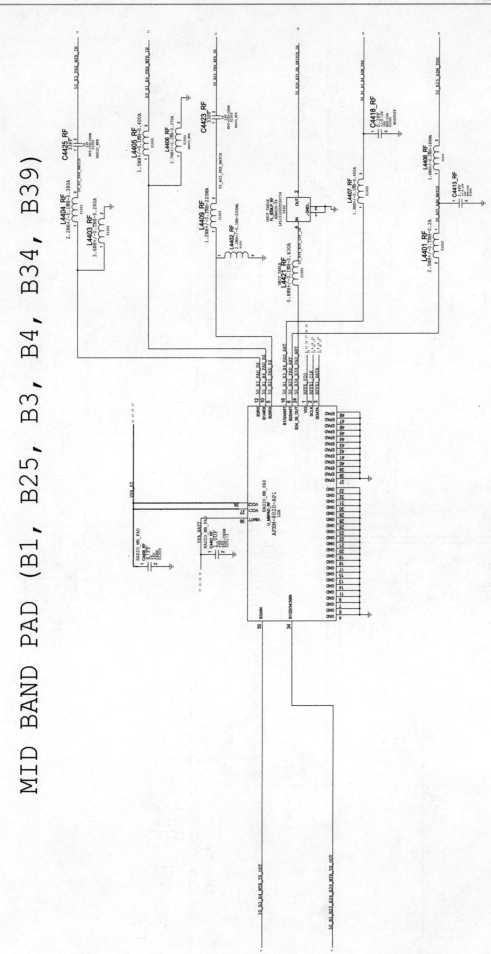

图 B-43

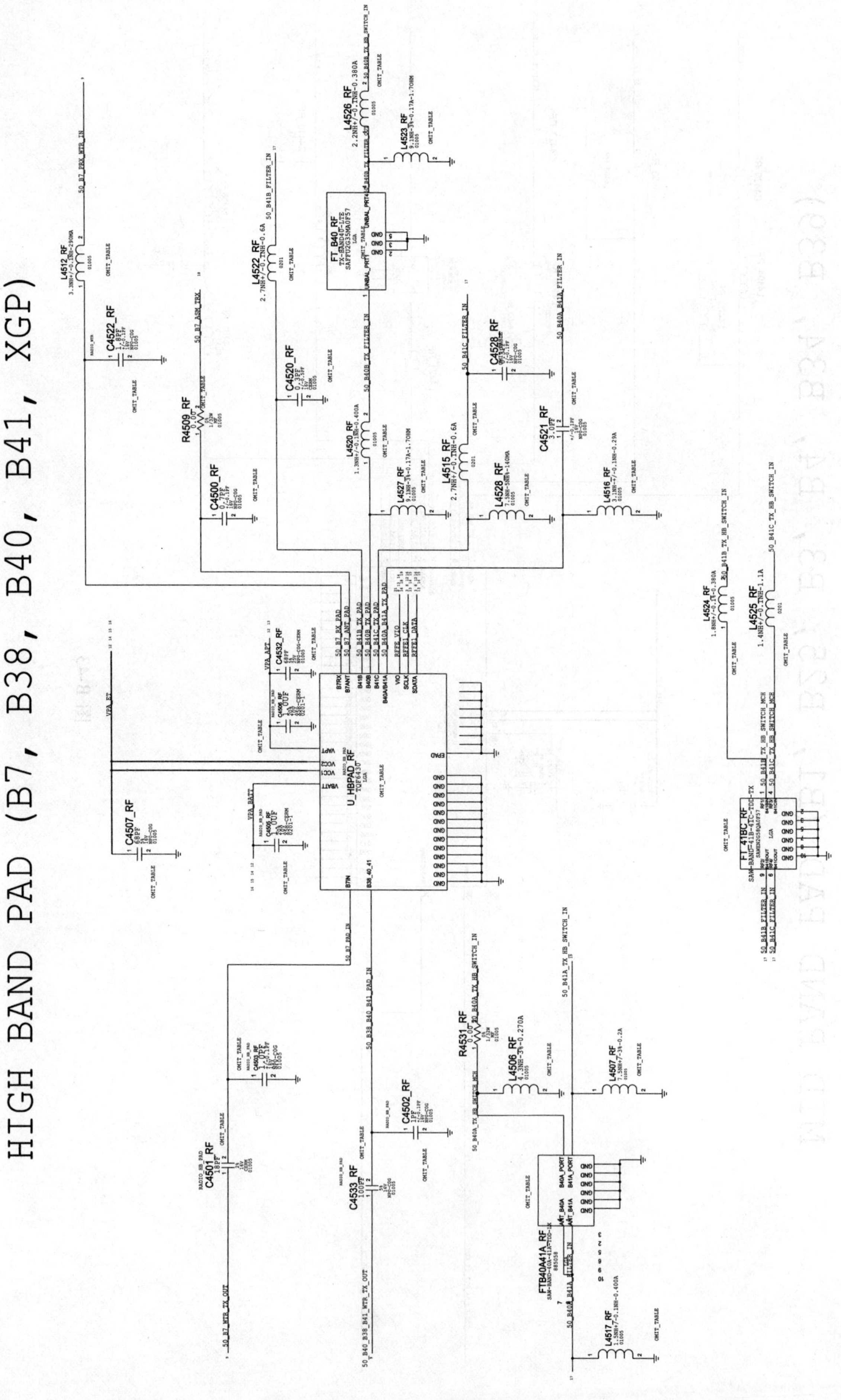

HIGH BAND PAD (B7, B38, B40, B41, XGP)

图 B-44

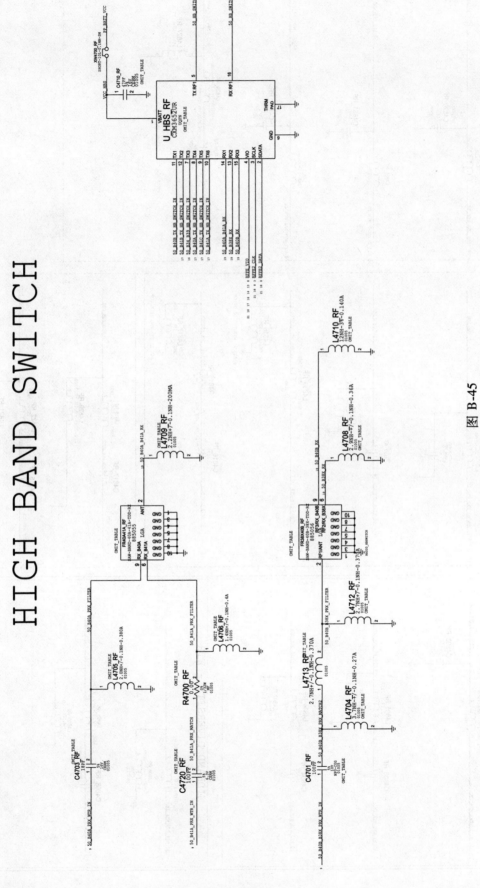

HIGH BAND SWITCH

图 B-45

RX DIVERSITY (1)

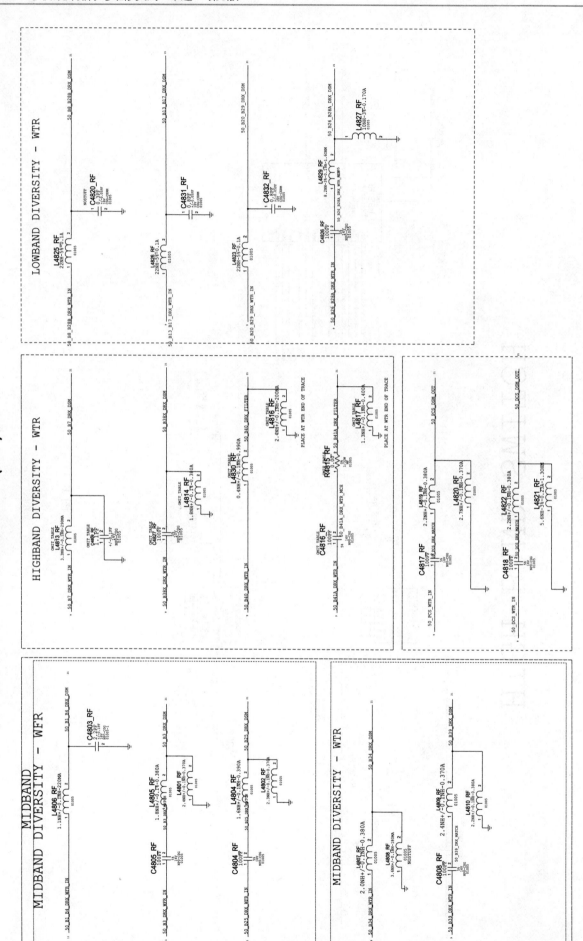

图 B-46

RX DIVERSITY (2)

GPS

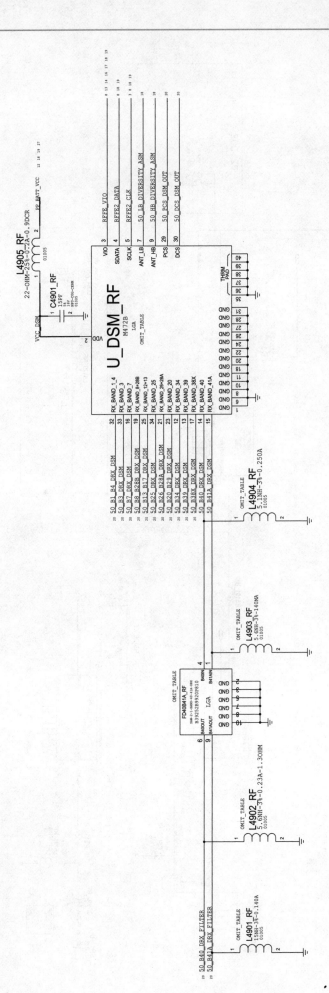

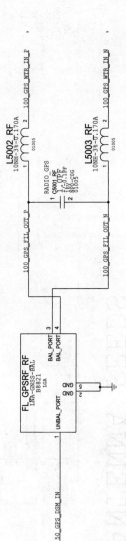

图 B-47

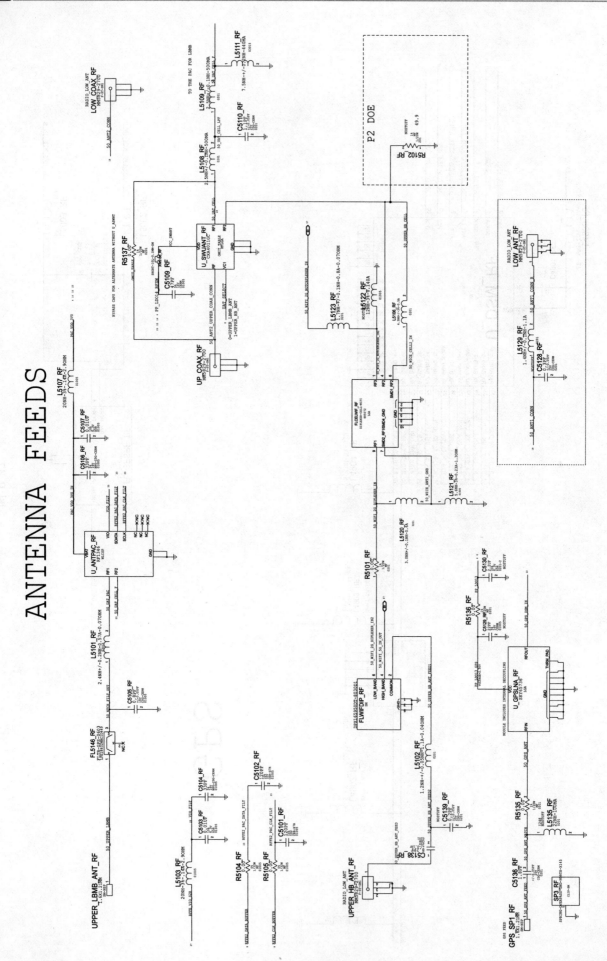

ANTENNA FEEDS

图 B-48

WLAN/BT

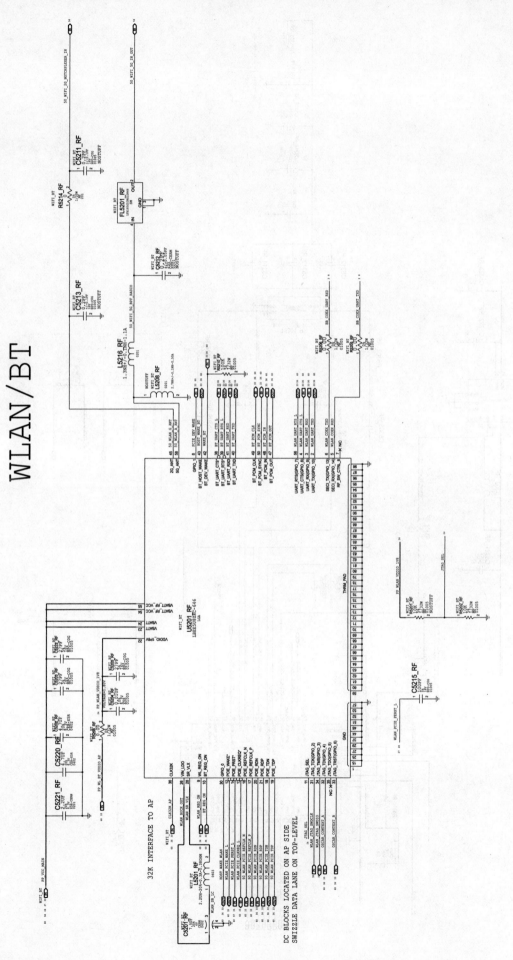

图 B-49

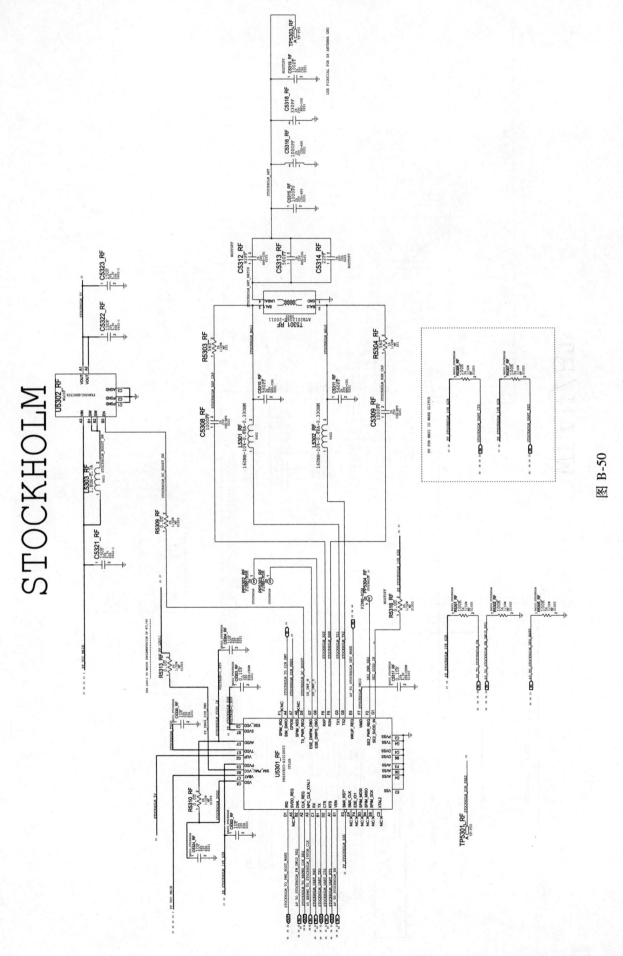

图 B-50

附录 C iPhone 7 部分维修参考线路图

Current as of D10 MCO 056-01342-78

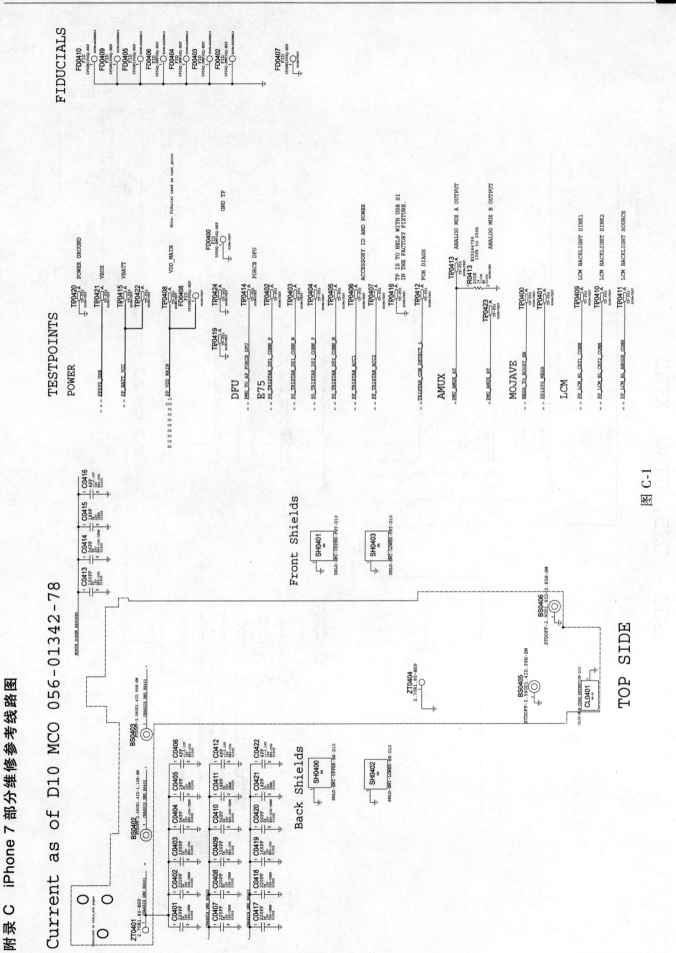

图 C-1

SOC - USB, JTAG, XTAL

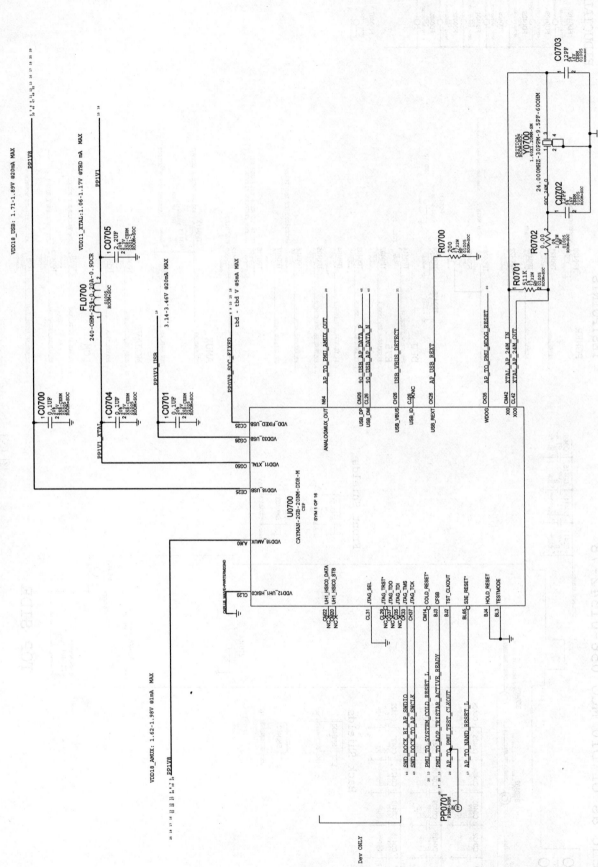

图 C-2

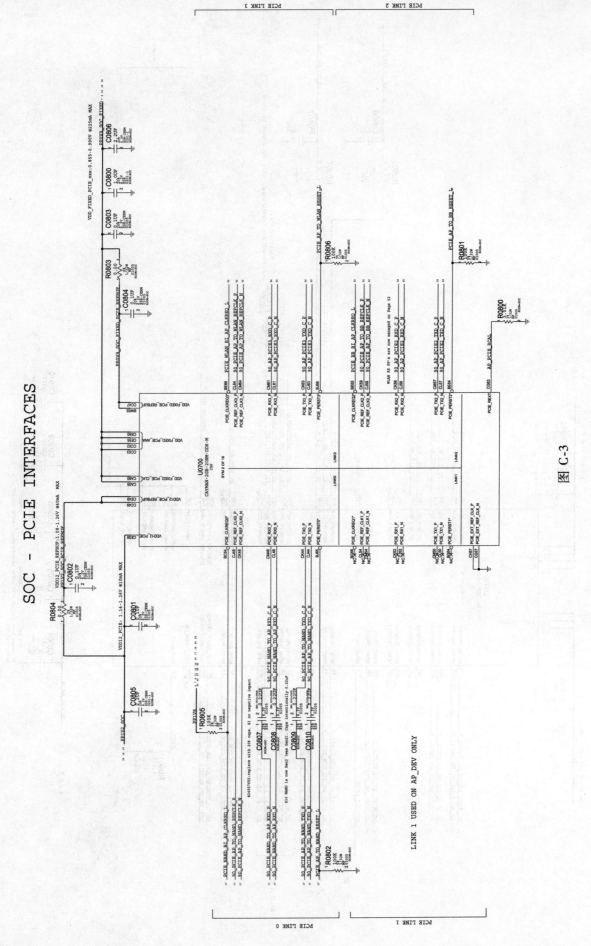

图 C-3

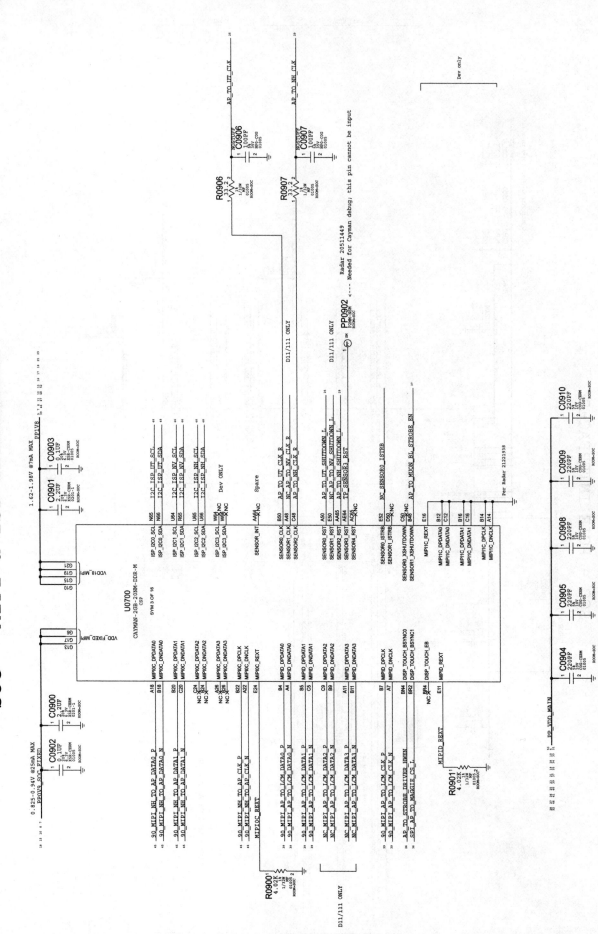

图 C-4

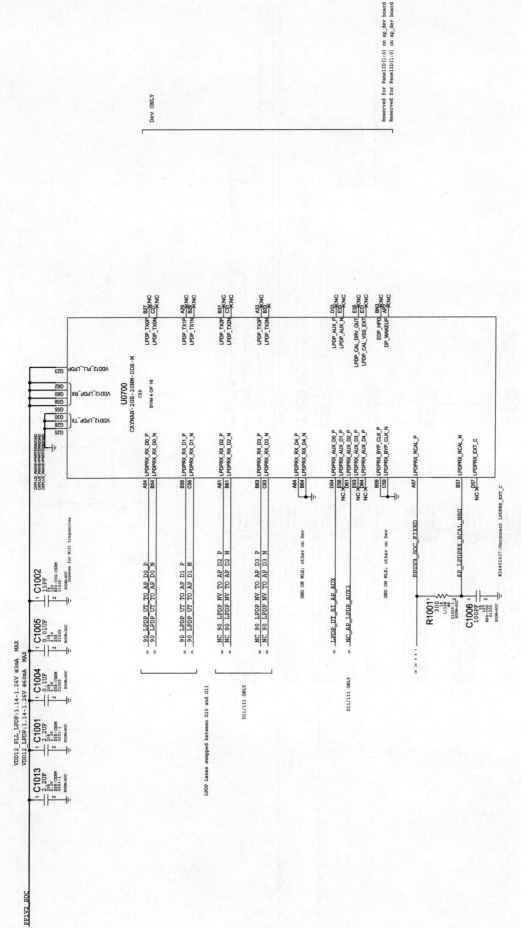

图 C-5

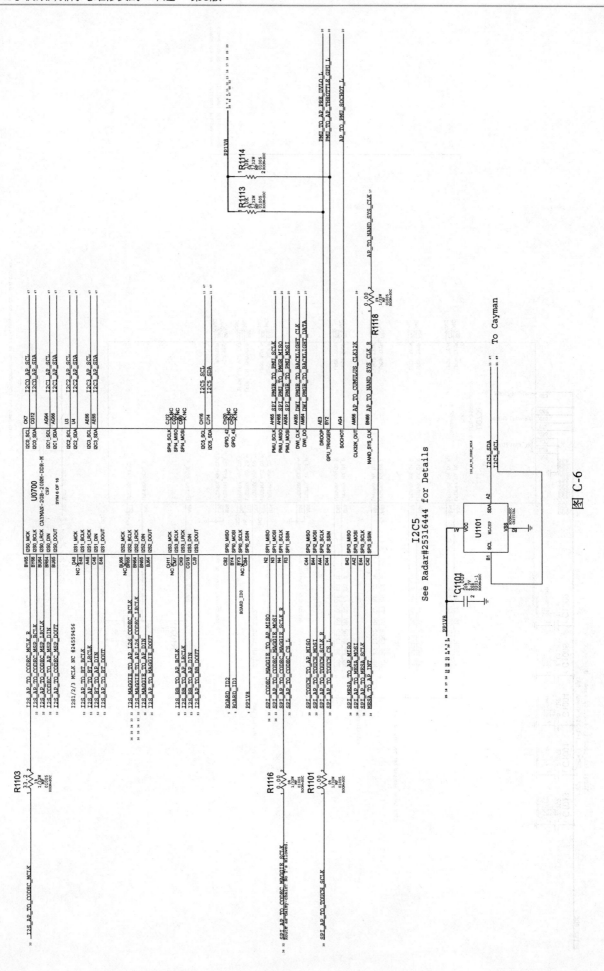

图 C-6

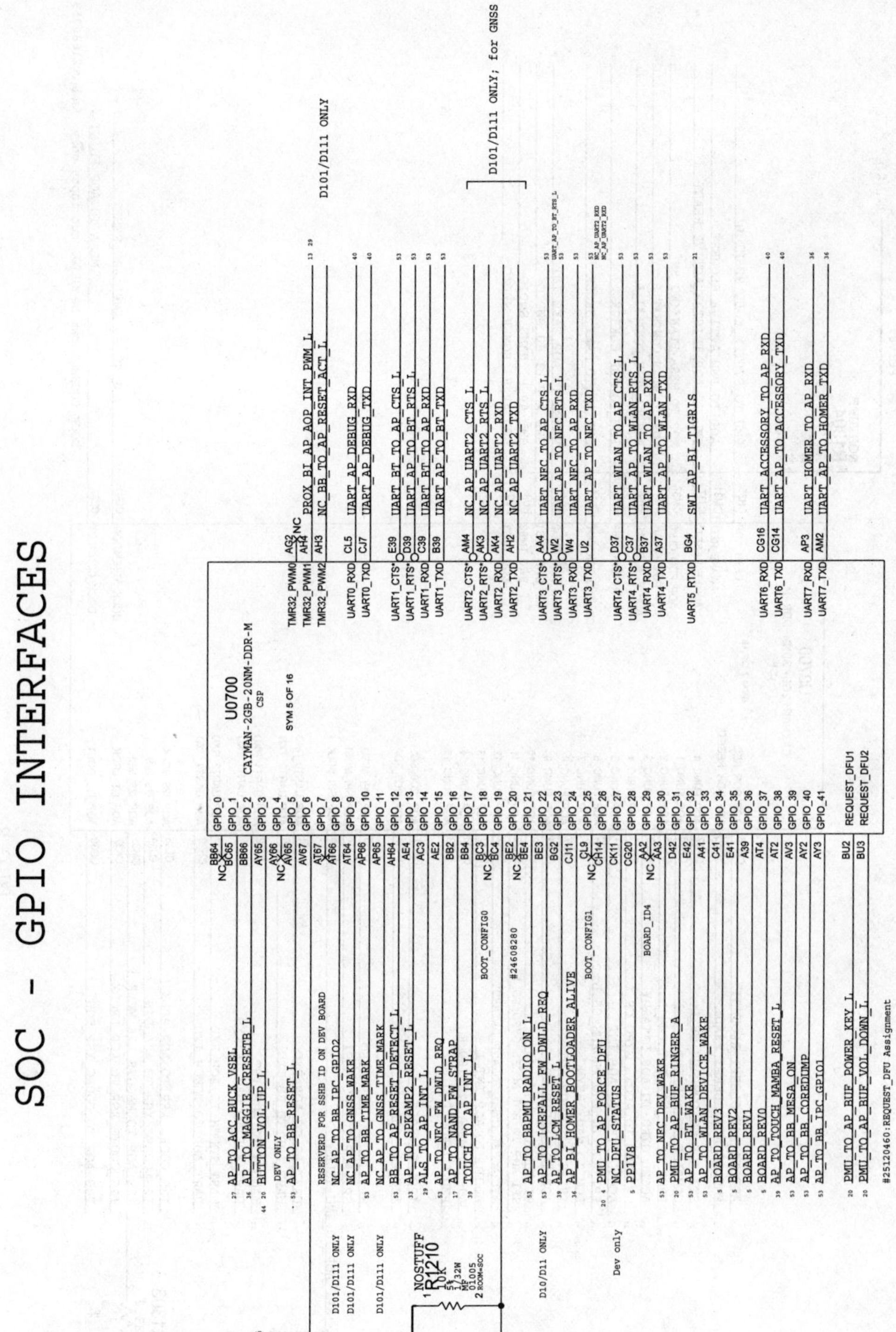

SOC - GPIO INTERFACES

U0700
CAYMAN-2GB-2GNM-DDR-M
CSP
SYM 5 OF 16

D101/D111 ONLY; for GNSS

D101/D111 ONLY

Signal	Pin
GPIO_0	BB64
GPIO_1	BC65
GPIO_2	BB66
GPIO_3	AY65
GPIO_4	AV66
GPIO_5	AV67
GPIO_6	AT67
GPIO_7	AT66
GPIO_8	AT84
GPIO_9	AP66
GPIO_10	AP65
GPIO_11	AH64
GPIO_12	AE4
GPIO_13	AC3
GPIO_14	AE2
GPIO_15	BB2
GPIO_16	BB4
GPIO_17	BC3
GPIO_18	BC4
GPIO_19	BE2
GPIO_20	BE4
GPIO_21	BE3
GPIO_22	BG2
GPIO_23	CJ11
GPIO_24	CL9
GPIO_25	CH14
GPIO_26	CK11
GPIO_27	CG20
GPIO_28	AA2
GPIO_29	AA3
GPIO_30	D42
GPIO_31	E42
GPIO_32	A41
GPIO_33	C41
GPIO_34	E41
GPIO_35	A39
GPIO_36	AT4
GPIO_37	AT2
GPIO_38	AV3
GPIO_39	AY2
GPIO_40	AY3
GPIO_41	BU2
REQUEST_DFU1	BU3
REQUEST_DFU2	

#24608280

BOOT_CONFIG0
BOOT_CONFIG1
BOARD_ID4

Signal	Pin
TMR32_PWM0	AG2 NC
TMR32_PWM1	AH4
TMR32_PWM2	AH3
UART0_RXD	CL5
UART0_TXD	CJ7
UART1_CTS*	E39
UART1_RTS*	D39
UART1_RXD	C39
UART1_TXD	B39
UART2_CTS*	AM4
UART2_RTS*	AK3
UART2_RXD	AK4
UART2_TXD	AH2
UART3_CTS*	AA4
UART3_RTS*	W2
UART3_RXD	W4
UART3_TXD	U2
UART4_CTS*	D37
UART4_RTS*	C37
UART4_RXD	B37
UART4_TXD	A37
UART5_RTXD	BG4
UART6_RXD	CG16
UART6_TXD	CG14
UART7_RXD	AP3
UART7_TXD	AM2

Signal names:
- AP_TO_ACC_BUCK_VSEL
- AP_TO_MAGGIE_CRESETB_L
- BUTTON_VOL_UP_L
- AP_TO_BB_RESET_L
- RESERVED FOR SSHB ID ON DEV BOARD
- NC_AP_TO_BB_IPC_GPIO2
- AP_TO_BB_TIME_MARK
- NC_AP_TO_GNSS_TIMER_MARK
- BB_TO_AP_RESET_DETECT_L
- AP_TO_SPKAMP2_RESET_L
- ALS_TO_AP_INT_L
- AP_TO_NFC_FW_DWLD_REQ
- AP_TO_NAND_FW_STRAP
- TOUCH_TO_AP_INT_L
- AP_TO_BBRMU_RADIO_ON_L
- AP_TO_ICEFALL_FW_DWLD_REQ
- AP_TO_LCM_RESET_L
- AP_BI_HOMER_BOOTLOADER_ALIVE
- PMU_TO_AP_FORCE_DFU
- NC_DFU_STATUS
- PP1V8
- AP_TO_NFC_DEV_WAKE
- PMU_TO_AP_BUF_RINGER_A
- AP_TO_RF_WAKE
- AP_TO_WLAN_DEVICE_WAKE
- BOARD_REV3
- BOARD_REV2
- BOARD_REV1
- BOARD_REV0
- AP_TO_TOUCH_MAMBA_RESET_L
- AP_TO_BB_MESA_ON
- AP_TO_BB_COREDUMP
- AP_BB_IPC_GPIO1
- PMU_TO_AP_BUF_POWER_KEY_L
- PMU_TO_AP_BUF_VOL_DOWN_L

#25120460:REQUEST_DFU Assignment

- PROX_BI_AP_AOP_INT_PWM_L
- NC_BB_TO_AP_RESET_ACT_L
- UART_AP_TO_DEBUG_RXD
- UART_AP_TO_DEBUG_TXD
- UART_BT_TO_AP_CTS_L
- UART_AP_TO_BT_RTS_L
- UART_BT_TO_AP_RXD
- UART_AP_TO_BT_TXD
- NC_AP_UART2_CTS_L
- NC_AP_UART2_RTS_L
- NC_AP_UART2_RXD
- NC_AP_UART2_TXD
- UART_NFC_TO_AP_CTS_L
- UART_AP_TO_NFC_RTS_L
- UART_NFC_TO_AP_RXD
- UART_AP_TO_NFC_TXD
- UART_WLAN_TO_AP_CTS_L
- UART_AP_TO_WLAN_RTS_L
- UART_WLAN_TO_AP_RXD
- UART_AP_TO_WLAN_TXD
- SWI_AP_BI_TIGRIS
- UART_ACCESSORY_TO_AP_RXD
- UART_AP_TO_ACCESSORY_TXD
- UART_HOMER_TO_AP_RXD
- UART_AP_TO_HOMER_TXD

MAGGIE_TO_AP_CDONE

PP1V8

NOSTUFF
R1210
1K
Nostuff per #24511702

PMU_TO_AP_THROTTLE_CPU1_L

#24557547:Delete R1204

DEV ONLY
D101/D111 ONLY
Dev only

图 C-7

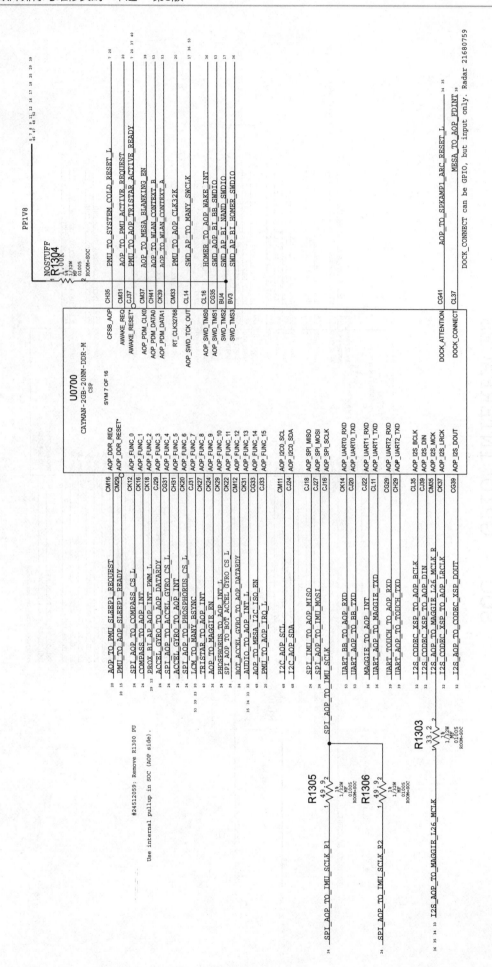

图 C-8

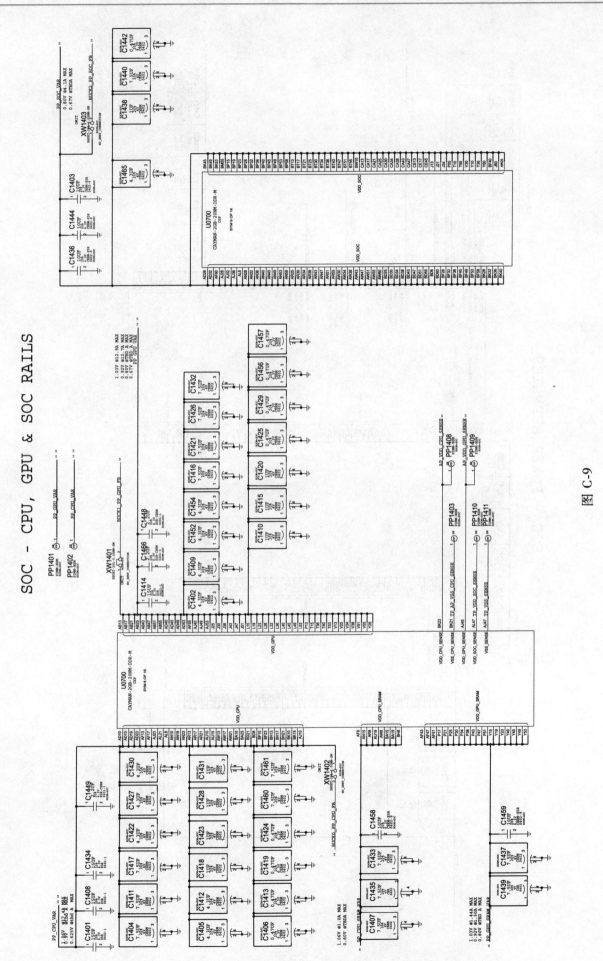

SOC - CPU, GPU & SOC RAILS

图 C-9

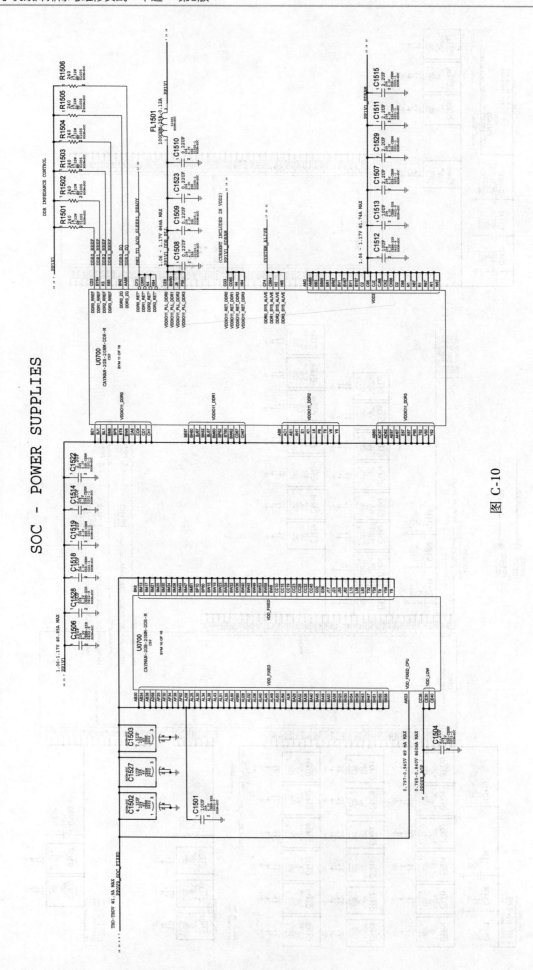

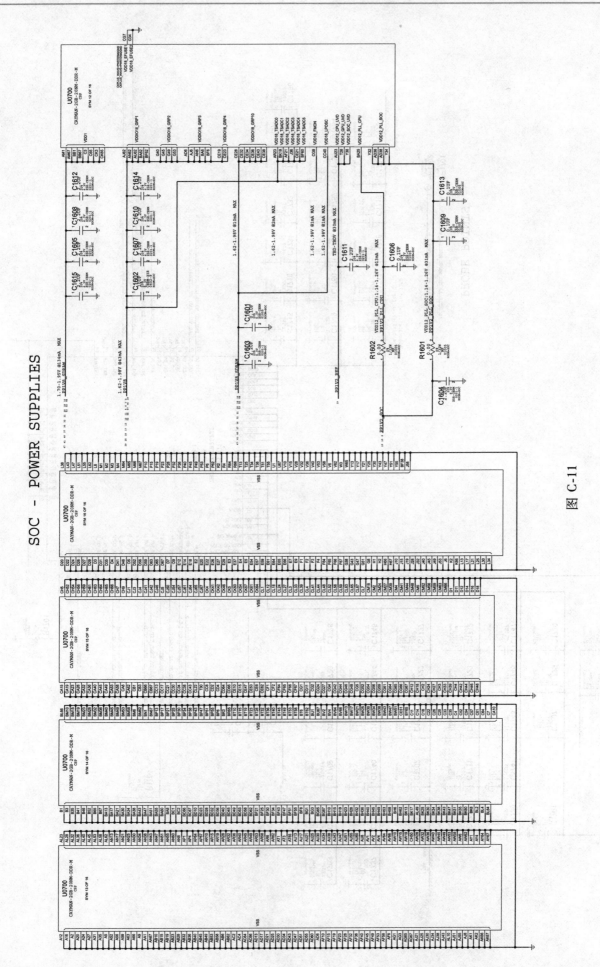

SOC - POWER SUPPLIES

图 C-11

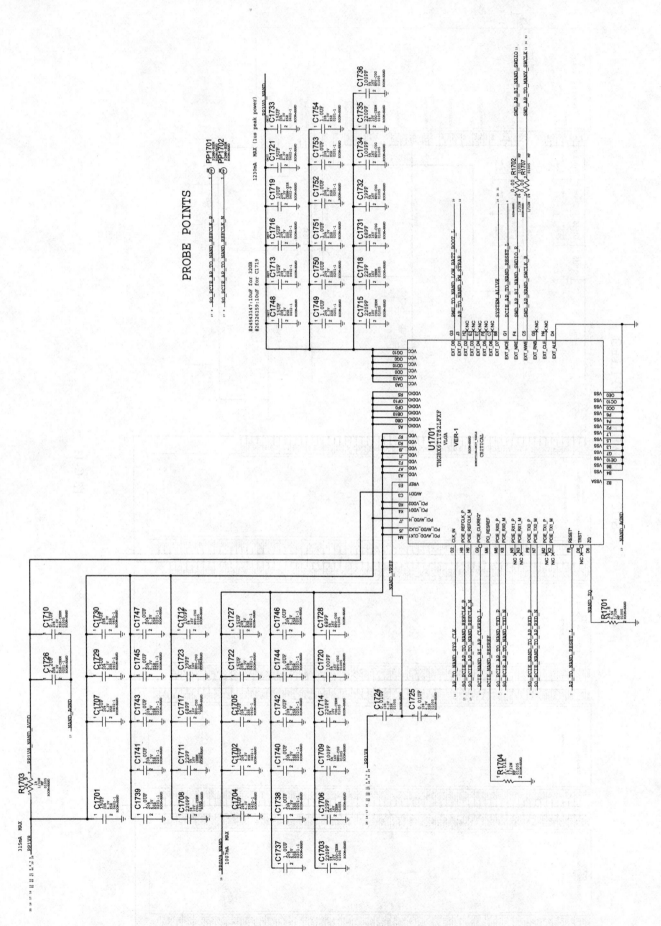

图 C-12

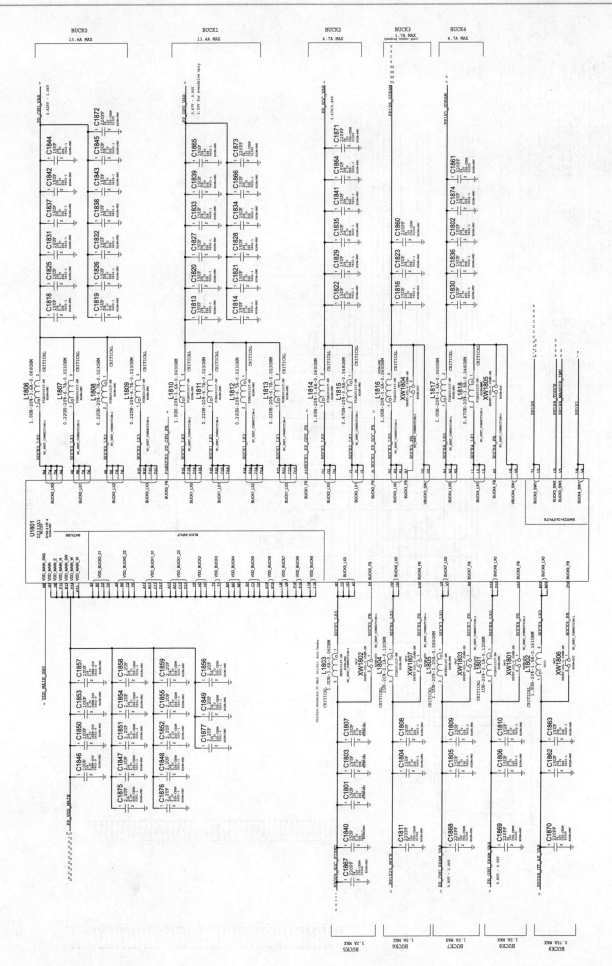

图 C-13

ADELYN LDO SPECS

LDO#	ADJ.RANGE, LOW	ADJ.RANGE, HI	ACCURACY	MAX.CURRENT
LDO1 (Ca)	1.2-2.475V	2.4-3.675V	+/-1.4%	50mA
LDO2 (Ca)	1.2-2.475V	2.4-3.675V	+/-2.5%	50mA
LDO3 (Ca)	1.2-2.475V	2.4-3.675V	+/-2.5%	50mA
LDO4 (D)	0.7-1.2V		+/-2.5%	60mA
LDO5 (F)	2.5-3.6V(tbc)		+/-75mV	1000mA
LDO6 (Cb)	1.2-2.475V	2.4-3.675V	+/-2.5%	250mA (500/100mA in bypass)
LDO7 (Cb)	1.2-2.475V	2.4-3.675V	+/-30mV	250mA
LDO8 (Cb)	1.2-2.475V	2.4-3.675V	+/-30mV	250mA
LDO9 (Cb)	1.2-2.475V	2.4-3.675V	+/-25mV	250mA
LDO10 (Ga)	0.7-1.2V		+/-4.5%	1150mA

LDO#	ADJ.RANGE, LOW	ADJ.RANGE, HI	ACCURACY	MAX.CURRENT
LDO11 (Cb)	1.2-2.475V	2.4-3.675V	+/-30mV	250mA
LDO12 (E)	1.8V		+/-5%	10mA
LDO13 (Cb)	1.2-2.475V	2.4-3.675V	+/-30mV	250mA
LDO14 (Gb)	0.7-1.4V		+/-3.0%	400mA
LDO15 (Ca)	1.2-2.475V	2.4-3.675V	+/-2.5%	50mA
LDO16 (Cb)	1.2-2.475V	2.4-3.675V	+/-30mV	250mA
LDO17 (Ca)	1.2-2.475V	2.4-3.675V	+/-2.5%	50mA
LDO18 (Gb)	0.7-1.4V		+/-3.0%	400mA
LDO19 (Gb)	0.7-1.4V		+/-3.0%	400mA
LDO_RTC	2.5V		+/-2.0%	10mA
BUF_1V2	1.2V		+/-5.0%	10mA

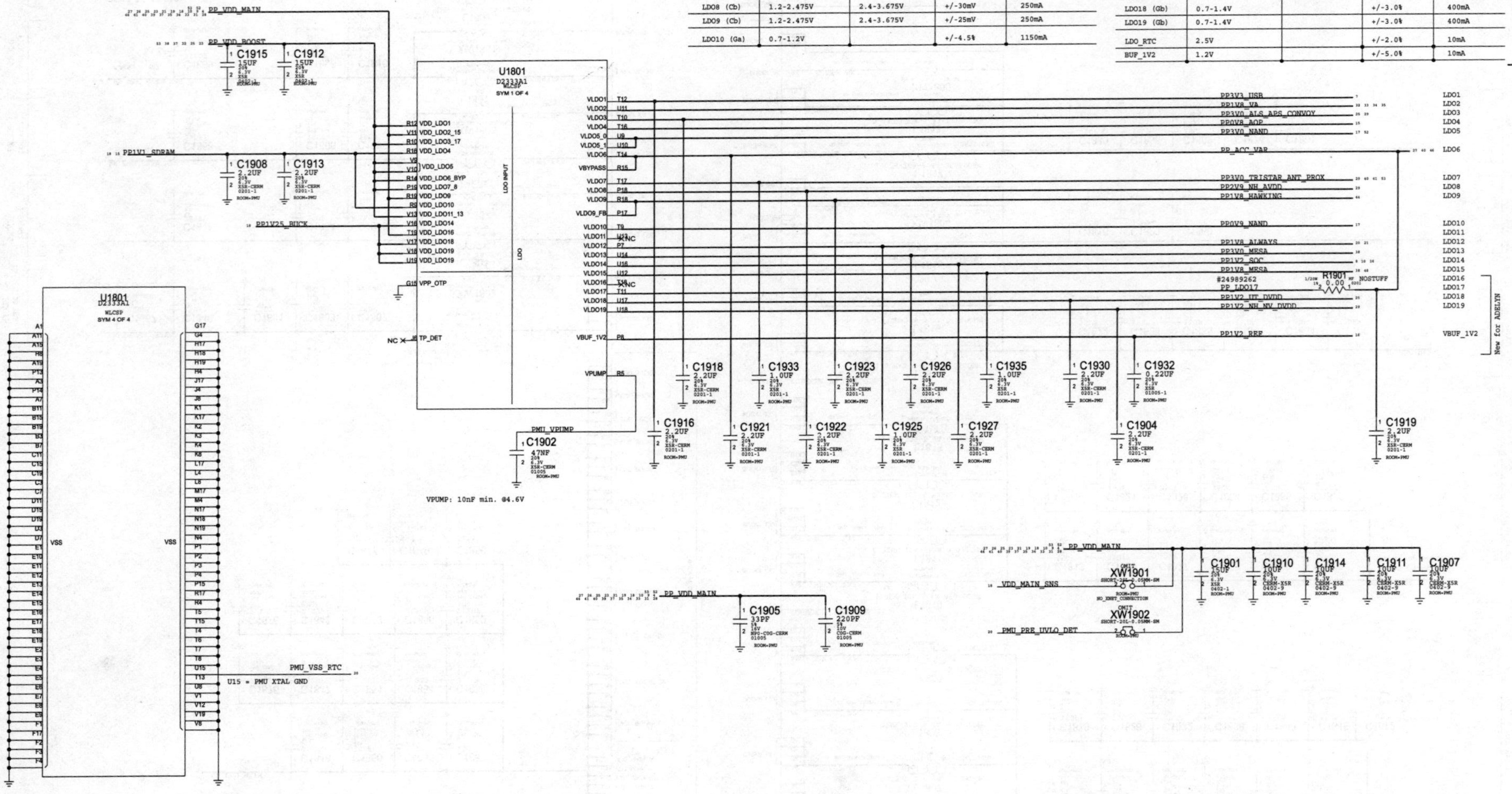

图 C-14

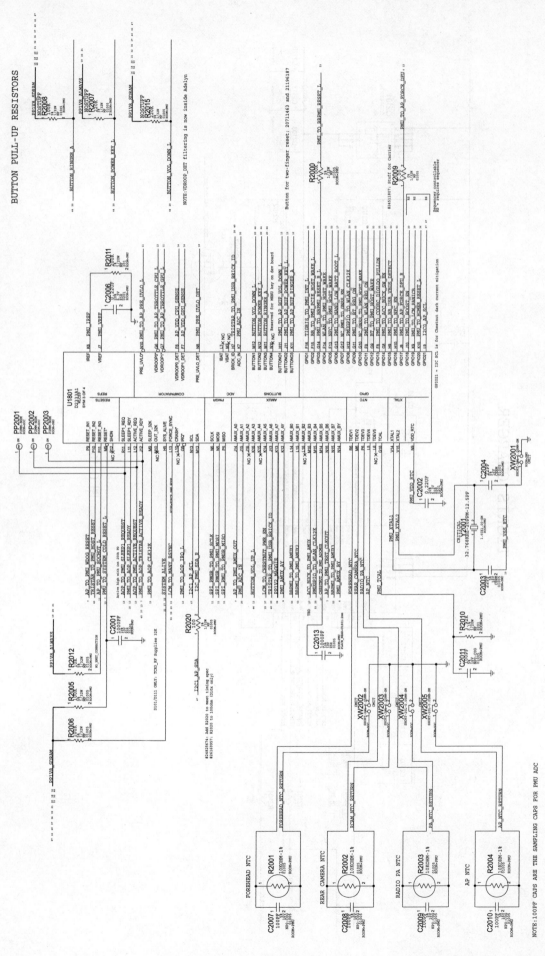

图 C-15

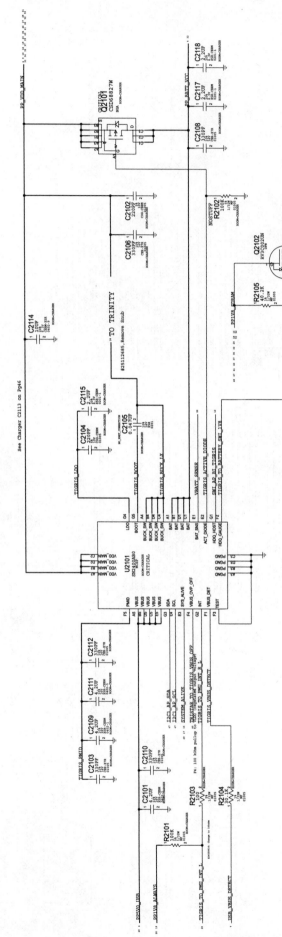

TIGRIS CHARGER

图 C-16

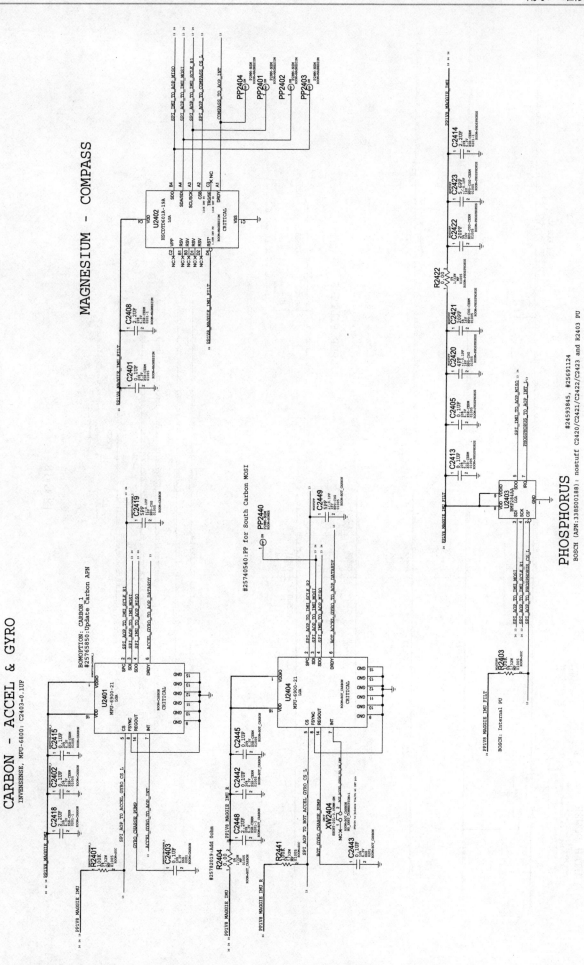

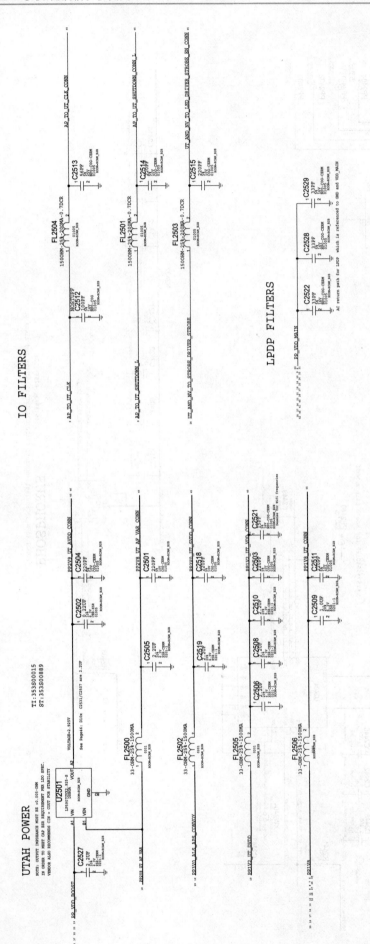

图 C-18

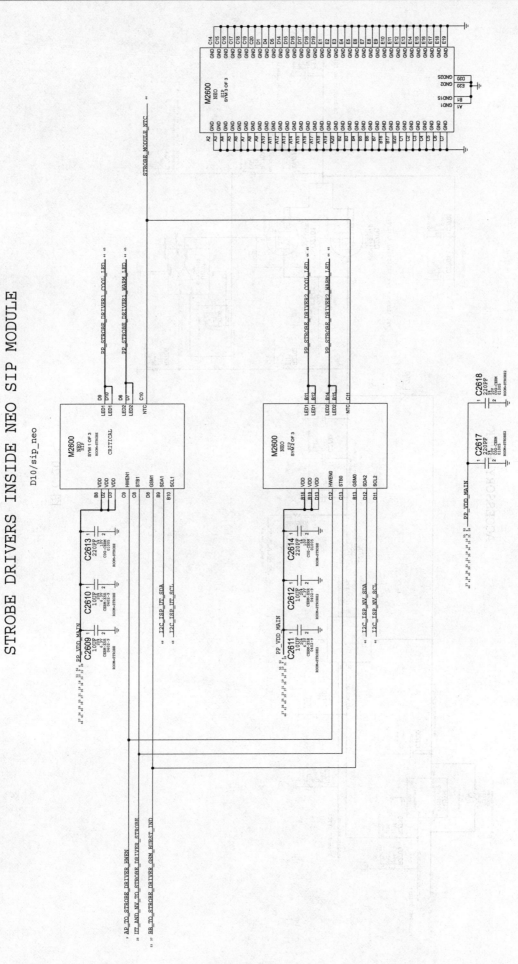

图 C-19

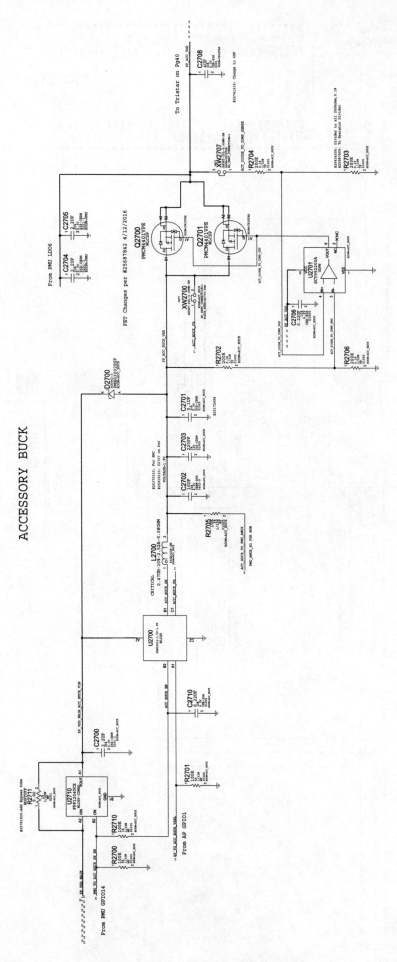

图 C-20

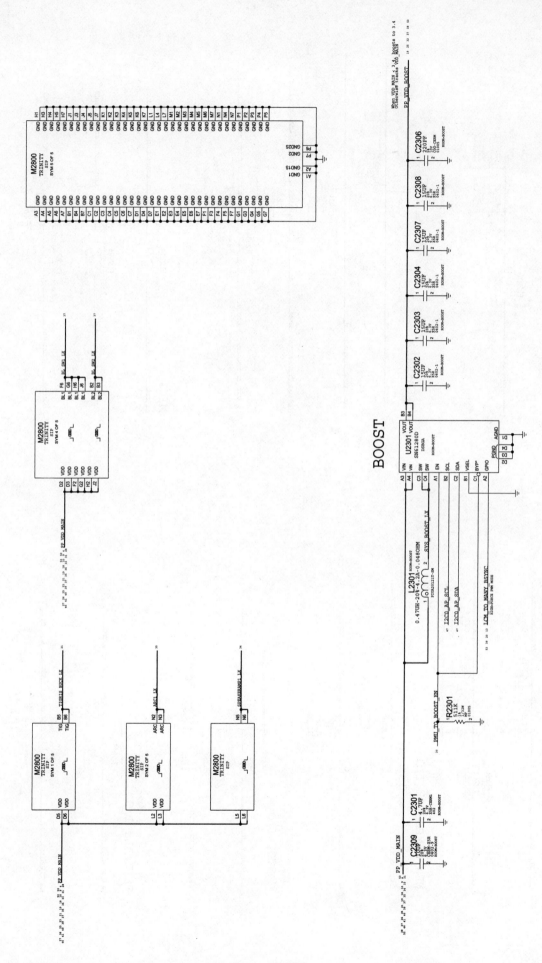

图 C-21

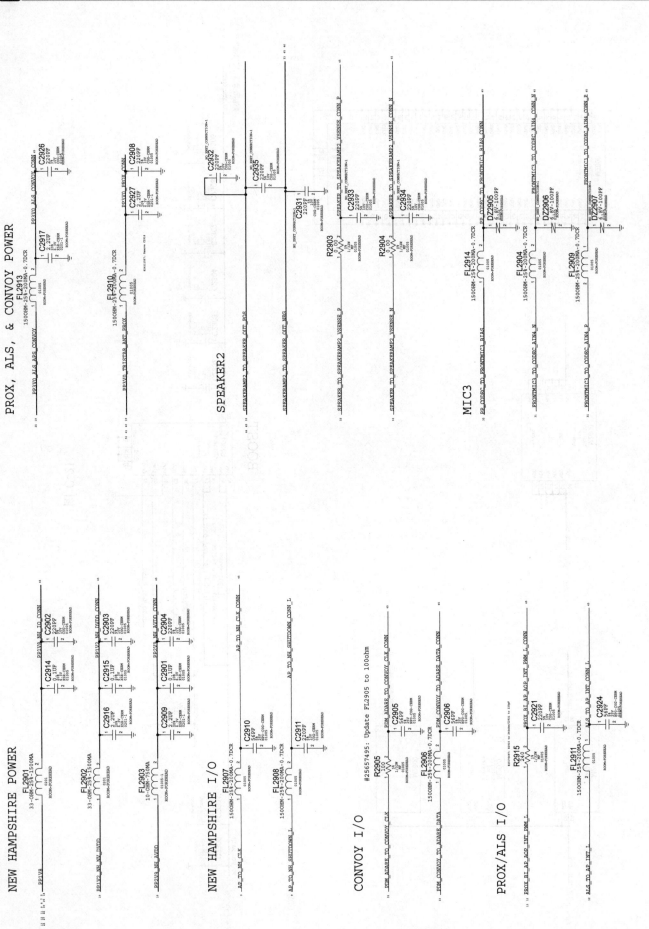

图 C-22

CALTRA AUDIO CODEC (ANALOG INPUTS & OUTPUTS)

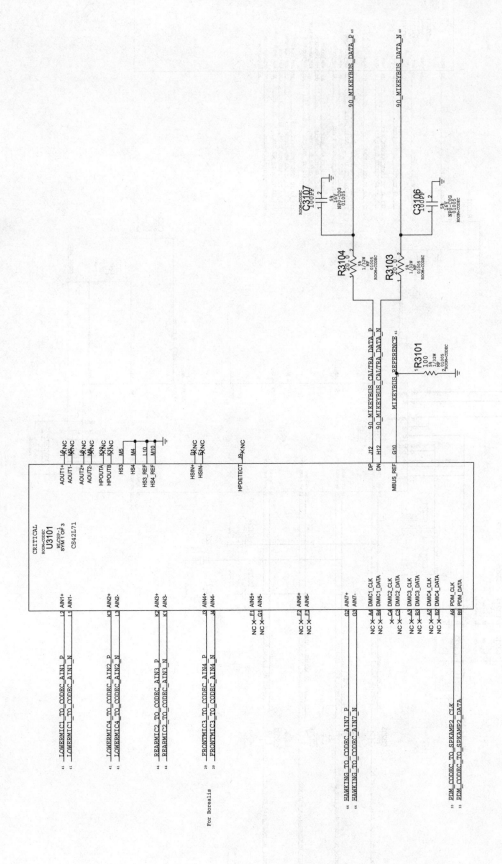

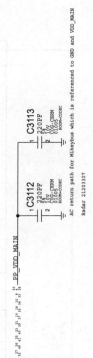

图 C-23

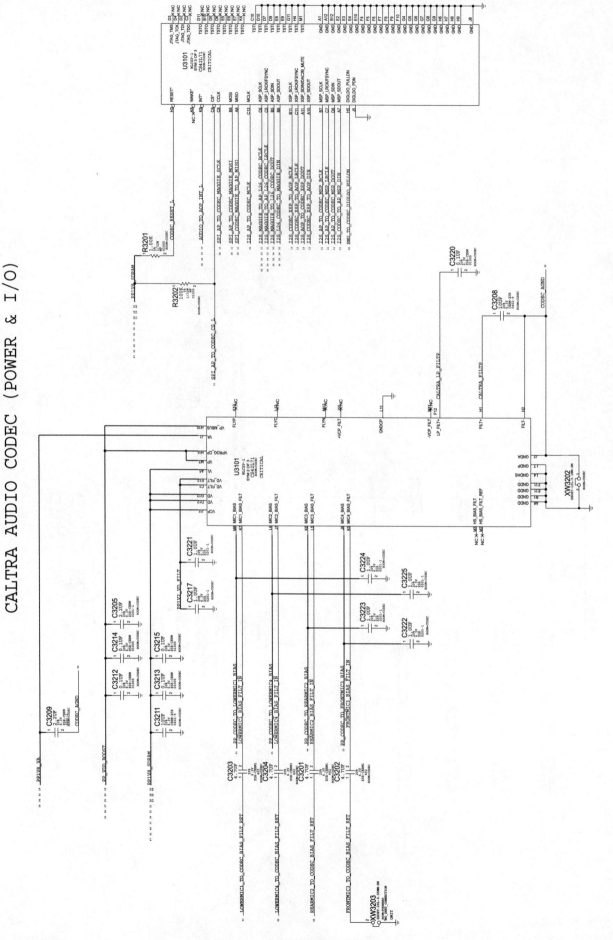

CALTRA AUDIO CODEC (POWER & I/O)

图 C-24

SPEAKER AMPLIFIER 2

(North)

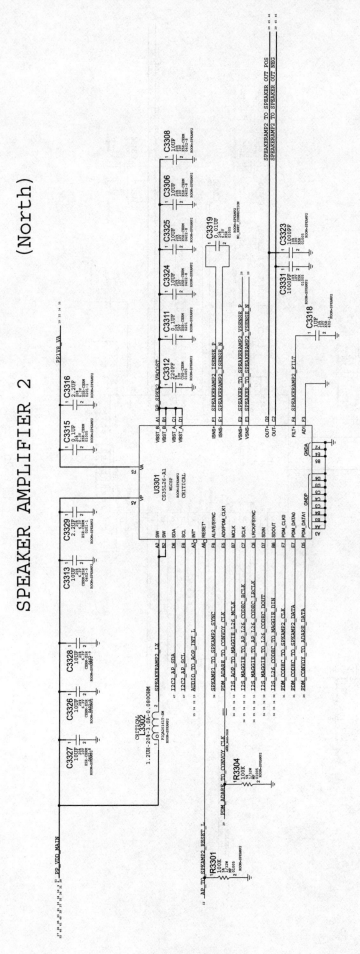

图 C-25

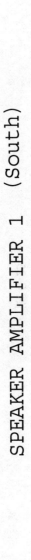
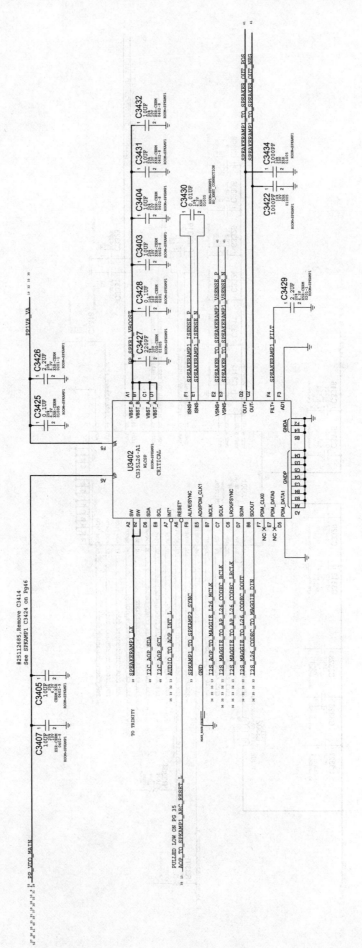

图 C-26

ARC DRIVER

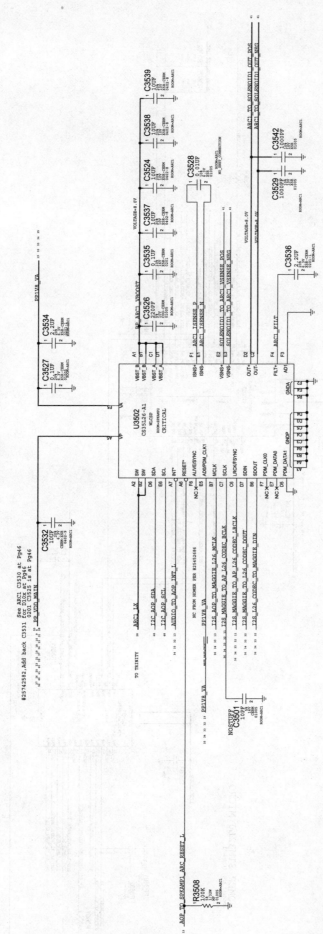

图 C-27

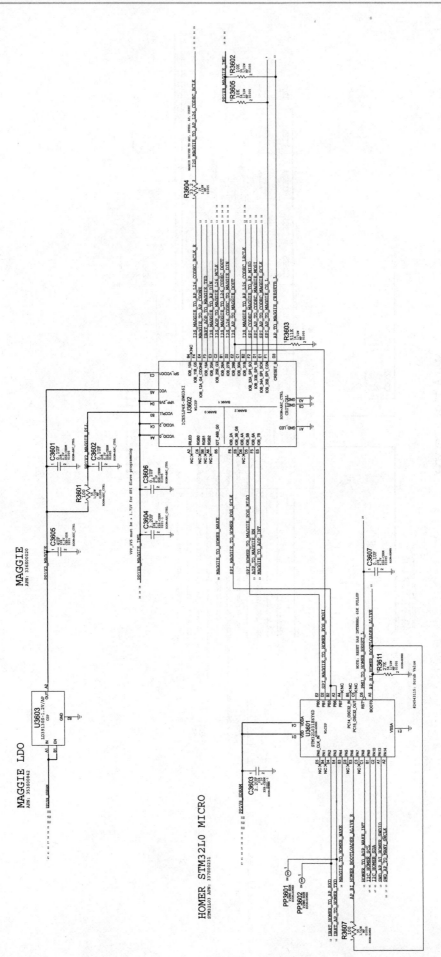

图 C-28

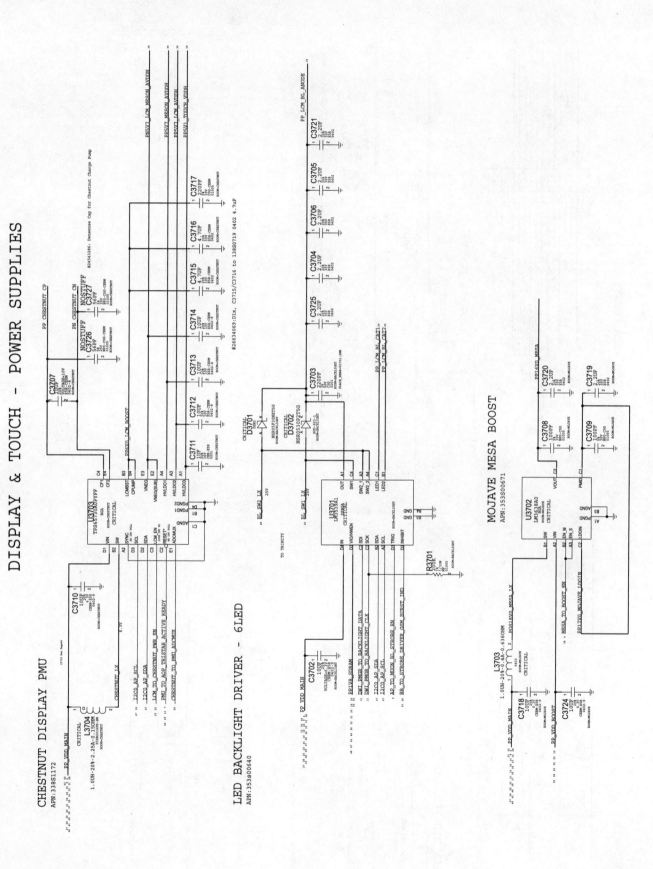

DISPLAY & TOUCH - POWER SUPPLIES

CHESTNUT DISPLAY PMU
APN:338S1172

LED BACKLIGHT DRIVER - 6LED
APN:353S00640

MOJAVE MESA BOOST
APN:353S00671

图 C-29

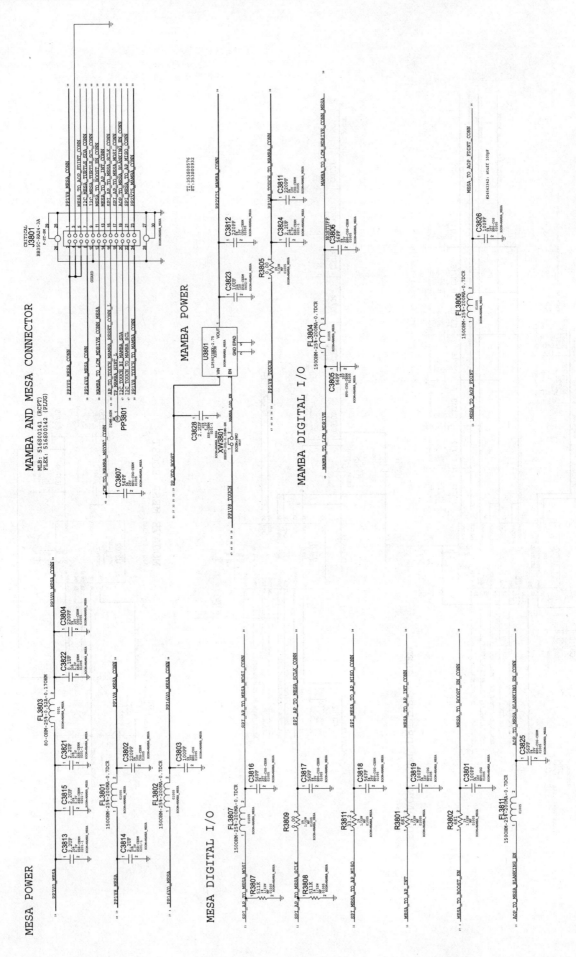

图 C-30

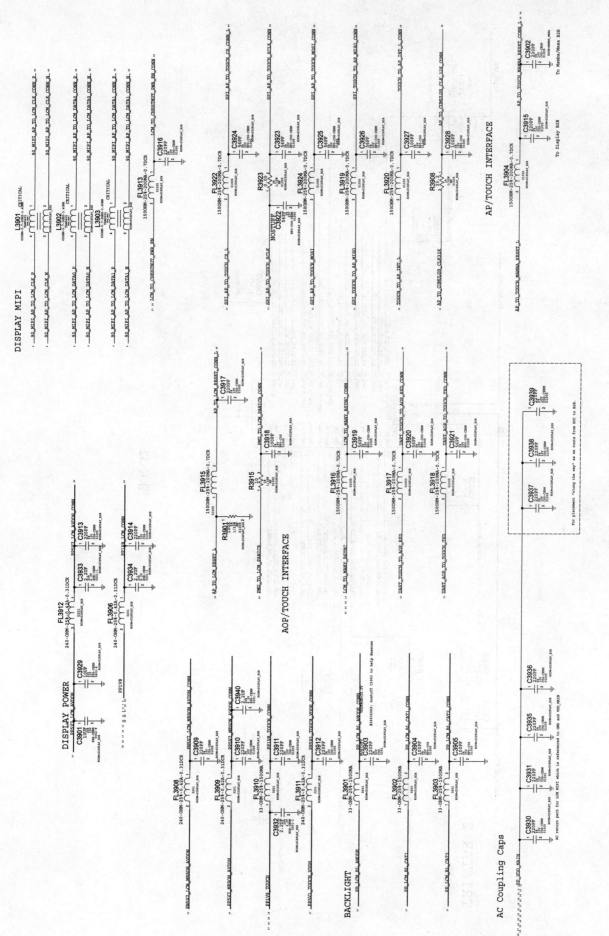

图 C-31

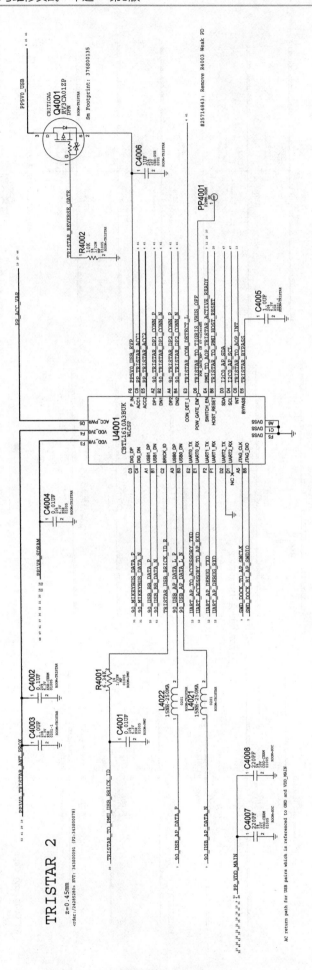

图 C-32

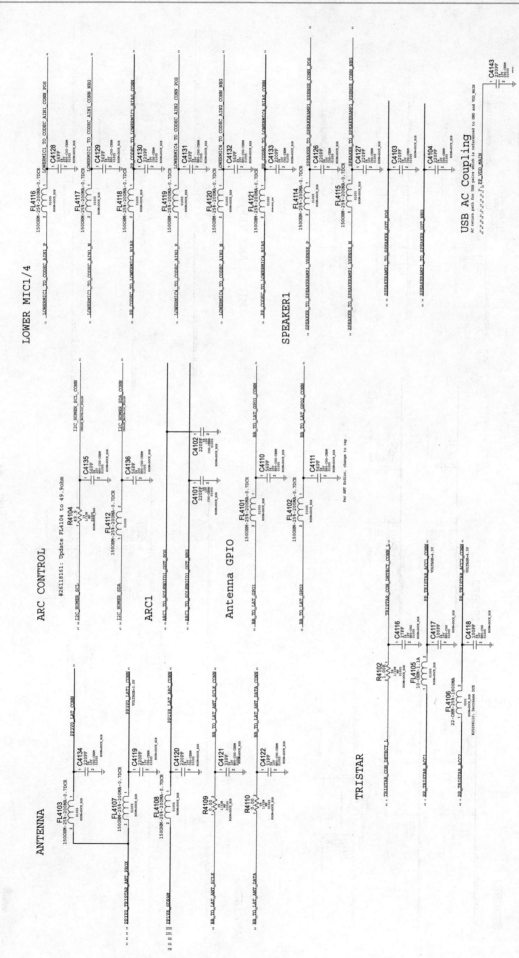

图 C-33

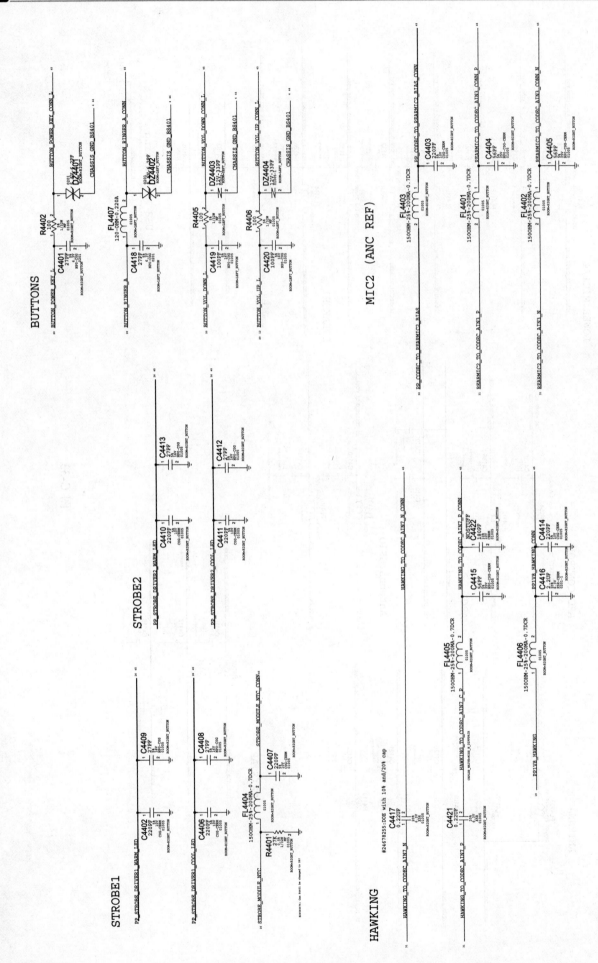

图 C-34

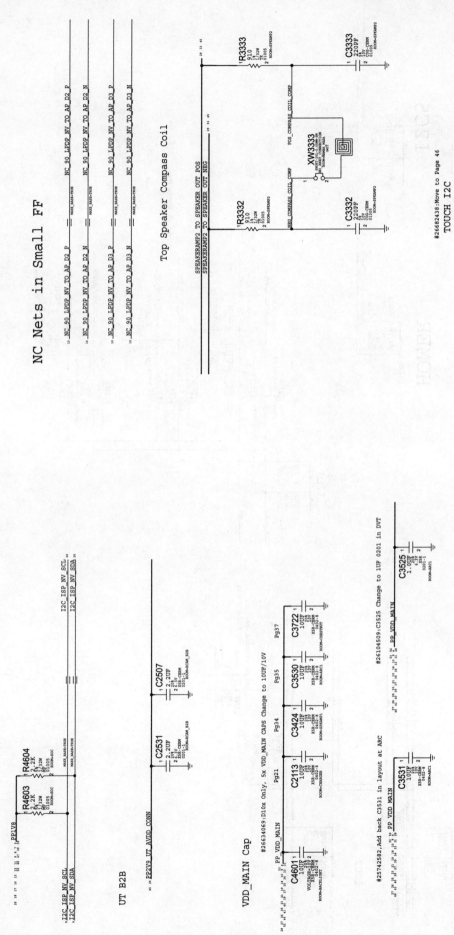

NC Nets in Small FF

Top Speaker Compass Coil

TOUCH I2C

ISP I2C1

UT B2B

VDD_MAIN Cap

ACC Buck Caps

Dock B2B (Pg 41)

图 C-35

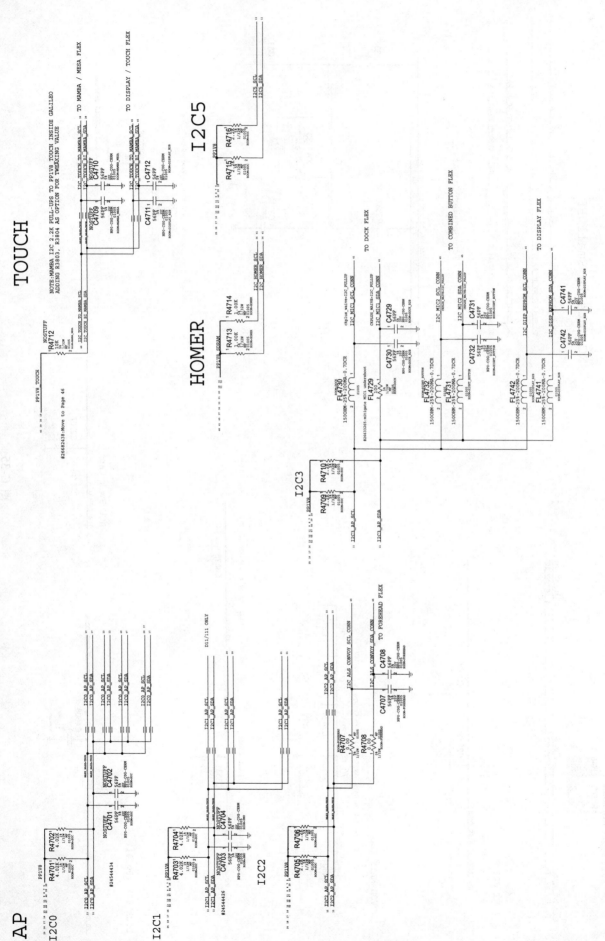

图 C-36

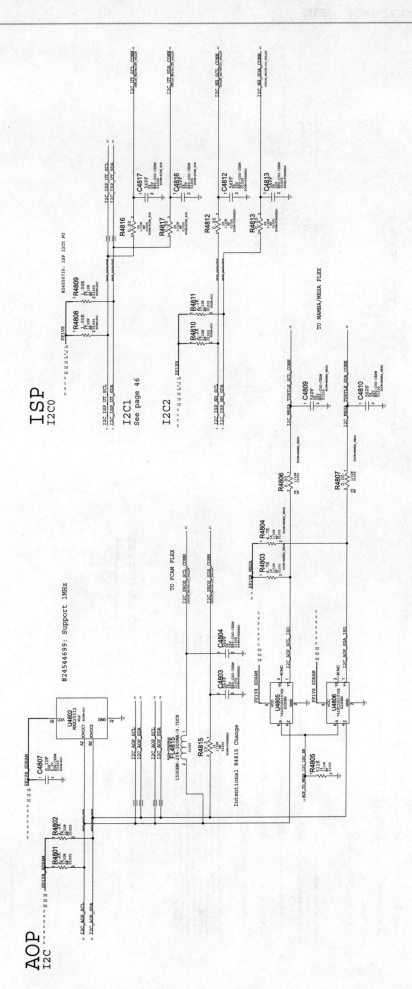

图 C-37

WIFI UPPER ANTENNA FEEDS

图 C-38

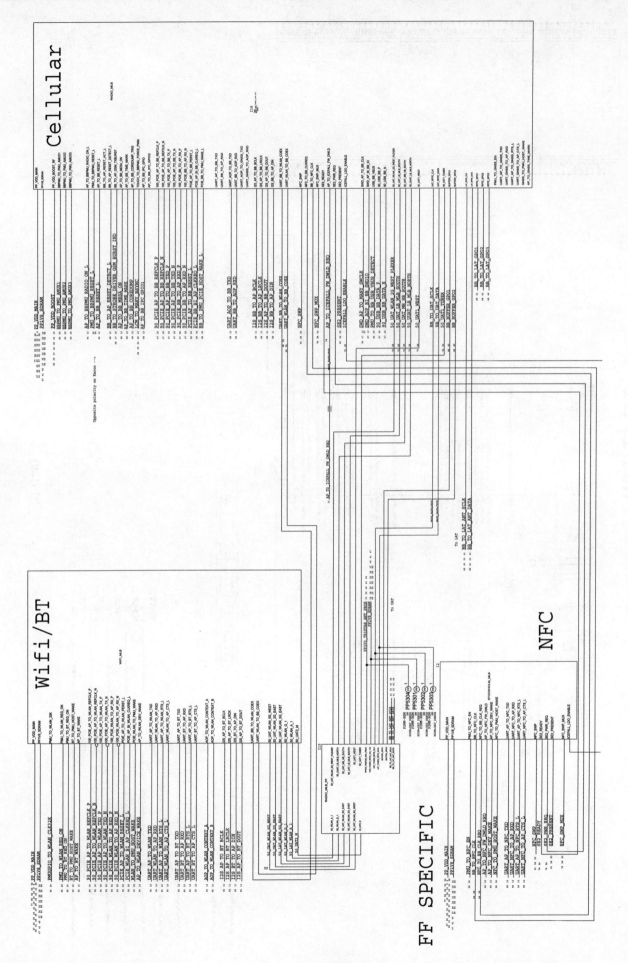

图 C-39

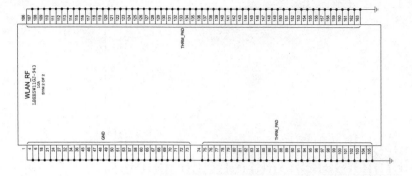

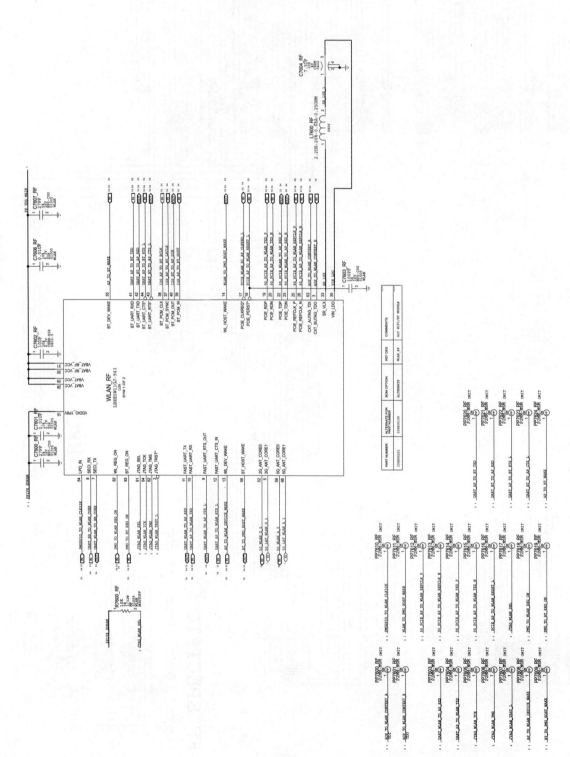

图 C-40

STOCKHOLM

5V BOOSTER

NFC FRONT END

NFC LOAD SWITCH

NFC CONTROLLER

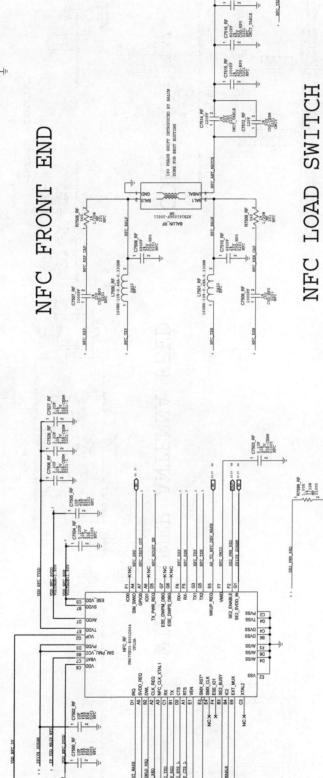

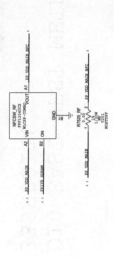

图 C-41

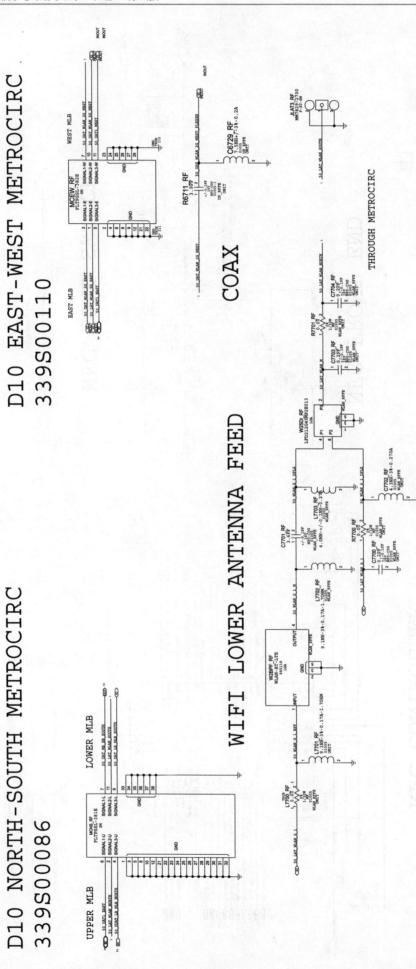

图 C-42

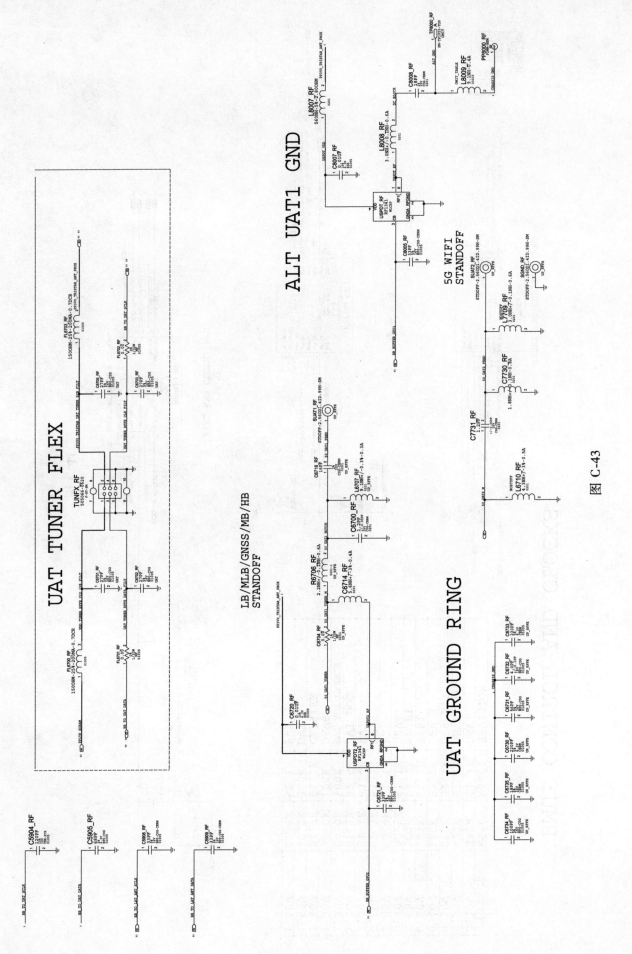

图 C-43

PMU: CONTROL AND CLOCKS

RESET AND CONTROL: PMU

MPPS AND GPIOS: PMU

XTAL AND CLOCK: PMU

HW REV ID	R5505	R5501	REVISION
0.10V	887K	51.1K	DEV1
0.20V	422K	51.1K	DEV2
0.30V	255K	51.1K	DEV 2.1
0.40V	180K	51.1K	DEV 3
0.50V	124K	51.1K	T181
0.60V	102K	51.1K	PP/P1
0.70V	82.5K	51.1K	DEV4
0.80V	63.4K	51.1K	P2
0.90V	51.1K	51.1K	DEV5
1.00V	51.1K	63.4K	EVT
1.10V	51.1K	82.5K	EVT DOE
1.20V	50.0K	100K	EVT ALT/CARBON
1.30V	39.0K	100K	DEV6
1.40V	14.7K	51.1K	CARRIER
1.50V	40.2K	200K	DVT
1.60V	6.34K	51.1K	PVT

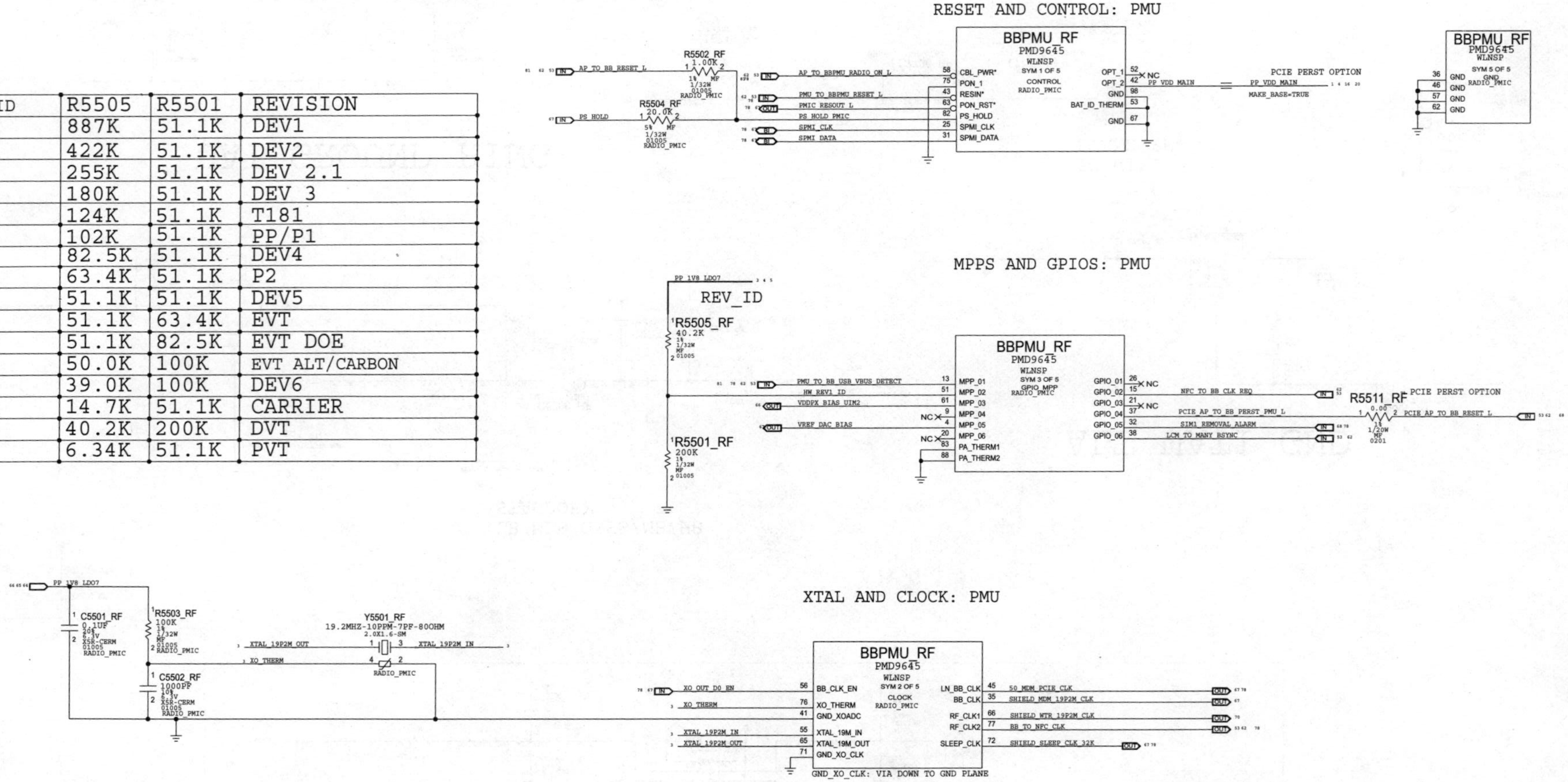

图 C-44

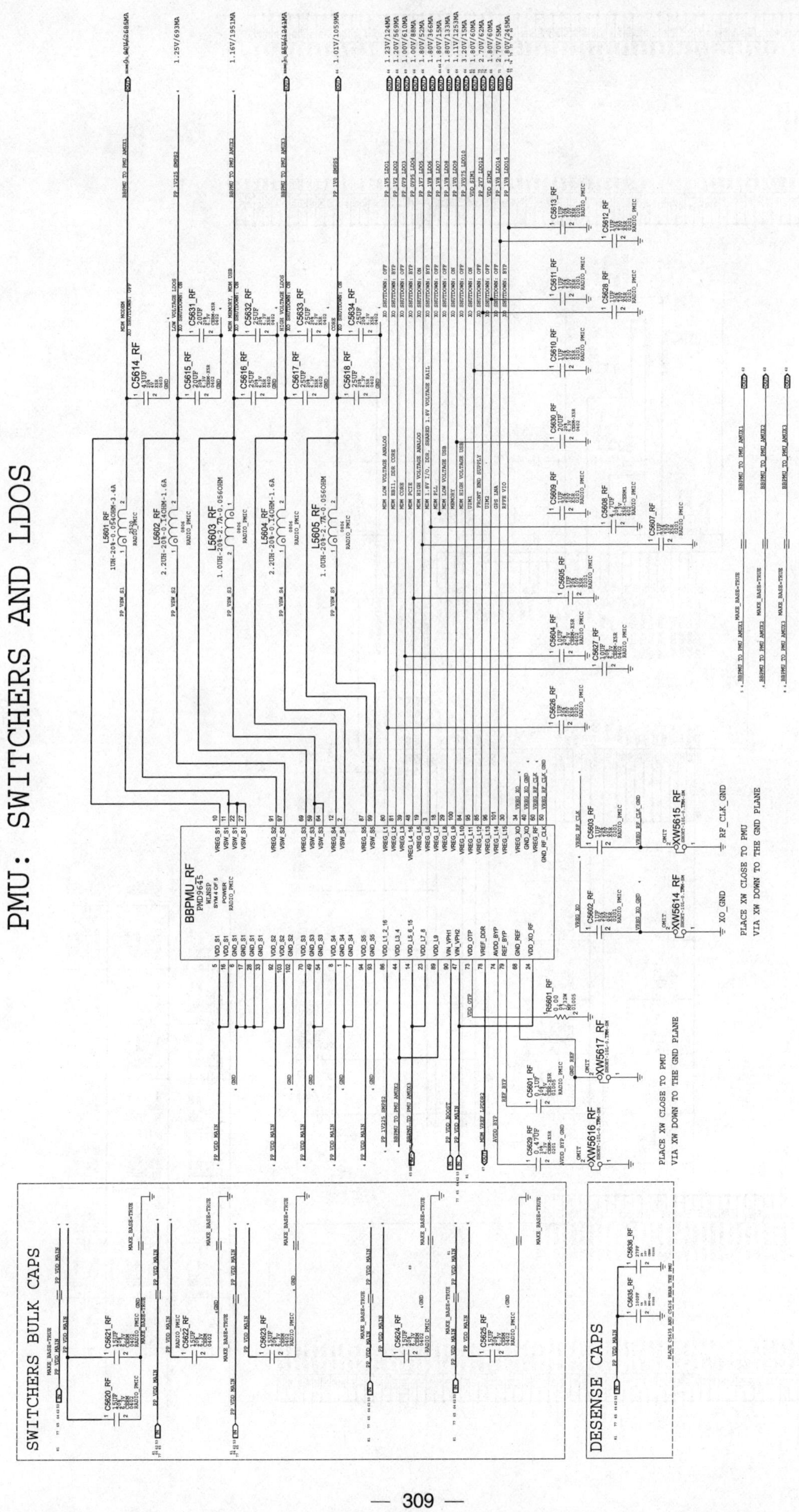
PMU: SWITCHERS AND LDOS
SWITCHERS BULK CAPS
DESENSE CAPS
BBPMU_RF
PMD9645
PLACE XW CLOSE TO PMU
VIA XW DOWN TO THE GND PLANE

图 C-45

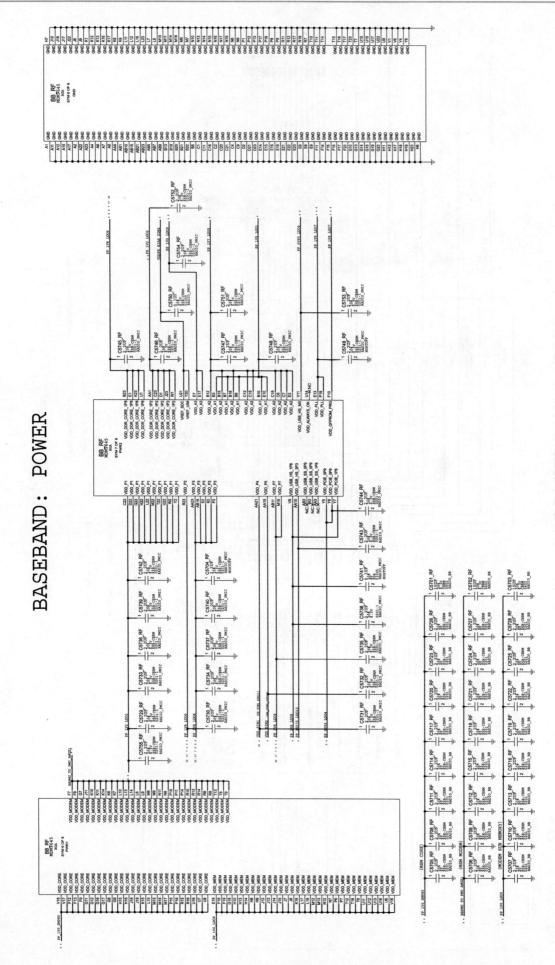

BASEBAND: POWER

图 C-46

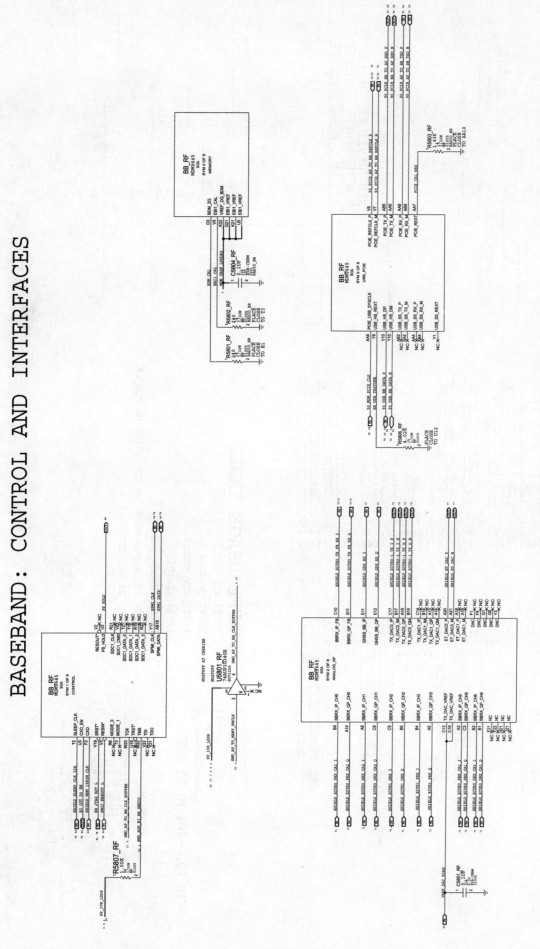

图 C-47

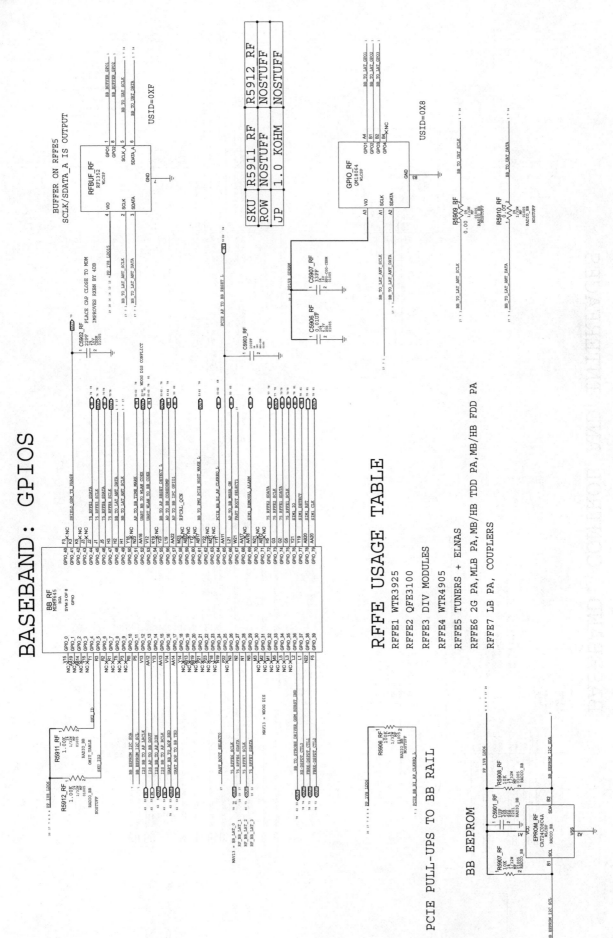

图 C-48

TRANSCEIVER: POWER

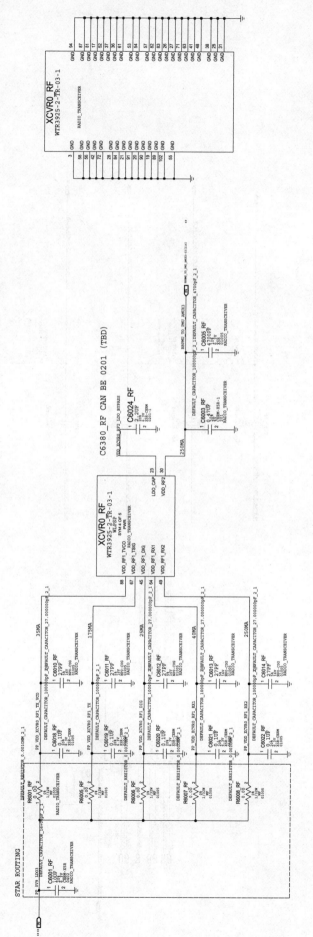

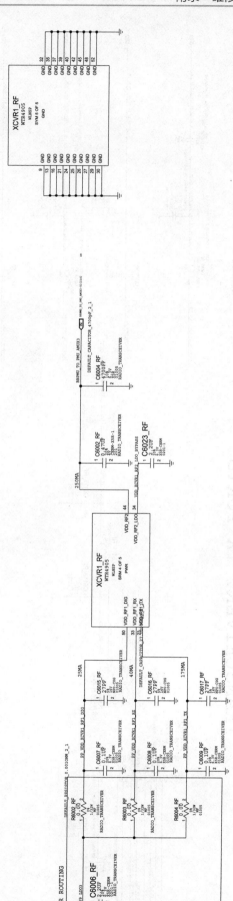

图 C-49

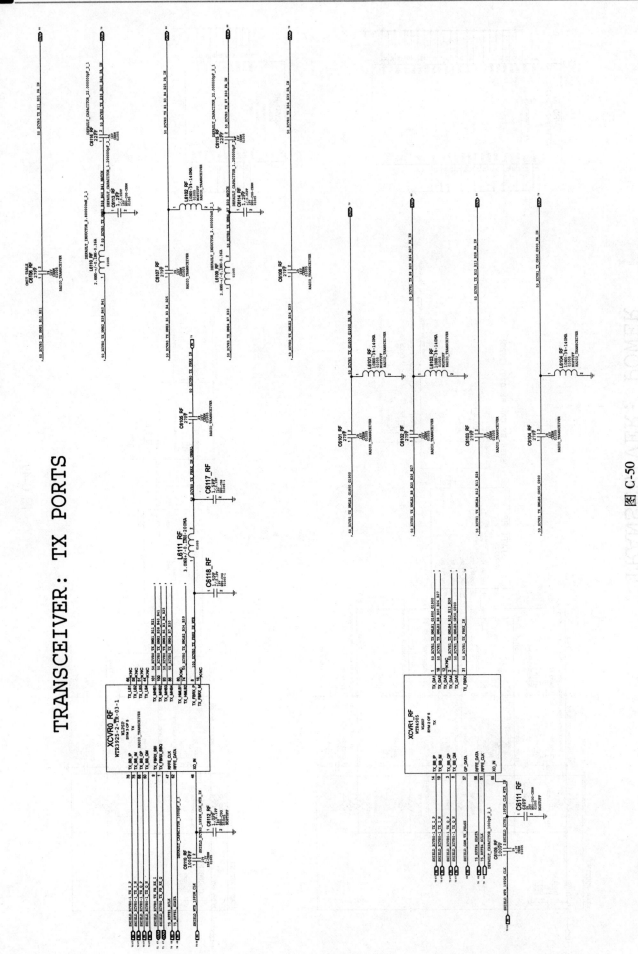

TRANSCEIVER: TX PORTS

图 C-50

TRANSCEIVER: PRX, DRX, & GPS PORTS

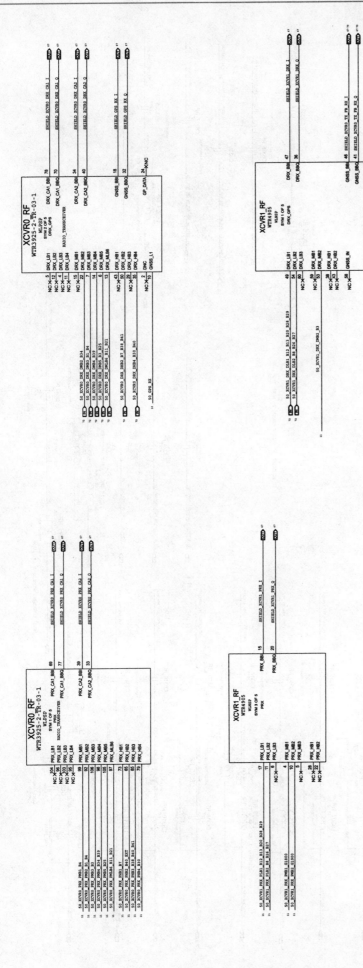

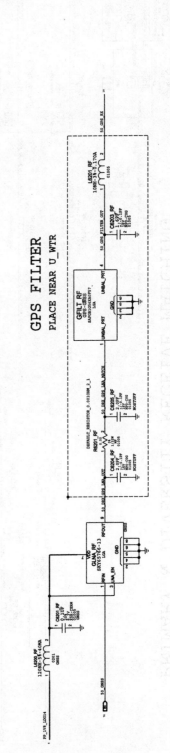

GPS FILTER
PLACE NEAR U_WTR

图 C-51

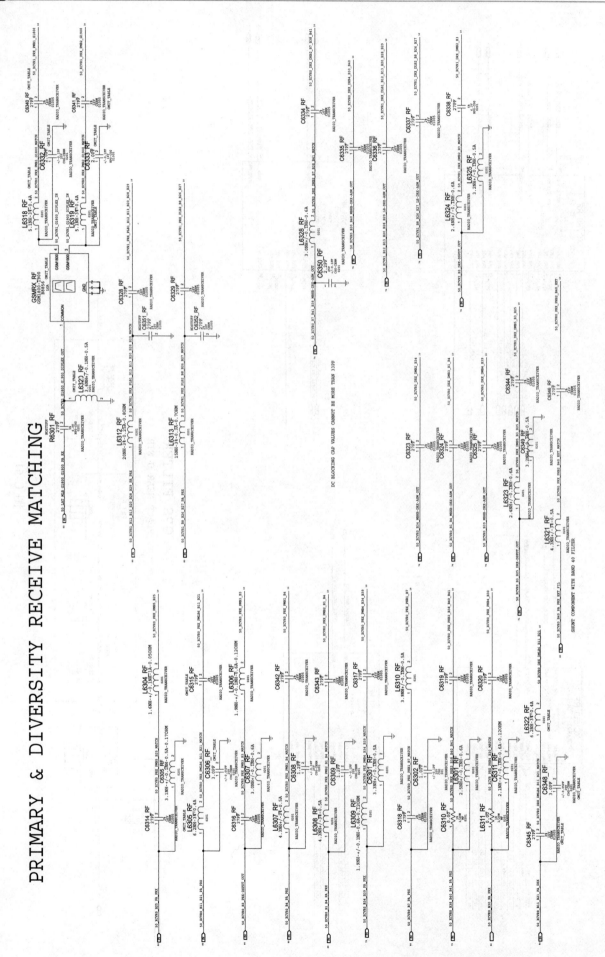

图 C-52

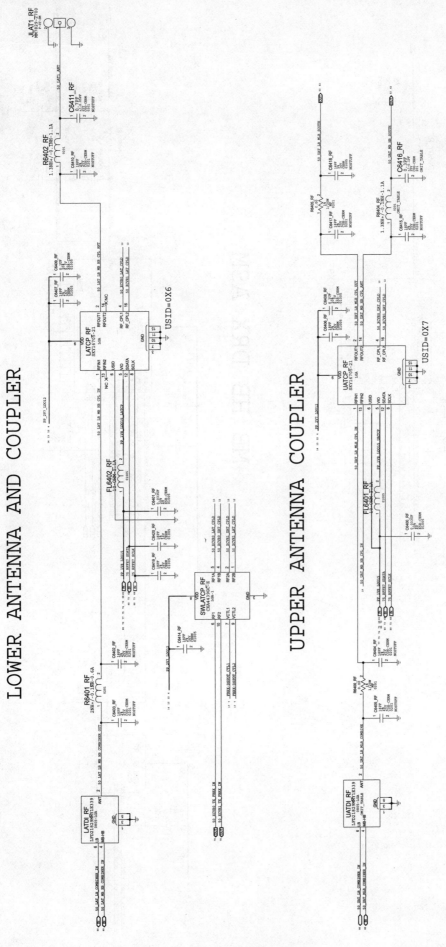

图 C-53

DIVERSITY RECEIVE

LB DRX ASM

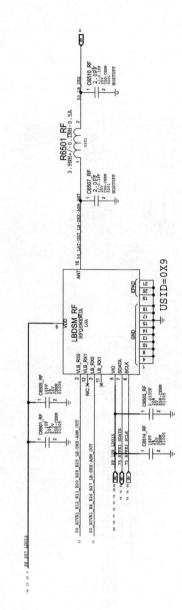

MB HB DRX ASM

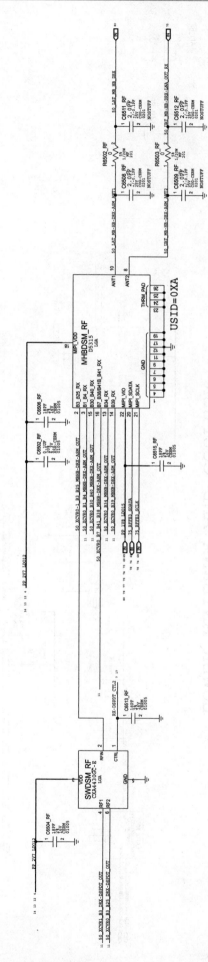

图 C-54

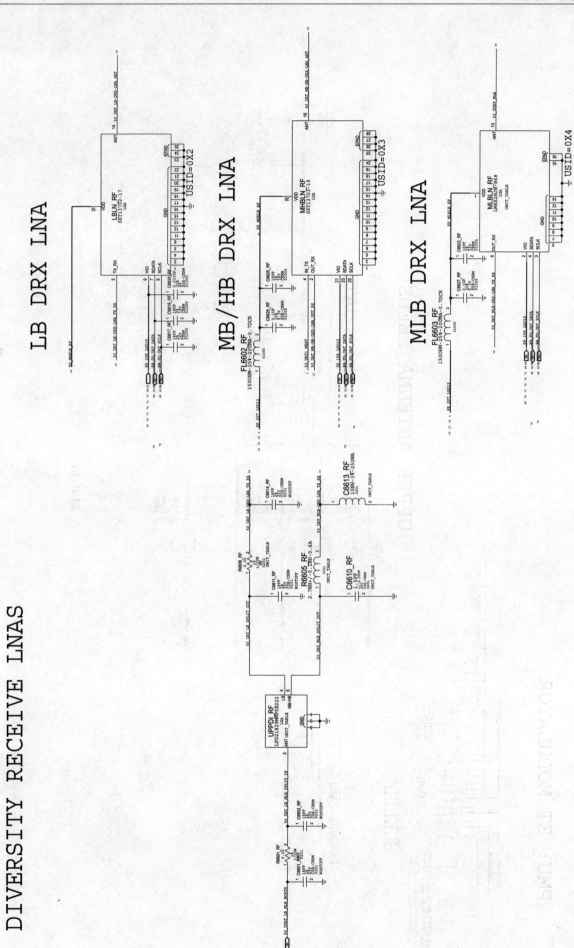

图 C-55

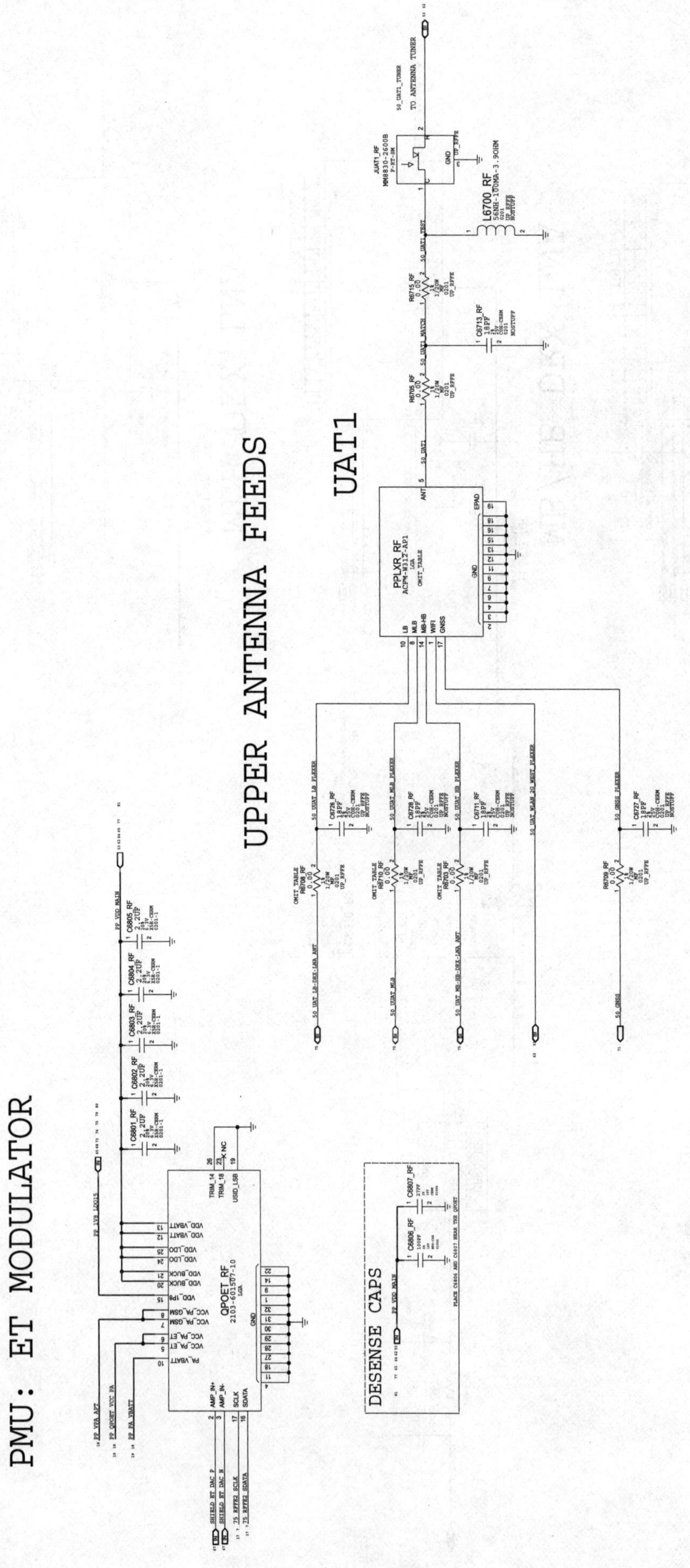

PMU: ET MODULATOR

UPPER ANTENNA FEEDS

UAT1

DESENSE CAPS

图 C-56

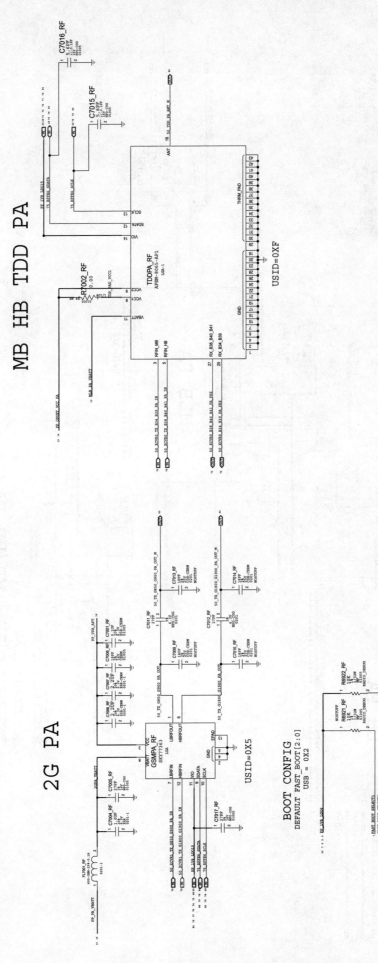

TDD TRANSMIT

MB HB TDD PA

2G PA

BOOT CONFIG

图 C-57

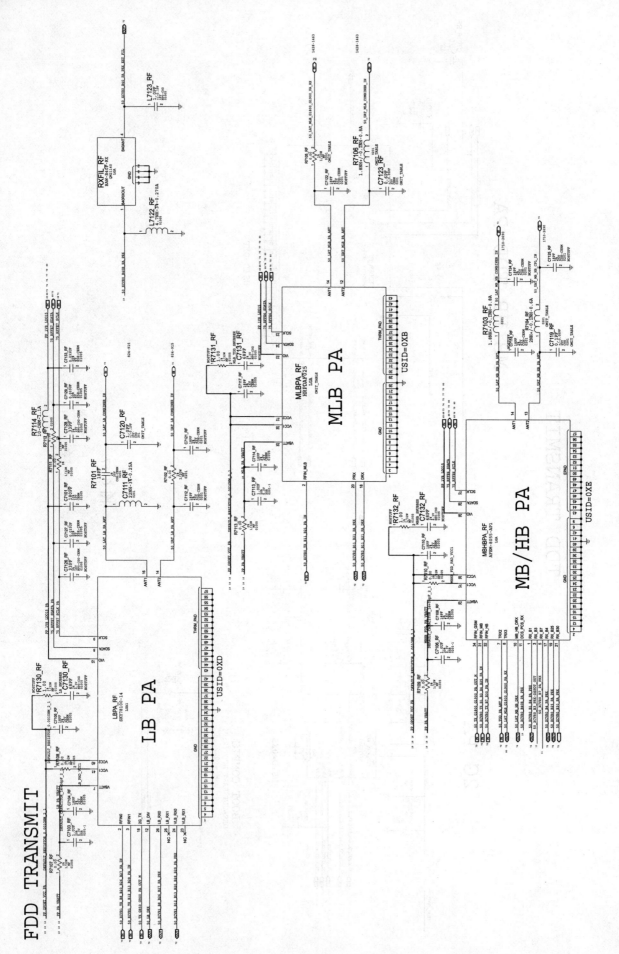

图 C-58

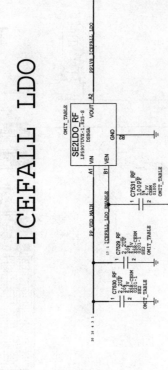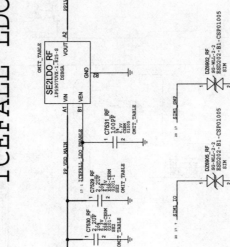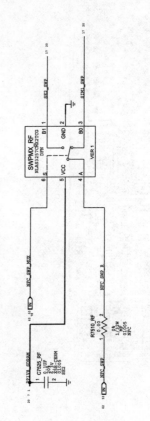

ICEFALL LDO

ICEFALL

SWP MUX

图 C-59

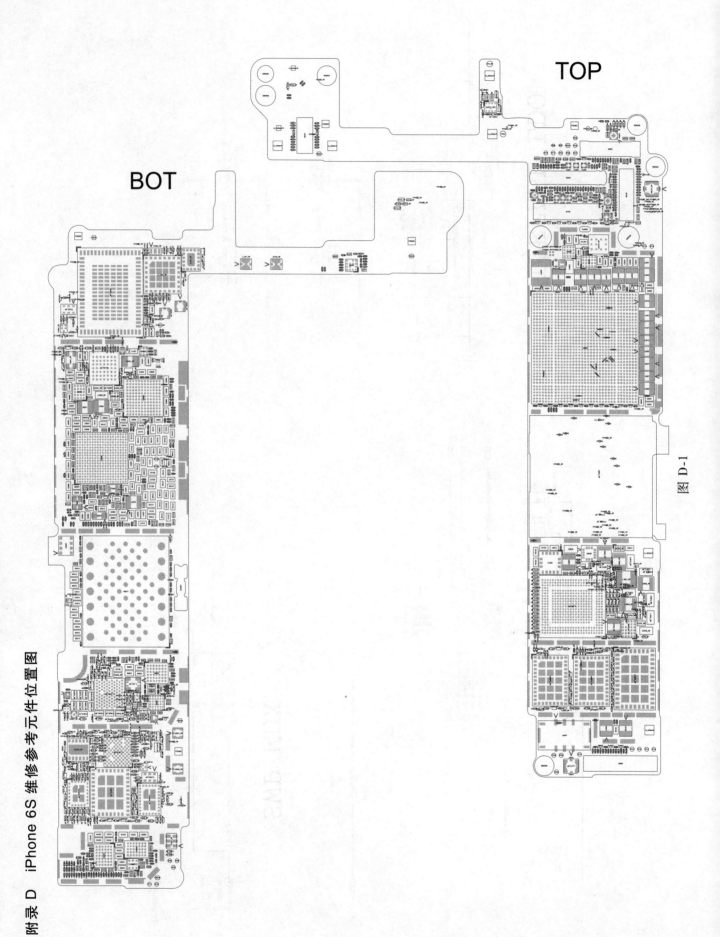

TOP

BOT

图 D-1

附录 D　iPhone 6S 维修参考元件位置图

附录 E iPhone SE 维修参考元件位置图

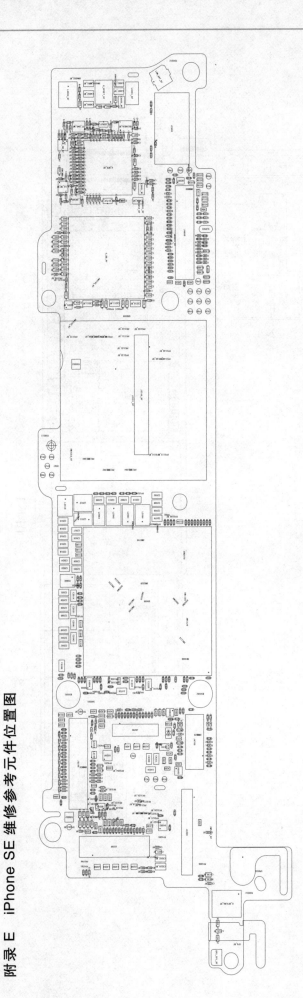

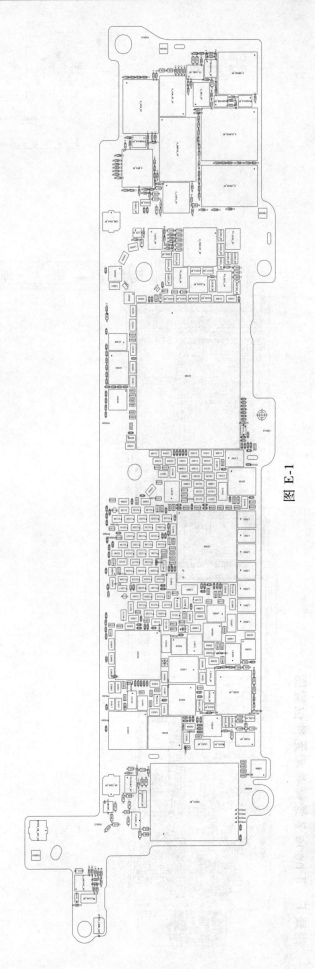

图 E-1

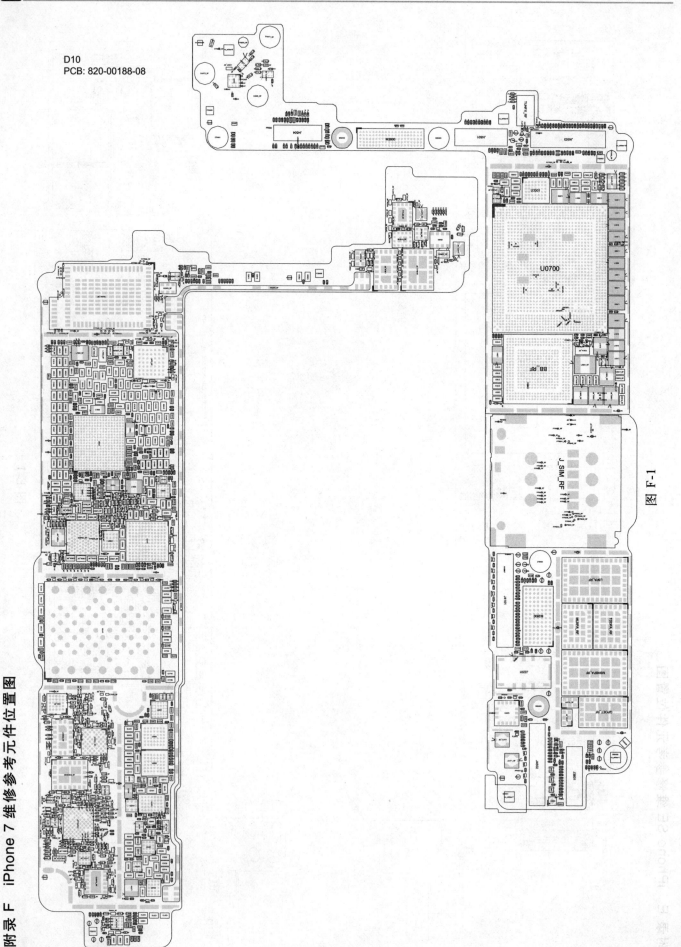

D10
PCB: 820-00188-08

附录 F　iPhone 7 维修参考元件位置图

图 F-1